中 国 国 家 标 准 汇 编

553

GB 28897～28920

（2012 年制定）

中国标准出版社　编

中国标准出版社

北　京

图书在版编目(CIP)数据

中国国家标准汇编:2012年制定.553:
GB 28897～28920/中国标准出版社编.—北京:
中国标准出版社,2013.9
ISBN 978-7-5066-7283-2

Ⅰ.①中… Ⅱ.①中… Ⅲ.①国家标准-
汇编-中国-2012 Ⅳ.①T-652.1

中国版本图书馆CIP数据核字(2013)第183752号

中国标准出版社出版发行
北京市朝阳区和平里西街甲2号(100013)
北京市西城区三里河北街16号(100045)

网址 www.spc.net.cn
总编室:(010)64275323 发行中心:(010)51780235
读者服务部:(010)68523946

中国标准出版社秦皇岛印刷厂印刷
各地新华书店经销

*

开本 880×1230 1/16 印张 36.5 字数 1 100 千字
2013年9月第一版 2013年9月第一次印刷

*

定价 220.00 元

出 版 说 明

1.《中国国家标准汇编》是一部大型综合性国家标准全集。自1983年起，按国家标准顺序号以精装本、平装本两种装帧形式陆续分册汇编出版。它在一定程度上反映了我国建国以来标准化事业发展的基本情况和主要成就，是各级标准化管理机构，工矿企事业单位，农林牧副渔系统，科研、设计、教学等部门必不可少的工具书。

2.《中国国家标准汇编》收入我国每年正式发布的全部国家标准，分为"制定"卷和"修订"卷两种编辑版本。

"制定"卷收入上一年度我国发布的、新制定的国家标准，顺延前年度标准编号分成若干分册，封面和书脊上注明"20××年制定"字样及分册号，分册号一直连续。各分册中的标准是按照标准编号顺序连续排列的，如有标准顺序号缺号的，除特殊情况注明外，暂为空号。

"修订"卷收入上一年度我国发布的、被修订的国家标准，视篇幅分设若干分册，但与"制定"卷分册号无关联，仅在封面和书脊上注明"20××年修订-1，-2，-3，……"字样。"修订"卷各分册中的标准，仍按标准编号顺序排列（但不连续）；如有遗漏的，均在当年最后一分册中补齐。需提请读者注意的是，个别非顺延前年度标准编号的新制定的国家标准没有收入在"制定"卷中，而是收入在"修订"卷中。

读者配套购买《中国国家标准汇编》"制定"卷和"修订"卷则可收齐由我社出版的上一年度我国制定和修订的全部国家标准。

3.由于读者需求的变化，自1996年起，《中国国家标准汇编》仅出版精装本。

4.2012年我国制修订国家标准共2 101项。本分册为"2012年制定"卷第553分册，收入国家标准GB 28897～28920的最新版本。

中国标准出版社

2013年8月

目　　录

ICS 77.140.75
H 48

中华人民共和国国家标准

GB/T 28897—2012

钢塑复合管

Steel pipes of complex plastic

2012-11-05 发布 2013-05-01 实施

中华人民共和国国家质量监督检验检疫总局
中国国家标准化管理委员会 发布

前　言

本标准按照 GB/T 1.1—2009 给出的规则起草。

本标准参照 DIN 30670—1991《钢管和管件的聚乙烯覆塑层》、JWWA K116—2004《给水用硬聚氯乙烯内衬钢管》、WSP 039—2005《带法兰聚乙烯粉末衬里钢管》起草。

本标准由中国钢铁工业协会提出。

本标准由全国钢标准化技术委员会(SAC/TC 183)归口。

本标准起草单位：浙江金洲管道科技股份有限公司、天津友发钢管集团有限公司、上海莘天实业有限公司、上海德士净水管道制造有限公司、本溪经济开发区本钢天和钢管有限责任公司、天津市必拓制钢有限公司、广东联塑市政工程管道有限公司。

本标准主要起草人：钱乐中、沈淦荣、杨伟芳、刘玉柱、滕万波、蒋建明、陈阵、于富强、林少全。

钢塑复合管

1 范围

本标准规定了钢塑复合管(简称钢塑管)的术语和定义、分类及代号、订货内容、尺寸、重量及允许偏差、技术要求、试验方法、检验规则、包装、标志、质量证明书、运输和贮存。

本标准适用于输送生活用饮用水、冷热水、消防用水、排水、空调用水、中低压燃气、压缩空气等介质的钢塑管。

2 规范性引用文件

下列文件对于本文件的应用是必不可少的。凡是注日期的引用文件,仅注日期的版本适用于本文件。凡是不注日期的引用文件,其最新版本(包括所有的修改单)适用于本文件。

GB/T 244 金属管 弯曲试验方法

GB/T 246 金属管 压扁试验方法

GB/T 1033.1 塑料 非泡沫塑料密度的测定 第1部分 浸渍法、液体比重瓶法和滴定法

GB/T 1040(所有部分) 塑料 拉伸性能的测定

GB/T 1633 热塑性塑料维卡软化温度(VST)的测定

GB/T 1732 漆膜耐冲击性测定法

GB/T 2102 钢管的验收、包装、标志和质量证明书

GB/T 2914 塑料 氯乙烯均聚和共聚树脂 挥发物(包括水)的测定

GB/T 3091 低压流体输送用焊接钢管

GB/T 4956 磁性基体上非磁性覆盖层 覆盖层厚度测量 磁性法

GB 5135.11—2006 自动喷水灭火系统 第11部分:沟槽式管接件

GB/T 6554 电气绝缘用树脂基反应复合物 第2部分 试验方法 电气绝缘涂敷粉末试验方法

GB/T 6742 色漆和清漆 弯曲试验(圆柱轴)

GB/T 8163 输送流体用无缝钢管

GB/T 9119 平面、突面板式平焊钢制管法兰

GB/T 9124 钢制管法兰技术条件

GB/T 10002.1 给水用硬聚氯乙烯(PVC-U)管材

GB/T 13295 水及燃气管道用球墨铸铁管、管件和附件

GB/T 13663 给水用聚乙烯(PE)管材

GB/T 15558.1 燃气用埋地聚乙烯(PE)管道系统 第1部分:管材

GB/T 17219 生活饮用水输配水设备及防护材料的安全性评价标准

GB/T 18742.1 冷热水用聚丙烯管道系统 第1部分:总则

GB/T 18992.1 冷热水用交联聚乙烯(PE-X)管道系统 第1部分:总则

GB/T 18993.1 冷热水用氯化聚氯乙烯(PVC-C)管道系统 第1部分:总则

CJ/T 175 冷热水用耐热聚乙烯(PE-RT)管道系统

3 术语和定义

下列术语和定义适用于本文件。

3.1

钢塑复合管 steel pipes of complex plastic

以钢管为基管，在其内表面或外表面或内外表面粘结上塑料防腐层的钢塑复合产品。

3.2

衬塑复合钢管 steel pipes of lining plastic

在钢管内壁粘衬薄壁塑料管的钢塑复合管。

3.3

涂塑复合钢管 coating plastic steel pipe

在钢管内或内外表面熔融一层塑料粉末的钢塑复合管。

3.4

外覆塑复合钢管 external coating plastic steel pipe

在钢管外表面覆塑熔融的胶粘剂和熔融的塑料层的钢塑复合管。

4 分类及代号

4.1 钢塑管按其防腐形式分类及代号如下：

a) 衬塑复合钢管，代号为 SP-C；

b) 涂塑复合钢管，代号为 SP-T；

c) 外覆塑复合钢管，代号为 SP-F。

4.2 钢塑管按输送介质分类如下：

a) 冷水用钢塑复合管；

b) 热水用钢塑复合管，外表面宜有红色标志或按红色制作内衬塑料管。

4.3 钢塑管的塑层材料分类及代号如下：

a) 聚乙烯，代号为 PE；

b) 耐热聚乙烯，代号为 PE-RT；

c) 交联聚乙烯，代号为 PE-X；

d) 聚丙烯，代号为 PP；

e) 硬聚氯乙烯，代号为 PVC-U；

f) 氯化聚氯乙烯，代号为 PVC-C；

g) 环氧树脂，代号为 EP。

4.4 钢塑管的产品标记代号由防腐形式代号、塑层材料代号和公称通径组成。

示例 1：公称通径为 100 mm 、内衬氯化聚氯乙烯的衬塑复合钢管，其标记代号为：SP-C-(PVC-C)-DN100

示例 2：公称通径为 80 mm 、涂环氧树脂的涂塑复合钢管，其标记代号为：SP-T-(EP)-DN80

示例 3：公称通径为 50 mm 、外覆塑聚乙烯的外覆塑复合钢管，其标记代号为：SP-F-(PE)-DN50

示例 4：公称通径为 100 mm 、内衬氯化聚氯乙烯、外覆塑聚乙烯的钢塑管，其标记代号为：SP-C-(PVC-C)-F-(PE)-DN100

5 订货内容

按本标准订购钢塑管的合同或订单至少应包括下列内容：

a) 本标准编号；
b) 复合前钢管（简称基管）所执行标准号；
c) 产品名称；
d) 塑层材料；
e) 基管钢的牌号；
f) 订购的数量；
g) 尺寸规格（外径×壁厚或 DN 公称通径×壁厚，单位为毫米）；
h) 长度（单位为毫米，mm）；
i) 制造工艺；
j) 交货状态；
k) 特殊要求。

6 尺寸、重量及允许偏差

6.1 基管尺寸及允许偏差

基管外径和壁厚及允许偏差应符合基管所执行标准的规定。

6.2 长度

6.2.1 通常长度

钢塑管的通常长度为 3 000 mm～12 000 mm。

6.2.2 定尺长度

钢塑管的定尺长度一般为 6 000 mm 或 12 000 mm，其允许偏差为$^{+20}_{0}$ mm。

6.2.3 范围长度

钢塑复合无缝钢管可按范围长度供货，范围长度应在通常长度范围内。

6.3 塑层尺寸及允许偏差

衬塑复合钢管和外覆塑复合钢管塑层尺寸及允许偏差应符合表 1 的规定，涂塑复合钢管塑层的最小厚度应符合表 2 的规定。

6.4 重量

钢塑管按实际重量交货，也可按基管理论重量或长度交货，基管理论重量按基管所执行标准的相关规定进行计算。

表 1　衬塑管和外覆塑复合钢管塑层厚度和允许偏差

单位为毫米

<table>
<tr><th rowspan="2">公称通径
DN</th><th colspan="2">内衬塑料层</th><th colspan="2">法兰面覆塑层</th><th rowspan="2">外覆塑层
最小厚度</th></tr>
<tr><th>厚度</th><th>允许偏差</th><th>厚度</th><th>允许偏差</th></tr>
<tr><td>15</td><td rowspan="7">1.5</td><td rowspan="7">+0.2
−0.2</td><td rowspan="7">1.0</td><td rowspan="10">+不限
−0.5</td><td>0.5</td></tr>
<tr><td>20</td><td>0.6</td></tr>
<tr><td>25</td><td>0.7</td></tr>
<tr><td>32</td><td>0.8</td></tr>
<tr><td>40</td><td>1.0</td></tr>
<tr><td>50</td><td>1.1</td></tr>
<tr><td>65</td><td>1.1</td></tr>
<tr><td>80</td><td rowspan="3">2.0</td><td rowspan="3">+0.2
−0.2</td><td rowspan="3">1.5</td><td>1.2</td></tr>
<tr><td>100</td><td>1.3</td></tr>
<tr><td>125</td><td>1.4</td></tr>
<tr><td>150</td><td rowspan="2">2.5</td><td>+0.2
−0.2</td><td rowspan="2">2.0</td><td rowspan="9">+不限
−0.5</td><td>1.5</td></tr>
<tr><td>200</td><td rowspan="8">+不限
−0.5</td><td rowspan="2">2.0</td></tr>
<tr><td>250</td><td rowspan="7">3.0</td><td rowspan="7">2.5</td></tr>
<tr><td>300</td><td rowspan="4">2.2</td></tr>
<tr><td>350</td></tr>
<tr><td>400</td></tr>
<tr><td>450</td></tr>
<tr><td>500</td><td>2.5</td></tr>
</table>

表 2　涂塑复合钢管塑层的最小厚度

单位为毫米

<table>
<tr><th rowspan="3">公称通径
DN</th><th colspan="2">内面涂塑层</th><th colspan="2">外面涂塑层</th></tr>
<tr><th colspan="2">最小厚度</th><th colspan="2">最小厚度</th></tr>
<tr><th>聚乙烯</th><th>环氧树脂</th><th>聚乙烯</th><th>环氧树脂</th></tr>
<tr><td>15</td><td rowspan="7">0.4</td><td rowspan="7">0.3</td><td rowspan="7">0.5</td><td rowspan="7">0.3</td></tr>
<tr><td>20</td></tr>
<tr><td>25</td></tr>
<tr><td>32</td></tr>
<tr><td>40</td></tr>
<tr><td>50</td></tr>
<tr><td>65</td></tr>
</table>

表 2（续）

单位为毫米

公称通径 DN	内面涂塑层		外面涂塑层	
	最小厚度		最小厚度	
	聚乙烯	环氧树脂	聚乙烯	环氧树脂
80	0.5	0.35	0.6	0.35
100				
125				
150				
200	0.6		0.8	
250				
300				
350				
400				
450				
500				
600	0.8	0.4	1.0	0.4
700				
800	1.0	0.45	1.2	0.45
900				
1 000				
1 100				
1 200				

7 技术要求

7.1 基管

7.1.1 基管

基管为直缝或螺旋缝的焊接钢管应符合 GB/T 3091 的规定；基管外防腐为镀锌的，其镀锌层应符合 GB/T 3091 的规定。

基管为无缝钢管的应符合 GB/T 8163 的规定。

根据需方要求，经供需双方协议，并在合同中注明，可采用其他符合相关标准的钢管制造钢塑管。

7.1.2 焊在基管上的连接附件

焊在基管上的钢法兰尺寸应符合 GB/T 9119 或其他相应标准的规定。

钢法兰材质应符合 GB/T 9124 或其他相应标准的要求。

带法兰的衬塑复合钢管的内衬塑层应和法兰面覆塑层连成一个整体。带法兰的涂塑复合钢管的法兰密封面应覆盖涂塑层。

焊在钢管上的钢承口尺寸应符合 GB/T 13295 的规定。

7.1.3 钢管表面预处理

7.1.3.1 钢管应进行表面预处理去除钢塑结合面的铁锈、内毛刺和污垢。

7.1.3.2 衬塑或涂塑用直缝焊接钢管内应除去内毛刺，衬塑用直缝焊接钢管内毛刺残留高度应不大于衬塑层规定厚度的 1/3，涂塑用直缝焊接钢管内毛刺残留高度应不大于 0.5 mm。

7.2 塑料材料

7.2.1 内衬塑料材料

给水用内衬聚乙烯(PE)钢塑管的内衬塑料材料应符合 GB/T 13663 对塑料材料的要求。

燃气用内衬聚乙烯(PE)钢塑管的内衬塑料材料应符合 GB/T 15558.1 对塑料材料的要求。

冷热水用内衬耐热聚乙烯(PE-RT)钢塑管的内衬塑料应符合 CJ/T 175 对塑料材料的要求。

冷热水用内衬交联聚乙烯(PE-X)钢塑管的内衬塑料材料应符合 GB/T 18992.1 对塑料材料的要求。

冷热水用内衬聚丙烯(PP)钢塑管的内衬塑料材料应符合 GB/T 18742.1 对塑料材料的要求。

给水用内衬硬聚氯乙烯(PVC-U)钢塑管的内衬塑料材料应符合 GB/T 10002.1 对塑料材料的要求。

冷热水用内衬氯化聚氯乙烯(PVC-C)钢塑管的内衬塑料材料应符合 GB/T 18993.1 对塑料材料的要求。

7.2.2 涂塑用塑料材料

7.2.2.1 涂塑用环氧树脂(EP)粉末应符合表 3 的规定。

表 3 环氧树脂粉末的性能

项　目	指　标	检验方法
密度/(g/cm³)	1.3～1.5	GB/T 1033.1
粒度分布/%	筛上 150 μm≤3；筛上 250 μm≤0.2	GB/T 6554
不挥发物含量/%	≥99.5	GB/T 6554
水平流动性/mm	22～28	GB/T 6554
胶化时间/s	≤120(200 ℃)	GB/T 6554
冲击强度/(kg·cm)	≥50	GB/T 1732
弯曲试验(ϕ2 mm)	合格	GB/T 6742
卫生性能(输送生活冷热水、饮用水)	符合 GB/T 17219 的要求	

7.2.2.2 涂塑用聚乙烯树脂(PE)粉末应符合表 4 的规定。

表 4 聚乙烯粉末的性能

项　　目	指　　标	检验方法
密度/(g/cm^3)	>0.91	GB/T 1033.1
拉伸强度/MPa	>9.80	GB/T 1040.1
断裂伸长率/%	>300	GB/T 1040.1
维卡软化点/℃	>85	GB/T 1633
不挥发物含量/%	>99.5	GB/T 2914
卫生性能(输送生活冷热水、饮用水)	符合 GB/T 17219 的要求	

7.2.3 外覆塑料材料

外覆聚乙烯钢塑管的外覆塑料材料应符合 GB/T 13663 对塑料材料的要求。

经供需双方同意,在合同上注明,也可采用其他外覆塑材料。

7.2.4 粘结剂

塑层与钢管之间的胶粘剂应符合相应塑层材料所需的粘接性能要求。

7.3 外形

钢塑管形状应是直管,两端端面与管轴线成垂直。

7.4 表面质量

钢塑管内外表面塑层应光滑,不允许有气泡、裂纹、脱皮、划痕、凹陷和色泽不均。

涂塑复合钢管的涂塑层应覆盖基管端面。

根据需方要求,经供需双方协商,并在合同中注明,采用沟槽连接方式的衬塑复合钢管,供方可供应端面保护处置符合 GB/T 17219 规定卫生要求的衬塑复合钢管。

7.5 内衬塑结合强度

冷水用衬塑复合钢管的基管与内衬塑料层之间结合强度不应小于 1.0 MPa,热水用衬塑复合钢管的基管与内衬塑料层之间结合强度不应小于 1.5 MPa。

7.6 外覆塑层剥离强度

外覆塑层剥离强度应不小于 35 N/cm。

7.7 螺旋缝衬塑复合钢管剥离强度

基管为螺旋缝埋弧焊钢管的衬塑复合钢管,基管与内衬塑料层之间的剥离强度应不小于 35 N/cm。

7.8 涂塑层附着力

按附录 A 测定聚乙烯内外涂塑层的附着力,聚乙烯涂塑层附着力应不小于 30 N/cm。按附录 B 测定环氧树脂涂塑层的附着力,环氧树脂涂层的附着力应为 1~3 级。

7.9 弯曲性能

公称通径不大于 50 mm 钢塑管按 8.7 进行弯曲试验，试样弯曲后不允许出现裂纹，钢与内外塑层之间不发生分层现象。

7.10 压扁性能

公称通径大于 50 mm，不超过 600 mm 的钢塑管按 8.8 进行压扁试验，试样压扁后不允许出现裂纹，钢与内外塑层之间不允许发生分层现象。

7.11 卫生要求

输送生活饮用水、冷热水的钢塑管的内塑料层应符合 GB/T 17219 的规定。

7.12 耐冷热循环性能

用于输送热水的钢塑管试件经三个周期冷热循环试验后，不允许塑层变形和裂纹，其结合强度应不低于第 7.5 的规定值。

7.13 涂塑层冲击试验

内涂塑层应按附录 C 进行冲击试验，涂层不发生剥落，断裂。

7.14 涂覆塑层针孔试验

涂覆塑层内外面用电火花检测仪检测，无电火花产生。

7.15 耐火性能试验

消防用钢塑管应能承受耐火性能试验 15 min，试验后应无泄漏和变形损坏。

7.16 耐低温性能试验

消防用钢塑管应能承受耐低温性能试验 24 h，试验的管道应无压力损失和变形损坏。

8 试验方法

8.1 尺寸

钢塑管的尺寸应采用符合精度要求的量具测量，内外壁塑层厚度按 GB/T 4956 的规定进行检验。

8.2 外形和表面质量

钢塑管的外形和表面质量可用目测检验。

8.3 内衬塑结合强度试验

从样品管上任意截取长度为 20 mm 的 3 段管段作为试件，对于公称通径大于 DN150 的衬塑复合钢管，截取长度可为 10 mm 的管段。如图 1 所示，在常温下，将试件水平置于测试平台上，逐渐施加压力于内衬塑料管上，剪切钢管与内衬塑料管的同时，测量钢管与塑层产生分离时的最大载荷，并按公式(1)计算出结合强度，取 3 个试样的平均值：

$$F=\frac{W}{3.14\times D\times L} \quad \cdots\cdots(1)$$

式中：

F——结合强度，单位为兆帕(MPa)，(1 N/mm² = 1 MPa)；

W——钢管与塑层产生分离时的最大载荷，单位为牛顿(N)；

D——基管的平均内径，单位为毫米(mm)；

L——试样的长度，单位为毫米(mm)。

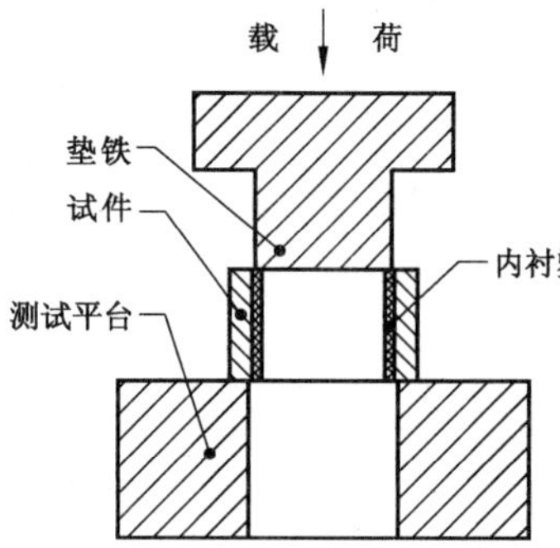

图 1 结合强度试验

8.4 外覆塑层剥离试验

外覆塑层剥离试验应符合附录 D 的规定。

8.5 螺旋缝衬塑复合钢管剥离强度试验

螺旋缝衬塑复合钢管的剥离强度试验应符合附录 D 的规定。

8.6 涂塑层附着力试验

聚乙烯涂层的附着力试验应符合附录 A 的规定，环氧树脂涂层的附着力应符合附录 B 的规定。

8.7 弯曲试验

钢塑管按 GB/T 244 的规定进行弯曲试验，试件弯曲角度：聚乙烯涂塑复合钢管为 90°，环氧类涂塑复合钢管为 30°，衬塑复合钢管为 10°，模具弯曲半径为试件外径的 8 倍。试验时，试件应不带填充物，焊缝位于弯曲方向的外侧面。试验后，从弯曲圆弧的中部将试件截开，检查钢与内外塑层之间有无肉眼可见的分层现象，钢管和塑料层有无裂纹。

8.8 压扁试验

钢塑管按 GB/T 246 的规定进行压扁试验，如图 2，两个直缝焊接钢管试件焊缝应分别位于与施力方向成 90°和 0°位置，对衬塑复合钢管将试样压至外径 3/4，对涂聚乙烯复合钢管将试样压至外径 2/3，对涂环氧树脂复合钢管将试样压至外径 4/5，检查钢与内外塑层之间有无肉眼可见的分层现象，钢管和塑料层有无裂纹。

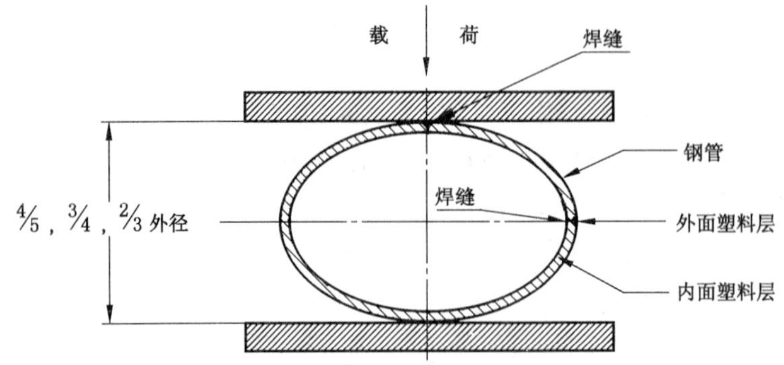

图 2 压扁试验

8.9 卫生性能试验

卫生性能试验应符合 GB/T 17219 的规定。

8.10 耐冷热循环性能试验

取 200 mm 长的管段试件，浸于 95℃±2℃的热水中 30 min，取出后在常温中自然冷却 10 min，再浸入 5 ℃±2 ℃冷水中 30 min，取出在常温中搁置 10 min。以上为冷热循环 1 个周期，共做三个周期。之后截取试件中段 20 mm 长的试样按 8.3 的规定做结合强度试验。

8.11 涂塑层冲击试验

涂塑层冲击试验应符合附录 C 的规定。

8.12 涂覆塑层针孔试验

用电火花检测仪，对提供试验的钢塑管的整个内外表面进行检查，检测时不允许有电火花产生。检查时所用的电压应符合表 5 的规定。

表 5 针孔试验所用电压值

涂层种类	聚乙烯				环氧树脂	
涂层厚度/mm	0.4～0.6	0.6～0.8	0.8～1.0	>1.0	0.3～0.4	>0.4
检查电压/V	2 000	3 000	4 000	5 000	1 500	2 000

8.13 耐火性能试验

耐火性能试验应符合 GB 5135.11—2006 中 7.14 的规定。

8.14 耐低温性能试验

耐低温性能试验应符合 GB 5135.11—2006 中 7.9 的规定。

9 检验规则

9.1 检查和验收

钢塑管的检查和验收应由制造厂质量技术监督部门进行。

9.2 组批规则

钢塑管应按批进行检查和验收，每批应由同一炉号、同一牌号、同一规格、同一复合工艺、相同塑层材料的钢塑管组成。每批钢塑管的数量应不超过如下规定：

a) DN<200 mm，1 000 根；

b) 200 mm≤DN<500 mm，500 根；

c) DN≥500 mm，200 根。

9.3 检验项目

不同品种的钢塑管应做的检验项目、试验方法和取样数量应符合表 6 的规定。

表 6 检验项目所对应钢塑管品种、试验方法和取样数量

序号	检验项目	对左列的检验项目所对应的钢塑管品种	试验方法	取样数量
1	尺寸	所有钢塑管	8.1	每批取 2 根
2	塑层厚度	所有钢塑管	GB/T 4956	
3	外形和表面质量	所有钢塑管	目测	逐根检验
4	内衬塑结合强度	衬塑复合钢管	8.3	每批取 1 根
5	弯曲性能	公称通径小于等于 50 mm 钢塑管	GB/T 244	
6	压扁性能	公称通径大于 50 mm 不超过 600 mm 钢塑管	GB/T 246	
7	耐冷热循环性能	热水用衬塑复合钢管	8.10	
8	外覆塑剥离强度	外覆塑复合钢管	附录 D	
9	螺旋缝衬塑复合钢管剥离强度	螺旋缝衬塑复合钢管	附录 D	
10	涂塑层附着力	涂塑复合钢管	附录 A、B	
11	涂塑层冲击试验	涂塑复合钢管	附录 C	
12	涂覆塑层针孔试验	涂塑复合钢管、外覆塑复合钢管	8.12	
13	卫生性能试验	输送生活饮用水冷热水的钢塑管	GB/T 17219	产品定型时，产品的设计、工艺和材料有较大改变可能影响产品性能时取 1 根
14	耐火性能试验	消防用钢塑管	GB 5135.11—2006	
15	耐低温性能试验	消防用钢塑管	GB 5135.11—2006	

9.4 复验和判定规则

钢塑管按表 6 中第 1～12 项进行检验时，其复验和判定规则应符合 GB/T 2102 的规定。

10 包装、标志、质量证明书、运输和贮存

10.1 包装、标志和质量证明书

钢塑管的包装、标志和质量证明书应符合 GB/T 2102 的规定，标志还应增加产品代号和基管执行标准号，质量证明书还应增加基管执行标准号、塑层材料代号。

10.2 运输

钢塑管在运输过程中，不允许抛摔或剧烈撞击。

10.3 贮存

钢塑管应平直堆放在阴凉处，并远离热源、火种，不允许长期堆放在室外阳光直射和严寒场所。

附 录 A
（规范性附录）
聚乙烯涂层的附着力测定方法

A.1 范围

本方法适用于测定涂聚乙烯复合钢管涂层的附着力。

A.2 测量工具

A.2.1 最大量程为300 N,最小刻度为10N的管形测力计。
A.2.2 最小刻度为1 mm的直尺。
A.2.3 可以划透涂塑层的裁刀。

A.3 试验

A.3.1 聚乙烯涂塑层的附着力用拉开法测试。
A.3.2 从需要测试的管体上切取100 mm长管段,并将其从轴线方向一分为二,对大于DN150的涂塑复合钢管可用同样厚度钢板上采用同样工艺涂塑的试板作试件。
A.3.3 如图A.1所示,用锋利的刀具沿着管轴方向在内外表面涂塑层上以10 mm宽度切割两道深至基管表面的裂缝。
A.3.4 揭起一端,不损伤涂塑层,用测力计的夹具夹住涂塑层,翻转180°逐渐用力剥下,并观察涂塑层发生剥离时的力,大于30 N为合格。如果在拉的过程中塑层发生断裂,应视为有充分的附着力。

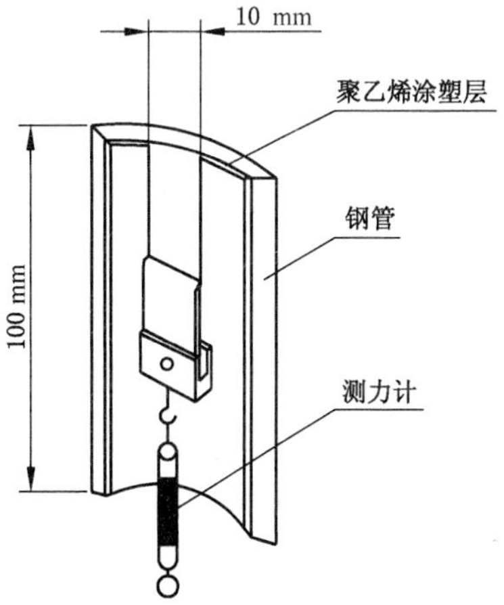

图 A.1 涂塑层附着力测定示意图

A.4 测定结果

测定时记录的力值与涂塑层的剥离宽度的比值,即为剥离强度,单位为N/cm。测定结果以三次测定的平均值表示。

附 录 B
（规范性附录）
环氧树脂涂层的附着力测定方法

B.1 范围

本方法适用于测定涂环氧树脂复合钢管涂层的附着力。

B.2 测量工具

B.2.1 口径 100 mm 以上的烧杯。
B.2.2 量程为 100 ℃的温度计。
B.2.3 可以划透涂塑层的裁刀。
B.2.4 精度为 1 ℃的表面温度计。

B.3 试验

B.3.1 从需要测试的管体上切取 100 mm 长管段，并将其从轴线方向一分为二，对大于 DN150 的涂塑钢管可用同样厚度钢板上采用同样工艺涂塑的试板作试件。
B.3.2 将试件放入烧杯内，加入足够的水，使试件充分淹没，加热至 75 ℃±3 ℃经 48 h 或加热至 95 ℃±3 ℃ 经 24 h，然后取出试件。
B.3.3 当试件仍温热时，立即用小刀在涂层上划一个大约 15 mm×30 mm 的长方形，刀痕要透过涂层到达钢管，然后在空气中自然冷却到室温。在取出试件后 1 h 内从长方形的任一角将刀尖插入涂层下面，以水平方向的力撬剥涂层，连续推刀尖直到长方形内的涂层全部撬离或涂层表现出明显的抗撬性能为止。

B.4 结果评定

按下列分级标准评定长方形内涂层的附着力等级。

a) 1 级——涂层明显地不能被撬剥下来；
b) 2 级——被撬离的涂层小于或等于 50%；
c) 3 级——被撬离的涂层大于 50%，但涂层表现出明显的抗撬离性能；
d) 4 级——涂层很容易被撬剥成条状或大块碎片；
e) 5 级——涂层成一整片被剥离下来。

附 录 C
（规范性附录）
涂塑层冲击试验方法

C.1 范围

本方法适用于测定涂塑复合钢管内涂塑层的抗冲击能力。

C.2 仪器和工具

C.2.1 操作平台。

C.2.2 最小刻度为 1 mm 的直尺。

C.2.3 砝码。

C.2.4 钢制 V 形支承台。

C.3 试验

从钢塑管的任意位置切取长约 100 mm 试样，在常温下如图 C.1 所示。按表 C.1 规定进行冲击试验，观察内塑层的损坏情况，此时焊缝应安置在与冲击面相反的方向。

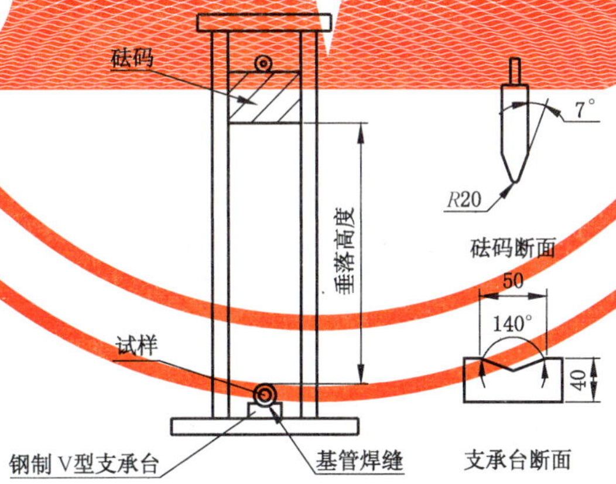

图 C.1 冲击试验示意图

表 C.1 冲击试验参数

<table>
<tr><th rowspan="2">公称通径
DN/
mm</th><th colspan="2">聚乙烯塑层</th><th colspan="2">环氧树脂塑层</th></tr>
<tr><th>锤重/
kg</th><th>落下高度/
mm</th><th>锤重/
kg</th><th>落下高度/
mm</th></tr>
<tr><td>DN15～DN25</td><td rowspan="4">6.3</td><td rowspan="2">500</td><td>1.0</td><td>300</td></tr>
<tr><td>DN32～DN50</td><td rowspan="2">2.1</td><td rowspan="2">500</td></tr>
<tr><td>DN65</td><td rowspan="2">1 000</td></tr>
<tr><td>DN80～DN1200</td><td>6.3</td><td>1 000</td></tr>
</table>

C.4 测定结果

要求涂层不发生剥落，断裂。

附 录 D
（规范性附录）
覆塑层剥离试验

D.1 范围

本方法适用于测定外覆塑复合钢管外覆塑层和螺旋缝衬塑复合钢管的钢管与塑层间的粘结力。

D.2 测量工具

D.2.1 最大量程为 500 N，最小刻度为 10 N 的管形测力计。
D.2.2 最小刻度为 1 mm 的直尺。
D.2.3 可以划透管道覆塑层的裁刀。

D.3 试验

覆塑层的外表面温度在常温下，先将管道覆塑层距管端＞80 mm 以上位置并沿环向划开宽度为 20 mm～30 mm、长为 10 mm 以上的长条，划开时应划透覆塑层，然后撬起一端。将测力计垂直钢管表面并慢速拉起覆塑层，记录测力计的数值，如图 D.1 所示。

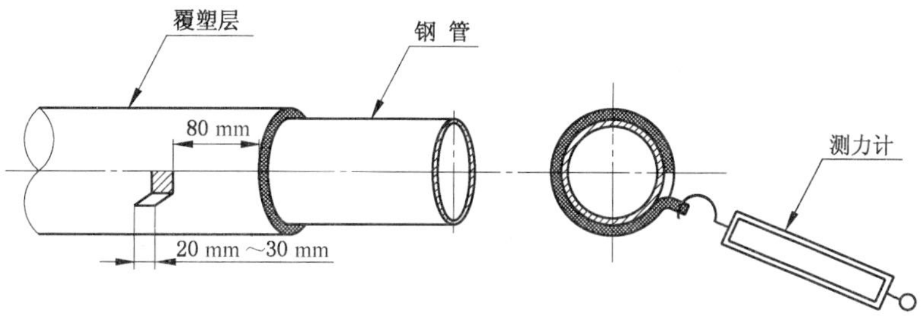

图 D.1 剥离强度测试示意图

D.4 测定结果

剥离时测定的拉力值与覆塑层的剥离宽度的比值，即为剥离强度，单位为 N/cm 。测定结果以 3 次测定的平均值表示。

ICS 77.080.01
H 11

中华人民共和国国家标准

GB/T 28898—2012

冶金材料化学成分分析测量不确定度评定

Evaluation of uncertainty in chemical composition analysis for metallurgical materials

2012-11-05 发布　　　　2013-05-01 实施

中华人民共和国国家质量监督检验检疫总局
中国国家标准化管理委员会　发布

前　言

本标准按照GB/T 1.1—2009给出的规则起草。

本标准由中国钢铁工业协会提出。

本标准由全国钢标准化技术委员会(SAC/TC 183)归口。

本标准起草单位:钢铁研究总院、武汉钢铁集团公司、上海材料研究所、山东冶金科学研究院、中国科学院金属研究所、鞍钢股份有限公司鲅鱼圈钢铁分公司。

本标准主要起草人:罗倩华、曹宏燕、柯瑞华、张穗忠、谭林青、李莎莎、沈克、朱跃进、王丽晖、王明海、崔秋红、闻向东、余卫华。

冶金材料化学成分分析
测量不确定度评定

1 范围

本标准规定了化学成分分析测量不确定度评定的通用规范以及重量法、滴定法、分光光度法、原子吸收光谱法、氢化物发生-原子荧光光谱法、电感耦合等离子体原子发射光谱法、火花放电原子发射光谱法、X射线荧光光谱法、红外吸收法和热导法、气体容量法测定碳含量测量不确定度评定方法。

本标准适用于冶金材料化学成分分析测量不确定度的评定。

2 规范性引用文件

下列文件对于本文件的应用是必不可少的。凡是注日期的引用文件，仅注日期的版本适用于本文件。凡是不注日期的引用文件，其最新版本(包括所有的修改单)适用于本文件。

GB/T 12805 实验室玻璃仪器 滴定管

GB/T 12806 实验室玻璃仪器 单标线容量瓶

GB/T 12807 实验室玻璃仪器 分度吸量管

GB/T 12808 实验室玻璃仪器 单标线吸量管

JJF 1059 测量不确定度评定与表示

3 总则

3.1 分析测试中常见的不确定度因素

根据化学成分分析的特点，产生不确定度的因素大致可归纳为：

a) 被测量定义、概念和测量条件的不完整或不完善；

b) 取样、制样、样品储存及样品本身引起的不确定度；

c) 分析测试和测量过程中使用的天平、砝码、容量器皿、千分尺、游标卡尺等计量器具本身存在的误差引起的不确定度；

d) 测量条件变化引入的不确定度；

e) 标准物质的认证值或基准物质纯度的不确定度；

f) 测量方法、测量过程等带来的不确定度；

g) 校准曲线的线性及其变动性、测量结果的修约引入的不确定度；

h) 模拟式仪器读数存在的人为偏差；

i) 数字式仪表由于指示装置的分辨力引入的指示偏差；

j) 引用的常数、参数、经验系数等的不确定度；

k) 测量过程中的随机因素，以及随机因素与上述各因素间的交互作用，表现为在相同的条件下，重复测量量值的变化。

上述产生不确定度的因素不一定都是独立的，可能具有相关性。例如，第 k 项可能与前面各项存在一定相关性。一定条件下，某些因素可能是不确定度的主要贡献者，而另一些可能贡献极微，可以忽略不计。

分析测试过程中，可能还有一些尚未认识到的系统效应，不可能在不确定度评定中予以考虑，但它可能导致测量结果的误差。

3.2 测量不确定度评定的基本程序

3.2.1 分析方法及测量参数描述

对测量方法和测量对象进行清晰而正确的描述，包括方法名称、方法原理、试料量、试料分解和处理、测量所使用的计量器具和仪器设备、测量的校准物、测量条件、样品测量参数等，这些信息和参数与测量不确定度评定密切相关，测量方法描述的程度和列出的测量参数应满足不确定度评定的需要。

3.2.2 建立数学模型

根据测量方法，建立输出量 y 与各输入量 x_i 之间的函数关系式 $y=f(x_1,x_2,\cdots,x_n)$，明确 y 与各输入量 x_i 的定量关系。

3.2.3 测量不确定度来源的识别

根据测量方法和测量条件对测量不确定度的来源进行分析并找出主要的影响因素。不确定度的影响量不仅与各输入量 x_i 直接有关，还要考虑影响输入量有关的间接因素，并初步判断其主要因素和次要因素。

3.2.4 标准不确定度的评定

3.2.4.1 基本方法

对影响不确定度量值的主要因素分别进行不确定度的 A 类评定和不确定度的 B 类评定。不确定度的 A 类评定用统计方法计算其标准不确定度，不确定度的 B 类评定用其他方法估计其标准不确定度。标准不确定度和相对标准不确定度用符号 $u(x_i)$ 和 $u_{\mathrm{rel}}(x_i)$ 表示。

3.2.4.2 标准不确定度的 A 类评定

3.2.4.2.1 贝塞尔法

在重复性条件下进行 n 次独立测量，n 次测量结果的算术平均值 $\overline{x}$ 按式(1)计算：

$$\overline{x}=\frac{1}{n}\sum_{i=1}^{n}x_i \qquad \cdots\cdots(1)$$

以贝塞尔公式计算测量值的标准差：

$$s=\sqrt{\frac{\sum_{i=1}^{n}(x_i-\overline{x})^2}{n-1}} \qquad \cdots\cdots(2)$$

式中：

s——测量列中任一次测量结果的标准差。

对 n 次测量的测量列平均值 $\overline{x}$，其标准不确定度为 $u(\overline{x})=s(\overline{x})=s/\sqrt{n}$。

当测量结果是其中 k 个测量值的平均值时，其标准不确定度为 $u(\overline{x}_{\mathrm{m}})=s/\sqrt{k}$。

为了提高计算标准差的可靠性，重复测量的次数 n 一般不少于 6 次。

3.2.4.2.2 合并样本标准差

当进行 m 组重复测量，每一组测量列的标准差 s_j，合并样本的标准差 s_{p} 按式(3)计算：

$$s_p = \sqrt{\frac{1}{m}\sum_{j=i}^{m} s_j^2} = \sqrt{\frac{1}{m(n-1)}\sum_{j=1}^{m}\sum_{i=1}^{n}(x_{ji}-\overline{x}_j)^2} \qquad \cdots\cdots(3)$$

其自由度 ν_p 为 $m(n-1)$，n 为每组测量中重复测量的次数。各测量列标准差 s_j 不应有显著性差异，在统计上可用柯克伦法(Cochran)检验 s_j^2 的一致性。

当每组重复测量次数为 2 时，式(3)可简化为：

$$s = \sqrt{\frac{\sum_{i=1}^{m}\Delta_i^2}{2m}} \qquad \cdots\cdots(4)$$

式中：

Δ_i——第 i 组独立测试结果之差，即 $\Delta_i = x_{i1} - x_{i2}$。

在相同情况下，由该测量过程对被测量 x 进行 k 次重复测量，以 k 次测量的算术平均值 $\overline{x}_k$ 作为测量结果，则该测量结果的标准不确定度按式(5)计算：

$$u(\overline{x}_k) = \frac{s_p}{\sqrt{k}} \qquad \cdots\cdots(5)$$

如果对 m 个被测量 x_i 所重复的次数不完全相同，设各为 n_i，而 x_i 的标准差 $s(x_i)$ 的自由度为 $\nu_i = n_i - 1$，通过 m 个 s_i 与 ν_i，可得：

$$s_p = \sqrt{\frac{1}{\sum \nu_i}\sum \nu_i s_i^2} \qquad \cdots\cdots(6)$$

3.2.4.2.3 极差法

极差法是在 x_i 接近正态分布的前提下，简化了的统计方法。在重复性条件下进行 n 次测量，按式(7)计算用测量结果的极差统计单次测量的标准差：

$$s = \frac{R}{C} \qquad \cdots\cdots(7)$$

式中：

s——单次测量标准差；

R——测量数据列的极差($x_{max} - x_{min}$)；

C——极差系数。

n 次测量平均值的标准不确定度 $u(\overline{x}) = s/\sqrt{n} = R/(C\sqrt{n})$。

极差法的极差系数 C 和自由度 ν 的关系见表 1。

表 1 极差系数 C 及自由度 ν 表

n	2	3	4	5	6	7	8	9
C	1.13	1.64	2.06	2.33	2.53	2.70	2.85	2.97
ν	0.9	1.8	2.7	3.6	4.5	5.3	6.0	6.8

极差法一般在测量次数较少时采用。

3.2.4.3 标准不确定度的 B 类评定

3.2.4.3.1 标准不确定度 B 类评定的信息来源

当输入量 x_i 不是通过重复观测得到，例如容量器皿的误差、标准物质特性量值的不确定度等，不能用统计方法评定其标准不确定度，可以通过 x_i 可能变化的有关信息或资料的数据来评定。

标准不确定度 B 类评定的信息一般有：

——以前测量或评定的数据；
——对有关技术资料和测量仪器特性的了解和经验；
——生产部门提供的技术文件；
——校准、检定证书或其他文件提供的数据、准确度的等级或级别，包括暂时使用的极限误差；
——手册或资料给出的参考数据及其不确定度；
——指定实验方法的国家标准或类似文件给出的重复性限 r 或再现性限 R 等。

3.2.4.3.2 标准不确定度 B 类评定中的包含因子 k_p

B 类评定中要将有关输入量 x_i 可能变化的数据、信息转换成标准不确定度，就涉及这些数据、信息的分布和置信概率(置信水平)。

设 x_i 误差范围或不确定度区间为[$-a$，$+a$]，a 为区间半宽，则 $u(x_i)=a/k_p$。式中，包含因子 k_p 是根据输入量 x_i 在 $x_i \pm a$ 区间内的分布来确定的。

在化学成分分析测试中常见的分布有以下几种：

a) 正态分布：当 x_i 受到多个独立量的影响，且影响程度相近，或 x_i 本身就是重复性条件下几个观测值的算术平均值，则可视为正态分布。正态分布的置信水平 p 与包含因子 k_p 的关系如表 2 所示。测量数据的分布通常服从正态分布，当置信水平为 95%时，包含因子 k_p 为 1.96。

表 2 正态分布的置信概率 p 与包含因子 k_p 的关系

p/%	50	68.27	90	95	95.45	99	99.73
k_p	0.67	1	1.64	1.96	2	2.58	3

b) 均匀分布(矩形分布)：当置信概率为 100%时，x_i 落在 $x_i \pm a$ 区间内，各处出现的概率相等，而在区间外不出现，则 x_i 服从均匀分布。k_p 取 $\sqrt{3}$，其标准不确定度(标准差)为 $u(x_i)=a/\sqrt{3}$。例如，天平称量误差等可认为服从均匀分布。

c) 三角分布：当置信概率为 100%时，x_i 落在 $x_i \pm a$ 区间内，x_i 在中心附近出现的概率大于接近区间边界的概率，则 x_i 可认为服从三角分布。k_p 取 $\sqrt{6}$，其标准不确定度为 $u(x_i)=a/\sqrt{6}$。例如，容量器皿的体积误差通常认为服从三角分布。

除上述几种分布外，还有梯形分布、反正弦分布等，在分析测试中应用极少。

在缺乏任何其他信息的情况下，输入量 x_i 在[$-a$，$+a$]区间内的分布难以确定时，一般估计为均匀分布是比较合理的，取包含因子为 $\sqrt{3}$。

如果有关校准、检定证书给出了 x 的扩展不确定度 $U(x)$ 和包含因子 k_p，则可直接引用 k_p 值计算。

3.2.5 合成标准不确定度的评定

3.2.5.1 合成标准不确定度评定的一般方法

当各输入量 x_i 彼此独立或不相关时，被测量 Y 的估计值 y 的合成标准不确定度 $u_c(y)$ 与各输入量的标准不确定度 $u(x_1)$，$u(x_2)$，…，$u(x_n)$ 的关系为：

$$u_c^2(y)=\sum_{i=1}^{n} c_i^2 u^2(x_i)=\sum_{i=1}^{n} u_i^2(y) \quad \cdots\cdots(8)$$

式中：

$$c_i=\frac{\partial f}{\partial x_i}, u_i(y)=|c_i|u(x_i)$$

该关系式称为不确定度传播律，适用于线性和非线性的函数关系，式中 c_i 称为灵敏系数。当 x_i 的标准不确定度 $u(x_i)$ 乘以 $|c_i|$，即成为合成标准不确定度 $u_c(y)$ 的一个分量 $u_i(y)$。

当输入量 x_i 彼此相关时，被测量 Y 的估计值 y 的合成标准不确定度 $u_c(y)$ 与输入量的标准不确定度 $u(x_1)$，$u(x_2)$，…，$u(x_n)$ 的关系变得较为复杂：

$$u_c^2(y)=\sum_{i=1}^{n}c_i^2u^2(x_i)+2\sum_{i=1}^{n-1}\sum_{k=i+1}^{n}c_ic_ku(x_i,x_k) \qquad (9)$$

式中：

$u(x_i,x_k)$——x_i 和 x_k 之间的协方差；

c_i、c_k ——灵敏系数。

协方差与相关系数 r_{ik} 有关：

$$u(x_i,x_k)=u(x_i)u(x_k)r_{ik} \qquad (10)$$

式中：

$-1\leqslant r_{ik}\leqslant 1$。如果 x_i 和 x_k 相互独立，则 $r_{ik}=0$，即一个值的变化不会预期另一个值也发生变化。

3.2.5.2 分析测试中合成标准不确定度评定的通用方法

在分析测试不确定度评定中，在输入量 x_1，x_2，…，x_n 彼此独立的条件下，按 JJF 1059 合成标准不确定度可采用以下计算规则。

3.2.5.2.1 对于线性函数关系式，只涉及和或差的数学模型：

$$y=a_1x_1+a_2x_2+\cdots+a_nx_n \qquad (11)$$

输入量的偏导十分简单，即其系数：$c_1=\dfrac{\partial y}{\partial x_1}=a_1$，$c_2=\dfrac{\partial y}{\partial x_2}=a_2$，…。

各输入量 x_i 彼此不相关时：

$$u_c^2(y)=\sum_{i=1}^{n}\left[\frac{\partial f}{\partial x_i}\right]^2u^2(x_i)=\sum_{i=1}^{n}c_i^2u^2(x_i)=a_1^2u^2(x_1)+a_2^2u^2(x_2)+\cdots+a_n^2u^2(x_n)$$

$$u_c(y)=\sqrt{a_1^2u^2(x_1)+a_2^2u^2(x_2)+\cdots+a_n^2u^2(x_n)} \qquad (12)$$

当 a_i 为 ±1 时，合成标准不确定度 $u_c(y)$ 为各分量标准不确定度的方和根：

$$u_c(y)=\sqrt{u^2(x_1)+u^2(x_2)+\cdots+u^2(x_n)} \qquad (13)$$

当各输入量 x_i 相关性较强，可近似认为相关系数为 1，合成标准不确定度 $u_c(y)$ 为各分量标准不确定度的代数和：

$$u_c(y)=a_1u(x_1)+a_2u(x_2)+\cdots+a_nu(x_n) \qquad (14)$$

3.2.5.2.2 对于涉及乘积和幂函数关系式，其数学模型可表示为：

$$y=cx_1^{p_1}x_2^{p_2}\cdots x_n^{p_n} \qquad (15)$$

其相对合成标准不确定度可分别以各分量的相对标准不确定度 $u_{rel}(x_i)=\dfrac{u(x_i)}{x_i}$ 计算。

按 JJF 1059，$u_c^2(y)=\sum\left[\dfrac{\partial y}{\partial x_i}\right]^2u^2(x_i)$，则：

$$u_{crel}^2(y)=\frac{u_c(y)}{y}=\sum_{i=1}^{n}\left[p_iu_{rel}(x_i)\right]^2 \qquad (16)$$

当 $p_i=\pm1(i=1,2,\cdots,n)$ 时

$$u_{crel}(y)=\sqrt{u_{rel}^2(x_1)+u_{rel}^2(x_2)+\cdots+u_{rel}^2(x_n)} \qquad (17)$$

即对于涉及乘积的函数关系式，且指数均为 ±1 时，被测量的估计值 y 的相对合成标准不确定度 $u_{crel}(y)$ 等于各输入量 x_i 相对标准不确定度分量的方和根。

3.2.5.2.3 当数学模型中既有加减又有乘除时，可按上述原则先计算加减项，再计算乘除项。

3.2.6 扩展不确定度的评定

3.2.6.1 扩展不确定度的表示

扩展不确定度 U 是由合成标准不确定度 $u_c(y)$ 乘以包含因子 k 得到的，即 $U = ku_c(y)$。

为求得扩展不确定度，对合成标准不确定度所乘之数字因子为包含因子。

3.2.6.2 包含因子的选择

包含因子 k 值的选择应考虑 y 的分布、所需要的置信水平和合成标准不确定度的有效自由度。

合成标准不确定度的有效自由度 ν_{eff} 可由韦奇-萨特思韦特(Welch-Satterthwaite)公式计算：

$$\nu_{eff} = \frac{u_c^4(y)}{\sum_{i=1}^{n} \frac{u_i^4(y)}{\nu_i}} \quad 或 \quad \nu_{eff} = \frac{[u_{crel}(y)]^4}{\sum_{i=1}^{n} \frac{[p_i u_{rel}(x_i)]^4}{\nu_i}} \qquad \cdots\cdots (18)$$

当 $u_c^2(y)$ 是由两个或多个估计方差合成，变量 $(y-Y)/u_c(y)$ 可近似为 t 分布，根据有效自由度 ν_{eff}，由 t 分布临界值表求包含因子 k_p(p 为置信水平)。

化学成分分析中输出量的分布受多种互相独立的因素影响，基本上是正态或近似正态分布，置信水平 p 通常取 95% 或 99.97%。当 ν_{eff} 充分大时，可近似认为 $k_{95}=2$，$k_{99}=3$，则 $U_{95}=2u_c(y)$，$U_{99}=3u_c(y)$。

检测实验室测量结果的不确定度评定中一般可不计算有效自由度 ν_{eff}，而直接取置信水平 95%，$k=2$。

3.2.7 测量结果及不确定度的表达

完整的测量结果应含有两个基本量，一是被测量的最佳估计值 y，一般由数据测量列的算术平均值给出；另一个是描述该测量结果分散性的测量不确定度。

在化学成分分析中一般使用扩展不确定度 $U=ku_c(y)$ 表示结果的测量不确定度。例如，多次测量盐酸标准溶液浓度的平均值为 0.050 46 mol/L，其合成标准不确定度 $u_c[c(HCl)]$ 为 0.000 08 mol/L，取包含因子 $k=2$，扩展不确定度 $U=2\times0.000\ 08=0.000\ 16$ (mol/L)，则测量结果可表示为：

$$c(HCl)=0.050\ 46\ mol/L, U=0.000\ 16\ mol/L, k=2$$

或 $$c(HCl)=(0.050\ 46\pm0.000\ 16)mol/L, k=2$$

或 $$c(HCl)=0.050\ 46(1\pm3.2\times10^{-3})mol/L, k=2$$

在表示测量不确定度时应同时给出包含因子 k，以表示测量结果的置信水平。

3.2.8 测量不确定度评定的简化

对检测实验室，测量不确定度评定条件可作以下简化：

a) 不考虑自由度，认为自由度充分大；

b) 标准不确定度合成时一般可不考虑相关性；

c) 取置信水平 95%，包含因子 k 统一取 2。

3.2.9 测量不确定度评定的基本流程

测量不确定度评定的基本流程见图 1。

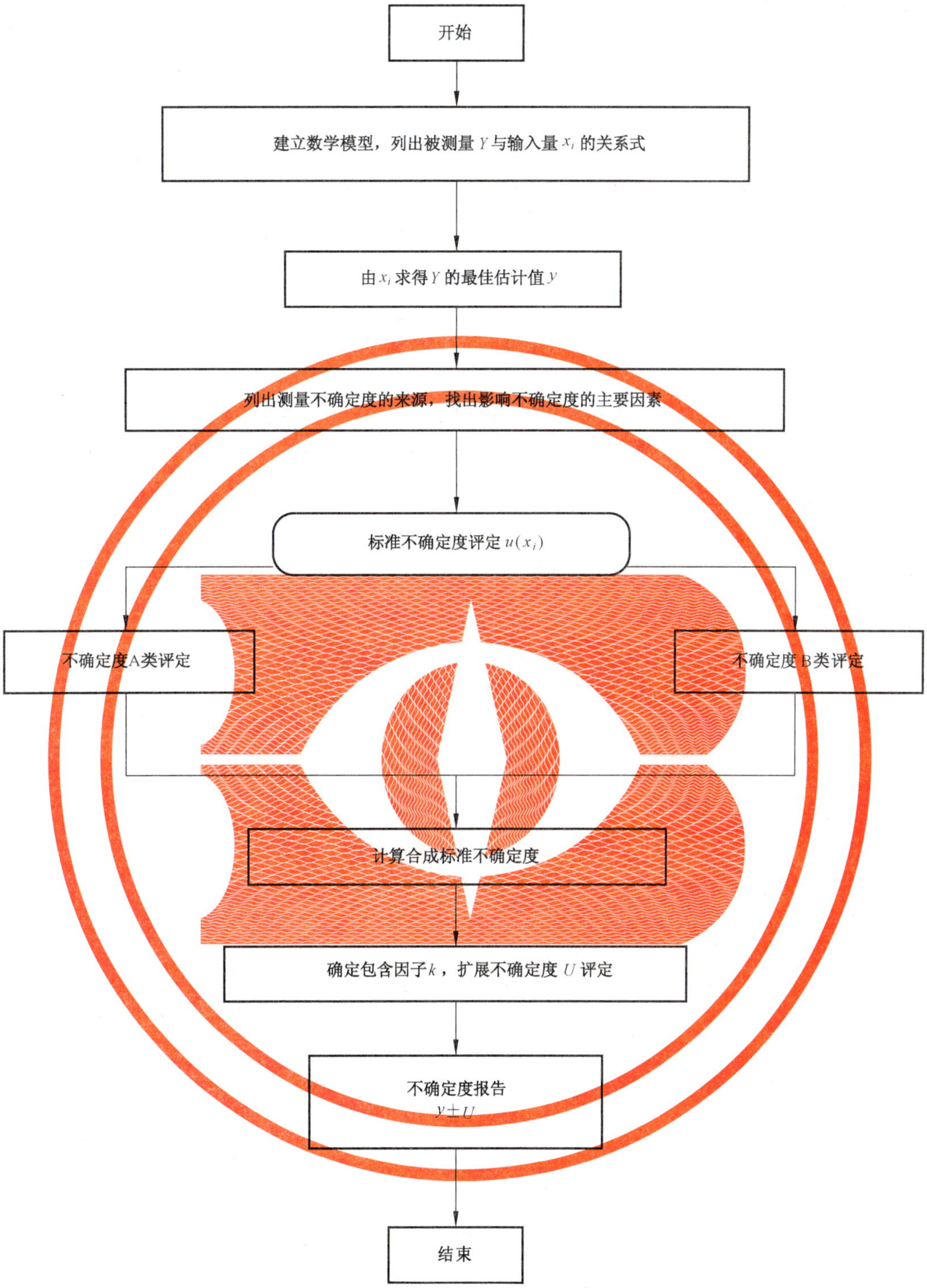

图 1　测量不确定度评定的基本流程

3.3　测量不确定度评定中应注意的几个问题

3.3.1　抓住影响测量不确定度评定的主要分量

通常测量重复性分量、标准物质认证值的不确定度分量、校准曲线变动性分量、容量器皿体积变动性分量等在合成标准不确定度中所占比重较大，应逐一评定。

对日常分析和某些没有进行多次重复的测量，应采用方法精密度参数或以前在该条件下的测试数据进行评定，根据实际测量次数计算测量重复性标准不确定度。

3.3.2 忽略影响测量不确定度评定的次要分量

某些分量量值较小，对合成标准不确定度的贡献不大，如试料称量、相对原子质量、物质的摩尔质量等分量相对于测量重复性、校准曲线变动性分量要小得多，一般可忽略。

3.3.3 避免重复评定

如已评定了测量重复性分量，不必再评定样品称量、体积测量、仪器读数等的重复性分量。

3.3.4 不应将非输入量的测量条件当作输入量评定

如重量法中高温炉灼烧温度的变动性、测定碳或硫时氧气纯度的变动性、光度分析中波长的精度等不是输入量，其变动性对测量结果的影响已包括在测量重复性中，不应将其作为分量进行评定。

3.3.5 不确定度数值的表示

合成标准不确定度和扩展不确定度通常取 1 位或 2 位有效数字。计算过程中为避免修约产生的误差应多保留 1 位有效数字，计算中不允许连续修约。在报告最终结果时，可采用末位后面的数都进位而不舍去，也可采用一般修约规则。测量结果和扩展不确定度的数位应保持一致。

3.4 分析测试中主要不确定度分量的评定

3.4.1 体积和体积测量的不确定度分量

3.4.1.1 体积校准

容量瓶、移液管、滴定管、量筒等容量器皿，其真实容积与标称容积不完全一致，其误差可正可负。表 3 和表 4 摘录了 GB/T 12805～12808 中常用容量器皿的允许差(Δ)，按标准生产的容量器皿的最大误差不应超过规定的允许差。

表 3 容量瓶、单标线吸量管、滴定管的允许差(Δ)

单位为毫升

容积	容量瓶		单标线移液管		滴定管	
	A	B	A	B	A	B
1	—	—	±0.007	±0.015	±0.01	±0.02
2	—	—	±0.010	±0.020	±0.01	±0.02
3,5	±0.02	±0.04	±0.015	±0.030	±0.01	±0.02
10	±0.02	±0.04	±0.020	±0.040	±0.025	±0.05
15	—	—	±0.025	±0.050	—	—
20	—	—	±0.030	±0.060	—	—
25	±0.03	±0.06	±0.030	±0.060	±0.05	±0.1
50	±0.05	±0.10	±0.050	±0.100	±0.05	±0.1
100	±0.10	±0.20	±0.080	±0.160	±0.1	±0.2
200,250	±0.15	±0.30	—	—	—	—

表 3（续）

单位为毫升

容积	容量瓶		单标线移液管		滴定管	
	A	B	A	B	A	B
500	±0.25	±0.50	—	—	—	—
1 000	±0.40	±0.80	—	—	—	—
2 000	±0.60	±1.20	—	—	—	—
注：滴定管的允许差指零至任意一检测点和任意两检测定点间的允许差。						

表 4　分度吸量管的允许差（Δ）

单位为毫升

容积	不完全流出式		完全流出式		等待 15 s	吹出式
	A	B	A	B		
0.1	—	±0.003	—	—	—	±0.004
0.2	—	±0.005	—	—	—	±0.006
0.25	—	±0.005	—	—	—	±0.008
0.5	—	±0.010	—	—	±0.005	±0.010
1	±0.008	±0.015	±0.008	±0.015	±0.008	±0.015
2	±0.012	±0.025	±0.012	±0.025	±0.012	±0.025
5	±0.025	±0.050	±0.025	±0.050	±0.025	±0.050
10	±0.050	±0.100	±0.050	±0.100	±0.050	±0.100
25	±0.100	±0.200	±0.100	±0.200	±0.100	—
50	±0.100	±0.200	±0.100	±0.200	±0.100	—
注：分度吸量管的允许差指零至任意一检测点和任意两检测定点间的允许差。						

表 3 和表 4 中所列允许差是误差的极限。在有效的生产过程中，产品实际容积接近于标称值的概率大于边界值，其容积误差可认为呈三角形分布，取包含因子 $k=\sqrt{6}$，标准不确定度 $u=\Delta/\sqrt{6}$。

3.4.1.2　温度的影响

液体和容量器皿因温度变化致使其体积膨胀或收缩，而产生溶液体积的变化。由于液体体积的膨胀系数（水，2.1×10^{-4}/℃）显著大于容量器皿的体积膨胀系数（硼硅酸盐玻璃，1×10^{-5}/℃），统计时一般只考虑前者，忽略温度对玻璃器皿本身容积的影响。

当溶液配制温度与使用温度相同，则不存在温度对溶液体积的影响。当溶液配制温度与使用温度不同，应考虑温差引起的溶液体积变化的不确定度分量。如在 24 ℃配制的标准溶液，使用时温度在 21 ℃～27 ℃内变化，温差±3 ℃，对 50 mL 溶液体积变化最大可达：$\pm(50\times2.1\times10^{-4}\times3)=\pm0.032$(mL)，按均匀（矩形）分布统计，其标准不确定度 $u_2=0.032/\sqrt{3}=0.018$(mL)。

3.4.1.3　体积测量的重复性

体积测量的重复性标准差可通过重复充满溶液、称量，计算其重复测量的体积并统计其标准差。当测量结果已评定了测量重复性不确定度，则其体积测量的重复性已包括在其中，不再评定。

3.4.2 质量的不确定度分量

3.4.2.1 天平校准

一般由天平的计量证书给出。例如，证书标明在 0 g～20 g 范围内，称量产生的不确定度为 ±0.1 mg，按均匀分布，标准不确定度为 $0.10/\sqrt{3}=0.058$(mg)。通常称取物质时经二次独立称量(一次是调零，一次是称量)，计算得天平校准的标准不确定度为$\sqrt{0.058^2\times2}=0.082$(mg)。

3.4.2.2 称量的重复性

称量的重复性包括天平本身的重复性和读数的重复性(电子天平为显示值的重复性)。称量重复性用标准差来表示，可通过多次测量进行统计计算，也可引用经验的数值。对感量为 0.1 mg 的分析天平，其称量重复性标准不确定度约为 0.050 mg。

由此，称量引起的不确定度 $u(m)=\sqrt{0.082^2+0.050^2}=0.096$(mg)。

3.4.3 标准物质/标准样品认证值及纯物质纯度引入的不确定度分量

分析测试中通常用标准物质/标准样品或标准溶液来校准仪器或绘制校准曲线并计算被测量的量值，标准物质/标准样品的认证值和标准溶液浓度本身的不确定度必然要传递给被测量值。

标准物质/标准样品的认证值并不是其真值，只是通过实验室间共同试验或采用绝对方法测定的接近真值的最佳估计值(接受参照值)，认证值本身亦存在不确定度。

一般标准物质/标准样品证书中，在给出认证值(X)、单次测量的标准差(s_X)的同时，给出了定值的数据组数(N)。因此，认证值的标准不确定度可表示为：

$$u(X)=\frac{s_X}{\sqrt{N}} \quad \cdots\cdots(19)$$

有些标准物质/标准样品直接给出了相对标准不确定度或扩展不确定度。

标准溶液通常由纯物质(或基准试剂)配制，在纯物质的产品说明书上往往给出物质的纯度，例如某物质的纯度是 99.99%±0.01%，按均匀分布计算其标准不确定度为 $0.01\%/\sqrt{3}=0.005\ 8\%$，相对标准不确定度为 5.8×10^{-5}。某些基准物质的证书上给出了物质的纯度及其不确定度，如 GBW 06105 重铬酸钾标准物质质量分数为 99.987%，相对不确定度为 1×10^{-4}，按 95% 的置信水平，$k=2$，其相对标准不确定度 $u=5\times10^{-5}$。

当用 n 个标准物质/标准样品绘制校准曲线或标定标准溶液时，n 个认证值的不确定度将同时影响(或传递)被测量的不确定度，可采用 n 个标准物质/标准样品认证值的相对标准不确定度的均方根，近似作为标准物质/标准样品的相对标准不确定度。设第 i 个标准物质/标准样品特性量值的相对标准不确定度为 $u_{\mathrm{rel}}(c_{\mathrm{B}_i})$，则标准物质/标准样品的相对标准不确定度为：

$$u_{\mathrm{rel}}(c_{\mathrm{B}})=\sqrt{\frac{\sum_{i=1}^{n}u_{\mathrm{rel}}^2(c_{\mathrm{B}_i})}{n}} \quad \cdots\cdots(20)$$

标准物质/标准样品都给出了定值的标准差和测量数据组数，可方便计算其标准不确定度，使用者可查阅标准物质/标准样品证书或有关标准物质手册。

标准溶液通常由纯物质配制，计算标准溶液不确定度时，除考虑纯物质的标准不确定度外，还要计算称量、容量器皿及相应操作等引入的不确定度。对市售的标准溶液，可引用其给出的不确定度值，并换算为标准不确定度。

3.4.4 校准曲线线性拟合的不确定度分量

分析测试中多数方法的被测物质浓度是通过校准曲线计算得出的，校准曲线的拟合直接影响分析结果的可靠性。因此，校准曲线线性拟合的不确定度应作为不确定度分量统计到测量结果的不确定度中。

影响校准曲线线性的因素是多方面的，测量方法（包括显色反应平衡常数、显色条件控制、方法的线性范围、基体和元素干扰等）、测量仪器（如光度计分光性能、吸收皿厚度差异、光强稳定性等）、容量器皿和操作随机误差等都会对校准曲线的线性造成影响。

设在分析条件下测量系列标准溶液的光谱强度（或吸光度等），用最小二乘法回归得到校准曲线线性方程为：

$$I = a + bc \quad \cdots\cdots (21)$$

式中：

I ——被测溶液（或固体样品）的光谱强度或吸光度；

a ——校准曲线截距；

b ——校准曲线斜率；

c ——被测溶液（或固体样品）中元素（成分）的浓度。

式(21)中 a 和 b 按最小二乘法进行统计：

$$a = \overline{I} - b\overline{c} \quad \cdots\cdots (22)$$

$$b = \frac{\sum_{i=1}^{n}(c_i - \overline{c})(I_i - \overline{I})}{\sum_{i=1}^{n}(c_i - \overline{c})^2} \quad \cdots\cdots (23)$$

由校准曲线线性拟合对被测溶液浓度 c 的测量不确定度分量 $u(c)$ 为：

$$u(c) = \frac{s_R}{b}\sqrt{\frac{1}{P} + \frac{1}{n} + \frac{(c - \overline{c})^2}{\sum_{i=1}^{n}(c_i - \overline{c})^2}} \quad \cdots\cdots (24)$$

式中：

s_R ——残余标准差，$s_R = \sqrt{\frac{\sum_{i=1}^{n}[I_i - (bc_i + a)]^2}{n-2}}$；

$\overline{c}$ ——校准曲线各校准点浓度的平均值，$\overline{c} = \frac{\sum_{i=1}^{n} c_i}{n}$；

n ——校准曲线中各校准点的测量次数，如校准曲线有 5 个校准点，每点测量 3 次，则 $n=15$；

P ——被测样品的测量次数，如样品溶液（或固体样品）测量 2 次，则 $P=2$。

作为校准曲线的特例，用一个标准物质/标准样品校准仪器（如用红外吸收法测定碳和硫），由校准产生不确定度同样应作为不确定度分量进行统计。滴定分析中用标准溶液、标准物质/标准样品求滴定系数，分光光度分析中用标准物质/标准样品换算等方法中，也要计算由于校准的变动性产生的不确定度分量。

3.4.5 测量重复性的不确定度分量

测量重复性的不确定度分量一般采用不确定度 A 类评定，要求对同一个样品在重复性条件下进行多次测量。设某试样重复测量 n 次，标准差为 s，则测量重复性的标准不确定度 $u(s) = s/\sqrt{n}$。

在没有进行多次重复测量的情况下，可采用经验的或以前的数据进行统计，也可引用测试方法的重复性限来评定重复性不确定度。测试方法的重复性限 r 与实验室内标准差 s_r 有如下关系：$r = 2.8s_r$（参见 GB/T 6379.6—2009）。

测量重复性标准不确定度中已包括了体积测量（或稀释）、称量等重复性不确定度因素，这些重复测量的不确定度分量不再进行统计。

3.4.6 相对原子质量、摩尔质量等常数引入的不确定度分量

IUPAC 发布各元素的相对原子质量，其最后一位数字是不确定的，并在括号内表示其不确定度。根据相对原子质量的不确定度可计算相应物质摩尔质量的不确定度。按照均匀分布，取 $k=\sqrt{3}$，其标准不确定度为 $u/\sqrt{3}$。重铬酸钾分子中钾、铬和氧的相对原子质量和标准不确定度如表 5 所示。

表 5 钾、铬、氧的相对原子质量的标准不确定度

元　　素	相对原子质量	标准不确定度
K	39.098 3(0.000 1)	0.000 058
Cr	51.996 1(0.000 6)	0.000 35
O	15.999 4(0.000 3)	0.000 18

重铬酸钾分子中同一元素间相对原子质量是正相关，钾原子的标准不确定度为 0.000 058×2=0.000 116，铬原子为 0.000 35×2=0.000 7，氧原子为 0.000 18×7=0.001 26。

重铬酸钾的摩尔质量为 294.184 6 g/mol，各元素不相关，其标准不确定度为：

$$u(M_{K_2Cr_2O_7})=\sqrt{0.000\ 116^2+0.000\ 7^2+0.001\ 26^2}=0.001\ 5(\text{g/mol})$$

$$u_{\text{rel}}(M_{K_2Cr_2O_7})=0.001\ 5/294.2=5.1\times10^{-6}$$

元素的相对原子质量和物质摩尔质量的标准不确定度分量与其他因素相比很小，一般可忽略不计。

3.4.7 校正系数的不确定度分量

某些分析方法的数学模型中涉及一些校正系数的量值，例如，燃烧气体容量法测定碳量方法中温度、压力校正系数，以及返滴定法中两种标准滴定溶液浓度的比值、干扰系数的校正值等，如果校正系数的变动影响到测量值，应评定其不确定度分量。

校正系数不确定度分量的计算与测量不确定度评定一样，首先找出影响校正系数的因素，再进行评定。例如，燃烧气体容量法测定碳量的校正系数受温度计、压力计的误差及其测量变动性的影响，可根据校正系数表，按内插法求温度、压力对校正系数的影响率，再由温度、压力的变动性计算校正系数的不确定度分量；两种标准滴定溶液浓度比值的不确定度分量与标准滴定溶液浓度的变动性和互相标定时引入的不确定度分量等有关。

3.4.8 长度测量的不确定度分量

涉及直径、长度的测量，例如镀锌、镀锡板表面锌、锡层质量的测定，试验中需测量样品直径。

直径(或长度)通常用游标卡尺或千分尺测量，其不确定度由游标卡尺或千分尺本身的误差和测量重复性分量组成。例如，用游标卡尺测量直径 $d=50$ mm 的试验样品，该游标卡尺的示值误差是 ±0.020 mm，按均匀分布，其标准不确定度 $u_1(d)=0.020/\sqrt{3}=0.012$(mm)；直径测量的重复性可通过多次测量计算，其标准不确定度 $u_2(d)=0.011$ mm。由此，直径测量的标准不确定度 $u(d)=\sqrt{0.012^2+0.011^2}=0.016$(mm)，其相对标准不确定度 $u_{\text{rel}}(d)=0.016/50=3.2\times10^{-4}$。

3.4.9 仪器示值读数引入的不确定度分量

由于仪器显示和人为读数分辨力不够，输入信号在一个已知区间内变动，往往显示或读出同一数值。设数字式显示或读数分辨力为 δ_x，它的变化区间为 $\pm0.5\delta_x$，按均匀分布计算，则产生的标准不确定

度 $u(x)=0.5\delta_x/\sqrt{3}=0.29\delta_x$。例如,显示或读数分辨力为 0.01,$u(x)=0.0029$;分辨力为 0.05,$u(x)=0.015$。

如果重复测量所得若干结果的末位数存在明显的差异,则计算的重复性标准不确定度中已包含了分辨力效应的分散性,读数分辨力的不确定度分量可忽略不计。当末位数无明显差异时,应将 $0.29\delta_x$ 作为一个分量计算到合成不确定度中。

3.4.10 数值修约引入的不确定度

数值修约时,如修约间隔为 δ_x,则产生的不确定度 $u(x)=0.5\delta_x/\sqrt{3}=0.29\delta_x$,即修约间隔为 0.1,$u(x)=0.029$;间隔为 0.01,$u(x)=0.002\ 9$,依此类推。如果其分量与其他分量比较不可忽略时,应计算修约引起的不确定度分量。计算时应避免对数值的过分修约。

4 重量法测量不确定度评定

4.1 分析方法和测量参数描述

对所采用的分析方法、分析程序和测量参数进行清晰、准确的描述,描述内容包括方法名称、试料量、试料分解、沉淀、溶液过滤、灼烧(或烘干)条件、称量方法、滤液是否回收及回收条件、称量次数等,描述的程度和列出的测量参数应满足不确定度评定的需要。

4.2 建立数学模型

试料分解后,在一定条件下,将待测组分与试料中的其他组分分离,转化为一定的称量形式。用称重方法测定该组分的含量。在精确分析中,还应采用适当的方法测定滤液中残留的待测组分的含量。

重量法数学模型通式可表示为:

$$w_{M1}=\frac{[(m_1-m_2)-(m_3-m_4)]\times k}{m}\times 100 \qquad \cdots\cdots(25)$$

式中:

w_{M1}——沉淀中待测组分的质量分数,数值以 10^{-2} 或%表示;

m_1——坩埚和沉淀质量的数值,单位为克(g);

m_2——坩埚和残渣质量的数值,单位为克(g);

m_3——坩埚和空白试验的沉淀质量的数值,单位为克(g);

m_4——坩埚和空白试验的残渣质量的数值,单位为克(g);

k——沉淀变换为待测组分的换算因数;

m——试料质量的数值,单位为克(g)。

测定滤液中残留组分的数学模型通式:

$$w_{M2}=\frac{cVV_0}{mV_1\times 10^6}\times 100 \qquad \cdots\cdots(26)$$

式中:

w_{M2}——滤液中待测组分的质量分数,数值以 10^{-2} 或%表示;

c——由校准曲线计算得出的试液中被测元素浓度的数值,单位为微克每毫升(μg/mL);

V——试液定容体积的数值,单位为毫升(mL);

V_1——分取滤液体积的数值,单位为毫升(mL);

V_0——滤液总体积的数值,单位为毫升(mL)。

当 $V_0/V_1=1$,即滤液不经分取直接测量时,可简化为式(27):

$$w_{M2}=\frac{cV}{m_0\times 10^6}\times 100 \qquad \cdots\cdots(27)$$

4.3 不确定度来源的识别

根据重量法的数学模型，不确定度的主要来源有：

a) 测量重复性不确定度；

b) 试料质量和沉淀质量的不确定度；

c) 换算因数的不确定度。

如要测定滤液中待测组分，还应评定其不确定度。

4.4 不确定度分量的评定

4.4.1 测量重复性不确定度分量，$u(s)$

根据重复性测量数据计算其重复性标准不确定度 $u(s)$ 和相对标准不确定度 $u_{rel}(s)$，或引用测试方法重复性限 r，也可引用在同条件下操作的测量数据来计算其测量重复性标准不确定度。

4.4.2 试料质量和沉淀质量的不确定度分量，$u(m)$

试料质量的不确定度包括天平称量误差的不确定度分量和天平称量重复性的不确定度分量。如果已评定了测量重复性不确定度分量，天平称量重复性的不确定度已包括在其中，不再评定。

由于 m_1 与 m_2 相差不大，且都是用同一分析天平称量得出，考虑到其相关性且相关系数接近于 1，天平称量误差带来的不确定度可以抵消。同样，对于 m_3 和 m_4，天平称量误差产生的不确定度也可抵消。因此，沉淀称量中由天平称量误差产生的不确定度近似为零，不必考虑。而称量重复性不确定度已包括在测量重复性不确定度中，不再重复评定。

4.4.3 待测组分换算因数的不确定度分量，$u(k)$

重量分析中，称量形式往往与被测组分的表示形式不同，需将称得的称量形式的质量换算成被测组分的质量。待测组分的相对分(原)子质量与称量形式的相对分子质量的比值为一常数，称换算因数。因此，换算因数的不确定度应包含待测组分的相对分(原)子质量和称量形式的相对分子质量的不确定度，数值为二者的方和根。

4.4.4 滤液中待测组分的不确定度分量，$u(w_{M2})$

根据测定滤液采用的方法，参照本标准相关部分评定滤液中待测组分的不确定度分量。通常该分量很小，可以忽略不计。

4.5 合成标准不确定度的评定

4.5.1 沉淀中待测组分的不确定度

各分量不相关时，以各分量的相对标准不确定度的方和根，按式(28)求出相对合成标准不确定度：

$$u_{crel}(w_{M1})=\sqrt{u_{rel}^2(s)+u_{rel}^2(m)+u_{rel}^2(k)} \qquad \cdots\cdots(28)$$

由相对合成标准不确定度 $u_{crel}(w_{M1})$，按式(29)计算合成标准不确定度 $u(w_{M1})$：

$$u(w_{M1})=w\cdot u_{crel}(w_{M1}) \qquad \cdots\cdots(29)$$

4.5.2 滤液中待测组分的不确定度

滤液中待测组分的不确定度的分量参见相关的不确定度评定(光度法、原子吸收法或 ICP-AES 法等)，其合成标准不确定度以 $u(w_{M2})$ 表示。

4.5.3 沉淀和滤液中待测组分的合成标准不确定度

按式(30)计算沉淀和滤液中待测组分的合成标准不确定度：

$$u(w_M)=\sqrt{u^2(w_{M1})+u^2(w_{M2})} \quad \cdots\cdots(30)$$

4.6 扩展不确定度的评定

取95%的置信水平，包含因子 $k=2$，按式(31)计算扩展不确定度：

$$U=u(w_M)\times 2 \quad \cdots\cdots(31)$$

4.7 测量结果及不确定度表达

测量结果的不确定度以扩展不确定度表示。通常扩展不确定度与测量结果一起表示，并说明包含因子 k 值。

测量不确定度通常取1位或2位有效数字。在报告最终结果时，可采用最末位后面的数都进位而不是舍去，也可采用一般修约规则。测量结果和扩展不确定度的数位应保持一致。计算过程中为避免修约产生的误差可多保留1位有效数字。

重量法测量不确定度评定实例见附录A。

5 滴定法测量不确定度评定

5.1 分析方法和测量参数描述

对所采用的分析方法、分析程序和测量参数进行清晰、准确的描述，描述内容包括方法名称、试料量、试料分解、试料溶液稀释和分取体积、滴定方式、标准滴定溶液的浓度(含标准滴定溶液的配制、浓度的标定等)、消耗标准滴定溶液的体积、测量参数等，描述的程度和列出的测量参数应满足不确定度评定的需要。

5.2 建立数学模型

5.2.1 直接滴定法

被测元素(成分)的质量分数按式(32)或式(33)计算：

$$w_M=\frac{c(V_1-V_{01})V_0M}{mV\times 1\ 000}\times 100 \quad \cdots\cdots(32)$$

或

$$w_M=\frac{F(V_1-V_{01})V_0}{mV\times 1\ 000}\times 100,F=\frac{\rho V_3}{V_4} \quad \cdots\cdots(33)$$

式中：

w_M——被测元素(成分)的质量分数，数值以 10^{-2} 或%表示；

c ——标准滴定溶液浓度的数值，单位为摩尔每升(mol/L)；

V_1 ——滴定试液消耗标准滴定溶液体积的数值，单位为毫升(mL)；

V_{01}——滴定空白试液消耗标准滴定溶液体积的数值，单位为毫升(mL)；

V_0 ——试料溶液体积的数值，单位为毫升(mL)；

V ——滴定时分取试料溶液体积的数值，单位为毫升(mL)；

F ——滴定系数，与1.00 mL标准滴定溶液相当的被测组分质量的数值，单位为毫克每毫升(mg/

mL)；

ρ ——被测组分标准溶液质量浓度的数值，单位为毫克每毫升(mg/mL)；

V_3 ——移取被测组分标准溶液体积的数值，单位为毫升(mL)；

V_4 ——标定时消耗标准滴定溶液体积的数值，单位为毫升(mL)；

m ——试料质量的数值，单位为克(g)；

M ——被测组分摩尔质量的数值，单位为克每摩尔(g/mol)。

5.2.2 返滴定法

被测元素(成分)的质量分数按式(34)计算：

$$w_M = \frac{(c_1V_1 - c_2V_2)V_0M}{mV \times 1\,000} \times 100 \qquad \cdots\cdots(34)$$

式中：

c_1 ——标准滴定溶液浓度的数值，单位为摩尔每升(mol/L)；

V_1——加入标准滴定溶液体积的数值，单位为毫升(mL)；

c_2 ——返滴定用标准滴定溶液浓度的数值，单位为摩尔每升(mol/L)；

V_2——返滴定消耗标准滴定溶液体积的数值，单位为毫升(mL)。

其余同5.2.1。

5.3 识别不确定度来源

根据分析方法的数学模型，对所有影响测量结果的输入量进行识别和描述。有些输入量，如滴定系数 F 在标定时还受其他量的影响，其影响也应作为滴定系数 F 的分量一并描述。

5.4 不确定度分量的评定

5.4.1 直接滴定法

5.4.1.1 测量重复性不确定度分量

根据重复测量数据计算其重复性标准不确定度 $u(s)$ 和相对标准不确定度 $u_{rel}(s)$，或引用测试方法重复性限 r，也可引用在同条件下操作的测量数据来计算其测量重复性标准不确定度。

5.4.1.2 滴定试液消耗标准滴定溶液体积(V_1)和滴定空白试液消耗标准滴定溶液的体积(V_{01})的不确定度

包括滴定管体积误差引入的不确定度分量、标准滴定溶液配制或标定与使用时温度差别引起的不确定度分量(如标准滴定溶液使用时的温度与配制或标定时相同，不考虑温度的影响)以及滴定体积读数重复性的不确定度分量(如已评定了测量重复性分量，滴定体积读数重复性的不确定度分量已包括在其中，不再评定)。

根据评定的 $u(V_1)$ 和 $u(V_{01})$，按式(35)和式(36)用方和根计算 (V_1-V_{01}) 的标准不确定度和相对标准不确定度：

$$u(V_1 - V_{01}) = \sqrt{u^2(V_1) + u^2(V_{01})} \qquad \cdots\cdots(35)$$

$$u_{rel}(V_1 - V_{01}) = \frac{u(V_1 - V_{01})}{V_1 - V_{01}} \qquad \cdots\cdots(36)$$

注：通常 V_{01} 接近于零，评定的 $u(V_{01})$ 比 $u(V_1)$ 小很多，计算时可忽略 $u(V_{01})$ 项。

5.4.1.3 标准滴定溶液浓度(c)的不确定度分量

a) 当已知标准滴定溶液浓度的不确定度分量，可直接引用或计算其标准不确定度。

b) 当标准滴定溶液由纯物质直接配制,应评定纯度的标准不确定度分量、称取纯物质的称量不确定度分量以及配制该标准滴定溶液容量器皿的不确定度分量。

c) 当标准滴定溶液浓度由另一标准溶液标定,应评定标定重复性的不确定度分量、所采用标准溶液浓度的不确定度分量、标定时移取标准滴定溶液体积的不确定度分量以及标定时消耗标准溶液体积的不确定度分量。

5.4.1.4 试料溶液体积(V_0)的不确定度分量(当试料溶液全部被滴定时,此项不评定)

包括试料溶液定容体积的不确定度分量、试料溶液定容与分取时温度差别引起的不确定度分量(通常溶液稀释与移取的温度相同,可不考虑)以及溶液定容时稀释重复性的不确定度分量(如已评定了测量重复性分量,稀释重复性分量已包括在其中,不再评定)。

5.4.1.5 滴定时分取试料溶液的体积(V)不确定度分量

同5.4.1.4。

5.4.1.6 试料质量(m)的不确定度分量

包括天平称量误差的不确定度分量以及天平称量重复性的不确定度分量。如已评定了测量重复性分量,天平称量重复性的不确定度分量已包括在其中,不再评定。

5.4.1.7 被测组分的摩尔质量(M)的不确定度分量

按均匀分布计算被测组分相对原(分)子质量的不确定度。

5.4.1.8 滴定系数(F)的不确定度分量

当用滴定系数计算被测组分含量时,根据式(33),除评定上述有关分量,还应评定滴定系数的不确定度分量。

当已知标准滴定溶液对被测组分滴定系数的不确定度,可直接引用或计算其标准不确定度。

当用被测组分标准溶液来标定标准滴定溶液滴定系数时,应评定被测组分标准溶液浓度的不确定度分量、移取被测组分标准溶液体积的不确定度分量以及标定消耗标准滴定溶液体积的不确定度分量。

5.4.2 返滴定法

5.4.2.1 根据式(34),按5.4.1评定测量重复性及 c_1、c_2、V_1、V_2、V、V_0、M 等不确定度分量。

5.4.2.2 按 c_1、V_1 和 c_2、V_2 相对标准不确定度的方和根,分别计算 c_1V_1 和 c_2V_2 项的相对标准不确定度和标准不确定度。

5.4.2.3 通常 c_1V_1、c_2V_2 不相关,按 c_1V_1 和 c_2V_2 的标准不确定度的方和根,计算($c_1V_1-c_2V_2$)项的标准不确定度和相对标准不确定度。

5.5 合成标准不确定度的评定

各分量不相关,以各分量的相对标准不确定度的方和根求相对合成标准不确定度。

根据式(32),有

$$u_{\mathrm{crel}}(w_{\mathrm{M}})=\sqrt{u_{\mathrm{rel}}^2(s)+u_{\mathrm{rel}}^2(c)+u_{\mathrm{rel}}^2(V_1-V_{01})+u_{\mathrm{rel}}^2(V_0)+u_{\mathrm{rel}}^2(V)+u_{\mathrm{rel}}^2(m)+u_{\mathrm{rel}}^2(M)} \quad \cdots\cdots(37)$$

根据式(33),有

$$u_{crel}(w_M)=\sqrt{u_{rel}^2(s)+u_{rel}^2(F)+u_{rel}^2(V_1-V_{01})+u_{rel}^2(V_0)+u_{rel}^2(V)+u_{rel}^2(m)} \quad \cdots(38)$$

根据式(34),有

$$u_{crel}(w_M)=\sqrt{u_{rel}^2(s)+u_{rel}^2(c_1V_1-c_2V_2)+u_{rel}^2(V_0)+u_{rel}^2(V)+u_{rel}^2(m)+u_{rel}^2(M)} \quad \cdots(39)$$

由合成相对标准不确定度 $u_{crel}(w_M)$计算合成标准不确定度 $u_c(w_M)$:

$$u_c(w_M)=w_M \cdot u_{crel}(w_M) \quad \cdots\cdots(40)$$

5.6 扩展不确定度的评定

取95%置信水平,包含因子 $k=2$,按式(41)计算扩展不确定度:

$$U=u_c(w_M)\times 2 \quad \cdots\cdots(41)$$

5.7 结果及不确定度表达

测量结果的不确定度以扩展不确定度表示。通常扩展不确定度与测量结果一起表示,并说明包含因子 k 值。

测量不确定度通常取1位或2位有效数字。在报告最终结果时,可采用最末位后面的数都进位而不是舍去,也可采用一般修约规则。测量结果和扩展不确定度的数位应保持一致。计算过程中为避免修约产生的误差可多保留1位有效数字。

滴定法测量不确定度评定实例见附录B。

6 分光光度法测量不确定度评定

6.1 分析方法和测量参数描述

对所采用的分析方法、分析程序和测量参数进行清晰、准确的描述,描述内容包括方法名称、试料量、试料分解、试液稀释体积、分取体积、萃取时萃取有机溶剂加入体积、所使用的标准物质/标准样品或系列标准溶液的配制(含标准溶液的浓度、分取量等)、系列标准溶液和试液的测量次数及测量参数等,描述的程度和列出的测量参数应满足不确定度评定的需要。

6.2 建立数学模型

试料分解后,溶液中的被测离子与显色剂反应生成有色化合物,在一定波长下测量该有色化合物的吸光度。通过校准曲线计算试料中被测元素(成分)的质量分数。

分光光度法的数学模型通式可表示为:

$$w_M=\frac{\rho V V_0}{m V_1\times 10^6}\times 100 \quad \cdots\cdots(42)$$

式中:

w_M——被测元素(成分)的质量分数,数值以10^{-2}或%表示;

ρ ——由校准曲线计算得出的显色液中被测元素(成分)质量浓度的数值,单位为微克每毫升(μg/mL);

V ——显色液体积的数值,单位为毫升(mL);

V_1——分取试液体积的数值,单位为毫升(mL);

V_0——试液总体积数值,单位为毫升(mL);

m ——试料质量的数值,单位为克(g)。

当$V_0/V_1=1$,即试液不经分取直接显色测量时,式(42)可简化为:

$$w_M=\frac{\rho V}{m\times 10^6}\times 100 \quad \cdots\cdots(43)$$

6.3 不确定度来源的识别

根据分析方法的数学模型,ρ 是通过校准曲线计算得出的被测试液中被测元素(成分)的质量浓度。因此,在评定测量重复性不确定度的同时,应对 ρ 的不确定度分量进行合理评定。质量浓度 ρ 受校准曲线线性拟合及绘制校准曲线所用标准溶液(或标准物质/标准样品)本身的不确定度等因素的影响。此外,还应对显色液体积 V、试液总体积 V_0、分取试液体积 V_1 和试料质量 m 等的不确定度分量进行识别和描述。

当用萃取光度法测量时,应考虑分取有机溶剂体积的不确定度分量。

6.4 不确定度的评定

6.4.1 测量重复性不确定度分量的评定,$u(s)$

根据重复测量数据计算其重复性标准不确定度 $u(s)$ 和相对标准不确定度 $u_{\mathrm{rel}}(s)$,或引用测试方法重复性限 r,也可引用在同条件下操作的测量数据来计算其测量重复性标准不确定度。

6.4.2 被测元素(成分)质量浓度 $\boldsymbol{\rho}$ 的标准不确定度的评定

6.4.2.1 校准曲线线性拟合的不确定度分量

设校准曲线回归方程为:

$$A = a + b\rho \qquad \cdots\cdots(44)$$

式中:

A ——显色液中被测元素(成分)的吸光度;

a ——校准曲线截距;

b ——校准曲线斜率;

ρ ——显色液中被测元素(成分)质量浓度的数值,单位为微克每毫升(μg/mL)。

校准曲线线性拟合对被测量浓度 ρ 产生的测量不确定度分量 $u(\rho)$ 按式(45)计算:

$$u(\rho) = \frac{s_R}{b}\sqrt{\frac{1}{P} + \frac{1}{n} + \frac{(\rho - \bar{\rho})^2}{\sum_{i=1}^{n}(\rho_i - \bar{\rho})^2}} \qquad \cdots\cdots(45)$$

式中:

s_R——残余标准差,$s_R = \sqrt{\dfrac{\sum_{i=1}^{n}[A_i - (b\rho_i + a)]^2}{n-2}}$;

$\bar{\rho}$ ——校准曲线各校准浓度的平均值,$\bar{\rho} = \dfrac{\sum_{i=1}^{n}\rho_i}{n}$;

n ——校准曲线的各校准溶液测量次数,如校准曲线有 5 个校准点,每点测量 3 次,则 $n=15$;

P——被测试液的测量次数,如某试样称量 2 份,每份试液测量 2 次,则 $P=2\times2=4$。

相对标准不确定度按式(46)计算:

$$u_{\mathrm{rel}}(\rho) = \frac{u(\rho)}{\rho} \qquad \cdots\cdots(46)$$

6.4.2.2 标准溶液($\boldsymbol{\rho}_{\mathbf{B}}$)不确定度分量,$u(\boldsymbol{\rho}_{\mathbf{B}})$

6.4.2.2.1 标准溶液浓度的不确定度分量

a) 当已知标准溶液浓度的不确定度分量,可直接引用并计算其标准不确定度分量。

b) 当该标准溶液由纯物质直接配制，应评定纯度的标准不确定度分量、称取纯物质的称量不确定度分量以及配制该标准溶液所用容量器皿的不确定度分量。

c) 当该标准溶液由数个标准物质/标准样品配制时，可将所用标准物质/标准样品的标准不确定度和相对标准不确定度列出，并将各标准物质/标准样品相对标准不确定度的均方根作为标准物质/标准样品的相对标准不确定度，即

$$u_{rel1}(\rho_B)=\sqrt{\frac{\sum_{i=1}^{n}u_{rel}^{2}(\rho_{Bi})}{n}} \quad \cdots\cdots\cdots\cdots(47)$$

式中：

$u_{rel}(\rho_{Bi})$——第 i 个标准物质/标准样品特性量值的相对标准不确定度。

6.4.2.2.2 分取标准溶液的体积和溶液稀释体积的不确定度分量

配制时标准溶液通常用一支移液管(或滴定管)操作，分取标准溶液体积的相对标准不确定度以各分取溶液体积相对标准不确定度的均方根计算，即

$$u_{rel2}(\rho_B)=\sqrt{\frac{\sum_{i=1}^{n}u_{rel}^{2}(V_i)}{n}} \quad \cdots\cdots\cdots\cdots(48)$$

式中：

$u_{rel}(V_i)$——分取第 i 个标准溶液体积误差的相对标准不确定度。

由于分取数份标准溶液，其体积读数的不确定度已包括在校准曲线线性拟合的不确定度中，不再评定。

校准曲线通过多个校准溶液测量和绘制，各校准溶液稀释在数个同体积的容量瓶中，可认为各容量瓶的体积误差、稀释重复性的不确定度已包括在校准曲线线性拟合的不确定度中，不再评定。

当分取标准溶液与配制标准溶液时存在温差，应评定由温差引入的不确定度分量 $u_{rel3}(\rho_B)$。

因此，按式(49)计算标准溶液的相对标准不确定度：

$$u_{rel}(\rho_B)=\sqrt{u_{rel1}^{2}(\rho_B)+u_{rel2}^{2}(\rho_B)+u_{rel3}^{2}(\rho_B)} \quad \cdots\cdots\cdots\cdots(49)$$

6.4.3 显色液体积(V)的不确定度分量，$u(V)$

显色液体积的不确定度包括体积本身的误差、体积稀释的重复性和温差对体积影响等分量。

当已评定了测量重复性不确定度分量，体积稀释重复性的不确定度已包含在其中，不再评定。而溶液温差的影响在各测量溶液间是一致的，亦不考虑其分量。

6.4.4 试液总体积(V_0)的不确定度分量，$u(V_0)$

本条的评定同6.4.3。

6.4.5 分取试液的体积(V_1)的不确定度分量，$u(V_1)$

分取试液和校准曲线溶液时，通常使用同一支移液管，由于是相对测量方法，移液管本身体积的误差对校准曲线溶液和试料溶液测量结果的影响是一致的，可不考虑移液管本身的体积误差。而移液管读数误差则已体现在测量重复性中，不再评定。

溶液温差的影响在各测量溶液间是一致的，亦可不考虑其分量。但是，在用标准溶液绘制校准曲线时，应考虑分取标准溶液时温度与配制标准溶液时是否存在温差，评定其温差引入的不确定度分量。用标准物质/标准样品绘制校准曲线时，可不考虑温差引入的不确定度分量。

6.4.6 萃取光度法中分取有机溶剂体积的不确定度分量

萃取光度法通常用同一支移液管分取有机溶剂进行校准曲线溶液和试样溶液萃取操作，移液管的体积误差不影响测量不确定度，而移液管读数的不确定度已包括在校准曲线线性拟合和测量重复性不确定度中，不再评定。

萃取光度法中被测物质的萃取率一般小于100%。如果绘制校准曲线和样品均全过程同时操作，则可认为分析结果不受萃取率的影响，而萃取率的不确定度分量则包括在样品的测量重复性和校准曲线线性拟合的不确定度中，不再评定。

6.4.7 试料质量(m)的不确定度分量，$u(m)$

包括天平称量误差的不确定度分量以及天平称量重复性的不确定度分量。如果已评定了测量重复性分量，天平称量重复性分量已包括在其中，不再评定。

6.4.8 仪器变动性的不确定度分量

测量过程中，由于仪器输入的电流、电压、仪器分光性能的微小变化而使仪器读出的吸光度有一定的变动性。当已计算了测量重复性不确定度分量，仪器读数的变动性已包括在其中，不再评定。

对于仪器示值分辨力(δ_x)不确定度分量，如果重复测量所得若干结果的末位数存在明显的差异，计算的重复性标准不确定度中已包含了仪器分辨力的分散性，分辨力的不确定度分量可忽略不计。当末位数无明显差异，应将 $u(\delta_x)=0.29\delta_x$ 作为一个分量计算在合成不确定度中。

6.5 合成标准不确定度的评定

各分量不相关时，以各分量的相对标准不确定度的方和根求相对合成标准不确定度，按式(50)计算：

$$u_{\text{crel}}(w_{\text{M}})=\sqrt{u_{\text{rel}}^2(s)+u_{\text{rel}}^2(\rho)+u_{\text{rel}}^2(\rho_{\text{B}})+u_{\text{rel}}^2(V)+u_{\text{rel}}^2(V_0)+u_{\text{rel}}^2(V_1)+u_{\text{rel}}^2(m)+u_{\text{rel}}^2(\delta_x)} \quad \cdots\cdots(50)$$

当 $V_0/V_1=1$，即试料溶液不经分取直接显色测量，且 $u_{\text{rel}}(m)$，$u_{\text{rel}}(\delta_x)$可忽略时，按式(51)计算：

$$u_{\text{crel}}(w_{\text{M}})=\sqrt{u_{\text{rel}}^2(s)+u_{\text{rel}}^2(\rho)+u_{\text{rel}}^2(\rho_{\text{B}})+u_{\text{rel}}^2(V)} \quad \cdots\cdots(51)$$

按式(52)计算合成标准不确定度 $u_{\text{c}}(w_{\text{M}})$：

$$u_{\text{c}}(w_{\text{M}})=w_{\text{M}}\cdot u_{\text{crel}}(w_{\text{M}}) \quad \cdots\cdots(52)$$

6.6 扩展不确定度的评定

取95%的置信水平，包含因子 $k=2$，按式(53)计算扩展不确定度：

$$U=u_{\text{c}}(w_{\text{M}})\times 2 \quad \cdots\cdots(53)$$

6.7 测量结果及不确定度表达

测量结果的不确定度以扩展不确定度表示。通常扩展不确定度与测量结果一起表示，并说明包含因子 k 值。

测量不确定度通常取1位或2位有效数字。在报告最终结果时，可采用最末位后面的数都进位而不是舍去，也可采用一般修约规则。测量结果和扩展不确定度的数位应保持一致。计算过程中为避免修约产生的误差可多保留1位有效数字。

分光光度法测量不确定度评定实例见附录C。

7 原子吸收光谱法测量不确定度评定

7.1 分析方法和测量参数描述

对所采用的分析方法、分析程序和测量参数进行清晰、准确的描述，描述内容包括所采用的方法、试料量、试料分解、试液稀释体积、分取体积、所使用的标准物质或系列标准溶液的配制（含标准溶液的浓度、分取量等）、系列标准溶液和试液的测量次数及测量参数、所用分析仪器及测量波长等，描述的程度和列出的测量参数应满足不确定度评定的需要。

7.2 建立数学模型

试料分解后，将试料溶液稀释到一定体积。以火焰原子吸收法或电热原子吸收法测量被测元素（成分）的吸光度，通过校准曲线计算试料中被测元素（成分）的质量分数。

原子吸收光谱法的数学模型通式可表示为：

$$w_{\mathrm{M}} = \frac{\rho V V_0}{m V_1 \times 10^6} \times 100 \qquad \cdots\cdots(54)$$

式中：

w_{M}——被测元素（成分）的质量分数，数值以 10^{-2} 或%表示；

ρ ——由校准曲线计算得到的被测试液中被测元素（成分）质量浓度的数值，单位为微克每毫升（μg/mL）；

V ——被测试液体积的数值，单位为毫升（mL）；

V_1 ——分取试液体积的数值，单位为毫升（mL）；

V_0 ——试液总体积的数值，单位为毫升（mL）；

m ——试料质量的数值，单位为克（g）。

当 $V_0/V_1=1$，即试液不经分取直接测量时，式(54)可简化为：

$$w_{\mathrm{M}} = \frac{\rho V}{m \times 10^6} \times 100 \qquad \cdots\cdots(55)$$

7.3 不确定度来源的识别

根据分析方法的数学模型，ρ 是通过校准曲线计算得出的被测试液中被测元素（成分）的质量浓度。因此，在评定测量重复性不确定度的同时，应对 ρ 的不确定度分量进行合理评定。浓度 ρ 受校准曲线线性拟合及绘制校准曲线所用标准溶液（或标准物质）本身的不确定度等因素的影响。此外，还应对被测试液体积 V、试液总体积 V_0、分取试液体积 V_1 和试料量 m 等的不确定度分量进行识别和描述。

7.4 不确定度分量的评定

7.4.1 测量重复性不确定度分量的评定，$u(s)$

根据重复测量数据计算其重复性标准不确定度 $u(s)$ 和相对标准不确定度 $u_{\mathrm{rel}}(s)$，或引用测试方法重复性限 r，也可引用在同条件下操作的测量数据来计算其测量重复性标准不确定度。

7.4.2 被测元素（成分）质量浓度 ρ 的标准不确定度的评定

7.4.2.1 校准曲线线性拟合的不确定度分量的评定，$u(\rho)$

设校准曲线回归方程为：

$$A = a + b\rho \qquad \cdots\cdots(56)$$

式中：

A ——被测试液中被测元素(成分)的吸光度；

a ——校准曲线截距；

b ——校准曲线斜率；

ρ ——被测试液中被测元素(成分)质量浓度的数值，单位为微克每毫升(μg/mL)。

其中 a 和 b 按最小二乘法进行统计：

$$a = \overline{A} - b\overline{\rho} \qquad (57)$$

$$b = \frac{\sum_{i=1}^{n}(\rho_i - \overline{\rho})(A_i - \overline{A})}{\sum_{i=1}^{n}(\rho_i - \overline{\rho})^2} \qquad (58)$$

按式(59)计算校准曲线线性拟合对质量浓度 ρ 产生的不确定度分量 $u(\rho)$：

$$u(\rho) = \frac{s_R}{b}\sqrt{\frac{1}{P} + \frac{1}{n} + \frac{(\rho - \overline{\rho})^2}{\sum_{i=1}^{n}(\rho_i - \overline{\rho})^2}} \qquad (59)$$

式中：

s_R——残余标准差，$s_R = \sqrt{\frac{\sum_{i=1}^{n}[A_i - (b\rho_i + a)]^2}{n-2}}$；

$\overline{\rho}$ ——校准曲线各校准浓度的平均值，$\overline{\rho} = \frac{\sum_{i=1}^{n}\rho_i}{n}$；

n ——校准曲线的各校准溶液测量次数，如校准曲线有 5 个校准点，每点测量 3 次，则 $n=15$；

P ——被测试液的测量次数，如某试样称量 2 份，每份试液测量 2 次，则 $P=2\times2=4$。

7.4.2.2 标准溶液(ρ_B)不确定度分量的评定，$u(\rho_B)$

7.4.2.2.1 标准溶液浓度的不确定度分量，$u_1(\rho_B)$

a) 当已知标准溶液浓度的不确定度，可直接引用并计算其标准不确定度分量。

b) 当标准溶液由纯物质直接配制，应评定纯度的标准不确定度分量、称取纯物质的称量不确定度分量以及配制该标准溶液所用容量器皿的不确定度分量。

c) 当标准溶液由数个标准物质配制时，可将所用标准物质的标准不确定度和相对标准不确定度列出，并将各标准物质相对标准不确定度的均方根作为标准物质的相对标准不确定度，即

$$u_{rel1}(\rho_B) = \sqrt{\frac{\sum_{i=1}^{n}u_{rel}^2(\rho_{Bi})}{n}} \qquad (60)$$

式中：

$u_{rel}(\rho_{Bi})$——第 i 个标准物质特性量值的相对标准不确定度。

7.4.2.2.2 分取标准溶液体积和溶液稀释体积的不确定度分量

配制校准溶液时，通常用一支移液管(或滴定管)操作，分取标准溶液体积的相对标准不确定度分量 $u_{rel2}(\rho_B)$以各分取溶液体积相对标准不确定度的均方根计算：

$$u_{rel2}(\rho_B) = \sqrt{\frac{\sum_{i=1}^{n}u_{rel}^2(V_i)}{n}} \qquad (61)$$

式中：

$u_{rel}(V_i)$——分取第 i 个标准溶液体积误差的相对标准不确定度。

由于分取数份标准溶液，其体积读数的不确定度已包括在校准曲线线性拟合的不确定度中，不再评定。

校准曲线通过多个校准溶液测量和绘制，各校准溶液稀释在数个同体积的容量瓶中，可认为各容量瓶的体积误差、稀释重复性的不确定度已包括在校准曲线线性拟合的不确定度中，不再评定。

当分取标准溶液与配制标准溶液时存在温差，应评定由温差引入的相对标准不确定度分量 $u_{rel3}(\rho_B)$。

因此，按式(62)计算标准溶液的相对标准不确定度：

$$u_{rel}(\rho_B)=\sqrt{u_{rel1}^2(\rho_B)+u_{rel2}^2(\rho_B)+u_{rel3}^2(\rho_B)} \quad \cdots\cdots(62)$$

7.4.3 被测试液体积(V)的不确定度分量，$u(V)$

被测试液体积的不确定度包括体积本身的误差、体积稀释的重复性和温差对体积影响等分量。

当已评定了测量重复性不确定度分量，体积稀释重复性的不确定度已包含在其中，不再评定。而溶液温差的影响在各测量溶液间是一致的，亦不考虑其分量。

7.4.4 试料溶液体积(V_0)的不确定度分量，$u(V_0)$

本条的评定同 7.4.3。

7.4.5 分取试料溶液的体积(V_1)的不确定度分量，$u(V_1)$

试料溶液的分取通常使用同一支移液管，应考虑移液管本身体积误差的不确定度分量 $u(V_1)$。而移液管读数误差已体现在测量重复性中，不再评定。

当用标准物质绘制校准曲线，所取标准物质与试料按分析方法同时操作，由于是相对测量方法，移液管本身体积的误差对校准曲线和试液测量结果的影响是一致的，可不考虑移液管本身的体积误差和读数的不确定度；溶液温差的影响对各测量溶液是一致的，亦可不考虑其分量。

7.4.6 电热原子吸收法分取试液的不确定度分量

原子吸收光谱法是相对测量方法，电热原子吸收光谱法由微量移液管移取试液(微升级，通常由仪器自动进样器进样)于电热管中进行原子化并测量吸光度。由于校准曲线溶液和试液在同一条件下操作，微量移液管移取溶液的体积误差是一致的，不影响其测量不确定度，而微量移液管读数的误差已包括在校准曲线线性拟合和测量重复性的不确定度中，亦不再评定。

注：通常电热原子吸收光谱法测量不确定度较火焰原子吸收法大，因为电热原子化条件比火焰原子化条件难控制，且用微量移液管移取溶液的体积小，其相对不确定度较大，导致校准曲线和测量重复性不确定度增大。

7.4.7 试料质量(m)的不确定度分量，$u(m)$

试料质量的不确定度分量包括天平称量误差的不确定度分量和天平称量重复性的不确定度分量。

如果已评定了测量重复性分量，天平称量重复性的不确定度分量已包括在其中，不再评定。

7.4.8 仪器变动性的不确定度分量

当已评定了测量重复性不确定度分量，仪器读数的变动性已包括在其中，不再评定。

对于仪器示值分辨力(δ_x)不确定度分量，如果重复测量所得若干结果的末位数存在明显的差异，则计算的重复性标准不确定度中已包含了仪器分辨力的分散性，分辨力的不确定度分量可忽略不计。当末位数无明显差异时，应将 $u(\delta_x)=0.29\delta_x$ 作为一个分量计算在合成不确定度中。

7.5 合成标准不确定度的评定

各分量不相关时，以各分量的相对标准不确定度的方和根，求相对合成标准不确定度，按式(63)计算：

$$u_{crel}(w_M)=\sqrt{u_{rel}^2(s)+u_{rel}^2(\rho)+u_{rel}^2(\rho_B)+u_{rel}^2(V)+u_{rel}^2(V_0)+u_{rel}^2(V_1)+u_{rel}^2(m)+u_{rel}^2(\delta x)} \quad\cdots\cdots(63)$$

当 $V_0/V_1=1$，即试料溶液不稀释直接用于测量，且 $u_{rel}(m)$，$u_{rel}(\delta_x)$可忽略时，按式(64)计算：

$$u_{crel}(w_M)=\sqrt{u_{rel}^2(s)+u_{rel}^2(\rho)+u_{rel}^2(\rho_B)+u_{rel}^2(V)} \quad\cdots\cdots(64)$$

按式(65)计算合成标准不确定度 $u_c(w_M)$：

$$u_c(w_M)=w_M\cdot u_{crel}(w_M) \quad\cdots\cdots(65)$$

7.6 扩展不确定度的评定

取95%置信水平，包含因子 $k=2$，按式(66)计算扩展不确定度：

$$U=u_c(w_M)\times 2 \quad\cdots\cdots(66)$$

7.7 测量结果及不确定度表达

测量结果的不确定度以扩展不确定度表示。通常扩展不确定度与测量结果一起表示，并说明包含因子 k 值。

测量不确定度通常取1位或2位有效数字。在报告最终结果时，可采用最末位后面的数都进位而不是舍去，也可采用一般修约规则。测量结果和扩展不确定度的数位应保持一致。计算过程中为避免修约产生的误差可多保留1位有效数字。

原子吸收光谱法测量不确定度评定实例见附录D。

8 氢化物发生-原子荧光光谱法测量不确定度评定

8.1 分析方法和测量参数描述

对所采用的分析方法、分析程序和测量参数进行清晰、准确的描述，描述内容包括所采用的方法、试料量、试料分解、试液稀释体积、分取体积、所使用的标准物质或系列标准溶液的配制(含标准溶液的浓度、分取量等)、系列标准溶液和试液的测量次数及测量参数、所用分析仪器等，描述的程度和列出的测量参数应满足不确定度评定的需要。

8.2 建立数学模型

试料分解后，调至适当酸度，加入掩蔽剂等，并将溶液稀释至一定体积。以硼氢化钾(钠)等还原剂还原，形成被测元素氢化物，以原子荧光光谱仪测量元素(成分)的荧光强度。通过校准曲线计算试料中被测元素(成分)的质量分数。

氢化物发生-原子荧光光谱法的数学模型通式可表示为：

$$w_M=\frac{\rho V V_0}{m V_1\times 10^6}\times 100 \quad\cdots\cdots(67)$$

式中：

w_M——被测元素(成分)的质量分数，数值以 10^{-2} 或%表示；

ρ ——由校准曲线计算得到的被测试液中被测元素(成分)质量浓度的数值，单位为微克每毫升(μg/mL)；

V ——被测试液体积的数值,单位为毫升(mL);
V_1 ——分取试液体积的数值,单位为毫升(mL);
V_0 ——试液总体积的数值,单位为毫升(mL);
m ——试料质量的数值,单位为克(g)。
当 $V_0/V_1=1$,即试液不经分取直接测量时,式(67)可简化为:

$$w_M = \frac{\rho V}{m \times 10^6} \times 100 \quad \cdots\cdots (68)$$

8.3 不确定度来源的识别

根据分析方法的数学模型,ρ 是通过校准曲线计算得出的被测试液中被测元素(成分)的质量浓度。因此,在评定测量重复性标准不确定度的同时,应对质量浓度 ρ 的不确定度分量进行合理评定。质量浓度 ρ 受校准曲线线性拟合及绘制校准曲线所用标准溶液(或标准物质)本身的不确定度等因素的影响。此外,还应对被测试液体积 V、试液总体积 V_0、分取试液体积 V_1 和试料质量 m 等的不确定度分量进行识别和描述。

8.4 不确定度分量的评定

8.4.1 测量重复性不确定度分量的评定

根据重复测量数据计算其重复性标准不确定度 $u(s)$ 和相对标准不确定度 $u_{rel}(s)$,或引用测试方法重复性限 r,也可引用在同条件下操作的测量数据来计算其测量重复性标准不确定度。

8.4.2 被测试液中被测元素(成分)质量浓度 $\boldsymbol{\rho}$ 的标准不确定度的评定

8.4.2.1 校准曲线线性拟合的不确定度分量的评定,$\boldsymbol{u(\rho)}$

设校准曲线回归方程为:

$$I = a + b\rho \quad \cdots\cdots (69)$$

式中:
I ——被测试液中被测元素(成分)的荧光强度;
a ——校准曲线截距;
b ——校准曲线斜率;
ρ ——被测试液中被测元素(成分)质量浓度的数值,单位为微克每毫升(μg/mL)。
其中 a 和 b 按最小二乘法进行统计:

$$a = \bar{I} - b\bar{\rho} \quad \cdots\cdots (70)$$

$$b = \frac{\sum_{i=1}^{n}(\rho_i - \bar{\rho})(I_i - \bar{I})}{\sum_{i=1}^{n}(\rho_i - \bar{\rho})^2} \quad \cdots\cdots (71)$$

按式(72)计算校准曲线线性拟合对质量浓度 ρ 产生的不确定度分量 $u(\rho)$:

$$u(\rho) = \frac{s_R}{b}\sqrt{\frac{1}{P} + \frac{1}{n} + \frac{(\rho - \bar{\rho})^2}{\sum_{i=1}^{n}(\rho_i - \bar{\rho})^2}} \quad \cdots\cdots (72)$$

式中:

s_R——残余标准差,$s_R = \sqrt{\frac{\sum_{i=1}^{n}[I_i - (b\rho_i + a)]^2}{n-2}}$;

$\bar{\rho}$ ——校准曲线各校准浓度的平均值，$\bar{\rho}=\frac{\sum_{i=1}^{n}\rho_i}{n}$；

n ——校准曲线的各校准溶液测量次数，如校准曲线有5个校准点，每点测量3次，则 $n=15$；

P ——被测试液的测量次数，如某试样称量2份，每份试液测量2次，则 $P=2\times2=4$。

8.4.2.2 标准溶液(ρ_B)不确定度分量的评定，$u(\rho_B)$

8.4.2.2.1 标准溶液浓度的不确定度分量

a) 当已知标准溶液浓度的不确定度，可直接引用并计算其标准不确定度分量。

b) 当标准溶液由纯物质直接配制，应评定其纯度的不确定度分量、称取纯物质的称量不确定度分量以及配制该标准溶液所用容量器皿的不确定度分量。

c) 当标准溶液由数个标准物质配制时，可将所用标准物质的标准不确定度和相对标准不确定度列出，并将各标准物质相对标准不确定度的均方根作为标准物质的相对标准不确定度，即

$$u_{\text{rel1}}(\rho_B)=\sqrt{\frac{\sum_{i=1}^{n}u_{\text{rel}}^2(\rho_{Bi})}{n}} \qquad \cdots\cdots(73)$$

式中：

$u_{\text{rel}}(\rho_{Bi})$——第 i 个标准物质特性量值的相对标准不确定度。

8.4.2.2.2 分取标准溶液体积和溶液稀释体积的不确定度分量

配制校准溶液时，通常用一支移液管(或滴定管)操作，分取标准溶液体积的不确定度分量 $u_{\text{rel2}}(\rho_B)$ 以各分取溶液体积相对标准不确定度的均方根计算，即

$$u_{\text{rel2}}(\rho_B)=\sqrt{\frac{\sum_{i=1}^{n}u_{\text{rel}}^2(V_i)}{n}} \qquad \cdots\cdots(74)$$

式中：

$u_{\text{rel}}(V_i)$——分取第 i 个标准溶液体积误差的相对标准不确定度。

由于分取数份标准溶液，其体积读数的不确定度已包括在校准曲线线性拟合的不确定度中，不再评定。

校准曲线通过多个校准溶液测量和绘制，各校准溶液稀释在数个同体积的容量瓶中，可认为各容量瓶的体积误差、稀释重复性的不确定度已包括在校准曲线线性拟合的不确定度中，不再评定。

当分取标准溶液与配制标准溶液时存在温差，应评定由温差引入的相对标准不确定度分量 $u_{\text{rel3}}(\rho_B)$。

因此，标准溶液的相对标准不确定度分量按式(75)计算：

$$u_{\text{rel}}(\rho_B)=\sqrt{u_{\text{rel1}}^2(\rho_B)+u_{\text{rel2}}^2(\rho_B)+u_{\text{rel3}}^2(\rho_B)} \qquad \cdots\cdots(75)$$

8.4.3 被测试液体积(V)的不确定度分量，$u(V)$

被测试液体积的不确定度包括体积本身的误差、体积稀释的重复性和温差对体积影响等分量。

当已评定了测量重复性不确定度分量，体积稀释重复性的不确定度已包含在其中，不再评定。而溶液温差的影响在各被测试液间是一致的，亦不考虑其分量。

8.4.4 试液总体积(V_0)的不确定度分量，$u(V_0)$

本条的评定同8.4.3。

8.4.5 分取试液的体积(V_1)的不确定度分量,$u(V_1)$

试液的分取通常使用同一支移液管,应考虑移液管本身体积误差的不确定度分量 $u(V_1)$。而移液管读数误差已体现在测量重复性中,不再评定。

当用标准物质绘制校准曲线,所取标准物质与试料按分析方法同时操作,由于是相对测量方法,移液管本身体积的误差对校准曲线和试液测量结果的影响是一致的,可不考虑移液管本身的体积误差和读数的不确定度;溶液温差的影响对各被测试液是一致的,亦可不考虑其分量。

8.4.6 试料质量(m)的不确定度分量,$u(m)$

试料质量的不确定度包括天平称量误差的不确定度分量和天平称量重复性的不确定度分量。

如果已评定了测量重复性分量,天平称量重复性的不确定度分量已包括在其中,不再评定。

8.4.7 仪器变动性的不确定度分量,$u(\delta_x)$

当已评定了测量重复性不确定度分量,仪器读数的变动性已包括在其中,不再评定。

对于仪器示值分辨力(δ_x)不确定度分量,如果重复测量所得若干结果的末位数存在明显的差异,则评定的测量重复性不确定度中已包含了仪器分辨力的分散性,其不确定度分量可忽略不计。当末位数无明显差异时,应将 $u(\delta_x)=0.29\delta_x$ 作为一个分量计算在合成标准不确定度中。

8.5 合成标准不确定度的评定

各分量不相关时,以各分量的相对标准不确定度的方和根,按式(76)计算相对合成标准不确定度:

$$u_{\text{crel}}(w_{\text{M}})=\sqrt{u_{\text{rel}}^2(s)+u_{\text{rel}}^2(\rho)+u_{\text{rel}}^2(\rho_{\text{B}})+u_{\text{rel}}^2(V)+u_{\text{rel}}^2(V_0)+u_{\text{rel}}^2(V_1)+u_{\text{rel}}^2(m)+u_{\text{rel}}^2(\delta_x)} \quad \cdots\cdots(76)$$

当 $V_0/V_1=1$,即试液不稀释直接用于测量,且 $u_{\text{rel}}(m)$,$u_{\text{rel}}(\delta_x)$可忽略时,按式(77)计算:

$$u_{\text{crel}}(w_{\text{M}})=\sqrt{u_{\text{rel}}^2(s)+u_{\text{rel}}^2(\rho)+u_{\text{rel}}^2(\rho_{\text{B}})+u_{\text{rel}}^2(V)} \quad \cdots\cdots(77)$$

按式(78)计算合成标准不确定度 $u_{\text{c}}(w_{\text{M}})$:

$$u_{\text{c}}(w_{\text{M}})=w_{\text{M}}\cdot u_{\text{crel}}(w_{\text{M}}) \quad \cdots\cdots(78)$$

8.6 扩展不确定度的评定

取95%置信水平,包含因子 $k=2$,计算扩展不确定度:

$$U=u_{\text{c}}(w_{\text{M}})\times 2 \quad \cdots\cdots(79)$$

8.7 测量结果及不确定度表达

测量结果的不确定度以扩展不确定度表示。通常扩展不确定度与测量结果一起表示,并说明包含因子 k 值。

测量不确定度通常取1位或2位有效数字。在报告最终结果时,可采用最末位后面的数都进位而不是舍去,也可采用一般修约规则。测量结果和扩展不确定度的数位应保持一致。计算过程中为避免修约产生的误差可多保留1位有效数字。

氢化物发生-原子荧光光谱法测量不确定度评定实例见附录E。

9 电感耦合等离子体原子发射光谱法测量不确定度评定

9.1 分析方法和测量参数描述

对所采用的分析方法、分析程序和测量参数进行清晰、准确的描述,描述内容包括方法名称、试料量、试料分解、试液稀释体积、所使用的标准物质或系列标准溶液的配制(含标准溶液的浓度、分取量等)、系列标准溶液和试液的测量次数及测量参数、所用分析仪器及测量波长等,描述的程度和列出的测量参数应满足不确定度评定的需要。

9.2 建立数学模型

试料分解后,将试料溶液稀释至一定体积。试液经雾化,进入电感耦合等离子体原子发射光谱仪中,测量被测元素分析线的发射光谱强度(或相对强度)。通过校准曲线,计算试料中被测元素的质量分数。

电感耦合等离子体原子发射光谱法的数学模型可表示为:

$$w_{\mathrm{M}}=\frac{\rho V}{m\times 10^{6}}\times 100 \qquad \cdots\cdots(80)$$

式中:

w_{M}——被测元素的质量分数,数值以 10^{-2} 或%表示;

ρ ——试液中被测元素质量浓度的数值,单位为微克每毫升(μg/mL);

V ——试液体积的数值,单位为毫升(mL);

m ——试料质量的数值,单位为克(g)。

注:极少数情况下,试液定容后再分取一定体积进行稀释,测量被测元素的光谱强度。此时,应考虑分取溶液体积和第二次定容体积的测量不确定度分量,可参见第6章。

9.3 不确定度来源的识别

根据分析方法的数学模型,ρ 是通过校准曲线计算得出的试液中被测元素的质量浓度。因此,在评定测量重复性标准不确定度的同时,应对质量浓度 ρ 的不确定度分量进行合理评定。质量浓度 ρ 受校准曲线线性拟合及绘制校准曲线所用标准溶液(或标准物质)本身的不确定度等因素的影响。此外,还应对试液体积 V 和试料质量 m 等的不确定度分量进行识别和描述。

9.4 不确定度分量的评定

9.4.1 测量重复性不确定度分量的评定

根据重复测量数据计算其重复性标准不确定度 $u(s)$ 和相对标准不确定度 $u_{\mathrm{rel}}(s)$,或引用测试方法重复性限 r,也可引用在同条件下操作的测量数据来计算其测量重复性标准不确定度。

9.4.2 试液中被测元素质量浓度 $\boldsymbol{\rho}$ 的不确定度的评定

9.4.2.1 校准曲线线性拟合的不确定度分量,$\boldsymbol{u}(\boldsymbol{\rho})$

校准曲线回归方程为:

$$I=a+b\rho \qquad \cdots\cdots(81)$$

式中:

I ——试液中被测元素分析线光谱强度(或相对强度);

a ——校准曲线截距;

b ——校准曲线斜率;

ρ ——试液中被测元素质量浓度的数值,单位为微克每毫升(μg/mL)。

其中 a 和 b 按最小二乘法进行统计:

$$a=\bar{I}-b\bar{\rho} \qquad \cdots\cdots(82)$$

$$b=\frac{\sum_{i=1}^{n}(\rho_i-\bar{\rho})(I_i-\bar{I})}{\sum_{i=1}^{n}(\rho_i-\bar{\rho})^2} \qquad \cdots\cdots(83)$$

校准曲线线性拟合对质量浓度 ρ 产生的不确定度分量 $u(\rho)$ 为：

$$u(\rho)=\frac{s_R}{b}\sqrt{\frac{1}{P}+\frac{1}{n}+\frac{(\rho-\bar{\rho})^2}{\sum_{i=1}^{n}(\rho_i-\bar{\rho})^2}} \qquad \cdots\cdots(84)$$

式中：

s_R——残余标准差，$s_R=\sqrt{\frac{\sum_{i=1}^{n}[I_i-(b\rho_i+a)]^2}{n-2}}$；

$\bar{\rho}$——校准曲线各校准溶液浓度的平均值，$\bar{\rho}=\frac{\sum_{i=1}^{n}\rho_i}{n}$；

n——校准溶液的测量次数，如校准曲线有 5 个点，每点测量 3 次，则 $n=15$；

P——试液的测量次数，如某试样称量 2 份，每份试液测量 2 次，则 $P=2\times2=4$。

9.4.2.2 标准溶液（ρ_B）不确定度分量的评定，$u(\rho_B)$

9.4.2.2.1 标准溶液浓度的不确定度分量

a) 当已知标准溶液浓度的不确定度，可直接引用并计算其标准不确定度分量。

b) 当标准溶液由纯物质直接配制，应评定其纯度的不确定度分量、称取纯物质的称量不确定度分量以及配制该标准溶液所用容量器皿的不确定度分量。

c) 当标准溶液由数个标准物质配制时，可将所用标准物质的标准不确定度和相对标准不确定度列出，并将各标准物质相对标准不确定度的均方根作为标准物质的相对标准不确定度，即

$$u_{rel1}(\rho_B)=\sqrt{\frac{\sum_{i=1}^{n}u_{rel}^2(\rho_{Bi})}{n}} \qquad \cdots\cdots(85)$$

式中：

$u_{rel}(\rho_{Bi})$——第 i 个标准物质特性量值的相对标准不确定度。

9.4.2.2.2 分取标准溶液体积和溶液稀释体积的不确定度分量

配制校准溶液时，通常用一支移液管（或滴定管）操作，分取标准溶液体积的相对标准不确定度分量 $u_{rel2}(\rho_B)$ 以各分取溶液体积相对标准不确定度的均方根计算，即

$$u_{rel2}(\rho_B)=\sqrt{\frac{\sum_{i=1}^{n}u_{rel}^2(V_i)}{n}} \qquad \cdots\cdots(86)$$

式中：

$u_{rel}(V_i)$——分取第 i 个标准溶液体积误差的相对标准不确定度。

由于分取数份标准溶液，其体积读数的不确定度已包括在校准曲线线性拟合的不确定度中，不再评定。

校准曲线通过多个校准溶液测量和绘制，各校准溶液稀释在数个同体积的容量瓶中，可认为各容量瓶的体积误差、稀释重复性的不确定度已包括在校准曲线线性拟合的不确定度中，不再评定。

当分取标准溶液与配制标准溶液时存在温差，应评定由温差引入的不确定度分量 $u_{rel3}(\rho_B)$。

当采用标准物质绘制校准曲线时，所取标准物质与试料按分析方法同时操作，由于是相对测量方法，本项可不评定。

因此，标准溶液的相对标准不确定度分量为：

$$u_{rel}(\rho_B)=\sqrt{u_{rel1}^2(\rho_B)+u_{rel2}^2(\rho_B)+u_{rel3}^2(\rho_B)} \quad \cdots\cdots(87)$$

9.4.3 试液体积(V)的不确定度分量，$u(V)$

试液体积的不确定度包括体积本身的误差、体积稀释的重复性和温差对体积影响等分量。

当已评定了测量重复性不确定度分量，体积稀释重复性的不确定度已包含在其中，不再评定。而溶液温差的影响在各被测试液间是一致的，亦不考虑其分量。

9.4.4 内标溶液体积的不确定度分量

当采用内标法测量被测元素分析线的相对光谱强度时，加入内标溶液体积的不确定度将影响测量的相对光谱强度。通常使用同一移液管移取内标溶液，由于电感耦合等离子体发射光谱法是相对测量方法，移液管本身体积的误差对校准溶液和试液测量结果的影响是一致的。而移液管刻度读数的不确定度已包括在校准曲线线性拟合的不确定度和测量重复性不确定度中，不再评定。

9.4.5 试料质量(m)的不确定度分量，$u(m)$

试料质量的不确定度包括天平称量误差的不确定度分量和天平称量重复性的不确定度分量。

如果已评定了测量重复性分量，天平称量重复性的不确定度分量已包括在其中，不再评定。

9.4.6 仪器变动性的不确定度分量，$u(\delta_x)$

测量过程中，由于仪器输入的电流、电压、工作气体的压力和流量、高频发生器功率、仪器分光性能的微小变化而使仪器读出的光谱强度有一定的变动性。当已评定了测量重复性不确定度分量，仪器读数的变动性已包括在其中，不再评定。

对于仪器示值分辨力(δ_x)不确定度分量，如果重复测量所得若干结果的末位数存在明显的差异，则评定的测量重复性不确定度中已包含了仪器分辨力的分散性，其不确定度分量可忽略不计。当末位数无明显差异时，应将 $u(\delta_x)=0.29\delta_x$ 作为一个分量计算在合成不确定度中。

9.5 合成标准不确定度的评定

各分量不相关时，以各分量的相对标准不确定度的方和根，按式(88)计算相对合成标准不确定度：

$$u_{crel}(w_M)=\sqrt{u_{rel}^2(s)+u_{rel}^2(\rho)+u_{rel}^2(\rho_B)+u_{rel}^2(V)+u_{rel}^2(m)+u_{rel}^2(\delta_x)} \quad \cdots\cdots(88)$$

当 $u(m)$，$u(\delta_x)$ 可忽略时，按式(89)计算：

$$u_{crel}(w_M)=\sqrt{u_{rel}^2(s)+u_{rel}^2(\rho)+u_{rel}^2(\rho_B)+u_{rel}^2(V)} \quad \cdots\cdots(89)$$

按式(90)计算合成标准不确定度 $u_c(w_M)$：

$$u_c(w_M)=w_M\cdot u_{crel}(w_M) \quad \cdots\cdots(90)$$

9.6 扩展不确定度的评定

取95%置信水平，包含因子 $k=2$，按式(91)计算扩展不确定度：

$$U=u_c(w_M)\times 2 \quad \cdots\cdots(91)$$

9.7 测量结果及不确定度表达

测量结果的不确定度以扩展不确定度表示。通常扩展不确定度与测量结果一起表示，并说明包含

因子 k 值。

测量不确定度通常取 1 位或 2 位有效数字。在报告最终结果时，可采用最末位后面的数都进位而不是舍去，也可采用一般修约规则。测量结果和扩展不确定度的数位应保持一致。计算过程中为避免修约产生的误差可多保留 1 位有效数字。

电感耦合等离子体原子发射光谱法测量不确定度评定实例见附录 F。

10 火花放电原子发射光谱法测量不确定度评定

10.1 分析方法和测量参数描述

对所采用的分析方法、分析程序和测量参数进行清晰、准确的描述，描述内容包括方法名称、试样状态、所使用的标准物质/标准样品和测量仪器、试样和标准物质/标准样品的测量次数及测量参数等，描述的程度和列出的测量参数应满足不确定度评定的需要。

10.2 建立数学模型

采用火花放电原子发射光谱法测量金属材料中各被测元素的含量，元素的含量直接在光谱仪上通过校准曲线由计算机读出。

当测量的光谱强度（或相对强度）与样品中被测元素质量分数呈线性关系时，可用线性方程 $I=a+bc$ 表示。

10.3 不确定度来源的识别

火花放电原子发射光谱法测量不确定度主要来源于以下分量：

a） 测量重复性的不确定度；

b） 校准曲线线性拟合的不确定度；

c） 标准物质/标准样品标准值的不确定度；

d） 高、低标校正的不确定度；

e） 被测样品基体不一致引起的不确定度。

10.4 不确定度分量的评定

10.4.1 测量重复性不确定度分量

根据重复测量数据，计算其重复性标准不确定度 $u(s)$ 和相对标准不确定度 $u_{rel}(s)$，或引用测试方法重复性限 r，也可引用同条件下操作的测量数据来估计其重复性标准不确定度。

10.4.2 校准曲线线性拟合的不确定度分量

设校准曲线回归方程为：

$$I=a+bc \quad \cdots\cdots (92)$$

式中：

I ——被测元素光谱强度（或相对强度）；

a ——校准曲线截距；

b ——校准曲线斜率；

c ——样品中被测元素质量分数，数值以 10^{-2} 或%表示。

其中 a 和 b 的计算按最小二乘法进行统计：

$$a=\bar{I}-b\bar{c} \quad \cdots\cdots (93)$$

$$b=\frac{\sum_{i=1}^{n}(c_i-\bar{c})(I_i-\bar{I})}{\sum_{i=1}^{n}(c_i-\bar{c})^2} \qquad \cdots\cdots(94)$$

由校准曲线线性拟合引起浓度 c 的测量不确定度分量 $u(c)$ 为：

$$u(c)=\frac{s_R}{b}\sqrt{\frac{1}{P}+\frac{1}{n}+\frac{(c-\bar{c})^2}{\sum_{i=1}^{n}(c_i-\bar{c})^2}} \qquad \cdots\cdots(95)$$

式中：

s_R——残余标准差，$s_R=\sqrt{\frac{\sum_{i=1}^{n}[I_i-(bc_i+a)]^2}{n-2}}$；

$\bar{c}$ ——校准曲线各校准浓度的平均值，$\bar{c}=\frac{\sum_{i=1}^{n}c_i}{n}$；

n ——校准曲线的标准物质/标准样品测量次数，如校准曲线有 5 个点，每点激发 3 次，则 $n=15$；

P ——被测样品的测量次数，如某样品重复制备 2 次，每次激发测量 2 点，则 $P=2\times2=4$。

10.4.3 标准物质/标准样品的不确定度分量

金属材料的发射光谱分析法通常由数个标准物质/标准样品在相同条件下测量并绘制校准曲线，每个标准物质/标准样品待测元素的标准值都有相应的不确定度 $u(c_{Bi})$，其标准值的不确定度通过校准曲线传递给被测样品。

标准物质/标准样品待测元素标准值的标准不确定度可近似由各标准物质/标准样品待测元素相对标准不确定度 $u_{rel}(c_{Bi})$ 的均方根计算得出，按式(96)计算：

$$u_{rel}(c_B)=\sqrt{\frac{\sum_{i=1}^{n}u_{rel}^2(c_{Bi})}{n}} \qquad \cdots\cdots(96)$$

式中：

$u_{rel}(c_{Bi})$——第 i 个标准物质/标准样品待测元素的相对标准不确定度。

10.4.4 高、低标校正的不确定度分量

火花放电原子发射光谱法中，通常校准曲线绘制后储存于计算机，在测量样品前以高、低标校正校准曲线的漂移。因此，高、低标校正会影响测量不确定度。根据校正时的测量数据，或引用绘制校准曲线时该两点测量的数据，计算其测量强度的标准差、标准不确定度和相对标准不确定度，以其相对标准不确定度的均方根作为高、低标校正的标准不确定度分量。设低标和高标测量的相对标准不确定度分别为 $u_{rel}(c_{BL})$ 和 $u_{rel}(c_{BH})$，则高、低标校正产生的相对标准不确定度可表示为：

$$u_{rel}(A)=\sqrt{\frac{u_{rel}^2(c_{BL})+u_{rel}^2(c_{BH})}{2}} \qquad \cdots\cdots(97)$$

10.4.5 内标元素浓度不一致引起的不确定度

火花放电原子发射光谱法一般以基体元素作为内标，要求被测样品和标准物质/标准样品中的基体含量基本一致。事实上样品与标准物质/标准样品的基体不可能完全一样，可能会影响测量结果的不确定度。标准物质/标准样品间基体的不一致已体现在校准曲线的变动性中，不再计算其不确定度分量，应统计被测样品与标准物质/标准样品间基体的差异引起的不确定度分量。

根据试验，铁内标的谱线强度并不与铁量成线性关系。在低合金钢的铁量范围内，大约1%铁量的差异引起铁谱线强度的变化为0.3%。设样品与标准物质/标准样品间铁量相差不大于Δ%，铁量差异引起铁内标谱线强度的差异为0.3Δ%。按均匀分布，相应的标准不确定度 $u(w_{Fe})=0.3\Delta/\sqrt{3}=0.17\Delta(\%)$。设铁的平均含量为 w_{Fe}，则 $u_{rel}(w_{Fe})=0.17\Delta/w_{Fe}$。

10.4.6 其他影响因素

测量过程中光电倍增管增益的变动性、暗电流的变动性都可引起待测元素光谱强度的变化。在样品测量时，这些变化已体现在校准曲线线性拟合和测量重复性的不确定度中，不再评定。

由于仪器光谱强度的变化远大于仪器示值的分辨力，仪器分辨力的不确定度分量可忽略不计。

10.5 合成标准不确定度的评定

各不确定度分量不相关，以各分量的相对标准不确定度的方和根，计算相对合成标准不确定度：

$$u_{crel}(w_M)=\sqrt{u_{rel}^2(s)+u_{rel}^2(c)+u_{rel}^2(c_B)+u_{rel}^2(A)+u_{rel}^2(w_{Fe})} \quad \cdots\cdots(98)$$

由相对合成标准不确定度 $u_{crel}(w_M)$，计算合成标准不确定度 $u_c(w_M)$：

$$u_c(w_M)=w_M\cdot u_{crel}(w_M) \quad \cdots\cdots(99)$$

10.6 扩展不确定度的评定

取95%置信水平，包含因子 $k=2$，计算扩展不确定度：

$$U=u_c(w_M)\times 2 \quad \cdots\cdots(100)$$

10.7 测量结果及不确定度表达

测量结果的不确定度以扩展不确定度表示。通常扩展不确定度与测量结果一起表示，并说明包含因子 k 值。

测量不确定度通常取1位或2位有效数字。在报告最终结果时，可采用最末位后面的数都进位而不是舍去，也可采用一般修约规则。测量结果和扩展不确定度的数位应保持一致。计算过程中为避免修约产生的误差可多保留1位有效数字。

火花放电原子发射光谱法测量不确定度评定实例见附录G。

11 X射线荧光光谱法测量不确定度评定

11.1 分析方法和测量参数描述

对所采用的分析方法、分析程序和测量参数进行清晰、准确的描述，描述内容包括方法名称、试样状态(块状、粉状)、样品制备(抛光、熔片、压片)、所使用的标准物质/标准样品、试样和标准物质/标准样品的测量次数及测量参数等，描述的程度和列出的测量参数应满足不确定度评定的需要。

11.2 建立数学模型

采用X射线荧光光谱法测量固体样品中被测元素的含量，元素的含量直接在光谱仪上通过校准曲线由计算机计算得出。

测量的X射线荧光强度(或相对强度)与样品中被测元素含量呈线性关系，可用下列方程表示：$I=a+bc$。

11.3 不确定度来源的识别

X射线荧光光谱法测量不确定度主要来源于以下分量：

a) 测量重复性；
b) 校准曲线线性拟合；
c) 标准物质/标准样品标准值；
d) 高、低标校正；
e) 制样。

11.4 不确定度分量的评定

11.4.1 测量重复性不确定度分量的评定

根据重复测量数据，计算其重复性标准不确定度 $u(s)$ 和相对标准不确定度 $u_{rel}(s)$，或引用测试方法重复性限 r，也可引用同条件下操作的测量数据来估计其重复性标准不确定度。

11.4.2 校准曲线线性拟合不确定度分量的评定

设校准曲线回归方程为：

$$I = a + bc \tag{101}$$

式中：

I ——X 射线荧光强度；
a ——校准曲线截距；
b ——校准曲线斜率；
c ——样品中被测元素质量分数，数值以 10^{-2} 或% 表示。

其中 a 和 b 的计算按最小二乘法进行统计：

$$a = \bar{I} - b\bar{c} \tag{102}$$

$$b = \frac{\sum_{i=1}^{n}(c_i - \bar{c})(I_i - \bar{I})}{\sum_{i=1}^{n}(c_i - \bar{c})^2} \tag{103}$$

校准曲线线性拟合对浓度 c 产生的标准不确定度分量 $u(c)$ 为：

$$u(c) = \frac{s_R}{b}\sqrt{\frac{1}{P} + \frac{1}{n} + \frac{(c - \bar{c})^2}{\sum_{i=1}^{n}(c_i - \bar{c})^2}} \tag{104}$$

式中：

s_R——残余标准差，$s_R = \sqrt{\frac{\sum_{i=1}^{n}[I_i - (bc_i + a)]^2}{n-2}}$；

$\bar{c}$ ——校准曲线各校准浓度的平均值，$\bar{c} = \frac{\sum_{i=1}^{n} c_i}{n}$；

N——校准曲线的标准物质/标准样品测量次数，如校准曲线有 5 个点，每点测量 3 次，则 $n=15$；
P——被测样品的测量次数，如某样品重复制备 2 份，每份测量 2 次，则 $P=2\times2=4$。

11.4.3 标准物质/标准样品标准值不确定度分量的评定

X 射线荧光光谱法通常由数个标准物质/标准样品在相同条件下测量并绘制校准曲线，每个标准物质/标准样品待测元素的标准值都有相应的不确定度，其标准值的不确定度通过校准曲线传递给被测样品。

标准物质/标准样品待测元素标准值的标准不确定度可近似由各标准物质/标准样品待测元素相对标准不确定度 $u_{rel}(c_{Bi})$ 的均方根计算得出：

$$u_{rel}(c_B)=\sqrt{\frac{\sum_{i=1}^{n}u_{rel}^2(c_{Bi})}{n}} \qquad \cdots\cdots (105)$$

式中：

$u_{rel}(c_{Bi})$——第 i 个标准物质/标准样品待测元素的相对标准不确定度。

11.4.4 高、低标校正的不确定度分量的评定

X 射线荧光光谱法中，通常校准曲线绘制后储存于计算机，在测量样品前以高、低标校正校准曲线的漂移(同样适用单点校正的情况)。因此，高、低标校正的变动性影响测量不确定度。根据校正时的测量数据，或引用绘制校准曲线时该两点的测量数据，计算其测量强度的标准差、标准不确定度和相对标准不确定度，以其相对标准不确定度的均方根作为高、低标校正的标准不确定度分量。设低标和高标测量的相对标准不确定度分别为 $u_{rel}(c_{BL})$ 和 $u_{rel}(c_{BH})$，则高、低标校正引起的相对标准不确定度可表示为：

$$u_{rel}(A)=\sqrt{\frac{u_{rel}^2(c_{BL})+u_{rel}^2(c_{BH})}{2}} \qquad \cdots\cdots (106)$$

11.4.5 制样的影响

X 射线荧光光谱分析中，样品(包括标准物质/标准样品)制备，如块状样品的研磨和抛光，粉末样品的研磨、压片和熔融等都将影响测量结果的不确定度，这些影响因素是随机的，已包含在样品测量重复性不确定度和校准曲线线性拟合的不确定度中，不再评定。

样品制备过程涉及样品、熔剂、内标物质的称量不确定度和内标物质的纯度的不确定度分量，其中样品、熔剂、内标物质的称量不确定度与天平的称量误差有关。

11.4.6 其他因素的影响

测量过程中检测器的变动性、X 光管电压和电流的变动性等都可引起测量元素 X 射线荧光强度的变化。在测量时，这些变化已包括在校准曲线线性拟合和样品的测量重复性不确定度中，不再评定。

由于仪器 X 射线荧光强度的变化远大于仪器显示值的分辨力，仪器分辨力的不确定度分量可忽略不计。

11.5 合成标准不确定度的评定

各不确定度分量不相关，以各分量的相对标准不确定度的方和根，计算相对合成标准不确定度：

$$u_{crel}(w_M)=\sqrt{u_{rel}^2(s)+u_{rel}^2(c)+u_{rel}^2(c_B)+u_{rel}^2(A)} \qquad \cdots\cdots (107)$$

由相对合成标准不确定度 $u_{crel}(w_M)$，计算合成标准不确定度 $u_c(w_M)$：

$$u_c(w_M)=w_M\cdot u_{crel}(w_M) \qquad \cdots\cdots (108)$$

11.6 扩展不确定度的评定

取 95%置信水平，包含因子 $k=2$，按式(109)计算扩展不确定度：

$$U=u_c(w_M)\times 2 \qquad \cdots\cdots (109)$$

11.7 测量结果及不确定度表达

测量结果的不确定度以扩展不确定度表示。通常扩展不确定度与测量结果一起表示，并说明包含因子 k 值。

测量不确定度通常取1位或2位有效数字。在报告最终结果时,可采用最末位后面的数都进位而不是舍去,也可采用一般修约规则。测量结果和扩展不确定度的数位应保持一致。计算过程中为避免修约产生的误差可多保留1位有效数字。

X射线荧光光谱法测量不确定度评定实例见附录H。

12 红外吸收法和热导法测量不确定评定

12.1 分析方法和测量参数描述

对所采用的分析方法、分析程序和测量参数进行清晰、准确的描述,描述内容包括方法名称、试样状态、所使用的标准物质/标准样品和测量仪器、试样和标准物质/标准样品的测量次数及测量参数等,描述的程度和列出的测量参数应满足不确定度评定的需要。

12.2 建立数学模型

红外吸收法测定碳和硫、红外吸收法测定氧、热导法测定氮和氢分析方法是通过标准物质/标准样品对仪器进行校准,根据试料的测量信号计算被测量元素的质量分数。

样品被测元素质量分数 w_M 与输入量的函数关系可表示为:

$$w_M = \frac{m_1 - m_0}{m} \times 100 \quad \cdots\cdots (110)$$

式中:

w_M——被测元素的质量分数,数值以 10^{-2} 或%表示;

m_1——试料中被测元素质量的数值,单位为克(g);

m_0——空白试验中被测元素质量的数值,单位为克(g);

m——试料质量的数值,单位为克(g)。

12.3 不确定度来源的识别

根据分析方法的数学模型,对所有影响测量结果的输入量进行识别和描述。其中 m_1 的不确定度分量与仪器校准(或校准曲线线性拟合)和标准物质/标准样品标准值的不确定度有关。此外,还应考虑试样称量、空白值、仪器分辨力等不确定度分量。

12.4 不确定度分量的评定

12.4.1 测量重复性不确定度分量的评定

根据重复测量数据,计算其重复性标准不确定度 $u(s)$ 和相对标准不确定度 $u_{rel}(s)$,或引用测试方法重复性限 r,也可引用同条件下操作的测量数据来估计其重复性标准不确定度。

注:由于氢和氧的分布受其存在状态和稳定性的影响,推荐采用样品测量数据计算其测量重复性不确定度分量。

12.4.2 标准物质/标准样品校准仪器的不确定度分量的评定

12.4.2.1 用一个标准物质/标准样品进行校准

当用一个标准物质/标准样品对仪器进行校准时,重复测量 m 次,并将测量值校准为标准值。用贝塞尔公式计算校准测量的标准差、标准不确定度 $u(s_B)$ 及相对标准不确定度 $u_{rel}(s_B)$。

当校准次数较少时,可引用分析方法的重复性限 r,或引用12.4.1测量样品的重复性数据,计算校准的标准不确定度 $u(s_B)$ 及相对标准不确定度 $u_{rel}(s_B)$。

12.4.2.2 用多个标准物质/标准样品进行校准

当用多个标准物质/标准样品进行校准时，计算校准曲线线性拟合的不确定度分量。

设校准曲线回归方程为：

$$y = a + bc \quad\cdots\cdots(111)$$

式中：

y——仪器的测量信号；

a——校准曲线截距；

b——校准曲线斜率；

c——样品被测元素的含量。

其中 a 和 b 的计算按最小二乘法进行统计：

$$a = \bar{y} - b\bar{c} \quad\cdots\cdots(112)$$

$$b = \frac{\sum_{i=1}^{n}(c_i - \bar{c})(y_i - \bar{y})}{\sum_{i=1}^{n}(c_i - \bar{c})^2} \quad\cdots\cdots(113)$$

由校准曲线线性拟合对样品中被测元素含量的测定产生的不确定度分量按式(114)计算：

$$u(c) = \frac{s_R}{b}\sqrt{\frac{1}{P} + \frac{1}{n} + \frac{(c - \bar{c})^2}{\sum_{i=1}^{n}(c_i - \bar{c})^2}} \quad\cdots\cdots(114)$$

式中：

s_R——残余标准差，$s_R = \sqrt{\frac{\sum_{i=1}^{n}[y_i - (bc_i + a)]^2}{n-2}}$；

$\bar{c}$——校准曲线各标准物质/标准样品浓度的平均值，$\bar{c} = \frac{\sum_{i=1}^{n}c_i}{n}$；

n——校准曲线的各标准物质/标准样品测量次数，如校准曲线用4个标准物质/标准样品校准，每个标准物质/标准样品测量2次，则 $n=8$；

P——被测样品的测量次数，如某样品重复测量2次，则 $P=2$。

因此，由标准物质/标准样品校准仪器引起的相对标准不确定度为：

$$u_{rel}(s_B) = \frac{u(c)}{c} \quad\cdots\cdots(115)$$

12.4.3 标准物质/标准样品标准值的不确定度分量评定

测量中采用标准物质/标准样品对仪器进行校准，标准物质/标准样品元素标准值的不确定度将通过测量传递给被测样品气体元素。

12.4.3.1 用一个标准物质/标准样品进行校准

直接引用标准物质/标准样品标准值的标准不确定度 $u(c_B)$，$u(c_B) = \frac{s_B}{\sqrt{N}}$，$s_B$ 为标准物质/标准样品定值的标准差，N 为定值的数据组数。

由 $u(c_B)$ 计算相对标准不确定度 $u_{rel}(c_B)$，$u_{rel}(c_B) = \frac{u(c_B)}{X}$，$X$ 为气体元素的标准值。

12.4.3.2 用多个标准物质/标准样品进行校准

当采用多个标准物质/标准样品校准时，可将所用标准物质/标准样品标准值的标准不确定度和相对标准不确定度列出，并将各标准物质/标准样品相对标准不确定度的均方根作为校准用标准物质/标准样品的相对标准不确定度：

$$u_{\mathrm{rel}}(c_{\mathrm{B}})=\sqrt{\frac{\sum_{i=1}^{n}u_{\mathrm{rel}}^{2}(c_{\mathrm{B}i})}{n}} \quad \cdots\cdots(116)$$

式中：

$u_{\mathrm{rel}}(c_{\mathrm{B}i})$——第 i 个标准物质/标准样品被测元素的相对标准不确定度。

12.4.4 空白值不确定度分量的评定

分析样品前、后或中间任一时间段，至少连续测量数次空白值，计算空白值测量标准不确定度 $u(k)$ 和相对标准不确定度 $u_{\mathrm{rel}}(k)$。通常空白值的标准不确定度远小于测量重复性标准不确定度，评定时可予忽略。但对低含量气体元素的分析，应评定空白值的不确定度分量。

12.4.5 试料质量的不确定度分量的评定

试料质量的不确定度包括天平称量误差的不确定度分量和天平称量重复性的不确定度分量。如果已评定了测量重复性不确定度分量，天平称量重复性不确定度分量已包括在其中，不再评定。

12.4.6 仪器变动性、仪器示值分辨力及其他影响因素

12.4.6.1 测量过程中由于外部环境(如电流、电压、温度等)可能引起高频电流、燃烧温度、载气流量等微小的变化而对测量值产生一定的影响。在整个测量过程中，这些变化已体现在校准曲线线性拟合和被测样品的测量重复性的不确定度中，不再评定。

12.4.6.2 对仪器示值分辨力(δ_x)不确定度分量，如果重复测量所得若干结果的末位数存在明显的差异，此时计算的测量重复性标准不确定度中，已包含了分辨力效应的分散性，分辨力的不确定度分量可忽略不计。当末位数无明显差异时，应将 $u(\delta_x)=0.29\delta_x$ 作为一个分量计算在合成不确定度中。

12.5 合成标准不确定度的评定

各分量不相关，以各分量的相对标准不确定度的方和根求相对合成标准不确定度：

$$u_{\mathrm{crel}}(w_{\mathrm{M}})=\sqrt{u_{\mathrm{rel}}^{2}(s)+u_{\mathrm{rel}}^{2}(c_{\mathrm{B}})+u_{\mathrm{rel}}^{2}(s_{\mathrm{B}})+u_{\mathrm{rel}}^{2}(m)+u_{\mathrm{rel}}^{2}(m_{\mathrm{B}})+u_{\mathrm{rel}}^{2}(\delta_x)+u_{\mathrm{rel}}^{2}(k)} \quad \cdots\cdots(117)$$

通常 $u(k)$、$u(\delta_x)$、$u(m)$、$u(m_{\mathrm{B}})$ 与其他分量相比可忽略，则式(117)可简化为：

$$u_{\mathrm{crel}}(w_{\mathrm{M}})=\sqrt{u_{\mathrm{rel}}^{2}(s)+u_{\mathrm{rel}}^{2}(c_{\mathrm{B}})+u_{\mathrm{rel}}^{2}(s_{\mathrm{B}})} \quad \cdots\cdots(118)$$

由相对合成相对标准不确定度 $u_{\mathrm{crel}}(w_{\mathrm{M}})$ 计算合成标准不确定度 $u_{\mathrm{c}}(w_{\mathrm{M}})$：

$$u_{\mathrm{c}}(w_{\mathrm{M}})=w_{\mathrm{M}}\cdot u_{\mathrm{crel}}(w_{\mathrm{M}}) \quad \cdots\cdots(119)$$

12.6 扩展不确定度的评定

取95%置信水平，包含因子 $k=2$，按式(120)计算扩展不确定度：

$$U=u_{\mathrm{c}}(w_{\mathrm{M}})\times 2 \quad \cdots\cdots(120)$$

12.7 测量结果及不确定度表达

测量结果的不确定度以扩展不确定度表示。通常扩展不确定度与测量结果一起表示，并说明包含

因子 k 值。

测量不确定度通常取1位或2位有效数字。在报告最终结果时，可采用最末位后面的数都进位而不是舍去，也可采用一般修约规则。测量结果和扩展不确定度的数位应保持一致。计算过程中为避免修约产生的误差可多保留1位有效数字。

红外吸收和热导法测量不确定评定实例见附录I。

13 气体容量法测定碳含量的测量不确定度评定

13.1 分析方法和测量参数描述

对所采用的分析方法、分析程序、测量参数等进行清晰、准确地描述，描述内容包括方法名称、试料状态、测量装置、测量参数等，同时记录测量时量气瓶的温度和实验室气压，描述的程度和列出的测量参数应满足不确定度评定的需要。

13.2 建立数学模型

试料在高温炉中通氧加热燃烧，碳被氧化生成二氧化碳，混合气体以氢氧化钾溶液吸收，混合气体吸收前后的体积差即为二氧化碳体积。测量二氧化碳的体积，经温度和压力校正，计算碳的质量分数。

碳的质量分数 w_C 与输入量的函数关系可表示为：

$$w_C = \frac{AVf}{m} \times 100 \qquad \cdots\cdots (121)$$

式中：

w_C ——碳的质量分数，数值以 10^{-2} 或%表示；

A ——温度16 ℃、气压101.3 kPa，封闭溶液液面上每毫升二氧化碳中含碳质量。用硫酸封闭溶液时，A 值为 5.000×10^{-4} g/mL；用氯化钠封闭溶液时，A 值为 5.022×10^{-4} g/mL；

V ——量气管标尺读出二氧化碳气体体积的数值，单位为毫升(mL)；

f ——温度、气压校正系数，采用不同封闭溶液时其值不同，可由GB/T 223.69—2008的附录A或附录B查得；

m ——试料质量的数值，单位为克(g)。

13.3 不确定度来源的识别

根据气体容量法测定碳量的数学模型，测量不确定度主要包括以下几个分量：

a) 测量重复性；

b) 二氧化碳体积；

c) 温度、气压校正系数 f 值；

d) 试料质量；

e) A 值。

13.4 不确定度分量的评定

13.4.1 测量重复性不确定度分量

根据重复测量数据，计算其重复性标准不确定度 $u(s)$ 和相对标准不确定度 $u_{rel}(s)$，或引用测试方法重复性限 r，也可引用同条件下操作的测量数据来估计其重复性标准不确定度。

13.4.2 二氧化碳体积的测量不确定度分量

二氧化碳体积由量气管测量，量气管的体积误差引起的不确定度 $u(V)$ 可按GB/T 12805中B级滴定管的允差来估计。二氧化碳体积读数的重复性不确定度已包括在测量重复性不确定度中,不再评定。

13.4.3 f 值的不确定度分量

13.4.3.1 温度影响的不确定度分量,$u(f_t)$

二氧化碳的温度由插入量气瓶内的温度计读出。设读出的温度与实际气体的温度有 $\pm\delta_{x1}$(℃)的误差,温度读数有 $\pm\delta_{x2}$(℃)的误差。根据温度压力校正表,由内插法求得,±1 ℃对 f 值有 $\pm\delta A_1$(约 0.004~0.006)的变动。按均匀分布,温度变化和读数误差对 f 值影响的标准不确定度分别为 $u_1(f_t)=\delta A_1 \cdot \delta_{x1}/\sqrt{3}$ 和 $u_2(f_t)=\delta A_1 \cdot \delta x_2/\sqrt{3}$。二者不相关时,由温度引起的标准不确定度 $u(f_t)=\sqrt{u_1(f_t)^2+u_2(f_t)^2}$,相对标准不确定度 $u_{rel}(f_t)=u(f_t)/f$。

13.4.3.2 气压影响的不确定度分量,$u(f_p)$

气压由气压表读出,设气压表有 $\pm\delta y_1$(kPa)的误差,读数误差 $\pm\delta y_2$(kPa)。根据温度压力校正表,由内插法求得,±1 kPa 对 f 值有 $\pm\delta A_2$(约 0.010)的变动。按均匀分布,压力表误差和读数误差引起 f 值的标准不确定度分量为 $u_1(f_p)=\delta A_2 \cdot \delta y_1/\sqrt{3}$,$u_2(f_p)=\delta A_2 \cdot \delta y_2/\sqrt{3}$。二者不相关时,由气压引起的标准不确定度 $u(f_p)=\sqrt{u_1(f_p)^2+u_2(f_p)^2}$,相对标准不确定度 $u_{rel}(f_p)=u(f_p)/f$。

13.4.3.3 f 值精度的不确定度分量

查表求得 f 值的精度为±0.001,按均匀分布,f 值精度的不确定度 $u(f_0)=0.001/\sqrt{3}=5.8\times10^{-4}$,$u_{rel}(f_0)=5.8\times10^{-4}/f$。与 $u_{rel}(f_t)$ 和 $u_{rel}(f_p)$ 相比,通常 $u_{rel}(f_0)$ 引入的分量可忽略不计。

13.4.4 试料质量的不确定度,$u(m)$

试料质量的不确定度包含天平称量误差的不确定度分量和天平称量重复性的不确定度分量。

如果已评定了测量重复性分量,天平称量重复性分量已包括在其中,不再评定。

13.4.5 A 值的不确定度分量

A 值为 5.000×10^{-4} g/mL,其精度为 $\pm0.001\times10^{-4}$,按均匀分布,A 值的不确定度分量 $u(A)=0.001\times10^{-4}/\sqrt{3}=5.8\times10^{-8}$,$u_{rel}(A)=5.8\times10^{-8}/5.0\times10^{-4}=1.2\times10^{-4}$。

13.5 合成标准不确定度的评定

各分量互不相关,用各分量的相对标准不确定度的方和根求其相对合成标准不确定度:

$$u_{crel}(w_C)=\sqrt{u_{rel}^2(s)+u_{rel}^2(V)+u_{rel}^2(f_t)+u_{rel}^2(f_p)+u_{rel}^2(f_0)+u_{rel}^2(m)+u_{rel}^2(A)} \quad\cdots\cdots(122)$$

通常 $u(f_0)$、$u(m)$、$u(A)$ 的量值较小,可忽略不计,则:

$$u_{crel}(w_C)=\sqrt{u_{rel}^2(s)+u_{rel}^2(V)+u_{rel}^2(f_t)+u_{rel}^2(f_p)} \quad\cdots\cdots(123)$$

由相对合成标准不确定度 $u_{crel}(w_C)$,计算合成标准不确定度 $u_c(w_C)$:

$$u_c(w_C)=w_C \cdot u_{crel}(w_C) \quad\cdots\cdots(124)$$

13.6 扩展不确定度的评定

通常取 95%置信水平,包含因子 $k=2$,按式(125)计算扩展不确定度:

$$U=u_c(w_C)\times2 \quad\cdots\cdots(125)$$

13.7 测量结果及不确定度表达

测量结果的不确定度以扩展不确定度表示。通常扩展不确定度与测量结果一起表示，并说明包含因子 k 值。

测量不确定度通常取 1 位或 2 位有效数字。在报告最终结果时，可采用最末位后面的数都进位而不是舍去，也可采用一般修约规则。测量结果和扩展不确定度的数位应保持一致。计算过程中为避免修约产生的误差可多保留 1 位有效数字。

气体容量法测定碳含量测量不确定度评定实例见附录 J。

附 录 A
（资料性附录）
重量法测量不确定度评定实例
重量法测定铁矿石中硅含量测量不确定度评定

A.1 方法和测量参数简述

称取 0.500 0 g 试样两份分别置于烧杯中，用盐酸分解，过滤，灼烧；残渣用混合溶剂熔融，稀盐酸浸取，与主液合并。加高氯酸冒烟，回流 15 min～20 min，使硅酸脱水。加水溶解盐类，过滤、洗涤，将滤纸与沉淀放入铂坩埚中，灰化、灼烧、称量，用氢氟酸挥散除硅，灼烧称量至恒量，计算硅的质量分数为 8.75%和 8.77%。

该实验室在重复性条件下，对同类铁矿石的 8 次测量结果分别为 8.88%、8.90%、8.78%、8.80%、8.96%、8.87%、8.89%和 8.84%。

使用的天平感量为 0.1 mg，检定允许差为 ±0.1 mg。

A.2 被测量与输入量的函数关系

被测量与输入量的函数关系为：

$$w_{Si}=\frac{[(m_1-m_2)-(m_3-m_4)]\times 0.4674}{m}\times 100$$

式中：

w_{Si} ——硅的质量分数，数值以 10^{-2} 或%表示；
m_1 ——氢氟酸处理前坩埚和沉淀的质量的数值，单位为克(g)；
m_2 ——氢氟酸处理后坩埚和残渣的质量的数值，单位为克(g)；
m_3 ——氢氟酸处理前坩埚和空白试验沉淀的质量的数值，单位为克(g)；
m_4 ——氢氟酸处理后坩埚和空白试验残渣的质量的数值，单位为克(g)；
m ——试料质量的数值，单位为克(g)；
0.467 4——二氧化硅换算为硅的换算因数。

A.3 不确定度的来源

根据数学模型，测量结果的不确定度来源于测量重复性不确定度分量、试料质量和沉淀质量的不确定度分量，以及二氧化硅与硅的换算因数的不确定度分量。

A.4 不确定度分量的评定

A.4.1 测量重复性不确定度分量评定，$u(s)$

根据 8 次重复测量数据，计算标准差 $s=\sqrt{\frac{\sum_{i=1}^{n}(x_i-\overline{x})^2}{n-1}}=0.057\ 57\%$。

样品两次测量硅量的平均值为8.76%，其标准不确定度 $u(s)=\frac{s}{\sqrt{2}}=\frac{0.057\ 57\%}{\sqrt{2}}=0.040\ 71\%$，相对标准不确定度 $u_{rel}(s)=\frac{u(s)}{\bar{x}}=\frac{0.040\ 71\%}{8.76\%}=0.004\ 6$。

A.4.2 质量不确定度分量评定，$u(m)$

A.4.2.1 试料质量的不确定度，$u_1(m)$

试料称量进行两次，按均匀分布，标准不确定度为 $u_1(m)=\sqrt{\left(\frac{0.1}{\sqrt{3}}\right)^2\times 2}=0.082(mg)$，相对标准不确定度 $u_{rel1}(m)=\frac{0.082}{500}=1.6\times 10^{-4}$。

称量重复性不确定度已包括在测量重复性不确定度中，不再重复评定。

A.4.2.2 沉淀质量的不确定度，$u_2(m)$

氢氟酸处理前坩埚加沉淀的质量与氢氟酸处理后坩埚加残渣的质量相差不大，且都采用同一分析天平称量，考虑到其相关性且相关系数接近于1，天平称量误差带来的不确定度可以抵消。同样，对于氢氟酸处理前空白试验坩埚加沉淀的质量与氢氟酸处理后空白试验坩埚加残渣的质量，天平称量误差产生的不确定度也可抵消。

因此，天平称量误差所带来的不确定度分量为零，而称量重复性不确定度已包括在测量重复性不确定度中，不再重复评定。

A.4.3 换算因素的不确定度分量，$u(k)$

硅的沉淀形式是二氧化硅，二氧化硅要转化为硅才能计算硅的质量分数，因此，待测组分换算因数的不确定度应包含硅的相对原子质量及二氧化硅摩尔质量的不确定度。

硅的相对原子质量为28.085 5±0.000 3；氧的相对原子质量为15.999 4±0.000 3。按均匀分布，硅和氧的相对原子质量的标准不确定度为 $0.000\ 3/\sqrt{3}=0.000\ 17$，硅相对原子质量的相对标准不确定度为 $0.000\ 17/28.085\ 5=6.053\times 10^{-6}$，二氧化硅摩尔质量的标准不确定度为 $\sqrt{\left(\frac{0.000\ 3}{\sqrt{3}}\right)^2+\left(\frac{0.000\ 3}{\sqrt{3}}\times 2\right)^2}=0.000\ 39(g/mol)$，二氧化硅摩尔质量的相对标准不确定度为 $0.000\ 39/(28.085\ 5+15.999\ 4\times 2)=6.491\times 10^{-6}$。

硅和二氧化硅换算因素的相对合成不确定度 $u_{crel}(k)$ 为：

$$u_{crel}(k)=\sqrt{(6.053\times 10^{-6})^2+(6.491\times 10^{-6})^2}=8.9\times 10^{-6}$$

A.5 合成标准不确定度的评定

各分量不相关，以各分量的相对标准不确定度的方和根，求相对合成标准不确定度：

$$u_{crel}(w)=\sqrt{u^2(s)+u^2(m)+u^2(k)}=\sqrt{(0.004\ 6)^2+(1.6\times 10^{-4})^2+(8.9\times 10^{-6})^2}=0.004\ 6$$

由相对合成标准不确定度 $u_{crel}(w)$ 计算合成标准不确定度 $u_c(w)$：

$$u_c(w)=8.76\%\times 0.004\ 6=0.040\%$$

A.6 扩展不确定度的评定

取95%的置信水平，包含因子 $k=2$，计算扩展不确定度：

$$U = u_c(w) \times 2 = 0.040\% \times 2 = 0.08\%$$

A.7 测量结果及不确定度表达

测量铁矿石中硅含量的结果可表示为：

$$w_{Si} = (8.76 \pm 0.08)\%, k = 2$$

或

$$w_{Si} = 8.76(1 \pm 0.009)\%, k = 2$$

附 录 B
（资料性附录）
滴定法测量不确定度评定实例

B.1 重铬酸钾、硫酸亚铁铵、高锰酸钾标准溶液的不确定度评定

B.1.1 方法和测量参数概述

称取 2.500 0 g 预先在 105 ℃干燥 1 h 的 GBW 06105 重铬酸钾标准物质（纯度为 99.987×10^{-2}，相对不确定度 1×10^{-4}）于烧杯中，用水溶解，移入 1 000 mL 容量瓶中，用水稀释至刻度，混匀。用此重铬酸钾标准溶液标定硫酸亚铁铵标准溶液：移取 25.00 mL 重铬酸钾标准溶液 3 份于 3 个锥形瓶中，在硫酸-磷酸介质中用硫酸亚铁铵标准溶液滴定，3 次滴定消耗硫酸亚铁铵标准溶液的体积为 25.14 mL、25.17 mL和 25.20 mL。再用此硫酸亚铁铵标准溶液标定高锰酸钾标准溶液：取 25.00 mL 硫酸亚铁铵标准溶液 3 份，用高锰酸钾标准溶液滴定，3 份消耗高锰酸钾标准溶液体积的平均值为 24.85 mL，极差为 0.05 mL。计算三种标准溶液的浓度和不确定度。

B.1.2 重铬酸钾标准溶液的浓度及不确定度的评定

B.1.2.1 重铬酸钾标准溶液的浓度

重铬酸钾标准溶液的浓度 $c_1(1/6K_2Cr_2O_7)$ 与输入量的函数关系为：

$$c_1(1/6K_2Cr_2O_7)=\frac{mp\times1\,000\times6}{MV}$$

式中：

p——重铬酸钾的纯度，以质量分数计，数值以 10^{-2} 或%表示；

M——重铬酸钾摩尔质量的数值，单位为克每摩尔（g/mol）；

V——稀释容量瓶体积的数值，单位为毫升（mL）；

m——重铬酸钾质量的数值，单位为克（g）。

按 B.1.1 中给定条件，$c_1(1/6K_2Cr_2O_7)=\dfrac{2.500\,0\times0.999\,87\times1\,000\times6}{294.2\times1\,000}=0.050\,98(\text{mol/L})$。

B.1.2.2 重铬酸钾标准溶液不确定度的评定

B.1.2.2.1 重铬酸钾质量（m）的不确定度分量

重铬酸钾质量的不确定度分量包括称量重复性和天平称量误差两部分。根据经验数据，天平的重复性的标准差为 0.1 mg，按均匀分布，$u_1(m)=0.1/\sqrt{3}=0.058(\text{mg})$；天平称量误差±0.1 mg，按均匀分布，标准不确定度 0.058 mg，称量需进行 2 次，称量误差标准不确定度 $u_2(m)=\sqrt{2\times0.058^2}=0.082(\text{mg})$。

质量标准不确定度 $u(m)=\sqrt{0.058^2+0.082^2}=0.10(\text{mg})$，相对标准不确定度 $u_{\text{rel}}(m)=0.10/2\,500=4.0\times10^{-5}$。

B.1.2.2.2 重铬酸钾纯度（p）的不确定度分量

已知重铬酸钾纯度的相对扩展不确定度 $U_{\text{rel}}(p)=1\times10^{-4}$，取 $k=2$，则其相对标准不确定度

$u_{rel}(p)=1\times10^{-4}/2=5\times10^{-5}$。

B.1.2.2.3 稀释容量瓶体积(V)的不确定度分量

按 GB/T 12806,1 000 mL A 级容量瓶的容量允差为±0.40 mL,按三角形分布,标准不确定度 $u(V)_1=0.40/\sqrt{6}=0.16(\text{mL})$。

容量瓶稀释的重复性,按经验数据 1 000 mL 容量瓶重复性的标准不确定度为 $u(V)_2=0.1$ mL。

分析中各标准溶液的配制和标定的温度相同,不存在温度效应对体积产生的影响。

因此,体积的不确定度 $u(V)=\sqrt{0.16^2+0.1^2}=0.19(\text{mL})$,$u_{rel}(V)=0.19/1\,000=1.9\times10^{-4}$。

B.1.2.2.4 重铬酸钾摩尔质量引入的不确定度分量

重铬酸钾摩尔质量的标准不确定度 $u(M)=0.001\,5$ g/mol,$u_{rel}(M)=0.001\,5/294.2=5.1\times10^{-6}$(见 3.4.6)。相对于其他分量,合成时其量值可忽略。

B.1.2.3 合成标准不确定度的评定

各不确定度分量互不相关,则:

$$\begin{aligned}u_{crel}(c_1)&=\sqrt{u_{rel}^2(m)+u_{rel}^2(p)+u_{rel}^2(V)+u_{rel}^2(M)}\\&=\sqrt{(4.0\times10^{-5})^2+(5.0\times10^{-5})^2+(1.9\times10^{-4})^2+(5.1\times10^{-6})^2}\\&=2.0\times10^{-4}\end{aligned}$$

$$u_c(c_1)=0.050\,98\times2.0\times10^{-4}=1.0\times10^{-5}(\text{mol/L})$$

B.1.2.4 扩展不确定度的评定

取包含因子 $k=2$,则扩展不确定度为:

$$U=1.0\times10^{-5}\times2=0.000\,02(\text{mol/L})$$

B.1.2.5 重铬酸钾标准溶液浓度及不确定度的表达

重铬酸钾标准溶液的浓度及不确定度可表示为:

$$c_1(1/6K_2Cr_2O_7)=(0.050\,98\pm0.000\,02)\text{mol/L},k=2$$

B.1.3 硫酸亚铁铵标准溶液的浓度及不确定度的评定

B.1.3.1 硫酸亚铁铵标准溶液浓度

硫酸亚铁铵标准溶液的浓度 $c_2(Fe^{2+})$ 与输入量的函数关系为:

$$c_2(Fe^{2+})=\frac{c_1(1/6K_2Cr_2O_7)\cdot V_1}{V_2}$$

式中:

$c_1(1/6K_2Cr_2O_7)$——重铬酸钾标准溶液浓度的数值,单位为摩尔每升(mol/L);

V_1——移取重铬酸钾标准溶液体积的数值,单位为毫升(mL);

V_2——滴定消耗硫酸亚铁铵标准溶液体积的数值,单位为毫升(mL)。

按 B.1.1 中给定条件,滴定消耗硫酸亚铁铵标准溶液体积的平均值为 25.17 mL,则:

$$c_2(Fe^{2+})=\frac{0.050\,98\times25.00}{25.17}=0.050\,64(\text{mol/L})$$

B.1.3.2 硫酸亚铁铵标准溶液不确定度的评定

B.1.3.2.1 测量重复性分量

由3次滴定消耗硫酸亚铁铵标准溶液的体积，计算其测量重复性的标准差 $s_1=0.000\ 06$ mol/L，其标准不确定度 $u(s_1)=0.000\ 06/\sqrt{3}=3.5\times10^{-5}$(mol/L)，相对标准不确定度 $u_{rel}(s_1)=3.5\times10^{-5}/0.050\ 64=6.9\times10^{-4}$。

B.1.3.2.2 重铬酸钾标准溶液浓度的不确定度分量

按B.1.2.3，有：

$$u_{rel}(c_1)=2.0\times10^{-4}$$

B.1.3.2.3 移取重铬酸钾标准溶液体积的不确定度分量

移取溶液的重复性已包括在测量重复性中。

移取重铬酸钾标准溶液的温度与配制时的温度一致，不存在温度对不确定度的影响。

按GB/T 12808，25 mL A级移液管的容量允差为±0.03 mL，按三角形分布，标准不确定度 $u(V_1)=0.03/\sqrt{6}=0.012$(mL)，相对标准不确定度 $u_{rel}(V_1)=0.012/25=4.8\times10^{-4}$。

B.1.3.2.4 滴定消耗硫酸亚铁铵标准溶液体积的不确定度分量

滴定体积的重复性已包括在测量重复性中。

标定时的温度与配制硫酸亚铁铵标准溶液的温度一致，不存在温差的影响。

采用50 mL滴定管，滴定消耗的体积为25 mL左右。根据GB/T 12805，标称容量为25 mL A级滴定管的容量允差为±0.05 mL，按三角形分布，标准不确定度 $u(V_2)=0.05/\sqrt{6}=0.020$(mL)，相对标准不确定度 $u_{rel}(V_2)=0.020/25.17=8.0\times10^{-4}$。

B.1.3.3 合成标准不确定度的评定

各分量互不相关，则：

$$u_{crel}(c_2)=\sqrt{u_{rel}^2(s_1)+u_{rel}^2(c_1)+u_{rel}^2(V_1)+u_{rel}^2(V_2)}$$
$$=\sqrt{(6.9\times10^{-4})^2+(2.0\times10^{-4})^2+(4.8\times10^{-4})^2+(8.0\times10^{-4})^2}$$
$$=1.2\times10^{-3}$$
$$u_c(c_2)=0.050\ 64\times1.2\times10^{-3}=0.000\ 061(\text{mol/L})$$

B.1.3.4 扩展不确定度的评定

取包含因子 $k=2$，则扩展不确定度为：

$$U=0.000\ 061\times2=0.000\ 13(\text{mol/L})$$

B.1.3.5 硫酸亚铁铵标准溶液浓度及不确定度的表达

硫酸亚铁铵标准溶液的浓度及不确定度可表示为：

$$c_2(Fe^{2+})=(0.050\ 64\pm0.000\ 13)\text{mol/L}, k=2$$

B.1.4 高锰酸钾标准溶液的浓度及不确定度的评定

B.1.4.1 高锰酸钾标准溶液浓度

高锰酸钾标准溶液的浓度 $c_3(1/5KMnO_4)$ 与输入量的函数关系为：

$$c_3(1/5\text{KMnO}_4)=\frac{c_2(\text{Fe}^{2+})\cdot V_3}{V_4}$$

式中：

$c_2(\text{Fe}^{2+})$——硫酸亚铁铵标准溶液浓度的数值，单位为摩尔每升(mol/L)；

V_3 ——移取硫酸亚铁铵标准溶液体积的数值，单位为毫升(mL)；

V_4 ——滴定消耗高锰酸钾标准溶液体积的数值，单位为毫升(mL)。

按 B.1.1 中给定条件，滴定消耗高锰酸钾标准溶液体积的平均值为 24.85 mL，则：

$$c_3(1/5\text{KMnO}_4)=\frac{0.050\ 64\times 25.00}{24.85}=0.050\ 95(\text{mol/L})$$

B.1.4.2 高锰酸钾标准溶液不确定度的评定

B.1.4.2.1 测量重复性分量

滴定 3 份硫酸亚铁铵标准溶液消耗高锰酸钾标准溶液体积的极差为 0.05 mL，用极差法计算单次测量标准差：$s_2=R/C=0.05/1.64=0.030(\text{mL})$，$R$ 为 n 次测量结果的极差，C 为极差系数，当 $n=3$ 时，$C=1.64$。3 次测量平均值的标准不确定度 $u(s_2)=0.030/\sqrt{3}=0.017(\text{mL})$，相对标准不确定度 $u_{\text{rel}}(s_2)=0.017/24.85=6.8\times 10^{-4}$。

B.1.4.2.2 硫酸亚铁铵标准溶液浓度的不确定度分量

按 B.1.3.3，硫酸亚铁铵标准溶液浓度的相对标准不确定度 $u_{\text{rel}}(c_2)=1.2\times 10^{-3}$。

B.1.4.2.3 硫酸亚铁铵标准溶液体积的不确定度分量

同 B.1.3.2.3 的计算，硫酸亚铁铵标准溶液体积的标准不确定度 $u(V_3)=0.03/\sqrt{6}=0.012(\text{mL})$，相对标准不确定度 $u_{\text{rel}}(V_3)=4.8\times 10^{-4}$。

B.1.4.2.4 滴定消耗高锰酸钾标准溶液体积的不确定度分量

同 B.1.3.2.4 的计算，$u(V_4)=0.05/\sqrt{6}=0.020(\text{mL})$，$u_{\text{rel}}(V_4)=0.020/24.85=8.0\times 10^{-4}$。

B.1.4.3 合成标准不确定度的评定

各分量互不相关，则：

$$u_{\text{crel}}(c_3)=\sqrt{u_{\text{rel}}^2(s_2)+u_{\text{rel}}^2(c_2)+u_{\text{rel}}^2(V_3)+u_{\text{rel}}^2(V_4)}$$

$$=\sqrt{(6.8\times 10^{-4})^2+(1.2\times 10^{-3})^2+(4.8\times 10^{-4})^2+(8.0\times 10^{-4})^2}=1.7\times 10^{-3}$$

$$u_c(c_3)=0.050\ 95\times 1.7\times 10^{-3}=0.000\ 087\ \text{mol/L}$$

B.1.4.4 扩展不确定度的评定

取包含因子 $k=2$，则扩展不确定度为：

$$U(c_3)=0.000\ 087\times 2\approx 0.000\ 18(\text{mol/L})$$

B.1.4.5 高锰酸钾标准溶液浓度及不确定度的表达

高锰酸钾标准溶液的浓度及不确定度可表示为：

$$c_3(1/5\text{KMnO}_4)=(0.050\ 95\pm 0.000\ 18)\text{mol/L},k=2$$

B.2 过硫酸铵氧化滴定法测定不锈钢中铬含量测量不确定度评定

B.2.1 方法和测量参数概述

称取 0.200 0 g 试料于烧杯中，试料分解后用过硫酸铵氧化铬至六价，随即加盐酸煮沸还原同时被氧化的锰。加 50.00 mL 过量的硫酸亚铁铵标准溶液还原铬，再用高锰酸钾标准溶液返滴定过量的亚铁。四份试料消耗高锰酸钾标准溶液的体积分别是 10.35 mL、10.45 mL、10.30 mL 和 10.20 mL，计算不锈钢中铬含量及测量不确定度。硫酸亚铁铵标准溶液和高锰酸钾标准溶液的浓度分别为 (0.050 64±0.000 13)mol/L($k=2$)和(0.050 95±0.000 18)mol/L($k=2$)。

B.2.2 被测量 w_{Cr} 与输入量的函数关系

被测量 w_{Cr} 与输入量的函数关系为：

$$w_{Cr}=\frac{(c_1V_1-c_2V_2)M}{m\times 3\times 1\ 000}\times 100$$

式中：

c_1——硫酸亚铁铵标准溶液浓度的数值，单位为摩尔每升(mol/L)；

c_2——高锰酸钾标准溶液浓度的数值，单位为摩尔每升(mol/L)；

V_1——加入硫酸亚铁铵标准溶液体积的数值，单位为毫升(mL)，

V_2——消耗高锰酸钾标准溶液体积的数值，单位为毫升(mL)，

M——铬的摩尔质量的数值，单位为克每摩尔(g/mol)

m——试料质量的数值，单位为克(g)。

B.2.3 样品中铬量的计算

按给定条件计算，测量 4 份试料铬含量分别为 17.37%、17.33%、17.39% 和 17.44%，平均值为 17.38%。

B.2.4 不确定度来源识别及其分量的评定

B.2.4.1 测量重复性

本试验重复测量 4 次，用极差法计算标准差为 0.053%，测量平均值的标准不确定度 $u(s)=0.053\%/\sqrt{4}=0.026\%$，$u_{rel}(s)=0.026/17.38=1.5\times10^{-3}$。

B.2.4.2 c_1V_1 项的不确定度分量

B.2.4.2.1 已知硫酸亚铁铵标准溶液的浓度(0.050 64±0.000 13)mol/L，$k=2$，其标准不确定度为 $u(c_1)=0.000\ 13/2=6.5\times10^{-5}$(mol/L)，相对标准不确定度为 $u_{rel}(c_1)=6.5\times10^{-5}/0.050\ 64=1.3\times10^{-3}$。

B.2.4.2.2 V_1 为用滴定管加入硫酸亚铁铵标准溶液体积(50.00 mL)，其不确定度分量有：

a) 滴定管读数的变动性，已包括在测量重复性中，不再评定。

b) 体积误差：根据 GB/T 12805，标称容量为 50 mL 的 A 级滴定管允差为±0.05 mL，按三角形分布，其标准不确定度 $u(V_1)_1=0.05/\sqrt{6}=0.021$(mL)。

c) 温度影响：实验室温度在±2 ℃内变动，表示硫酸亚铁铵标准溶液标定和使用时有±2 ℃的温度变化。水的膨胀系数为 2.1×10^{-4}/℃，其体积的变化为 $2.1\times10^{-4}\times2\times50=0.021$(mL)，按均匀分布计算标准不确定度：$u(V_1)_2=0.021/\sqrt{3}=0.012$(mL)。

两分量不相关，合成得到 V_1 的标准不确定度 $u(V_1)$：

$$u(V_1)=\sqrt{0.021^2+0.012^2}=0.024(\text{mL})$$

$$u_{rel}(V_1)=0.024/50=4.8\times10^{-4}$$

B.2.4.2.3 c_1V_1 项的不确定度分量：

各分量不相关，则：

$$u_{rel}(c_1V_1)=\sqrt{u_{rel}^2(c_1)+u_{rel}^2(V_1)}=\sqrt{(1.3\times10^{-3})^2+(4.8\times10^{-4})^2}=1.4\times10^{-3}$$

$$u(c_1V_1)=(c_1V_1)\cdot u_{rel}(c_1V_1)=0.050\ 64\times50\times1.4\times10^{-3}=0.003\ 5(\text{mmol})$$

B.2.4.3 c_2V_2 项的不确定度分量

B.2.4.3.1 已知高锰酸钾标准溶液的浓度为(0.050 95±0.000 18)mol/L，$k=2$，其标准不确定度 $u(c_2)=9.0\times10^{-5}$ mol/L，相对标准不确定度 $u_{rel}(c_2)=1.8\times10^{-3}$。

B.2.4.3.2 V_2 为滴定消耗高锰酸钾标准溶液的体积，其不确定度分量有：

a) 滴定管读数的变动性，已包括在测量重复性中，不再评定。

b) 体积误差：返滴定消耗高锰酸钾标准溶液的平均体积为 10.32 mL。根据 GB/T 12805，标称容量为 10 mL 的 A 级滴定管允差为±0.025 mL，按三角形分布计算标准不确定度：$u_1(V_2)=0.025/\sqrt{6}=0.010(\text{mL})$。

c) 温度影响：实验室温度在±2 ℃内变动，其体积的变化为 $2.1\times10^{-4}\times2\times10.32=0.004\ 3(\text{mL})$，按均匀分布计算标准不确定度：$u_2(V_2)=0.004\ 3/\sqrt{3}=0.002\ 5(\text{mL})$。

两分量不相关，合成得到 V_2 的标准不确定度 $u(V_2)$：

$$u(V_2)=\sqrt{0.010^2+0.002\ 5^2}=0.010(\text{mL}),u_{rel}(V_2)=0.010/10.32=9.7\times10^{-4}$$

B.2.4.3.3 c_2V_2 项的不确定度分量

同 B.2.4.2.3，$u_{rel}(c_2V_2)=\sqrt{(1.8\times10^{-3})^2+(9.7\times10^{-4})^2}=2.0\times10^{-3}$

$$u(c_2V_2)=(c_2V_2)\cdot u_{rel}(c_2V_2)=0.050\ 95\times10.32\times2.0\times10^{-3}=0.001\ 1(\text{mmol})$$

B.2.4.4 $(c_1V_1-c_2V_2)$项的不确定度分量

c_1V_1 和 c_2V_2 项不相关，则：

$$u(c_1V_1-c_2V_2)=\sqrt{u^2(c_1V_1)+u^2(c_2V_2)}=\sqrt{0.003\ 5^2+0.001\ 1^2}=0.003\ 7(\text{mmol})$$

$$c_1V_1-c_2V_2=0.050\ 64\times50.00-0.050\ 95\times10.32=2.006\ 2(\text{mmol})$$

$$u_{rel}(c_1V_1-c_2V_2)=0.003\ 7/2.006\ 2=1.8\times10^{-3}$$

B.2.4.5 试料质量的不确定度分量

称量重复性已包括在测量重复性中，不再评定。

称量误差：由天平检定证书知，称量误差为±0.1 mg。按均匀分布，其标准不确定度为 0.058 mg；称量需进行两次，称量的标准不确定度为 $u(m)=\sqrt{2\times0.058^2}=0.082$ (mg)，相对标准不确定度 $u_{rel}(m)=0.082/200=4.1\times10^{-4}$。

B.2.4.6 相对原子质量 A_{rCr} 的不确定度分量

铬的相对原子质量为 51.996 1(0.000 6)，按均匀分布，其标准不确定度为 $0.000\ 6/\sqrt{3}=3.5\times10^{-4}$，相对标准不确定度 $u_{rel}(A_{rCr})=3.5\times10^{-4}/51.996\ 1=6.7\times10^{-6}$。

B.2.5 合成标准不确定度的评定

各分量不相关，则：

$$u_{c\,rel}(w_{Cr})=\sqrt{u_{rel}^2(c_1V_1-c_2V_2)+u_{rel}^2(m)+u_{rel}^2(A_{rCr})+u_{rel}^2(s)}$$
$$=\sqrt{(1.8\times10^{-3})^2+(4.1\times10^{-4})^2+(6.7\times10^{-6})^2+(1.5\times10^{-3})^2}=2.4\times10^{-3}$$
$$u_c(w_{Cr})=17.38\%\times2.4\times10^{-3}=0.042\%$$

B.2.6 扩展不确定度的评定

取包含因子 $k=2$，则扩展不确定度为：

$$U=0.042\%\times2\approx0.09\%$$

B.2.7 分析报告

不锈钢中铬的分析结果为：

$$w_{Cr}=(17.38\pm0.09)\%,k=2$$

B.3 重铬酸钾滴定法测定铁矿石中全铁含量测量不确定度评定

B.3.1 方法和测量参数概述

称取 0.200 0 g 铁矿石试料置于烧杯中，加盐酸低温加热溶解，过滤、处理残渣。将处理过的残渣与滤液合并后，加热控制试液体积，以三氯化钛、二氯化锡还原三价铁，在硫酸-磷酸介质中，以二苯胺磺酸钠指示剂，用重铬酸钾标准溶液[$c(1/6K_2Cr_2O_7)=0.050\ 00$ mol/L]滴定至终点。独立分析 2 次，分别消耗重铬酸钾标准溶液 39.63 mL 和 39.48 mL，计算试样中全铁的含量及其测量不确定度。

表 B.1 列出了先前在重复性条件下 10 次测量和本次（$i=11$）测量铁矿石中全铁含量的分析数据。

表 B.1 历次和本次测量铁矿石中全铁含量的分析数据 %

i	1	2	3	4	5	6	7	8	9	10	11
x_{i1}	52.48	51.71	52.37	53.64	53.21	52.45	54.22	55.66	53.60	53.48	55.33
x_{i2}	52.34	51.78	52.20	53.75	53.31	52.17	54.36	55.49	53.46	53.69	55.12
Δ_i	0.14	−0.07	0.17	−0.11	−0.10	0.28	−0.14	0.17	0.14	−0.21	0.21

B.3.2 被测量 w_{Fe} 与输入量的函数关系

被测量 w_{Fe} 与输入量的函数关系为：

$$w_{Fe}=\frac{cVM_{Fe}}{m\times1\ 000}\times100$$

式中：

w_{Fe}——全铁的质量分数，数值以 10^{-2} 或%计；

c ——重铬酸钾标准溶液浓度的数值，单位为摩尔每升(mol/L)；

V ——滴定消耗重铬酸钾标准溶液体积的数值，单位为毫升(mL)；

M_{Fe}——铁的摩尔质量的数值，单位为克每摩尔(g/mol)；

m ——试料质量的数值，单位为克(g)。

B.3.3 不确定度分量的识别

根据被测量 w_{Fe} 与输入量的函数关系，全铁含量的测量不确定度包括测量重复性的不确定度分量、重铬酸钾标准溶液浓度的不确定度分量、滴定消耗重铬酸钾标准溶液体积的不确定度分量、铁摩尔质量的不确定度分量以及试料称量的不确定度分量。

B.3.4 测量不确定度分量的评定

B.3.4.1 测量重复性的不确定度

根据滴定所消耗重铬酸钾标准溶液的体积，计算得 2 次独立测定的全铁含量分别为 55.33% 和 55.12%，其平均值为 $w_{Fe}=55.22\%$。

根据表 B.1 数据，计算合并样本标准差，$s=\sqrt{\frac{\sum_{i=1}^{m}\Delta_i^2}{2m}}=0.119\%$。本次分析进行两次重复测量，则其测量平均值的标准不确定度 $u(s)=0.119\%/\sqrt{2}=0.084\%$，相对标准不确定度 $u_{rel}(s)=0.084/55.22=1.52\times10^{-3}$。

B.3.4.2 重铬酸钾标准溶液的不确定度分量

B.3.4.2.1 重铬酸钾标准溶液的配制

称取 2.451 9 g 含量为(100±0.05)%的重铬酸钾基准物质于烧杯中，用水溶解，移入 1 000 mL A 级容量瓶中，用水稀释至刻度，混匀。此重铬酸钾标准溶液浓度为 $c(1/6K_2Cr_2O_7)=0.050\ 00$ mol/L。

B.3.4.2.2 重铬酸钾含量的不确定度分量

已知重铬酸钾含量的变动性为 0.05%，按均匀分布，其变动性的标准不确定度 $u_1(c)=0.05\%/\sqrt{3}=0.029\%$，相对标准不确定度 $u_{rel1}(c)=0.029/100=2.9\times10^{-4}$。

B.3.4.2.3 重铬酸钾质量引起的不确定度

天平称量的误差为±0.1 mg，按均匀分布，其标准不确定度 $0.1/\sqrt{3}=0.058$(mg)。称量需进行 2 次，2 次称量的标准不确定度为$\sqrt{0.058^2\times2}=0.082$(mg)。

天平称量重复性约 0.1 mg，按均匀分布，其标准不确定度为 $0.1/\sqrt{3}=0.058$(mg)。

质量的标准不确定度 $u_2(c)=\sqrt{0.058^2\times2+0.058^2}=0.10$(mg)，相对标准不确定度 $u_{rel2}(c)=0.10/(2.451\ 9\times1\ 000)=4.1\times10^{-5}$。

B.3.4.2.4 稀释体积引起的不确定度

1000 mL A 级容量瓶的容量允差为±0.4 mL，按三角分布，其体积误差的标准不确定度为 $0.4/\sqrt{6}=0.163$(mL)。

溶液稀释重复性的标准不确定度为 0.10 mL。

稀释体积引起的标准不确定度 $u_3(c)=\sqrt{0.163^2+0.10^2}=0.19$(mL)，相对标准不确定度 $u_{rel3}(c)=0.19/1\ 000=1.9\times10^{-4}$。

B.3.4.2.5 重铬酸钾标准溶液的不确定度

重铬酸钾摩尔质量的相对标准不确定度为 5.1×10^{-6}(评定方法见 3.4.6)，相对于其他分量可忽略。

各分量不相关，则重铬酸钾标准溶液的相对标准不确定度为：

$$u_{rel}(c)=\sqrt{u_{rel1}^2(c)+u_{rel2}^2(c)+u_{rel3}^2(c)}=\sqrt{(2.9\times10^{-4})^2+(4.1\times10^{-5})^2+(1.9\times10^{-4})^2}=3.5\times10^{-4}$$

B.3.4.3 滴定消耗重铬酸钾标准溶液体积的不确定度

用 50 mL A 级滴定管，滴定消耗平均体积 39.56 mL，滴定管容量允差为±0.05 mL，按三角分布，其标准不确定度 $u_1(V)=0.05/\sqrt{6}=0.020(\mathrm{mL})$。

滴定管读数的误差已包括在测量重复性不确定度中，不再评定。

用重铬酸钾标准溶液滴定，滴定时与标准溶液配制时有±2 ℃的温差。水的膨胀系数为 2.1×10^{-4}/℃，温差使溶液体积变化有 $39.56\times2\times2.1\times10^{-4}=0.017(\mathrm{mL})$，按均匀分布，温差引起滴定体积变化的标准不确定度 $u_2(V)=0.017/\sqrt{3}=0.010(\mathrm{mL})$。

滴定体积的标准不确定度 $u(V)=\sqrt{u_1^2(V)+u_2^2(V)}=\sqrt{0.020^2+0.010^2}=0.022(\mathrm{mL})$，相对标准不确定度 $u_{rel}(V)=0.022/39.56=5.6\times10^{-4}$。

B.3.4.4 铁摩尔质量的不确定度分量

铁的相对原子质量为 55.845(0.002)，其摩尔质量的不确定度为±0.002 g/mol。按均匀分布，其标准不确定度为：$u(\mathrm{Fe})=\dfrac{0.002}{\sqrt{3}}=0.001\,2(\mathrm{g/mol})$，$u_{rel}(\mathrm{Fe})=0.001\,2/55.845=2.1\times10^{-5}$。

B.3.4.5 称量的不确定度分量

称取 0.200 0 g 样品，天平的允许差为±0.1 mg，按均匀分布，其标准不确定度为 $0.1/\sqrt{3}=0.058(\mathrm{mg})$，称量需进行 2 次；称量重复性误差已包括在测量重复性误差中，不再重复评估。其相对不确定度为 $u_{rel}(m)=\dfrac{\sqrt{0.058^2\times2}}{0.200\,0\times1\,000}=4.1\times10^{-4}$。

B.3.5 合成标准不确定度评定

各分量互不相关，则测量全铁含量的相对合成标准不确定度为：

$$\begin{aligned}u_{crel}(w_{Fe})&=\sqrt{u_{rel}^2(s)+u_{rel}^2(c)+u_{rel}^2(V)+u_{rel}^2(M_{Fe})+u_{rel}^2(m)}\\&=\sqrt{(1.52\times10^{-3})^2+(3.5\times10^{-4})^2+(5.6\times10^{-4})^2+(2.1\times10^{-5})^2+(4.1\times10^{-4})^2}\\&=1.71\times10^{-3}\end{aligned}$$

合成标准不确定度为：

$$u_c(w_{Fe})=55.22\%\times1.71\times10^{-3}=0.094\%$$

B.3.6 扩展不确定度评定

取 95%的置信水平，$k=2$，则扩展不确定度为：

$$U=u_c(w_{Fe})\times2=0.094\times2=0.19\%$$

B.3.7 不确定度报告

铁矿石中全铁含量的分析结果为(55.22±0.19)%，$k=2$；或报告为 55.22(1±0.003 4)%，$k=2$。

附 录 C
（资料性附录）
分光光度法测量不确定度评定实例
高碘酸盐光度法测定低合金钢中锰含量测量不确定度评定

C.1 方法和测量参数简述

称取 0.100 0 g 样品两份于锥形瓶中，用酸溶解，加磷酸-高氯酸冒烟，在稀硫酸介质，以高碘酸盐将锰(Ⅱ)氧化为紫色的锰(Ⅶ)，流水冷却，稀释于 100 mL 容量瓶中，测量吸光度。

用 10 mL 滴定管分别加入 0.50 mL、0.70 mL、1.00 mL、1.50 mL 和 2.00 mL 锰标准溶液[(1 000±3)μg/mL，(k=2)]于锥形瓶中，与试样同样操作，绘制校准曲线。

每个校准曲线溶液测量 3 次，试液测量 2 次。由校准曲线得出试液中锰的浓度，计算锰的质量分数为 0.762%和 0.766%。

该实验室在重复性条件下，对同类低合金钢的 7 次重复测量结果分别为 0.726%、0.722%、0.724%、0.728%、0.723%、0.720%、0.728%。

使用天平的感量为 0.1 mg，检定允许差为±0.1 mg。

C.2 被测量与输入量的函数关系

被测量与输入量的函数关系为：

$$w_{Mn}=\frac{\rho V}{m\times 10^6}\times 100$$

式中：

w_{Mn}——锰的质量分数，数值以 10^{-2} 或%表示；

ρ ——由校准曲线得出的试液中锰质量浓度的数值，单位为微克每毫升(μg/mL)；

V ——试液体积的数值，单位为毫升(mL)；

m ——试料质量的数值，单位为克(g)。

C.3 不确定度的来源

根据被测量与输入量的函数关系式，测量结果的不确定度来源于测量重复性、试液中锰的质量浓度、试液体积和试料质量的不确定度分量。试液中锰的质量浓度由校准曲线计算得出，其不确定度包括校准曲线线性拟合的不确定度和标准溶液的不确定度等。

C.4 不确定度分量的评定

C.4.1 测量重复性的不确定度分量，$u(s)$

根据 7 次重复测量结果，计算标准差 $s=\sqrt{\frac{\sum_{i=1}^{n}(x_i-\bar{x})^2}{n-1}}=0.003\ 05\%$。

样品 2 次测量的平均值为 0.764%，则其标准不确定度 $u(s)=\frac{s}{\sqrt{2}}=\frac{0.003\,05\%}{\sqrt{2}}=0.002\,2\%$，相对标准不确定度 $u_{rel}(s)=\frac{u(s)}{\bar{x}}=\frac{0.002\,2\%}{0.764\%}=0.002\,9$。

C.4.2 试液中锰浓度的不确定度分量，$u(\rho)$

C.4.2.1 校准曲线线性拟合的不确定度分量，$u(\rho_1)$

取 5 份锰标准溶液绘制校准曲线，校准曲线锰量与相应的吸光度见表 C.1。

表 C.1 校准曲线中锰量与相应的吸光度

标准溶液质量浓度 μg/mL	吸光度 A	$a+b\rho_i$
5	0.205,0.205,0.213	0.208 8
7	0.288,0.292,0.293	0.290 6
10	0.412,0.413,0.417	0.413 3
15	0.617,0.617,0.620	0.617 8
20	0.823,0.822,0.821	0.822 3

根据表 C.1 的测量结果，计算 $A=a+b\rho$ 中 a 和 b ：

$$a=\bar{A}-b\bar{\rho}=0.004\,300$$

$$b=\frac{\sum_{i=1}^{n}(\rho_i-\bar{\rho})(A_i-\bar{A})}{\sum_{i=1}^{n}(\rho_i-\bar{\rho})^2}=0.040\,90$$

按最小二乘法进行统计，得到线性回归方程为：$A=0.004\,300+0.040\,90\rho$。

由校准曲线线性拟合对试液中锰质量浓度 ρ 产生的标准不确定度为：

$$u(\rho_1)=\frac{s_R}{b}\sqrt{\frac{1}{P}+\frac{1}{n}+\frac{(\rho-\bar{\rho})^2}{\sum_{i=1}^{n}(\rho_i-\bar{\rho})^2}}$$

式中：

P——试液的测量次数；

n——校准曲线溶液的测量次数；

ρ——被测试液中锰质量浓度的数值，单位为微克每毫升(μg/mL)；

$\bar{\rho}$——校准曲线溶液中锰质量浓度平均值的数值，单位为微克每毫升(μg/mL)；

s_R——残余标准差，$s_R=\sqrt{\frac{\sum_{i=1}^{n}[A_i-(a+b\rho_i)]^2}{n-2}}=\sqrt{\frac{8.5\times10^{-5}}{15-2}}=0.0026$。

由测量参数计算可得：$\bar{\rho}=11.4$ μg/mL，$\rho=7.64$ μg/mL，则：

$$u(\rho_1)=\frac{0.002\,6}{0.040\,90}\sqrt{\frac{1}{4}+\frac{1}{15}+\frac{14.137\,6}{448.04}}=6.36\times0.590\,1=0.037\,5(\mu g/mL)$$

$$u_{rel}(\rho_1)=\frac{0.037\,5}{7.64}=0.004\,9$$

C.4.2.2 标准溶液的不确定度分量，$u(\rho_2)$

a) 锰标准溶液为(1 000±3)μg/mL($k=2$)，其标准不确定度 $u(\rho_{21})=3/2=1.5$(μg/mL)，相对标准不确定度 $u_{rel}(\rho_{21})=1.5/1\,000=0.001\,5$。

b) 用 10 mL 滴定管分别加入 0.50 mL、0.70 mL、1.00 mL、1.50 mL 和 2.00 mL 上述锰标准溶液。按 GB/T 12805，0.50 mL～2.00 mL 范围内，A 级滴定管容量允差为±0.01 mL，按三角分布处理，标准不确定度为 $u(\rho_{22})=0.01/\sqrt{6}=0.004\,1$(mL)，5 次分取标准溶液的相对标准不确定度可近似按其均方根计算：

$$u_{rel}(\rho_{22})=\sqrt{\frac{\left(\frac{0.004\,1}{0.50}\right)^2+\left(\frac{0.004\,1}{0.70}\right)^2+\left(\frac{0.004\,1}{1.00}\right)^2+\left(\frac{0.004\,1}{1.50}\right)^2+\left(\frac{0.004\,1}{2.00}\right)^2}{5}}=0.005\,1$$

标准溶液引起的相对标准不确定度：

$$u_{rel}(\rho_2)=\sqrt{0.001\,5^2+0.005\,1^2}=0.005\,3$$

试液中锰质量浓度的不确定度：

$$u_{rel}(\rho)=\sqrt{u_{rel}^2(\rho_1)+u_{rel}^2(\rho_2)}=\sqrt{0.004\,9^2+0.005\,3^2}=0.007\,2$$

C.4.3 试液体积的不确定度分量，$u(V)$

试液稀释在 100 mL 容量瓶中，根据 GB/T 12806，100 mL A 级容量瓶的容量允差为±0.10 mL，按三角分布，其体积误差的不确定度为 $0.10/\sqrt{6}=0.041$(mL)；稀释重复性的不确定度已包含在测量重复性中，不再评定。

因此，试液体积的相对标准不确定度 $u_{rel}(V)=0.041/100=0.000\,41$。

C.4.4 试料质量的不确定度分量，$u(m)$

用感量为 0.1 mg 天平，按证书规定，称量允许差为±0.1 mg，按均匀分布，天平称量误差的不确定度为$(0.1/\sqrt{3})$mg；天平称量需进行 2 次(一次调零，一次称样)。其标准不确定度和相对标准不确定度为：

$$u(m)=\sqrt{\left(\frac{0.1}{\sqrt{3}}\right)^2\times 2}=0.082(\text{mg})$$

$$u_{rel}(m)=0.082/(0.100\,0\times 1\,000)=0.000\,82$$

称量读数的不确定度已包括在测量重复性中，不再重复评定。

C.5 合成标准不确定度的评定

各分量互不相关，计算相对合成标准不确定度和合成标准不确定：

$$u_{crel}(w_{Mn})=\sqrt{u_{rel}^2(s)+u_{rel}^2(\rho)+u_{rel}^2(V)+u_{rel}^2(m)}$$
$$=\sqrt{0.002\,9^2+0.007\,2^2+0.000\,41^2+0.000\,82^2}$$
$$=0.0078$$
$$u_c(w_{Mn})=0.764\%\times 0.007\,8=0.006\,0\%$$

C.6 扩展不确定度的评定

取 95% 的置信水平，包含因子 $k=2$，则扩展不确定度为：

$$U(w_{Mn}) = 0.006\,0\% \times 2 = 0.012\%$$

C.7 测量结果及不确定度表达

测定低合金钢中锰量的结果可表示为：

$$w_{Mn} = (0.764 \pm 0.012)\%, k=2$$

或

$$w_{Mn} = 0.764(1 \pm 0.016)\%, k=2$$

附 录 D

（资料性附录）

原子吸收光谱法测量不确定度评定实例

原子吸收光谱法测定铝合金中铜含量测量不确定度评定

D.1 分析方法和测量参数概述

称取 0.100 0 g 试样两份，用盐酸和过氧化氢溶解，将试液移入 50 mL 容量瓶中，用水稀释至刻度，混匀。以铜空心阴极灯（324.7 nm）作光源，在原子吸收光谱仪上空气-乙炔火焰中测量铜的吸光度。通过校准曲线计算得铜的质量分数分别为 0.132% 和 0.134%。

移取 10.00 mL 铜标准溶液[(1 000±3)μg/mL]于 1 000 mL A 级容量瓶中，用水稀释至刻度，混匀。此溶液 1 mL 含 10.0 μg 铜。移取 0 mL、1.00 mL、2.50 mL、5.00 mL、10.00 mL 和 15.00 mL 铜标准溶液（10.0 μg/mL）分别置于 50 mL 容量瓶中，用水稀释至刻度，混匀。按分析方法测量吸光度，绘制校准曲线。

该实验室在重复性条件下，对同类铝合金的 10 次重复测量结果分别为 0.166%、0.165%、0.164%、0.166%、0.160%、0.159%、0.160%、0.159%、0.162%、0.163%。

D.2 被测量 w_{Cu} 与输入量的函数关系

被测量 w_{Cu} 与输入量的函数关系为：

$$w_{Cu}=\frac{\rho V}{m\times 10^{6}}\times 100$$

式中：

w_{Cu}——铜的质量分数，数值以 10^{-2} 或 % 表示；

ρ ——由校准曲线得出的试液中铜质量浓度的数值，单位为微克每毫升（μg/mL）；

V ——试液体积的数值，单位为毫升（mL）；

m ——试料质量的数值，单位为克（g）。

D.3 不确定度分量的识别

根据被测量与输入量的函数关系式，测量结果的不确定度来源于测量重复性、试液中铜的质量浓度、试液体积和试料质量的不确定度分量。试液中铜的质量浓度由校准曲线计算得出，其不确定度包括校准曲线线性拟合的不确定度和标准溶液的不确定度等。

D.4 不确定度分量的评定

D.4.1 测量重复性的不确定度分量

根据 10 次重复测量结果，计算标准差 $s=\sqrt{\frac{\sum_{i=1}^{n}(x_i-\overline{x})^{2}}{n-1}}=0.002\ 80\%$。

样品 2 次测量的平均值为 0.133%，则其标准不确定度 $u(s)=\frac{s}{\sqrt{2}}=0.0020\%$，相对标准不确定度 $u_{rel}(s)=\frac{u(s)}{\bar{x}}=\frac{0.0020\%}{0.133\%}=0.0150$。

D.4.2 校准曲线线性拟合的不确定度分量

校准曲线的测量参数和数据处理见表 D.1。

表 D.1 校准曲线的测量参数和数据处理

序号	标准溶液质量浓度 μg/mL	吸光度 A	$a+b\rho_i$	$A-(a+b\rho_i)$
1	0	0.001 4 0.002 0 0.001 0	0.000 4	0.001 0 0.001 6 0.000 6
2	0.2	0.008 8 0.012 4 0.009 2	0.012 6	−0.003 8 −0.000 2 −0.003 4
3	0.5	0.028 2 0.032 6 0.025 8	0.030 9	−0.002 7 0.001 7 −0.005 1
4	1.0	0.063 8 0.069 0 0.062 0	0.061 3	0.002 5 0.007 7 0.000 7
5	2.0	0.123 6 0.126 8 0.120 7	0.122 2	0.001 4 0.004 6 −0.001 5
6	3.0	0.183 0 0.182 6 0.178 6	0.183 1	−0.000 1 −0.000 5 −0.004 5

由表 D.1 的测量数据，计算回归方程式 $A=a+b\rho$ 中的 a 和 b：

$$a=\overline{A}-b\bar{\rho}=0.0004$$

$$b=\frac{\sum_{i=1}^{n}(\rho_i-\bar{\rho})(A_i-\overline{A})}{\sum_{i=1}^{n}(\rho_i-\bar{\rho})^2}=0.0609$$

校准曲线的回归方程为： $A=0.0609\rho+0.0004$

校准曲线线性拟合对试液中铜质量浓度 ρ 产生的标准不确定度分量 $u(\rho_1)$ 为：

$$u(\rho_1)=\frac{s_R}{b}\sqrt{\frac{1}{P}+\frac{1}{n}+\frac{(\rho-\bar{\rho})^2}{\sum_{i=1}^{n}(\rho_i-\bar{\rho})^2}}$$

称取 2 份试样，每份试液测量 2 次，每个校准曲线溶液测量 3 次，则 $P=4$，$n=18$。s_R 为残余标准差，$s_R=\sqrt{\frac{\sum_{i=1}^{n}[A_i-(a+b\rho_i)]^2}{n-2}}=\sqrt{\frac{0.000178}{18-2}}=0.00334$。

根据试样测量结果和校准曲线测量参数，计算得 $\rho=2.66\ \mu g/mL$，$\bar{\rho}=1.12\ \mu g/mL$，则：

$$u(\rho_1)=\frac{0.003\ 34}{0.060\ 9}\sqrt{\frac{1}{4}+\frac{1}{18}+\frac{(2.66-1.12)^2}{20.47}}=0.054\ 8\times0.649\ 2=0.035\ 6$$

$$u_{rel}(\rho_1)=0.035\ 6/2.66=0.013\ 4$$

D.4.3 标准溶液浓度的不确定度分量

D.4.3.1 配制标准溶液的不确定度分量

使用的铜标准溶液质量浓度为(1 000±3)μg/mL，将其稀释成 10.0 μg/mL。应评定标准溶液稀释的不确定度分量和分取标准溶液体积的不确定度分量。溶液配制和使用时温度一致，不考虑温度对溶液体积的影响。

D.4.3.1.1 1 000 μg/mL 标准溶液本身的不确定度

给出的不确定度的包含因子为 2，则其标准不确定度 $u(\rho_{1000})=3/2=1.5$ (μg/mL)，相对标准不确定度 $u_{rel}(\rho_{1000})=\frac{1.5}{1\ 000}=0.001\ 5$。

D.4.3.1.2 配制 10.0 μg/mL 标准溶液的不确定度分量

配制 10.0 μg/mL 标准溶液使用 1 000 mL A 级容量瓶和 10.00 mL 移液管。根据 GB/T 12806，1 000 mL A 级容量瓶的容量允差为±0.40 mL，按三角分布，标准不确定度为：

$$u_1(V_{1\ 000})=\frac{0.40}{\sqrt{6}}=0.163\ 3(\ mL)$$

容量瓶稀释的重复性标准不确定度为 0.10 mL，则：

$$u(V_{1\ 000})=\sqrt{0.163^2+0.10^2}=0.19$$

$$u_{rel}(V_{1\ 000})=\frac{0.19}{1\ 000}=1.9\times10^{-4}$$

根据 GB/T 12806，10 mL 单标线移液管的容量允差为±0.02 mL。按三角分布，标准不确定度为：

$$u_1(V_{10})=\frac{0.02}{\sqrt{6}}=0.008\ 2(\ mL)$$

移液管移取溶液的重复性标准不确定度为 0.010 mL，则：

$$u(V_{10})=\sqrt{0.008\ 2^2+0.010^2}=0.013\ (\ mL)$$

$$u_{rel}(V_{10})=0.013/10=0.0013$$

$$u_{rel}(\rho_{21})=\sqrt{u_{rel}^2(\rho_{1\ 000})+u_{rel}^2(V_{1\ 000})+u_{rel}^2(V_{10})}$$

$$=\sqrt{0.001\ 5^2+0.000\ 19^2+0.001\ 3^2}$$

$$=0.002\ 0$$

D.4.3.2 分取标准溶液体积的不确定度分量

制备校准曲线校准溶液时采用 25 mL 滴定管分取 0 mL、1.00 mL、2.50 mL、5.00 mL、10.00 mL 和 15.00 mL 铜标准溶液(10.0μg/mL)。根据 GB/T 12807，其分取量的体积允差分别为 0 mL、±0.01 mL、±0.01 mL、±0.01 mL、±0.025 mL 和±0.025 mL，按三角分布，标准不确定度分别为 0 mL、0.004 1 mL、0.004 1 mL、0.004 1 mL、0.010 mL 和 0.010 mL，相对标准不确定度分别为 0、0.004 1、0.001 6、0.000 82、0.001 0 和 0.000 67。

按均方根计算分取标准溶液体积的相对标准不确定度：

$$u_{rel}(\rho_{22})=\sqrt{\frac{0.004\ 1^2+0.001\ 6^2+0.000\ 82^2+0.001\ 0^2+0.000\ 67^2}{6}}=0.001\ 9$$

因此，校准曲线标准溶液引起的不确定度为：

$$u_{rel}(\rho_2)=\sqrt{u_{rel}^2(\rho_{21})+u_{rel}^2(\rho_{22})}=\sqrt{0.002\ 0^2+0.001\ 9^2}=0.002\ 8$$

D.4.4 试液体积(V)的不确定度分量

试液稀释在 50 mL 容量瓶中，根据 GB/T 12806，50 mL A 级容量瓶的容量允差为±0.05 mL，按三角分布，其体积误差的不确定度为 $0.05/\sqrt{6}=0.020$(mL)；稀释重复性的不确定度已包含在测量重复性中，不再评定。

因此，试液体积的相对标准不确定度 $u_{rel}(V)=0.020/50=0.000\ 40$。

D.4.5 试料质量的不确定度分量

用感量为 0.1 mg 的天平，按证书规定，称量允许差为±0.1 mg，按均匀分布，天平称量误差的不确定度为$(0.1/\sqrt{3})$mg；天平称量需进行两次(一次调零，一次称样)，则：

$$u_{rel}(m)=\sqrt{\left(\frac{0.1}{\sqrt{3}}\right)^2\times 2}=0.082(\text{mg})$$

$$u_{rel}(m)=\frac{0.082}{100}=8.2\times 10^{-4}$$

称量读数的重复性不确定度分量已包括在测量重复性不确定度中，不再评定。

D.5 合成标准不确定度的评定

以上各分量互不相关，则：

$$\begin{aligned}u_{crel}(w_{Cu})&=\sqrt{u_{rel}^2(s)+u_{rel}^2(\rho_1)+u_{rel}^2(\rho_2)+u_{rel}^2(V)+u_{rel}^2(m)}\\&=\sqrt{0.015^2+0.013\ 4^2+0.002\ 8^2+0.000\ 40^2+0.000\ 82^2}\\&=0.020\end{aligned}$$

$$u_c(w_{Cu})=0.133\%\times 0.020=0.002\ 7\%$$

D.6 扩展不确定度的评定

取 95%的置信水平，包含因子 $k=2$，则扩展不确定度为：

$$U=0.002\ 7\%\times 2\approx 0.006\%$$

D.7 测量结果及不确定度的表达

铝合金中铜含量可表示为：

$$w_{Cu}=(0.133\pm 0.006)\%,k=2$$

或

$$w_{Cu}=0.133(1\pm 0.045)\%,k=2$$

附　录　E
（资料性附录）
氢化物发生-原子荧光光谱法测量不确定度评定实例
氢化物发生-原子荧光光谱法测定低合金钢中砷含量测量不确定度评定

E.1　分析方法和测量参数概述

称取 0.200 0 g 试样两份于 50 mL 烧杯中，加适量盐酸和硝酸加热溶解。加入硫磷混酸冒烟，赶尽氮氧化物，冷却至室温后，加入硫代氨基脲-抗坏血酸混合溶液作为还原剂，加 5 mL 盐酸，移入 50 mL 容量瓶中，用水稀释至刻度，混匀。室温放置 30 min。以砷空心阴极灯作光源，在原子荧光光谱仪上测定其荧光强度，通过校准曲线计算砷的质量分数为 0.001 4% 和 0.001 2%。

标准溶液制备：

移取 10.00 mL 砷储备液[(1 000±4)μg/mL，$k=2$]，置于 100 mL 容量瓶中，用水稀释至刻度，混匀。此溶液 1 mL 含 100μg 砷。

移取 10.00 mL 砷标准溶液(100 μg/mL)，置于 100 mL 容量瓶中，用水稀释至刻度，混匀。此溶液 1 mL 含 10.0 μg 砷。

移取 10.00 mL 砷标准溶液(10.0 μg/mL)，置于 100 mL 容量瓶中，用水稀释至刻度，混匀。此溶液 1 mL 含 1.0 μg 砷。

校准曲线的制作：

移取 7 份与待测液中铁量相同的铁溶液置于 7 个 100 mL 烧杯中，分别加入 0 mL、0.10 mL、0.50 mL、1.00 mL、2.00 mL、3.00 mL 和 4.00 mL 砷标准溶液(1.00 μg/mL)，与试料同样操作。

该实验室在重复性条件下，对同类低合金钢的 10 次重复测量结果分别为 0.001 9%、0.001 7%、0.001 8%、0.002 0%、0.001 6%、0.001 7%、0.001 9%、0.001 7%、0.002 0% 和 0.001 8%。

E.2　被测量 w_{As} 与输入量的数学模型

被测量 w_{As} 与输入量的数学模型为：

$$w_{As}=\frac{\rho V}{m\times10^{6}}\times100$$

式中：

w_{As}——砷的质量分数，数值以 10^{-2} 或 % 表示；

ρ ——由校准曲线得出的试液中砷质量浓度的数值，单位为微克每毫升(μg/mL)；

V ——试液体积的数值，单位为毫升(mL)；

m ——试料质量的数值，单位为克(g)。

E.3　不确定度分量的识别

根据被测量与输入量的函数关系式，测量结果的不确定度来源于测量重复性、试液中砷的浓度、试液体积和试料质量的不确定度分量。试液中砷的浓度由校准曲线计算得出，其不确定度包括校准曲线的线性拟合的不确定度和标准溶液的不确定度等。

E.4 不确定度分量的评定

E.4.1 测量重复性的不确定度分量

根据 10 次重复测量结果，计算标准差 $s=\sqrt{\dfrac{\sum\limits_{i=1}^{n}(w_i-\overline{w}_{As})^2}{n-1}}=0.000\ 14\%$。

样品 2 次测量的平均值为 0.001 3%，则其标准不确定度 $u(s)=\dfrac{s}{\sqrt{2}}=0.000\ 099\%$，相对标准不确定度 $u_{rel}(s)=\dfrac{u(s)}{\overline{w}_{As}}=\dfrac{0.000\ 099}{0.001\ 3}=0.076$。

E.4.2 试液中砷浓度的不确定度分量

E.4.2.1 校准曲线线性拟合的不确定度分量

校准曲线的测量参数和数据处理见表 E.1。

表 E.1 As 校准曲线

<table>
<tr><th rowspan="2">序号</th><th colspan="2">标准溶液</th><th rowspan="2">净荧光强度值 I_i</th><th rowspan="2">$a+b\rho_i$</th><th rowspan="2">$I_i-(a+b\rho_i)$</th></tr>
<tr><th>ρ_i
μg/mL</th><th>试样中砷含量
%</th></tr>
<tr><td>1</td><td>0.002</td><td>0.000 05</td><td>24.9
25.7</td><td>21.9</td><td>3.0
3.8</td></tr>
<tr><td>2</td><td>0.010</td><td>0.000 25</td><td>122.1
123.5</td><td>120.9</td><td>1.2
2.6</td></tr>
<tr><td>3</td><td>0.020</td><td>0.000 50</td><td>236.7
238.5</td><td>244.7</td><td>−8.0
−6.2</td></tr>
<tr><td>4</td><td>0.040</td><td>0.001 0</td><td>488.6
492.0</td><td>492.3</td><td>−3.7
−0.3</td></tr>
<tr><td>5</td><td>0.060</td><td>0.001 5</td><td>745.4
746.2</td><td>739.9</td><td>5.5
6.3</td></tr>
<tr><td>6</td><td>0.080</td><td>0.002 0</td><td>983.7
987.5</td><td>987.5</td><td>−3.8
0</td></tr>
</table>

按表 E.1 的测试数据，用最小二乘法拟合线性回归方程，计算回归方程式 $I=a+b\rho$ 中 a 和 b，采用质量浓度 ρ(μg/mL)值进行计算：

$$a=\overline{I}-b\overline{\rho}=-2.84$$

$$b=\frac{\sum\limits_{i=1}^{n}(\rho_i-\overline{\rho})(I_i-\overline{I})}{\sum\limits_{i=1}^{n}(\rho_i-\overline{\rho})^2}=12\ 379$$

砷的校准曲线的回归方程为：$I=12\ 379\rho-2.84$。

校准曲线线性拟合对试液中砷浓度 ρ 产生的不确定度分量 $u(\rho_1)$ 为：

$$u(\rho_1)=\frac{s_R}{b}\sqrt{\frac{1}{P}+\frac{1}{n}+\frac{(\rho-\bar{\rho})^2}{\sum_{i=1}^{n}(\rho_i-\bar{\rho})^2}}$$

称取 2 份试样，每份试液测量 2 次，每个校准曲线溶液测量 2 次，则 $P=4$，$n=12$。s_R 为残余标准差，$s_R=\sqrt{\frac{\sum_{i=1}^{n}[I_i-(a+b\rho_i)]^2}{n-2}}=\sqrt{\frac{232.24}{12-2}}=4.82$。

根据试样测量结果和校准曲线测量参数，计算得 $\rho=0.052\ 0\ \mu g/mL$，$\bar{\rho}=0.035\ 3\ \mu g/mL$，则：

$$u(\rho_1)=\frac{4.82}{12\ 379}\times\sqrt{\frac{1}{4}+\frac{1}{12}+\frac{(0.052\ 0-0.035\ 3)^2}{0.009\ 229}}=0.000\ 235(\mu g/mL)$$

$$u_{rel}(\rho_1)=0.000\ 235/0.052\ 0=0.004\ 5$$

E.4.2.2 标准溶液浓度的不确定度分量

E.4.2.2.1 配制 100 μg/mL 砷标准溶液的不确定度分量

a) 所用 1 000 μg/mL 砷标准溶液的扩展不确定度为 4 μg/mL，包含因子 k 为 2，则：

$$u_{rel}(\rho_{1\ 000})=0.002\ 0$$

b) 根据 GB/T 12806，100 mL A 级容量瓶容量允差为 ±0.1 mL，按三角形分布，$u(V)_1=0.1\ mL/\sqrt{6}=0.041\ mL$；稀释的重复性标准差约为 0.1 mL，按均匀分布，$u(V)_2=0.058\ mL$，则体积的标准不确定度和相对标准不确定度为：

$$u(V_2)=\sqrt{0.041^2+0.058^2}=0.071(\ mL)$$

$$u_{rel}(V_2)=0.071/100=0.000\ 71$$

c) 移取体积的标准不确定度 $u_{rel}(V_1)$：根据 GB/T 12808，10 mL A 级移液管容量允差为 ±0.02 mL，按三角形分布，$u(V)_3=0.02/\sqrt{6}=0.008\ 2\ mL$，移取体积重复性标准不确定度约为 0.01 mL，则：

$$u(V_1)=\sqrt{0.008\ 2^2+0.01^2}=0.013(mL)$$

$$u_{rel}(V_1)=0.013/10=0.0013$$

$$u_{rel}(\rho_{100})=\sqrt{u_{rel}^2(\rho_{1\ 000})+u_{rel}^2(V_1)+u_{rel}^2(V_2)}=0.002\ 5$$

E.4.2.2.2 配制 10.0 μg/mL 砷标准溶液的不确定度分量

分析同上，有：

$$u_{rel}(\rho_{10})=\sqrt{u_{rel}^2(\rho_{100})+u_{rel}^2(V_1)+u_{rel}^2(V_2)}=0.002\ 9$$

E.4.2.2.3 配制 1.00 μg/mL 砷标准溶液的不确定度分量

分析同上，有：

$$u_{rel}(\rho_{1.0})=\sqrt{u_{rel}^2(\rho_{10.0})+u_{rel}^2(V_1)+u_{rel}^2(V_2)}=0.003\ 3$$

E.4.2.3 校准曲线分取标准溶液体积不确定度分量

制备校准曲线标准溶液时，采用 0.10 mL、0.50 mL、2.00 mL 和 5.00 mL 移液管分取标准溶液 0 mL、

0.10 mL、0.50 mL、1.00 mL、2.00 mL、3.00 mL、4.00 mL。按 GB/T 12807，B 级上述标称容量的移液管其容量允差分别为 0 mL、±0.003 mL、±0.010 mL、±0.015 mL、±0.025 mL、±0.050 mL 和 0.050 mL，按三角分布，标准不确定度为 0 mL、0.001 2 mL、0.004 1 mL、0.006 1 mL、0.010 mL、0.020 mL 和 0.020 mL，相对不确定度为 0、0.012、0.008 2、0.006 1、0.005 0、0.006 7 和 0.005 0。

按均方根计算分取标准溶液体积的相对标准不确定度：

$$u_{rel}(\rho_3)=\sqrt{(0.012^2+0.008\ 2^2+0.006\ 1^2+0.005\ 0^2+0.006\ 7^2+0.005\ 0^2)/7}=0.007\ 0$$

体积读数的不确定度已包括在校准曲线线性拟合的不确定度中，不再评定。

校准曲线的配制采用 7 个 50 mL 容量瓶，其体积误差、稀释重复性的不确定度已包括在校准曲线线性拟合的不确定度中，不再评定。

E.4.2.4 仪器变动性的不确定度

已经计算了测量重复性不确定度分量，仪器读数的变动性已包括在其中，不再评定。

E.4.2.5 试液中砷浓度的合成不确定度

$$u_{rel}(\rho_{As})=\sqrt{u_{rel}^2(\rho_{1.0})+u_{rel}^2(\rho_1)+u_{rel}^2(\rho_3)}=\sqrt{0.003\ 3^2+0.004\ 5^2+0.007\ 0^2}=0.009\ 0$$

E.4.3 试液体积(V)的不确定度分量

试液稀释在 50 mL 容量瓶中，根据 GB/T 12806，50 mL A 级容量瓶的容量允差为±0.05 mL，按三角分布，其体积误差的不确定度为 $0.05/\sqrt{6}=0.020$(mL)；稀释重复性的不确定度已包含在测量重复性中，不再评定。

因此，试液体积的相对标准不确定度 $u_{rel}(V)=0.020/50=0.000\ 40$。

E.4.4 试料质量的不确定度分量

用感量为 0.1 mg 的天平，其称量允许差为±0.1 mg，按均匀分布，天平称量误差的不确定度为 $(0.1/\sqrt{3})$mg；天平称量需进行两次(一次调零，一次称样)，按方和根计算：

$$u(m)=\sqrt{\left(\frac{0.1}{\sqrt{3}}\right)^2\times 2}=0.082(\text{mg})$$

$$u_{rel}(m)=\frac{0.082}{200}=4.1\times 10^{-4}$$

称量重复性的不确定度分量已包括在测量重复性中，不再重复评定。

E.5 合成标准不确定度评定

各分量互不相关，以各分量的相对标准不确定度的方和根计算相对合成标准不确定度：

$$u_{crel}(w_{As})=\sqrt{u_{rel}^2(s)+u_{rel}^2(\rho_{As})+u_{rel}^2(V)+u_{rel}^2(m)}=\sqrt{0.076^2+0.009\ 0^2+0.000\ 40^2+0.000\ 41^2}=0.077$$

合成标准不确定度为：

$$u_c(w_{As})=0.001\ 3\%\times 0.077=0.000\ 1\%$$

E.6 扩展不确定度的评定

取包含因子 $k=2$，则扩展不确定度为：

$$U_{As}=0.000\ 1\%\times 2=0.000\ 2\%$$

E.7 测量结果及不确定度的表达

氢化物发生-原子荧光光谱法测定低合金钢中砷含量的结果可表示为：

$$w_{As}=(0.001\ 3\pm 0.000\ 2)\%, k=2$$

或

$$w_{As}=0.001\ 3(1\pm 0.16)\%, k=2$$

附 录 F
(资料性附录)
电感耦合等离子体原子发射光谱法测量不确定度评定实例

F.1 钼标准溶液不确定度的评定

F.1.1 钼标准溶液配制和测量参数概述

称取 1.500 5 g 于 500 ℃灼烧过的高纯三氧化钼(99.99%±0.01%),置于烧杯中,加适量氨水溶解,用硫酸(1+1)酸化,冷却,移入 1 000 mL 容量瓶中,用水稀释至刻度,混匀,配制成质量浓度(ρ_1)为 1 000 μg/mL 的钼标准溶液。用 25 mL 单标线移液管移取此标准溶液于 250 mL 容量瓶中,用水稀释成质量浓度(ρ_2)为 100 μg/mL 的钼标准溶液;再用 10 mL 单标线移液管移取 100 μg/mL 钼标准溶液于 200 mL 容量瓶中,用水稀释成质量浓度(ρ_3)为 5.0 μg/mL 的钼标准溶液。评定三种钼标准溶液质量浓度的不确定度。

F.1.2 三种钼标准溶液质量浓度与各输入量的函数关系式

1 000 μg/mL 钼标准溶液: $$\rho_1=\frac{m w_{MoO_3} M_{Mo}\times 1\ 000}{V_1 M_{MoO_3}}$$

100 μg/mL 钼标准溶液: $$\rho_2=\frac{m w_{MoO_3} M_{Mo} V_2\times 1\ 000}{V_1 V_3 M_{MoO_3}}$$

5.0 μg/mL 钼标准溶液: $$\rho_3=\frac{m w_{MoO_3} M_{Mo} V_2 V_4\times 1\ 000}{V_1 V_3 V_5 M_{MoO_3}}$$

式中:

m ——三氧化钼质量的数值,单位为毫克(mg);
V_1 ——1 000 mL 容量瓶体积的数值,单位为毫升(mL);
V_3 ——250 mL 容量瓶体积的数值,单位为毫升(mL);
V_5 ——200 mL 容量瓶体积的数值,单位为毫升(mL);
V_2 ——25 mL 移液管体积的数值,单位为毫升(mL);
V_4 ——10 mL 移液管体积的数值,单位为毫升(mL);
M_{Mo} ——钼的摩尔质量的数值,单位为克每摩尔(g/mol);
M_{MoO_3}——三氧化钼的摩尔质量的数值,单位为克每摩尔(g/mol);
w_{MoO_3}——高纯三氧化钼的纯度,数值以 10^{-2} 或%表示。

F.1.3 不确定度分量的评定

F.1.3.1 三氧化钼质量,$u(m)$

F.1.3.1.1 称量重复性

按以往积累的数据,称量重复性的标准差为 0.1 mg。按均匀分布,标准不确定度 $u(m_1)=0.1/\sqrt{3}=0.058$(mg),相对标准不确定度 $u_{rel}(m_1)=0.058/1\ 500.5=3.865\times 10^{-5}$。

F.1.3.1.2 称量误差

按天平检定证书,感量为 0.1 mg 的天平,误差为±0.1 mg。按均匀分布,标准不确定度为 0.1/

$\sqrt{3}=0.058(\mathrm{mg})$。称量需进行两次，称量的标准不确定度为 $u(m_2)=\sqrt{2\times0.058^2}=0.082(\mathrm{mg})$，相对标准不确定度为 $u_{\mathrm{rel}}(m_2)=0.082/1\ 500.5=5.465\times10^{-5}$。则：

$$u_{\mathrm{rel}}(m)=\sqrt{u_{\mathrm{rel}}^2(m_1)+u_{\mathrm{rel}}^2(m_2)}=\sqrt{(3.865\times10^{-5})^2+(5.465\times10^{-5})^2}=6.69\times10^{-5}$$

F.1.3.2 三氧化钼纯度，$u(w_{\mathrm{MoO_3}})$

三氧化钼纯度为(99.99±0.01)%，按均匀分布，其标准不确定度 $u(w_{\mathrm{MoO_3}})=0.01\%/\sqrt{3}=0.005\ 8\%$，相对标准不确定度 $u_{\mathrm{rel}}(w_{\mathrm{MoO_3}})=0.005\ 8/100=5.8\times10^{-5}$。

F.1.3.3 1 000 mL 容量瓶，$u(V_1)$

F.1.3.3.1 稀释重复性

1 000 mL 容量瓶稀释的重复性标准不确定度为 $u_1(V_1)=0.1$ mL。

F.1.3.3.2 体积误差

根据 GB/T 12806，1 000 mL A 级容量瓶的容量允差为±0.40 mL，按三角分布，$u_2(V_1)=0.40\ \mathrm{mL}/\sqrt{6}=0.16$ mL。溶液的配制和稀释在相同温度下进行，不存在温度对体积的影响。则：

$$u(V_1)=\sqrt{0.1^2+0.16^2}=0.19(\mathrm{mL})$$

$$u_{\mathrm{rel}}(V_1)=0.19/1\ 000=1.9\times10^{-4}$$

F.1.3.4 25 mL 移液管，$u(V_2)$

25 mL 移液管重复性标准不确定度 $u_1(V_2)=0.02$ mL，根据 GB/T 12808，其容量允差为±0.030 mL，$u_2(V_2)=0.03/\sqrt{6}=0.013(\mathrm{mL})$，$u(V_2)=\sqrt{0.02^2+0.013^2}=0.024(\mathrm{mL})$，$u_{\mathrm{rel}}(V_2)=9.6\times10^{-4}$。

F.1.3.5 250 mL 容量瓶，$u(V_3)$

评定程序同上，重复性标准不确定度 $u_1(V_3)=0.05$ mL，容量允差±0.15 mL，$u_2(V_3)=0.15/\sqrt{6}=0.061$ mL，$u(V_3)=0.079$ mL，$u_{\mathrm{rel}}(V_3)=3.2\times10^{-4}$。

F.1.3.6 10 mL 移液管，$u(V_4)$

评定程序同上，重复性标准不确定度 $u_1(V_4)=0.01$ mL，容量允差±0.02 mL，$u_2(V_4)=0.02/\sqrt{6}=0.008\ 2$ mL，$u(V_4)=0.013$ mL，$u_{\mathrm{rel}}(V_4)=1.3\times10^{-3}$。

F.1.3.7 200 mL 容量瓶，$u(V_5)$

评定程序同上，重复性标准不确定度 $u_1(V_5)=0.05$ mL，容量允差±0.15 mL，$u_2(V_5)=0.15/\sqrt{6}=0.061$ mL，得 $u(V_5)=0.079$ mL，$u_{\mathrm{rel}}(V_5)=4.0\times10^{-4}$。

F.1.3.8 钼的摩尔质量，$u(M_{\mathrm{Mo}})$

钼的相对原子质量为 95.94(0.01)，按均匀分布，钼的摩尔质量的标准不确定度 $u(M_{\mathrm{Mo}})=0.01/\sqrt{3}=0.005\ 8(\mathrm{g/mol})$，相对标准不确定度 $u_{\mathrm{rel}}(M_{\mathrm{Mo}})=0.005\ 8/95.94=6.1\times10^{-5}$。

F.1.3.9 三氧化钼的摩尔质量，$u(M_{\mathrm{MoO_3}})$

氧的相对原子质量为 15.999 4(0.000 3)，按均匀分布，氧的相对原子质量的标准不确定度 $u(\mathrm{O})=$

0.000 3/$\sqrt{3}$=0.000 17，三个氧的相对原子质量的标准不确定度 $u(3O)=0.000\ 17\times3=0.000\ 51$，三氧化钼摩尔质量的标准不确定度 $u(M_{MoO_3})=\sqrt{0.005\ 8^2+0.000\ 51^2}=0.005\ 82$。三氧化钼的摩尔质量 143.94(g/mol)，三氧化钼摩尔质量的相对标准不确定度 $u_{rel}(M_{MoO_3})=0.005\ 82/143.94=4.0\times10^{-5}$。

F.1.4 合成标准不确定度的评定

各分量不相关，则：

$$u_{crel}(\rho_1)=\sqrt{u_{rel}^2(m)+u_{rel}^2(w_{MoO_3})+u_{rel}^2(V_1)+u_{rel}^2(M_{Mo})+u_{rel}^2(M_{MoO_3})}$$
$$=\sqrt{(6.69\times10^{-5})^2+(5.8\times10^{-5})^2+(1.9\times10^{-4})^2+(6.1\times10^{-5})^2+(4.0\times10^{-5})^2}$$
$$=2.2\times10^{-4}$$

$$u_c(\rho_1)=\rho_1\cdot u_{crel}(\rho_1)=1\ 000\times2.2\times10^{-4}=0.22(\mu g/mL)$$

同理，在 $u_{crel}(\rho_1)$基础上再考虑 $u_{rel}(V_2)$和 $u_{rel}(V_3)$，计算得 $u_{crel}(\rho_2)=1.0\times10^{-3}$，则：

$$u_c(\rho_2)=\rho_2\cdot u_{crel}(\rho_2)=100\times1.0\times10^{-3}=0.10(\mu g/mL)$$

同理，在 $u_{crel}(\rho_2)$基础上再考虑 $u_{rel}(V_4)$和 $u_{rel}(V_5)$，计算得 $u_{crel}(\rho_3)=1.7\times10^{-3}$，则：

$$u_c(\rho_3)=\rho_3\cdot u_{crel}(\rho_3)=5\times1.7\times10^{-3}=0.008\ 5(\mu g/mL)$$

F.1.5 扩展不确定度的评定

取 95%的置信水平，包含因子 $k=2$，则三种钼标准溶液质量浓度的扩展不确定度分别为：

$$U(\rho_1)=0.22\times2=0.44\approx1(\mu g/mL)$$
$$U(\rho_2)=0.10\times2=0.2(\mu g/mL)$$
$$U(\rho_3)=0.008\ 5\times2=0.017\approx0.02(\mu g/mL)$$

F.1.6 测量结果及不确定度表达

三种钼标准溶液质量浓度可分别表示为：

$$\rho_1=(1\ 000\pm1)\mu g/mL, k=2$$
$$\rho_2=(100.0\pm0.2)\mu g/mL, k=2$$
$$\rho_3=(5.00\pm0.02)\mu g/mL, k=2$$

F.2 电感耦合等离子体发射光谱法测定低合金钢中钼含量不确定度的评定

F.2.1 分析方法和测量参数概述

称取 0.500 0 g 低合金钢试样两份于烧杯中，用酸分解后定容于 100 mL 容量瓶中，在电感耦合等离子体发射光谱仪上测量钼 202.03 nm 的光谱强度。

称取相同量的高纯铁 5 份，分解后分别移入 5 个 100 mL 容量瓶中，用刻度移液管移取不同量的钼标准溶液于容量瓶中，以水稀释至刻度，混匀。在相同条件下测量校准溶液的光谱强度，每份溶液测量 2 次，取平均值，绘制校准曲线(校准曲线的测量参数和数据处理列于表 F.1)。

通过校准曲线计算试料中钼含量 w_{Mo}分别为 0.152%和 0.158%。已知钼标准溶液质量浓度为(100.0±0.2)μg/mL，$k=2$。

F.2.2 被测量 w_{Mo}与输入量的函数关系

$$w_{Mo}=\frac{\rho_{Mo}V}{m\times10^6}\times100$$

式中：

w_{Mo}——试样中钼的质量分数，数值以 10^{-2} 或%表示；

V ——试液体积的数值，单位为毫升(mL)；

m ——试料质量的数值，单位为克(g)；

ρ_{Mo} ——由校准曲线计算得到的试料溶液中钼质量浓度的数值，单位为微克每毫升(μg/mL)。

F.2.3 不确定度分量的识别和评定

F.2.3.1 测量重复性的不确定度

由于方法中未给出多次重复测量的数据，引用测量方法的重复性限来计算其重复性不确定度分量。按 GB/T 20125—2006《低合金钢 多元素测定 电感耦合等离子体发射光谱法》，钼含量的重复性限 $\lg r = -1.620\ 0 + 0.679\ 5\ \lg m$。将样品两次测量结果的平均值 $m=0.155\%$ 代入上式，得 $r=0.006\ 8\%$，重复性标准差 $s=r/2.8=0.002\ 4\%$。

样品测量 2 次，钼的测量重复性标准不确定度 $u(s)=s/\sqrt{2}=0.001\ 7\%$，相对标准不确定度 $u_{rel}(s)=0.001\ 7/0.155=0.011$。

F.2.3.2 试液中钼的浓度的不确定度

F.2.3.2.1 校准曲线线性拟合的不确定度

校准曲线的测量参数和数据处理见表 F.1。

表 F.1 校准曲线的测量参数和数据处理

样品号	浓度 ρ_i/μg/mL	光谱强度 I_i	$a+b\rho_i$	$I_i-(a+b\rho_i)$
1	0	1.197 1.211	0.346	0.851 0.865
2	1.0	30.23 30.01	31.97	−1.74 −1.96
3	2.5	82.31 82.53	79.42	2.89 3.11
4	5.0	156.3 154.9	158.5	−2.2 −3.6
5	10.0	318.1 316.9	316.6	1.5 0.3

按表 F.1 的测试数据，用最小二乘法拟合线性回归方程，计算回归方程式 $I=a+b\rho$ 中 a 和 b，采用质量浓度 ρ(μg/mL)进行计算：

$$a=\bar{I}-b\bar{\rho}=0.346$$

$$b=\frac{\sum_{i=1}^{n}(\rho_i-\bar{\rho})(I_i-\bar{I})}{\sum_{i=1}^{n}(\rho_i-\bar{\rho})^2}=31.63$$

钼的校准曲线方程为： $I=0.346+31.63\rho_{Mo}$

校准曲线线性拟合对试液中钼质量浓度产生的不确定度 $u_1(\rho_{Mo})$ 为：

$$u_1(\rho_{Mo})=\frac{s_R}{b}\sqrt{\frac{1}{P}+\frac{1}{n}+\frac{(\rho_{Mo}-\bar{\rho})^2}{\sum_{i=1}^{n}(\rho_i-\bar{\rho})^2}}$$

$$s_R=\sqrt{\frac{\sum_{i=1}^{n}[I_i-(b\rho_i+a)]^2}{n-2}}$$

称取 2 份样品，每份试液测量 2 次，每个校准曲线溶液测定 2 次，则 $P=4$，$n=10$，$\rho_{Mo}=7.75\ \mu g/mL$，$\bar{\rho}=3.7\ \mu g/mL$，$s_R=2.41$。

$$u_1(\rho_{Mo})=\frac{2.41}{31.63}\sqrt{\frac{1}{4}+\frac{1}{10}+\frac{(7.75-3.7)^2}{127.6}}=0.052\ 7(\mu g/mL)$$

$$u_{rel1}(\rho_{Mo})=0.052\ 7/7.75=0.006\ 8$$

F.2.3.2.2 标准溶液质量浓度的不确定度

钼标准溶液的质量浓度(100.0±0.2)μg/mL($k=2$)，则其标准不确定度 $u_2(\rho_{Mo})=0.1\mu g/mL$，相对标准不确定度 $u_{rel2}(\rho_{Mo})=0.001$。

F.2.3.2.3 移取标准溶液体积的不确定度

制作校准曲线时，用一支 10 mL 滴定管分别移取 0 mL、1.0 mL、2.5 mL、5.0 mL 和 10.0 mL 标准溶液。根据 GB/T 12805，其体积误差分别为 0 mL、±0.01 mL、±0.01 mL、±0.01 mL 和±0.025 mL，按三角分布，相应的标准不确定度为 0 mL、0.004 1 mL、0.004 1 mL、0.004 1 mL 和 0.010 mL，其相对标准不确定度分别为 0、0.004 1、0.001 6、0.000 82 和 0.001。按均方根计算分取标准溶液体积误差引起溶液浓度的相对标准不确定度：

$$u_{rel3}(\rho_{Mo})=\sqrt{(0+0.004\ 1^2+0.001\ 6^2+0.000\ 82^2+0.001^2)/5}=0.002\ 1$$

滴定管读数的重复性不确定度已包括在校准曲线线性拟合的不确定度中，不再评定。

校准曲线用数个 100 mL 容量瓶，其体积误差和稀释重复性误差已包括在校准曲线线性拟合的不确定度中，不再评定。

移取标准溶液的温度与标准溶液配制的温度相同，不考虑其不确定度。

F.2.3.2.4 仪器变动性的不确定度

由于已计算了方法的测量重复性，仪器的变动性已包括在其中，不再计算。

F.2.3.2.5 试液中钼浓度的相对标准不确定度

以上各分量互不相关，则：

$$\begin{aligned}u_{rel}(\rho_{Mo})&=\sqrt{u_{rel1}^2(\rho_{Mo})+u_{rel2}^2(\rho_{Mo})+u_{rel3}^2(\rho_{Mo})}=\sqrt{0.006\ 8^2+0.001^2+0.002\ 1^2}\\&=0.007\ 2\end{aligned}$$

F.2.3.3 试液体积的不确定度

试液用水稀释于 100 mL 容量瓶。按 GB/T 12806，A 级 100 mL 容量瓶容量允差为±0.10 mL，按三角形分布，$u(V)=0.041$ mL，则：

$$u_{rel}(V)=0.041/100=4.1\times10^{-4}$$

如果对样品进行了多次重复测定，通常用数个 100 mL 容量瓶，可认为其体积误差和读数重复性已随机化，可忽略体积 V 的不确定度分量。

F.2.3.4 试料质量的不确定度

用感量为 0.1 mg 的天平称取试样，其允许差为±0.1 mg，按均匀分布，标准不确定度为$(0.1/\sqrt{3})$mg。称量需进行 2 次，按方和根计算，则由天平称量误差引起的不确定度 $u(m)=\sqrt{\left(\frac{0.1}{\sqrt{3}}\right)^2\times 2}=0.082(\text{mg})$，相对标准不确定度 $u_{rel}(m)=0.082/500=1.6\times 10^{-4}$。

称量重复性的不确定度分量已包括在测量重复性中，不再重复评定。

F.2.4 合成不确定度的评定

各分量互不相关，按方和根计算相对合成标准不确定度：

$$\begin{aligned}u_{crel}(w_{Mo})&=\sqrt{u_{rel}^2(s)+u_{rel}^2(\rho_{Mo})+u_{rel}^2(V)+u_{rel}^2(m)}\\&=\sqrt{0.011^2+0.0072^2+(4.1\times 10^{-4})^2+(1.6\times 10^{-4})^2}\\&=0.013\end{aligned}$$

合成标准不确定度为：

$$u_c(w_{Mo})=0.155\%\times 0.013=0.0020\%$$

F.2.5 扩展不确定度的评定

取 95%的置信水平，包含因子 $k=2$，扩展不确定度为：

$$U=0.0020\%\times 2=0.004\%$$

F.2.6 测量结果及不确定度表达

用电感耦合等离子体原子发射光谱法测量钢中钼的结果可表示为：

$$w_{Mo}=(0.155\pm 0.004)\%,k=2$$

附 录 G
（资料性附录）
火花放电原子发射光谱法测量不确定度评定实例
火花放电原子发射光谱法测定低合金钢中钼含量测量不确定度评定

G.1 方法和测量参数概述

采用火花放电原子发射光谱法测定某低合金钢中的钼含量，以160269G-1、160272G-2、160273G-3、160279G-4、160280G-5、160109G-6光谱标准样品绘制校准曲线，每点测量激发3次。样品测量之前用该套光谱标准样品钼量的最高点和最低点校正校准曲线，样品重复制备2次，每次激发2点，测量结果分别为0.486%和0.482%。计算钼含量的测量不确定度。

标准样品的定值参数和样品的测量参数列于表G.1和表G.2。

G.2 被测量 w_{Mo} 与输入量的函数关系

测量各标准样品钼量的光谱强度 I_i，I_i 与相应的钼量 c_i 由最小二乘法回归得线性函数：$I=a+bc$。待测样品的钼量通过校准曲线计算得出。

G.3 不确定度来源的识别

火花放电原子发射光谱法测定钼量不确定度来源于以下分量：

a) 测量重复性不确定度；

b) 标准样品标准值的不确定度；

c) 校准曲线线性拟合的不确定度；

d) 高、低标校正的不确定度；

e) 被测样品基体不一致引起的不确定度。

G.4 不确定度分量评定

G.4.1 测量重复性不确定度

由于方法中未给出多次重复测量的数据，引用测量方法的重复性限来计算其重复性不确定度分量。按GB/T 4336—2002《碳素钢和中低合金钢火花源原子发射光谱分析方法（常规法）》，钼的重复性限 $\lg r=0.794,\ \lg m-1.4475$。将样品两次测量结果的平均值 $m=0.484\%$ 代入上式，得 $r=0.020\%$，重复性标准差 $s=r/2.8=0.0071\%$。

样品测量2次，钼的测量重复性标准不确定度 $u(s)=s/\sqrt{2}=0.0050\%$，相对标准不确定度 $u_{rel}(s)=0.0050/0.484=0.010$。

G.4.2 标准样品的不确定度

表G.1列出了系列标准样品的定值参数，该标准样品由8组独立数据参与定值，其标准不确定度 $u(c_{Bi})=s_i/\sqrt{8}$。

表 G.1　标准样品定值参数

样品编号	标准值/%	标准差/%	标准不确定度/%	相对标准不确定度
160269G-1	0.086	0.002	0.000 7	0.008 2
160272G-2	0.452	0.006	0.002 1	0.004 7
160273G-3	0.563	0.004	0.001 4	0.002 5
160279G-4	0.252	0.004	0.001 4	0.005 6
160280G-5	0.354	0.005	0.001 8	0.005 1
160109G-6	0.680	0.007	0.002 5	0.003 7

各标准样品的标准不确定度(和相对不确定度)各不相同,对被测量的影响可用相对不确定度的均方根来表示:

$$u_{\mathrm{rel}}(c_B)=\sqrt{\frac{0.008\ 2^2+0.004\ 7^2+0.002\ 5^2+0.005\ 6^2+0.005\ 1^2+0.003\ 7^2}{6}}=0.005\ 3$$

G.4.3　校准曲线线性拟合的不确定度

校准曲线的测量参数列于表 G.2。

表 G.2　校准曲线测量参数

标准值/%	光谱强度 I_i	$I_i-(a+bc_i)$	$[I_i-(a+bc_i)]^2$
0.086	1 638	−37	1 369
	1 648	−27	729
	1 621	−54	2 916
0.452	8 412	121	14 641
	8 434	143	20 449
	8 439	148	21 904
0.563	10 300	3	9
	10 356	59	3 481
	10 352	55	3 025
0.252	4 684	8	64
	4 696	20	400
	4 670	−6	36
0.354	6 476	−44	1 936
	6 480	−40	1 600
	6 460	−60	3 600
0.680	12 335	−77	5 929
	12 310	−102	10 404
	12 302	−110	12 100

根据测量数据,计算回归方程式 $I=a+bc$ 中 a 和 b,按最小二乘法进行统计:

$$a=\bar{I}-b\bar{c}=121$$

$$b=\frac{\sum_{i=1}^{n}(c_i-\bar{c})(I_i-\bar{I})}{\sum_{i=1}^{n}(c_i-\bar{c})^2}=18\ 075$$

校准曲线的回归方程式为:　　$I=121+18\ 075c$

被测量 c 的标准不确定度为:

$$u(c)=\frac{s_R}{b}\sqrt{\frac{1}{P}+\frac{1}{n}+\frac{(c-\bar{c})^2}{\sum_{i=1}^{n}(c_i-\bar{c})^2}}$$

式中：

$$s_R=\sqrt{\frac{\sum_{i=1}^{n}[I_i-(a+bc_i)]^2}{n-2}}=\sqrt{\frac{104\ 592}{18-2}}=80.9$$

$$\bar{c}=\frac{\sum_{i=1}^{n}c_i}{n}=0.398,\ \sum_{i=1}^{n}(c_i-\bar{c})^2=0.690\ 8$$

$$c=0.484\%,(c-c)^2=(0.484-0.398)^2=0.007\ 4$$

$$P=2\times2=4$$

由此得：

$$u(c)=\frac{80.9}{18\ 075}\sqrt{\frac{1}{4}+\frac{1}{18}+\frac{0.007\ 4}{0.690\ 8}}=0.002\ 52$$

$$u_{rel}(c)=0.002\ 52/0.484=0.005\ 2$$

G.4.4 高、低标校正产生的不确定度

火花放电原子发射光谱法中，通常校准曲线绘制后储存于计算机，在测量样品前以高、低标校正校准曲线的漂移。因此，高、低标校正的变动性影响测量不确定度。本方法采用高标（160109G-6，0.680%）和低标（160269G-1，0.086%）进行标准化。校正时产生的不确定度可引用绘制校准曲线时该两点的测量数据相对标准不确定度的均方根表示。按极差法以及表 G.2 中的数据，高标和低标强度比的标准差分别为 20.12 和 16.46，标准不确定度为 11.62 和 9.51，相对标准不确定度为 0.000 94 和 0.005 8，则：

$$u_{rel}(A)=\sqrt{\frac{0.000\ 94^2+0.005\ 8^2}{2}}=0.004\ 2$$

G.4.5 内标元素浓度不一致引起的不确定度

由于铁内标的谱线强度并不与铁量成线性关系，在低合金钢铁量范围内，大概 1% 铁量的差异引起其谱线强度的变化为 0.3%。设样品与标准样品间铁量相差 1%，铁量差异引起铁内标的谱线强度的差异为 0.3%。按均匀分布，相应的标准不确定度 $u(\mathrm{Fe})=0.3\%/\sqrt{3}=0.17\%$。设铁的平均含量为 95%，$u_{rel}(\mathrm{Fe})=0.17/95=0.001\ 8$。

G.4.6 其他影响因素

测量过程中光电倍增管增益的变动性、暗电流的变动性都可引起测量元素光强的变化。在样品测量时，这些变化已体现在校准曲线和测量重复性的不确定度中，不再评定。

由于仪器光谱强度的读数数以千计、万计，光强读数在十位数变化（表 G.2），因此仪器显示值的标准不确定度可以忽略不计。

G.5 合成标准不确定度评定

各不确定度分量互不相关，以各分量的相对标准不确定度的方和根计算相对合成标准不确定度：

$$u_{crel}(w_{Mo})=\sqrt{u_{rel}^2(s)+u_{rel}^2(c_B)+u_{rel}^2(c)+u_{rel}^2(A)+u_{rel}^2(\mathrm{Fe})}$$

$$=\sqrt{0.010^2+0.0053^2+0.0052^2+0.0042^2+0.0018^2}$$
$$=0.0133$$

合成标准不确定度为：

$$u_c(w_{Mo})=0.484\%\times0.0133=0.0064\%$$

G.6 扩展不确定度评定

取 95%置信水平，包含因子 $k=2$，扩展不确定度为：

$$U=0.0064\%\times2\approx0.013\%$$

G.7 测量结果表达

火花放电原子发射光谱法测量低合金钢中钼的结果可表示为：

$$w_{Mo}=(0.484\pm0.013)\%,k=2$$

或 $$w_{Mo}=0.484(1\pm0.027)\%,k=2$$

附 录 H
（资料性附录）
X射线荧光光谱法测量不确定度评定实例

H.1 X射线荧光光谱法测定高铝耐火材料中氧化铝含量不确定度的评定

H.1.1 分析方法和测量参数简述

称取0.700 g试样3份，与无水四硼酸锂熔剂按1∶10配比，加少量碘化铵(0.030 g)作脱模剂在熔样机上于1 100 ℃熔融25 min制成玻璃片，用X射线光谱仪测量玻璃片中氧化铝的X射线强度。由校准曲线计算氧化铝含量测量结果的平均值为92.82%。

绘制的校准曲线选用了10个标准物质/标准样品，按试样同样操作，每个标准物质/标准样品熔制了3个玻璃片，即每个玻璃片测量1次。

该实验室在重复性条件下，对同类高铝耐火材料样品的10次测量结果分别为93.87%、93.87%、93.88%、94.04%、93.89%、93.79%、93.68%、93.79%、93.76%和94.15%。

H.1.2 测定氧化铝含量测量不确定度的来源

a) 测量重复性；
b) 校准曲线线性拟合；
c) 标准物质/标准样品标准值；
d) 试料质量；
e) 其他因素。

H.1.3 不确定度分量的评定

H.1.3.1 测量重复性的不确定度分量

根据10次重复测量结果，计算标准差 $s=\sqrt{\dfrac{\sum\limits_{i=1}^{n}(w_i-\overline{w})^2}{n-1}}=0.136\ 9\%$。

样品3次测量的平均值为92.82%，则其标准不确定度 $u(s)=s/\sqrt{3}=0.079\ 0\%$，相对标准不确定度为：

$$u_{\mathrm{rel}}(s)=\frac{u(s)}{\overline{w}}=\frac{0.079\ 0}{92.82}=8.51\times10^{-4}$$

H.1.3.2 校准曲线线性拟合的不确定度分量

采用10个标准物质/标准样品绘制校准曲线，对每个标准物质/标准样品熔制3个玻璃片，测量结果见表H.1。

表 H.1　标准物质/标准样品标准值的不确定度及测量数据

序号	质量分数 %	标准不确定度 %	X 射线荧光强度 kcps			强度平均值 kcps
1	46.80	0.061	17.450 0	17.463 6	17.471 4	17.461 7
2	53.93	0.064	20.173 6	20.165 8	20.147 1	20.162 2
3	59.25	0.041	22.065 1	22.092 1	22.097 0	22.084 7
4	63.06	0.043	23.543 3	23.481 7	23.508 8	23.511 3
5	68.69	0.040	25.496 0	25.620 1	25.609 1	25.575 1
6	74.19	0.028	27.774 1	27.779 9	27.791 0	27.781 6
7	80.14	0.046	30.006 1	29.985 6	30.006 7	29.999 5
8	86.59	0.041	32.386 0	32.367 1	32.433 5	32.395 5
9	89.83	0.063	33.576 8	33.650 2	33.684 9	33.637 3
10	94.71	0.044	35.678 1	35.646 5	35.644 2	35.656 2

按表 H.1 的测试数据，用最小二乘法拟合线性回归方程，计算回归方程式 $I=a+bc$ 中 a 和 b：

$$a=\bar{I}-b\bar{c}=-0.294\ 6$$

$$b=\frac{\sum_{i=1}^{n}(c_i-\bar{c})(I_i-\bar{I})}{\sum_{i=1}^{n}(c_i-\bar{c})^2}=0.378\ 2$$

校准曲线的回归方程为：$I=0.378\ 2\ c-0.294\ 6$

由校准曲线线性拟合对样品中氧化铝含量的测量产生的不确定度为：

$$u(c)=\frac{s_R}{b}\sqrt{\frac{1}{P}+\frac{1}{n}+\frac{(c-\bar{c})^2}{\sum_{i=1}^{n}(c_i-\bar{c})^2}}$$

式中：

s_R——残余标准差，$s_R=\sqrt{\frac{\sum_{i=1}^{n}[I_i-(a+bc_i)]^2}{n-2}}=0.074\ 13$。

称取 3 份试样，每个玻璃片测量 1 次，校准曲线每个点制备 3 份，每份测量 1 次，则 $P=3$，$n=30$。根据试样测量结果和校准曲线测量参数，$c=92.82\%$，$\bar{c}=71.72\%$。则：

$$u(c)=\frac{0.074\ 13}{0.378\ 2}\times\sqrt{\frac{1}{3}+\frac{1}{30}+\frac{445.21}{6\ 995.37}}=0.196\ 0\times0.656\ 0=0.128\ 6$$

$$u_{\text{rel}}(c)=\frac{0.128\ 6}{92.82}=1.39\times10^{-3}$$

H.1.3.3　标准物质/标准样品标准值的不确定度分量

$$u_{\text{rel}}(c_B)=\sqrt{\frac{\left(\frac{0.061}{46.80}\right)^2+\left(\frac{0.064}{53.93}\right)^2+\left(\frac{0.041}{59.25}\right)^2+\left(\frac{0.043}{63.06}\right)^2+\left(\frac{0.040}{68.69}\right)^2+\left(\frac{0.028}{74.19}\right)^2+\left(\frac{0.046}{80.14}\right)^2+\left(\frac{0.041}{86.59}\right)^2+\left(\frac{0.063}{89.83}\right)^2+\left(\frac{0.044}{94.71}\right)^2}{10}}$$

$$=\sqrt{\frac{5.79\times10^{-6}}{10}}=7.61\times10^{-4}$$

高、低标校正也会引入不确定度。本例是在绘制校准曲线后立即进行样品测量，不必进行高、低标校正。

H.1.3.4 试样称量的不确定度分量

用感量为 0.1 mg 的天平称取试样，其允许差为 ±0.1 mg，按均匀分布，标准不确定度为 $(0.1/\sqrt{3})$mg。称量需进行 2 次，按方和根计算，则由天平称量误差引起的不确定度 $u(m)=\sqrt{\left(\frac{0.1}{\sqrt{3}}\right)^2\times 2}=0.082(\text{mg})$，相对标准不确定度 $u_{rel}(m)=0.082/700=1.2\times10^{-4}$。

称量重复性的不确定度分量已包括在测量重复性中，不再重复评定。

H.1.3.5 其他因素引起的不确定度分量

试料用无水四硼酸锂熔融、制片、熔剂的称量、检测环境和仪器稳定性等都将影响测量结果的不确定度，这些影响因素已体现在测量重复性和校准曲线线性拟合的不确定度中，不再评定。

H.1.4 合成不确定度的评定

以上各分量互不相关，则：

$$u_{crel}(w_{Al_2O_3})=\sqrt{u_{rel}^2(s)+u_{rel}^2(c)+u_{rel}^2(c_B)+u_{rel}^2(m)}$$
$$=\sqrt{(8.51\times10^{-4})^2+(1.39\times10^{-3})^2+(7.61\times10^{-4})^2+(1.2\times10^{-4})^2}$$
$$=0.001\,8$$
$$u_c(w_{Al_2O_3})=92.82\times0.001\,8=0.17\%$$

H.1.5 扩展不确定度的评定

取 95%置信水平，包含因子 $k=2$，扩展不确定度为：

$$U=0.17\times2=0.34\%$$

H.1.6 测量结果及不确定度的表达

高铝耐火材料中氧化铝含量可表示为：

$$w_{Al_2O_3}=(92.82\pm0.34)\%\ ,k=2$$

或

$$w_{Al_2O_3}=92.82(1\pm0.004\,0)\%,k=2$$

H.2 X 射线荧光光谱法测定铁矿石中全铁含量测定不确定度的评定

H.2.1 分析方法和测量参数简述

称取 0.300 g 试样 3 份，与无水四硼酸锂熔剂按 1∶20 配比，加 0.15 g 三氧化二钴(含量大于 99.99%)作内标。加 3 滴饱和硝酸钾溶液作氧化剂，3 滴碘化钾溶液(400 g/L)作为脱模剂。在电加热熔样机上于 1 150 ℃熔融 45 min 制成玻璃片。用 X 射线光谱仪测量玻璃片中全铁与钴的 X 射线相对荧光强度。通过校准曲线计算全铁含量的测量结果平均值为 66.54%。

绘制的工作曲线选用了 10 个标准物质/标准样品，按试样同样操作，每个标准物质/标准样品熔制了 3 个玻璃片，每个样片测量 1 次。采用一个校正样品对校准曲线进行校正。

该实验室在重复性条件下，对同类铁矿石样品的 10 次测量结果分别为 59.56%、59.68%、59.66%、59.36%、59.58%、59.26%、59.86%、59.05%、58.89%、59.50%。

H.2.2 测定全铁含量不确定度的来源

a) 测量重复性；

b) 校准曲线线性拟合；

c) 标准物质/标准样品标准值；

d) 校正校准曲线；

e) 试料质量；

f) 内标。

H.2.3 不确定度分量的评定

H.2.3.1 测量重复性的不确定度分量

根据 10 次重复测量结果，计算标准差 $s=\sqrt{\frac{\sum_{i=1}^{n}(w_i-\overline{w})^2}{n-1}}=0.300\ 6\%$。

样品 3 次测量的平均值为 66.54%，则其标准不确定度 $u(s)=\frac{s}{\sqrt{3}}=0.173\ 6\%$，相对标准不确定度 $u_{rel}(s)=\frac{u(s)}{\overline{w}}=\frac{0.173\ 6}{66.54}=2.609\times10^{-3}$。

H.2.3.2 校准曲线线性拟合的不确定度分量

采用 10 个标准物质/标准样品绘制校准曲线，对每个标准物质/标准样品熔制 3 个玻璃片，测量结果见表 H.2。

表 H.2 标准物质/标准样品测量结果

序号	标准样品号	质量分数/%	X 射线荧光强度比			强度比平均值
1	GSBH30004-97	52.20	515.445 2	514.872 5	514.383 2	514.900 3
2	ZBK308	66.54	644.926 8	644.560 0	644.798 5	644.761 8
3	GSBH30005-97	56.09	550.663 7	550.253 8	551.348 4	550.755 3
4	ZBK311	58.40	566.441 5	565.705 0	565.320 0	565.822 2
5	ZBK307	59.71	580.443 5	581.461 0	581.269 5	581.058 0
6	ZBK301	60.82	591.850 0	590.363 6	590.652 0	590.955 2
7	ZBK302	61.82	600.185 3	600.746 5	600.733 6	600.555 1
8	ZBK306	65.06	632.986 5	632.605 9	632.488 0	632.693 5
9	GSBH30002-97	62.78	610.894 7	611.297 3	611.232 7	611.141 6
10	ZBK310	72.02	688.782 4	688.228 5	688.282 2	688.431 0

由表 H.2 的测量数据，按最小二乘法计算回归方程式 $I=a+bc$ 中 a 和 b，得到校准曲线的回归方程为：$I=8.913\ 7c+49.520\ 6$。

由校准曲线线性拟合对样品中全铁含量得测量产生的标准不确定度分量为：

$$u(c)=\frac{s_R}{b}\sqrt{\frac{1}{P}+\frac{1}{n}+\frac{(c-\overline{c})^2}{\sum_{i=1}^{n}(c_i-\overline{c})^2}}$$

式中：

s_R——残余标准差，$s_R=\sqrt{\frac{\sum_{i=1}^{n}[I_i-(a+bc_i)]^2}{n-2}}=2.329$。

称取 3 份试样，每个玻璃片测量 1 次，校准曲线每个点制备 3 份，每份测量 1 次，则 $P=3$，$n=30$。

根据试样测量结果和校准曲线测量参数，$c=66.54\%$，$\bar{c}=61.54\%$。则：

$$u(c)=\frac{2.329}{8.9137}\times\sqrt{\frac{1}{3}+\frac{1}{30}+\frac{25}{838.5}}=0.1645$$

$$u_{\mathrm{rel}}(c)=\frac{0.1645}{66.54}=2.472\times10^{-3}$$

H.2.3.3　绘制校准曲线用标准物质/标准样品的不确定度分量

由以上分析可知：

$$u_{\mathrm{rel}}(c_{\mathrm{B}})=\sqrt{\frac{\left(\frac{0.05}{52.20}\right)^2+\left(\frac{0.07}{66.54}\right)^2+\left(\frac{0.07}{56.09}\right)^2+\left(\frac{0.09}{58.40}\right)^2+\left(\frac{0.14}{59.71}\right)^2+\left(\frac{0.10}{60.82}\right)^2+\left(\frac{0.12}{61.82}\right)^2+\left(\frac{0.17}{65.06}\right)^2+\left(\frac{0.07}{62.78}\right)^2+\left(\frac{0.09}{72.02}\right)^2}{10}}$$

$$=\sqrt{\frac{2.76\times10^{-5}}{10}}=1.66\times10^{-3}$$

H.2.3.4　校正校准曲线产生的不确定度

采用一个校正样品对校准曲线进行校正，可引用建立校准曲线时该点的测量数据，计算其测量强度的标准差、标准不确定度和相对标准不确定度，作为校正校准曲线的不确定度分量，表示为 $u_{\mathrm{rel}}(A)$。校正样品的强度比分别为 644.926 8、644.560 0 和 644.798 5，则其标准差 $s=0.1861$，标准不确定度 $u(A)=\frac{s}{\sqrt{3}}=0.1074$，相对标准不确定度 $u_{\mathrm{rel}}(A)=\frac{u(A)}{\bar{I}}=1.67\times10^{-4}$。

H.2.3.5　试料质量的不确定度分量

用感量为 0.1 mg 的天平称取试样，其允许差为 ±0.1 mg，按均匀分布，标准不确定度为 $(0.1/\sqrt{3})$mg。称量需进行 2 次，按方和根计算，则由天平称量误差引起的标准不确定度 $u(m)=\sqrt{\left(\frac{0.1}{\sqrt{3}}\right)^2\times2}=0.082(\mathrm{mg})$，相对标准不确定度 $u_{\mathrm{rel}}(m)=0.082/300=2.7\times10^{-4}$。

称量重复性的不确定度分量已包括在测量重复性中，不再重复评定。

H.2.3.6　内标的不确定度

内标的纯度和称量误差对校准曲线样品和试料测量结果的影响是一致的，而称量重复性的不确定度已包括在校准曲线线性拟合的不确定度和测量重复性不确定度中，因此，不必评定内标的不确定度。

H.2.4　合成不确定度的评定

各分量互不相关，按方和根计算相对合成标准不确定度：

$$u_{\mathrm{crel}}(w_{\mathrm{TFe}})=\sqrt{(2.609\times10^{-3})^2+(2.472\times10^{-3})^2+(1.66\times10^{-3})^2+(1.67\times10^{-4})^2+(2.7\times10^{-4})}$$
$$=0.0040$$

合成标准不确定度为：

$$u_{\mathrm{c}}(w_{\mathrm{TFe}})=66.54\%\times0.0040=0.27\%$$

H.2.5　扩展不确定度的评定

取 95% 置信水平，$k=2$，扩展不确定度为：

$$U = 0.27\% \times 2 = 0.54\%$$

H.2.6 测量结果及不确定度表达

铁矿石中全铁含量可表示为：

$$w_{TFe} = 66.54\% \pm 0.54\%, k = 2$$

附　录　I
（资料性附录）
红外吸收法和热导法测量不确定度评定实例

I.1　红外吸收法测定钢中碳含量不确定度的评定

I.1.1　方法和测量参数概述

用高频燃烧红外吸收法测定低合金钢中的碳量，两次重复分析结果为0.305%和0.299%。以GBW 01307低合金钢标准物质校准红外碳硫测定仪，校准进行两次，样品和标准物质称量约0.50 g。GBW 01307的碳量标准值0.294%，定值标准差0.005%，定值测量组数 $N=8$。测量重复性不确定度评定采用该实验室先前对类似样品在同条件下的重复测量数据：0.315%、0.317%、0.307%、0.312%、0.310%、0.317%、0.319%、0.315%和0.310%。计算样品分析结果和测量不确定度。

I.1.2　被测量 w_C 与输入量的函数关系

被测量 w_C 与输入量的函数关系为：

$$w_C = \frac{m_1 - m_0}{m} \times 100$$

式中：

w_C ——被测样品中碳的质量分数，数值以 10^{-2} 或%表示；

m_1 ——试料中碳质量的数值，单位为克(g)；

m_0 ——空白试验中碳质量的数值，单位为克(g)；

m ——试料质量的数值，单位为克(g)。

I.1.3　不确定度来源识别及其分量的评定

I.1.3.1　被测样品的测量重复性

根据先前对类似样品的重复测量的数据，9次测量值的标准差 $s=0.004\,0\%$。样品分析2次，测量结果的平均值为0.302%，其标准不确定度 $u(s)=0.004\,0\%/\sqrt{2}=0.002\,8\%$，相对标准不确定度 $u_{rel}(s)=0.002\,8/0.302=0.009\,3$。

I.1.3.2　标准物质碳含量的不确定度

根据标准物质证书的信息，标准值的标准不确定度 $u(c_B)=0.005\%/\sqrt{8}=0.001\,8\%$，$u_{rel}(c_B)=0.001\,8/0.294=0.006\,1$。

I.1.3.3　校准时测量变动性引起的不确定度

用标准物质校准测量2次，无多次重复测量数据。由于校准用的标准物质含量与样品含量接近，且采用同一台仪器测量，可引用样品的测量重复性标准差来计算标准物质测量的标准不确定度，即 $s_B=s=0.004\,0\%$，取 $m=2$，$u(s_B)=0.004\,0/\sqrt{2}=0.002\,8\%$，$u_{rel}(s_B)=0.002\,8/0.294=0.009\,5$。

I.1.3.4　试料质量的不确定度

试料质量的不确定度主要有两个因素：称量重复性和称量误差。

试样称量重复性不确定度已包含在测量重复性不确定度中，不再评定。本仪器天平的感量为1 mg，称量误差为±1 mg，按均匀分布，称量的标准不确定度为 $1\ \text{mg}/\sqrt{3}=0.58\ \text{mg}$。试样称量需进行2次，则称量误差的标准不确定度 $u(m)=\sqrt{2\times0.58^2}=0.82(\text{mg})$，相对标准不确定度 $u_{\text{rel}}(m)=0.82/500=0.001\ 6$。

I.1.3.5 仪器显示分辨力的不确定度分量

测量时仪器显示的最小单位为0.001(分辨力 δ_x)，其标准不确定度 $u(\delta_x)=0.001\times0.29=0.000\ 29$，仪器读数的相对标准不确定度 $u_{\text{rel}}(\delta_x)=0.000\ 29/0.302=0.000\ 96$。与测量的重复性分量 $u_{\text{rel}}(s)$ 和校准时测量变动性引起的不确定度 $u_{\text{rel}}(s_{\text{B}})$ 相比，仪器显示分辨力的不确定度 $u_{\text{rel}}(\delta_x)$ 可忽略不计。

I.1.3.6 空白的不确定度分量

样品分析前，测量5次空白，平均值为0.001%，空白标准差0.000 4%，则空白测量引入的标准不确定度 $u(k)=0.000\ 4\%/\sqrt{5}=0.000\ 18\%$，$u_{\text{rel}}(k)=0.000\ 18/0.302=0.000\ 60$。空白的不确定度分量与其他分量相比足够小，可以忽略。

I.1.4 合成标准不确定度的评定

各不确定度分量不相关，忽略 $u_{\text{rel}}(\delta_x)$ 和 $u_{\text{rel}}(k)$，以各分量的相对标准不确定度的方和根计算相对合成标准不确定度：

$$\begin{aligned} u_{\text{crel}}(w_{\text{C}}) &= \sqrt{u_{\text{rel}}^2(s)+u_{\text{rel}}^2(c_{\text{B}})+u_{\text{rel}}^2(s_{\text{B}})+u_{\text{rel}}^2(m)} \\ &= \sqrt{0.009\ 3^2+0.006\ 1^2+0.009\ 5^2+0.001\ 6^2}=0.014\ 7 \end{aligned}$$

合成标准不确定度为：

$$u_{\text{c}}(w_{\text{C}})=0.302\%\times0.014\ 7=0.004\ 4\%$$

I.1.5 扩展不确定度的评定

取包含因子 $k=2$，得扩展不确定度为：

$$U=0.004\ 4\%\times2=0.009\%$$

I.1.6 测量结果及不确定度的表达

样品中碳含量可表示为：

$$w_{\text{C}}=(0.302\pm0.009)\%,k=2$$

或

$$w_{\text{C}}=0.302(1\pm0.030)\%,k=2$$

I.2 热导法测定钢中氢量的不确定度评定

I.2.1 方法和测量参数概述

用脉冲热导法测定某不锈钢中的氢含量，以GBW 02606-2a不锈钢中氢标准物质校准RH-404氢测定仪，校准测量进行2次。样品测量结果分别为6.1 μg/g、6.4 μg/g、5.4 μg/g、5.8 μg/g、6.8 μg/g和6.2 μg/g。样品称量约1.0 g，标准物质称量约1.0 g。标准物质/标准样品证书上标明，氢含量标准值6.2 μg/g，定值标准差0.2 μg/g，定值测量组数 $N=8$。

I.2.2 被测量 w_{H} 与输入量的函数关系

被测量 w_{H} 与输入量的函数关系为：

$$w_H = \frac{m_1 - m_0}{m}$$

式中：

w_H ——被测样品中氢含量的数值，单位为微克每克(μg/g)；

m_1 ——试料中氢质量的数值，单位为微克(μg)；

m_0 ——空白试验中氢质量的数值，单位为微克(μg)；

m ——试料质量的数值，单位为克(g)。

I.2.3 不确定度来源识别及其分量的评定

I.2.3.1 被测样品的测量重复性

根据重复测量的数据，6 次测量结果的平均值 6.1 μg/g，标准差 $s=0.48$ μg/g，则其标准不确定度 $u(s)=0.48/\sqrt{6}=0.20$(μg/g)，相对标准不确定度 $u_{rel}(s)=0.20/6.1=0.033$。

I.2.3.2 标准物质氢标准值的不确定度

根据标准物质证书的信息，标准值的标准不确定度 $u(c_B)=0.2/\sqrt{8}=0.071$(μg/g)，相对标准不确定度 $u_{rel}(c_B)=0.071/6.2=0.011$。

I.2.3.3 校准时引起的不确定度

用标准物质校准 2 次，该标准物质氢标准值与被测量值接近，且采用同一台仪器测量，可引用样品测量的数据来估计标准物质校准的标准不确定度，即 $s_B=0.48$(μg/g)，$m=2$，$u(s_B)=0.48/\sqrt{2}=0.34$(μg/g)，$u_{rel}(s_B)=0.34/6.2=0.055$。

I.2.3.4 试料质量引起的不确定度

试料质量的不确定度主要有两个因素：称量重复性和称量误差。

试样称量重复性不确定度已包含在测量重复性不确定度中，不再评定。本仪器天平的感量为 1 mg，称量误差为±1 mg，按均匀分布，称量的标准不确定度为 1 mg/$\sqrt{3}$=0.58 mg。称量需进行 2 次，则称量误差的标准不确定度 $u(m)=\sqrt{2\times0.58^2}=0.82$(mg)，相对标准不确定度 $u_{rel}(m)=0.82/1\,000=0.000\,82$。

I.2.3.5 仪器显示分辨力的不确定度分量

测量时仪器显示的最小单位为 0.01 μg/g(分辨力 δ_x)，其标准不确定度 $u(\delta_x)=0.01\times0.29=0.002\,9$，仪器读数的相对不确定度 $u_{rel}(\delta_x)=0.002\,9/6.1=0.000\,48$。

仪器显示分辨力的相对标准不确定度分量远小于 $u_{rel}(s)$ 和 $u_{rel}(s_B)$，可忽略不计。

I.2.3.6 空白的不确定度分量

样品分析前，测量 6 次空白，平均值为 0.10 μg/g，标准差 $s=0.020$ μg/g，空白值的标准不确定度 $u(k)=0.020/\sqrt{6}=0.008\,2$(μg/g)，相对标准不确定度 $u_{rel}(k)=0.008\,2/6.1=0.001\,3$。

空白的相对标准不确定度分量远小于 $u_{rel}(s)$ 和 $u_{rel}(s_B)$，可忽略不计。

I.2.4 合成标准不确定度的评定

各不确定度分量互不相关，忽略 $u_{rel}(m)$、$u_{rel}(\delta_x)$ 和 $u_{rel}(k)$，以各分量的相对标准不确定度的方和根计算相对合成标准不确定度：

$$u_{\mathrm{crel}}(w_{\mathrm{H}})=\sqrt{u_{\mathrm{rel}}^{2}(s)+u_{\mathrm{rel}}^{2}(c_{\mathrm{B}})+u_{\mathrm{rel}}^{2}(s_{\mathrm{B}})}$$

$$=\sqrt{0.033^{2}+0.011^{2}+0.055^{2}}=0.065$$

合成标准不确定度为：

$$u_{\mathrm{c}}(w_{\mathrm{H}})=6.1\times0.065=0.40(\mu g/g)$$

I.2.5 扩展不确定度的评定

取95%的置信水平，包含因子 $k=2$，则扩展不确定度为：

$$U=u_{\mathrm{c}}(w_{\mathrm{H}})\times2=0.40\times2=0.8(\mu g/g)$$

I.2.6 测量结果及不确定度表达

不锈钢样品的氢含量表示为：

$$w_{\mathrm{H}}=(6.1\pm0.8)\mu g/g,\ k=2$$

或

$$w_{\mathrm{H}}=6.1(1\pm0.13)\mu g/g,\ k=2$$

附 录 J
（资料性附录）
气体容量法测定碳含量测量不确定度评定实例
燃烧气体容量法测定钢中碳含量测量不确定度评定

J.1 分析方法和测量参数概述

用燃烧气体容量法测定某碳钢中的碳量，试料量为 1.00 g，两次重复测量结果分别为 0.444%、0.450%。测量时量气管温度为 22 ℃，气压为 101.6 kPa，计算分析样品的碳含量及其测量不确定度。

J.2 被测量 w_C 与输入量的函数关系

燃烧气体容量法测定碳含量是一种绝对测量法，不用标准物质/标准样品进行校准，通过测量由燃烧生成二氧化碳的体积，经温度和气压校正，计算试料中的碳量。碳量与输入量的函数关系式为：

$$w_C = \frac{AVf}{m} \times 100$$

式中：

A ——温度 16 ℃、气压 101.3 kPa 时，酸性封闭液上每毫升二氧化碳气体中的碳量，5.000×10^{-4} g/mL；

V ——量气管标尺读出二氧化碳气体的体积，单位为毫升(mL)；

f ——温度、气压校正系数，按测量条件(22 ℃，101.6 kPa)查 GB/T 223.69—2008 表 A.1 得 $f=0.974$；

m ——试料质量，单位为克(g)。

J.3 不确定度来源识别及其分量的评定

J.3.1 被测样品的测量重复性

由于方法中未给出多次重复测量的数据，引用测量方法的重复性限来计算其重复性不确定度分量。GB/T 223.69—2008《钢铁及合金 碳含量的测定 管式炉内燃烧后气体容量法》规定的重复性限 $r=0.004\,870+0.013\,42m$。将样品两次测量结果的平均值 $m=0.447$ 代入上式，得 $r=0.010\,9\%$，重复性标准差 $s=0.010\,9\%/2.8=0.003\,9\%$。由此，样品两次测量平均值的重复性标准不确定度 $u(s)=0.003\,9\%/\sqrt{2}=0.002\,8\%$，相对标准不确定度 $u_{rel}(s)=0.002\,8/0.447=6.3\times10^{-3}$。

J.3.2 二氧化碳体积测量的不确定度

对 1.00g 试料，在测量条件下生成二氧化碳的体积约 9.2 mL。量气管体积误差引用与其相当的 10 mL B 级滴定管的允差($\Delta=\pm0.05$ mL)，按三角分布，其标准不确定度 $u(V)=0.05\ \text{mL}/\sqrt{6}=0.020$(mL)。体积测量的重复性已包括在测量重复性中，不再评定。因此 $u_{rel}(V)=0.020/9.2=2.2\times10^{-3}$。

J.3.3 f 值的不确定度分量

J.3.3.1 温度的影响

二氧化碳的温度由插入量气瓶内的温度计读出，一般读出的温度与实际气体的温度有±1 ℃的误差，温度读数有±0.5 ℃误差。根据温度压力校正表，由内插法求得，±1 ℃对 f 值有±0.005 的变动。按均匀分布计，温度误差和读数误差对 f 值影响的标准不确定度 $u_1(f_t)=0.005\times1/\sqrt{3}=2.9\times10^{-3}$，$u_2(f_t)=0.005\times0.5/\sqrt{3}=1.44\times10^{-3}$。二者不相关，$u(f_t)=\sqrt{(2.9\times10^{-3})^2+(1.44\times10^{-3})^2}=3.2\times10^{-3}$，$u_{rel}(f_t)=3.2\times10^{-3}/0.974=3.3\times10^{-3}$。

J.3.3.2 气压的影响

气压由气压表读出，设气压表有±0.2 kPa 的误差，读数误差±0.2 kPa。根据温度压力校正表，由内插法求得，±1 kPa 对 f 值有±0.010 的变动。按均匀分布计，压力表误差和读数误差引起 f 值不确定度分量为 $u_1(f_p)=0.010\times0.2/\sqrt{3}=1.2\times10^{-3}$，$u_2(f_p)=0.010\times0.2/\sqrt{3}=1.2\times10^{-3}$。二者不相关时，$u(f_p)=\sqrt{(1.2\times10^{-3})^2+(1.2\times10^{-3})^2}=1.7\times10^{-3}$，$u_{rel}(f_p)=1.7\times10^{-3}/0.974=1.7\times10^{-3}$。

J.3.3.3 f 值精度的不确定度

f 值的精度为±0.001，按均匀分布，其标准不确定度 $u(f_0)=0.001/\sqrt{3}=5.8\times10^{-4}$，相对标准不确定度 $u_{rel}(f_0)=5.8\times10^{-4}/0.974=6.0\times10^{-4}$。与 $u_{rel}(f_t)$ 和 $u_{rel}(f_p)$ 相比，$u_{rel}(f_0)$ 引入的不确定度分量可忽略不计。

J.3.4 试料质量的不确定度

试料质量的不确定度主要有两个因素：称量的重复性和称量的误差。

称量重复性不确定度已包括在测量重复性不确定度中，不再评定。

分析天平的称量误差为±0.1 mg，按均匀分布，称量的标准不确定度为 0.1 mg/$\sqrt{3}$=0.058 mg。称量需进行 2 次，则由称量误差引起的标准不确定度 $u(m)=\sqrt{2\times0.058^2}=0.082$(mg)，相对标准不确定度 $u_{rel}(m)=0.082/1\,000=8.2\times10^{-5}$。

J.3.5 A 值的不确定度分量

A 值的精度为±0.001×10⁻⁴ g/mL，按均匀分布，其标准不确定度 $u(A)=0.001\times10^{-4}/\sqrt{3}=5.8\times10^{-8}$(g/mL)，相对标准不确定度 $u_{rel}(A)=5.8\times10^{-8}/5.0\times10^{-4}=1.2\times10^{-4}$。

J.4 合成标准不确定度的评定

各分量互不相关，忽略 $u(f_0)$、$u(m)$ 和 $u(A)$ 等分量，用方和根求其相对合成标准不确定度：

$$
\begin{aligned}
u_{crel}(w_C) &= \sqrt{u_{rel}^2(s)+u_{rel}^2(V)+u_{rel}^2(f_t)+u_{rel}^2(f_p)} \\
&= \sqrt{(6.3\times10^{-3})^2+(2.2\times10^{-3})^2+(3.3\times10^{-3})^2+(1.7\times10^{-3})^2} \\
&= 7.7\times10^{-3}
\end{aligned}
$$

合成标准不确定度为：

$$u_c(w_C)=0.447\times7.7\times10^{-3}=0.003\,4\%$$

J.5 扩展不确定度的评定

取包含因子 $k=2$，则扩展不确定度为：

$$U=0.003\,4\times2\approx0.007\%$$

J.6 测量结果及不确定度的表达

碳钢样品中的碳含量可表示为：

$$w_C=(0.447\pm0.007)\%,k=2$$

或

$$w_C=0.447(1\pm0.016)\%,k=2$$

参 考 文 献

[1] GB/T 6379.1—2004 测量方法与结果的准确度(正确度与精密度) 第1部分:总则与定义

[2] GB/T 6379.2—2004 测量方法与结果的准确度(正确度与精密度) 第2部分:确定标准测量方法重复性与再现性的基本方法

[3] GB/T 6379.6—2009 测量方法与结果的准确度(正确度与精密度) 第6部分:准确度值的实际应用

ICS 77.140.60
H 44

中华人民共和国国家标准

GB/T 28899—2012

冷轧带肋钢筋用热轧盘条

Wire rods for cold rolled ribbed steel bars

2012-11-05 发布 2013-05-01 实施

中华人民共和国国家质量监督检验检疫总局
中国国家标准化管理委员会 发布

前　言

本标准按照 GB/T 1.1—2009 给出的规则起草。

本标准由中国钢铁工业协会提出。

本标准由全国钢标准化技术委员会(SAC/TC 183)归口。

本标准起草单位:中冶集团建筑研究总院有限公司、冶金工业信息标准研究院、江苏联峰实业股份有限公司、马钢(集团)控股有限公司、邢台钢铁有限责任公司、中天钢铁集团公司、四川省达州钢铁集团有限责任公司、莱芜钢铁公司、湖南华菱湘潭钢铁有限公司、宣化钢铁集团有限责任公司、首钢总公司、广东市裕丰企业集团有限公司。

本标准主要起草人:朱建国、王玲君、陶然、任翠英、完卫国、赵修领、于志亮、吴惠英、杨平、张少博、王宏斌、李小莉、周小琴、谢瑞萍、文济。

冷轧带肋钢筋用热轧盘条

1 范围

本标准规定了冷轧带肋钢筋用热轧盘条的牌号、尺寸、外形、重量及允许偏差、技术要求、试验方法、检验规则、包装、标志和质量证明书。

本标准适用于供冷轧带肋钢筋生产用盘条。

2 规范性引用文件

下列文件对于本文件的应用是必不可少的。凡是注日期的引用文件，仅注日期的版本适用于本文件。凡是不注日期的引用文件，其最新版本(包括所有的修改单)适用于本文件。

GB/T 222 钢的成品化学成分允许偏差

GB/T 223.5 钢铁 酸溶硅和全硅含量的测定 还原型硅钼酸盐分光光度法

GB/T 223.11 钢铁及合金 铬含量的测定 可视滴定或电位滴定法

GB/T 223.12 钢铁及合金化学分析方法 碳酸钠分离-二苯碳酰二肼光度法测定铬量

GB/T 223.14 钢铁及合金化学分析方法 钽试剂萃取光度法测定钒含量

GB/T 223.17 钢铁及合金化学分析方法 二安替吡啉甲烷光度法测定钛量

GB/T 223.19 钢铁及合金化学分析方法 新亚铜灵-三氯甲烷萃取光度法测定铜量

GB/T 223.23 钢铁及合金 镍含量的测定 丁二酮肟分光光度法

GB/T 223.59 钢铁及合金 磷含量的测定 铋磷钼蓝分光光度法和锑磷钼蓝分光光度法

GB/T 223.63 钢铁及合金化学分析方法 高碘酸钠(钾)光度法测定锰量

GB/T 223.68 钢铁及合金化学分析方法 管式炉内燃烧后碘酸钾滴定法测定硫含量

GB/T 223.69 钢铁及合金 碳含量的测定 管式炉内燃烧后气体容量法

GB/T 224 钢的脱碳层深度测定法

GB/T 228.1 金属材料 拉伸试验 第1部分:室温试验方法

GB/T 232 金属材料 弯曲试验方法

GB/T 2101 型钢验收、包装、标志及质量证明书的一般规定

GB/T 2975 钢及钢产品力学性能试验取样位置及试样制备

GB/T 4336 碳素钢和中低合金钢火花源原子发射光谱分析方法

GB/T 14981 热轧盘条尺寸、外形、重量及允许偏差

GB/T 20066 钢和铁 化学成分测定用试样的取样和制样方法

GB/T 20123 钢铁 总碳硫含量的测定 高频感应炉燃烧后红外吸收法(常规方法)

YB/T 081 冶金技术标准的数值修约与检测数值的判定原则

3 术语和定义

下列术语和定义适用于本文件。

3.1

冷轧带肋钢筋用热轧盘条 wire rods for cold rolled ribbed steel bars

经热轧成型，横截面通常为圆形，表面光滑且作为轧制冷轧带肋钢筋原材料的盘条。

4 标记

冷轧带肋钢筋用热轧盘条的标记由盘条牌号、盘条直径和本标准号组成。如:公称直径为 8.0 mm 牌号为 Q235 的冷轧带肋钢筋用热轧盘条,标记为:CRW · Q235-8.0-GB/T 28899—2012。

注:C、R、W 分别为冷轧(cold rolled)、盘条(wire rods)的英文首字母。

5 订货内容

根据本标准订货的合同应包括下列内容:

a) 本标准号;

b) 产品名称;

c) 钢的牌号;

d) 盘条尺寸及重量;

e) 其他特殊要求。

6 尺寸、外形、重量及允许偏差

6.1 盘条的尺寸、外形、重量及允许偏差应符合表 1 的规定。

表 1 盘条的尺寸、外形、重量及允许偏差

<table>
<tr><th>公称直径/
mm</th><th>允许偏差/
mm</th><th>不圆度/
mm</th><th>横截面积/
mm^2</th><th>理论重量/
(kg/m)</th></tr>
<tr><td>5.0</td><td>+0.20
−0.20</td><td rowspan="11">≤0.32</td><td>19.63</td><td>0.154</td></tr>
<tr><td>5.5</td><td>+0.30
−0.10</td><td>23.76</td><td>0.187</td></tr>
<tr><td>6.5</td><td rowspan="4">+0.10
−0.30</td><td>28.27</td><td>0.222</td></tr>
<tr><td>7.0</td><td>38.48</td><td>0.302</td></tr>
<tr><td>7.5</td><td>44.18</td><td>0.347</td></tr>
<tr><td>8.0</td><td>50.26</td><td>0.395</td></tr>
<tr><td>8.5</td><td rowspan="3">+0.30
−0.10</td><td>56.74</td><td>0.445</td></tr>
<tr><td>9.0</td><td>63.62</td><td>0.499</td></tr>
<tr><td>9.5</td><td>70.88</td><td>0.556</td></tr>
<tr><td>10.0</td><td>+0.20
−0.20</td><td>78.54</td><td>0.617</td></tr>
<tr><td>10.5</td><td rowspan="7">+0.25
−0.25</td><td>86.59</td><td>0.680</td></tr>
<tr><td>11.0</td><td rowspan="6">≤0.40</td><td>95.03</td><td>0.746</td></tr>
<tr><td>11.5</td><td>103.9</td><td>0.816</td></tr>
<tr><td>12.0</td><td>113.1</td><td>0.888</td></tr>
<tr><td>12.5</td><td>122.7</td><td>0.963</td></tr>
<tr><td>13.5</td><td>132.7</td><td>1.04</td></tr>
<tr><td>14.0</td><td>143.1</td><td>1.12</td></tr>
</table>

6.2 盘条的理论重量列于表 1，密度按 7.85 g/cm³ 计算。

6.3 盘条的盘重不得小于 1 000 kg/盘。允许每批有 5%的盘数(不足 2 盘的允许有 2 盘)由两根组成，但单根重量不小于 500 kg。

7 技术要求

7.1 牌号及化学成分

7.1.1 盘条参考牌号和化学成分(熔炼分析)，可参考表 2 的规定，经供需双方协商，可供应其他牌号。

表 2 盘条参考牌号和化学成分

盘条牌号	钢筋牌号	化学成分/%					
		C	Si	Mn	V、Ti	S	P
CRW·Q235	CRB550 CRB650	0.14～0.22	≤0.30	0.30～0.65	—	≤0.045	≤0.045
CRW·24MnTi	CRB800	0.19～0.27	0.17～0.37	1.20～1.60	Ti:0.01～0.05	≤0.045	≤0.045
CRW·20MnSi		0.17～0.25	0.40～0.80	1.20～1.60	—	≤0.045	≤0.045
CRW·41MnSiV	CRB970	0.37～0.45	0.60～1.10	1.00～1.40	V:0.05～0.12	≤0.045	≤0.045
CRW·60		0.57～0.65	0.17～0.37	0.50～0.80	—	≤0.035	≤0.035
CRW·65		0.62～0.70	0.17～0.37	0.50～0.80	—	≤0.035	≤0.035

7.1.2 盘条的成品化学成分允许偏差应符合 GB/T 222 的规定。

7.2 力学性能和工艺性能

盘条的力学性能和工艺性能应符合表 3 的规定。经供需双方协商并在合同中注明，可做冷弯性能试验。

表 3 盘条力学性能和工艺性能

牌号	抗拉强度 R_m/MPa 不小于	断后伸长率[a]，$A_{11.3}$/% 不小于	冷弯试验[b] 180° d=弯芯直径 a=试样直径
CRW·Q235	440	26	$d=0.5a$
CRW·20MnSi CRW·24MnTi	510	17	$d=3a$
CRW·41MnSiV CRW·60 CRW·65	700	13	$d=4a$

[a] 当盘条直径大于或等于 12 mm 时，断后伸长率降低 1%。

[b] 直径大于 12 mm 的盘条，冷弯性能指标由供需双方协商确定。

7.3 表面质量

7.3.1 盘条应将头尾有害缺陷切除。盘条的截面不应有缩孔、分层及夹杂。

7.3.2 盘条表面应光滑，不应有裂纹、折叠、耳子、结疤，允许有压痕及局部凸块、划痕、麻面。

7.4 脱碳层

当需方要求时，可对 CRW·60、CRW·65 牌号的盘条进行脱碳层的检验。

7.5 冶炼方法

钢以氧气转炉、电炉冶炼。

7.6 交货状态

盘条以热轧状态交货。

7.7 特殊要求

其他性能指标经供需双方协商确定。

7.8 数值修约

检验结果的数值修约与判定应符合 YB/T 081 的有关规定。

8 试验方法

每批盘条的试验项目、取样数量和试验方法应按表 4 的规定。

表 4 盘条试验项目、取样数量和试验方法

序号	试验项目	取样数量/个	取样方法	试验方法
1	化学成分 (熔炼分析)	1/炉	GB/T 20066	GB/T 223、 GB/T 4336、GB/T 20123
2	拉伸	1	GB/T 2975	GB/T 228.1
3	弯曲	2	不同根盘条 GB/T 2975	GB/T 232
5	尺寸	—	逐盘	千分尺、游标卡尺
6	表面	—	逐盘	目视
7	脱碳层	2	不同根盘条	GB/T 224(金相法)
注：对化学成分结果有争议时，仲裁试验按 GB/T 223 进行。				

9 检验规则

9.1 盘条的检查应由供方按表 4 的要求进行，需方可按本标准进行验收。

9.2 盘条应成批验收。每批由同一牌号、同一炉号、同一尺寸的盘条组成。

9.3 每批盘条质量检验取样数量和取样方法应符合表 4 的规定。

9.4 盘条的复验与判定规则按 GB/T 2101 的规定。

10 包装、标志和质量证明书

盘条的包装、标志和质量证明书按 GB/T 2101 的规定执行。

ICS 77.140.60
H 44

中华人民共和国国家标准

GB/T 28900—2012

钢筋混凝土用钢材试验方法

Test methods of steel for reinforcement of concrete

(ISO 15630-1:2010,Steel for the reinforcement and prestressing of concrete—Test methods—Part 1:Reinforcing bars,wire rod and wire,MOD)

2012-11-05 发布　　　　2013-05-01 实施

中华人民共和国国家质量监督检验检疫总局
中国国家标准化管理委员会　发布

前　言

本标准按照 GB/T 1.1—2009 给出的规则起草。

本标准采用重新起草法修改采用 ISO 15630-1:2010《混凝土用钢筋和预应力钢材　试验方法　第1部分:钢筋、盘条和钢丝》。

由于我国相关规范的规定和工业的实际要求,本标准在采用国际标准时进行了修改。这些技术性差异用垂直单线标识在它们所涉及的条款的页边空白处。本标准与对应国际标准 ISO 15630-1:2010 的技术性差异及原因见附录 A。

为了方便我国生产厂和用户的使用,与对应国际标准相比,本标准主要做了如下技术性修改:

——增加了第 13 章　钢筋的金相检验方法;

——删除了原第 13 章　报告;

——全文删除了关于冷轧扭钢筋和刻痕钢筋的有关内容;

——在 8.4.2 中对没有明确试验条件的产品提供推荐的疲劳试验步骤,以进行补充;

——在第 9 章中明确了以 GB/T 4336 进行仪器分析,以化学分析方法为仲裁方法。

为便于使用,本标准还做了下列编辑性修改:

a) “本国际标准”一词改为“本标准”;

b) 删除国际标准前言。

本标准由中国钢铁工业协会提出。

本标准由全国钢标准化技术委员会(SAC/TC 183)归口。

本标准起草单位:首钢总公司、冶金工业信息标准研究院、中冶建筑研究总院有限公司、建科机械(天津)股份有限公司。

本标准主要起草人:吴朝晖、朱建国、侯捷、王丽萍、刘宝石、陶然、张新、黄宁。

钢筋混凝土用钢材试验方法

1 范围

本标准规定了钢筋混凝土用钢的拉伸、弯曲、反向弯曲、轴向疲劳、化学分析、几何尺寸测量、相对肋面积的测定、重量偏差的确定和钢筋的金相检验等试验方法。

本标准适用于钢筋混凝土用钢筋产品。

本标准不适用于预应力钢材。

2 规范性引用文件

下列文件对于本文件的应用是必不可少的。凡是注日期的引用文件，仅注日期的版本适用于本文件。凡是不注日期的引用文件，其最新版本(包括所有的修改单)适用于本文件。

GB/T 228.1—2010 金属材料 拉伸试验 第1部分:室温试验方法(ISO 6892-1:2009,MOD)

GB/T 232—2010 金属材料 弯曲试验方法(ISO 7438:2005,MOD)

GB/T 4336 碳素钢和中低合金钢 火花源原子发射光谱分析方法(常规法)

GB/T 12160 单轴试验用引伸计的标定(GB/T 12160—2002,ISO 9513:1999,IDT)

GB/T 13298 金属显微组织检验方法

GB/T 16825.1 静力单轴试验机的检验 第1部分:拉力和(或)压力试验机测力系统的检验与校准(GB/T 16825.1—2008,ISO 7500-1:2004,IDT)

3 符号描述

本标准使用的符号见表1。

表1 符号

符号	单位	描述	涉及章条号
h_1	mm	纵肋高度	10.3.2,11.3
h	mm	在中间点处的横肋高	10.3.1.2,11.3.3
h_{max}	mm	横肋的最大高度	10.3.1.1
$h_{s,i}$	mm	肋在长度上按照 Δl 的距离被分为 p 个部分时 i 部分的平均高度	11.3.1
$h_{1/4}$	mm	在四分之一点处的肋高	10.3.1.2,11.3.2
$h_{3/4}$	mm	在四分之三点处的肋高	10.3.1.2,11.3.2
A	%	断后伸长率	5.1,5.3
A_g	%	最大力 F_m 塑性延伸率	5.3
A_{gt}	%	最大力 F_m 总延伸率	5
b	mm	横肋顶宽	10.3.7

表 1（续）

符号	单位	描述	涉及章条号
d	mm	钢筋、盘条或钢丝的公称直径	5.3,8.2,8.4.8,11.3
D	mm	在弯曲或反向弯曲试验中弯曲设备的弯芯直径	6.3,7.3.2
e	mm	在两列相邻肋之间的平均间距	10.3.4
f	Hz	在疲劳试验中应力循环频率	8.1,8.4.3
f_R	—	相对肋面积	11 章
F_m	N	在拉伸试验中的最大力	5.3
F_r	N	在轴向疲劳试验中的力的范围	8.1,8.3,8.4.2,8.4.3
F_R	mm^2	一条肋纵向截面积	11.3.1
F_{up}	N	在轴向疲劳试验中的最大力	8.1,8.3,8.4.2,8.4.3
l	mm	横肋间距	10.3.3,11.3
n,m,q,p	—	用于定义 f_R,f_P,F_R 和 F_P 公式的变量	11.3
r_1	mm	手工测定 A_{gt} 时夹持部位和标距之间的距离	5.3
r_2	mm	手工测定 A_{gt} 时断口和标距之间的距离	5.3
R_{eL}	MPa	下屈服强度	5.2,5.3
R_m	MPa	抗拉强度	5.3
$R_{p0.2}$	MPa	0.2 %规定塑性延伸强度	5.2,5.3
S_n	mm^2	钢筋的公称横截面积	8.4.2
α	(°)	横肋侧斜角度	10.3.6
β	(°)	横肋轴向与钢筋、盘条或钢丝轴向之间的夹角	10.3.5,11.3
γ	(°)	在弯曲或反向弯曲试验中的弯曲角度	6.3,7.3.1(图 4),7.3.2
δ	(°)	在反向弯曲试验中的反弯角度	7.3.1 (图 4),7.3.4
λ	—	在 f_R 和 f_P 的经验公式中的经验系数	11.3.2
$2\sigma_a$	N/mm^2	在轴向疲劳试验中的应力范围	8.4.2
σ_{max}	N/mm^2	在轴向疲劳试验中的最大应力	8.4.2
Σe_i	mm	横肋末端间隙(没有螺旋槽或肋的周长)	10.3.4,11.3.2

注：$1\ N/mm^2=1\ MPa$。

4 试样的一般规定

4.1 制取

除非另有协议，试样应从符合交货状态的钢筋产品上制取。

4.2 矫直

对于从盘卷上制取的试样，在任何试验前应进行简单的弯曲矫直，并确保最小的塑性变形。

注：对于拉伸试验和弯曲试验，试样必须是平直的，为了获得满意的平直度，建议对试样进行手工矫直或机械矫直。

试样的矫直方式(手工、机械)应记录在试验报告中。[1)]

4.3 人工时效

测定拉伸试验和疲劳试验的性能指标时，可根据需要对试样进行人工时效(对于需要矫直的试样应在矫直后进行人工时效)。

当产品标准没有规定人工时效工艺时，可采用下列工艺条件：加热试样到 100 ℃，在 100 ℃±10 ℃下保温 60 min～75 min，然后在静止的空气中自然冷却到室温。

当对试样进行人工时效时，时效的工艺条件应记录在试验报告中。

5 拉伸试验

5.1 试样

除了在第 4 章中给出的一般规定外，试样的平行长度应足够长，以满足 5.3 中对伸长率测定的要求。

当测定断后伸长率(A)时，试样应根据 GB/T 228.1 的规定来标记原始标距 L_0。

当通过手工方法测定最大力 F_m 总延伸率(A_{gt})时，等分格标记应标在试样的平行长度上，根据钢筋产品的直径，等分格标记间的距离应为 10 mm，根据需要也可采用 5 mm 或 20 mm。

5.2 试验设备

试验机应根据 GB/T 16825.1 来校验和校准，至少达到 1 级。

当使用引伸计测定 R_{eL} 或 $R_{p0.2}$ 时，引伸计精度应达到 1 级(见 GB/T 12160)；测定 A_{gt} 时，可使用 2 级精度的引伸计(见 GB/T 12160)。

用于测定最大力 F_m 总延伸率(A_{gt})的引伸计应至少有 100 mm 的标距长度，标距长度应记录在试验报告中。

5.3 试验程序

拉伸试验应根据 GB/T 228.1 进行。对于 $R_{p0.2}$ 的测定，如果力-延伸曲线的弹性直线段较短或不明显，应采用下列方法的一种：

a) GB/T 228.1—2010 中第 15 章和附录 K 中的推荐程序；

b) 力-延伸曲线的直线段应被视作连接 $0.2F_m$ 和 $0.5F_m$ 两点之间的线段。

当有争议时，应采用第二种程序。

---

1) 对于由钢筋产品生产商提供的常规试验，包括试样条件和校直方法在内的试验信息应记录在内部文档中。

当直线段的斜率与弹性模量的理论值之间的差值大于10%时，这次试验应被视作无效。

除非在相关产品标准中另有规定，应采用公称横截面积计算拉伸性能(R_{eL}或$R_{p0.2}$，R_m)。

当断裂发生在夹持部位上或距夹持部位的距离小于20 mm或d(选取较大值)时，这次试验可视作无效。

除非在相关产品标准中另有规定，对于断后伸长率(A)的测定，原始标距长度应为5倍的公称直径(d)。

对于最大力F_m总延伸率(A_{gt})的测定，应采用GB/T 228.1进行下列修正或补充：

——如果通过使用引伸计来测量A_{gt}，应采用GB/T 228.1—2010中第18章规定的方法；

——如果A_{gt}是通过手工方法在断后进行测定，A_{gt}应按式(1)进行计算：

$$A_{gt} = A_g + R_m/2\ 000 \quad \cdots\cdots(1)$$

式中，A_g是最大力F_m塑性延伸率。A_g应以一个100 mm的标距长度进行测定，距断口的距离r_2至少为50 mm或$2d$(选择较大者)，如果夹持和标距长度之间的距离r_1小于20 mm或d(选择较大者)时，该试验可视作无效，见图1。

——如有争议，应采用手工方法。

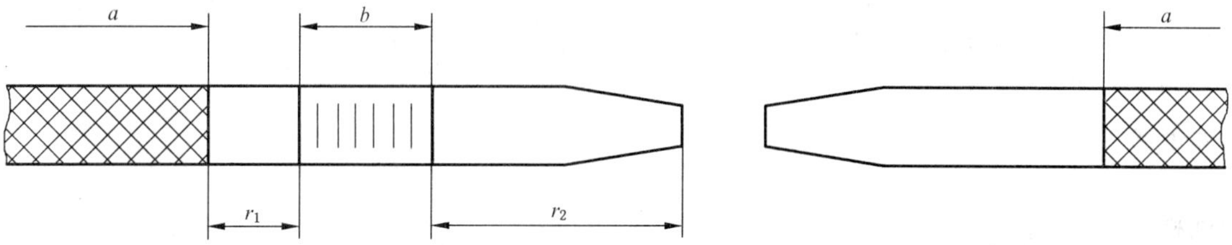

说明：

a——夹持长度；

b——标距长度100 mm。

图1 用手工方法测量A_{gt}

6 弯曲试验

6.1 试样

试样应符合第4章的一般规定。

6.2 试验设备

6.2.1 弯曲设备应采用图2所示的试验原理。

注：图2显示了弯芯和支辊旋转、传送辊固定的结构，同样可能存在传送辊旋转和支辊固定的情况。

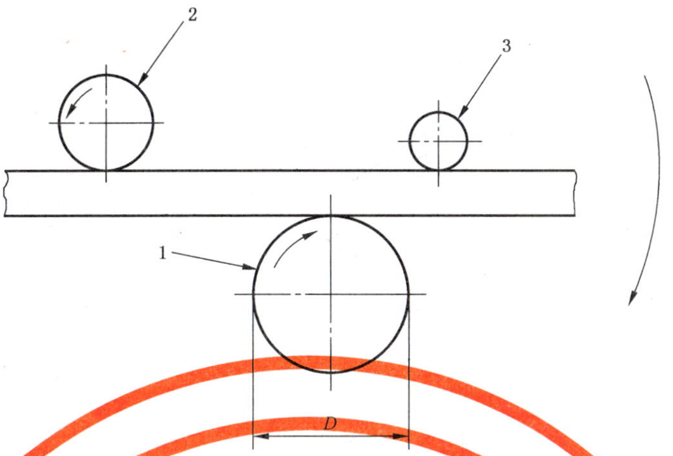

说明：
1——弯芯；
2——支辊；
3——传送辊。

图2 弯曲装置的原理

6.2.2 弯曲试验也可通过使用带有两个支辊和一个弯芯(见 GB/T 232—2010 第4章)的装置。

6.3 试验程序

除非另有规定，弯曲试验应在 10 ℃～35 ℃的温度下进行。

注：对于低温下的试验，如果协议没有规定试验条件，应采用±2 ℃的温度偏差。试样应浸入冷却介质中，并保持足够的时间，以确保试样的整体达到了规定的温度(例如，对于液体介质至少保温 10 min，对于气体介质至少保温 30 min)。弯曲试验应在试样从介质中移出 5 s 内开始进行，移动试样应确保试样的温度在允许的温度范围内。

试样应在弯芯上弯曲。

弯曲角度(γ)和弯芯直径(D)应符合相关产品标准规定。

6.4 试验结果的判定

弯曲试验应根据相关产品标准的规定进行判定。

当产品标准没有规定时，若弯曲试样无目视可见的裂纹，则判定该试样为合格。

7 反向弯曲试验

7.1 试样

试样应符合第4章的一般规定。

7.2 试验设备

7.2.1 弯曲装置

应采用在 6.2 中规定的弯曲装置。

7.2.2 反向弯曲装置

反向弯曲可在图2所示的弯曲装置上进行，另一种可选用的反向弯曲装置图，如图3所示。

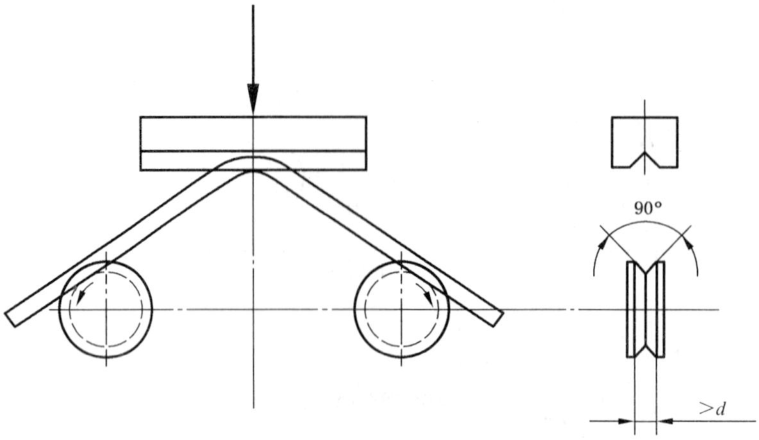

图 3　反向弯曲装置的图例

7.3　试验程序

7.3.1　概要

试验程序由 3 步组成：

a)　弯曲步骤；

b)　人工时效步骤；

c)　反向弯曲步骤。

试验程序通过图 4 举例说明。

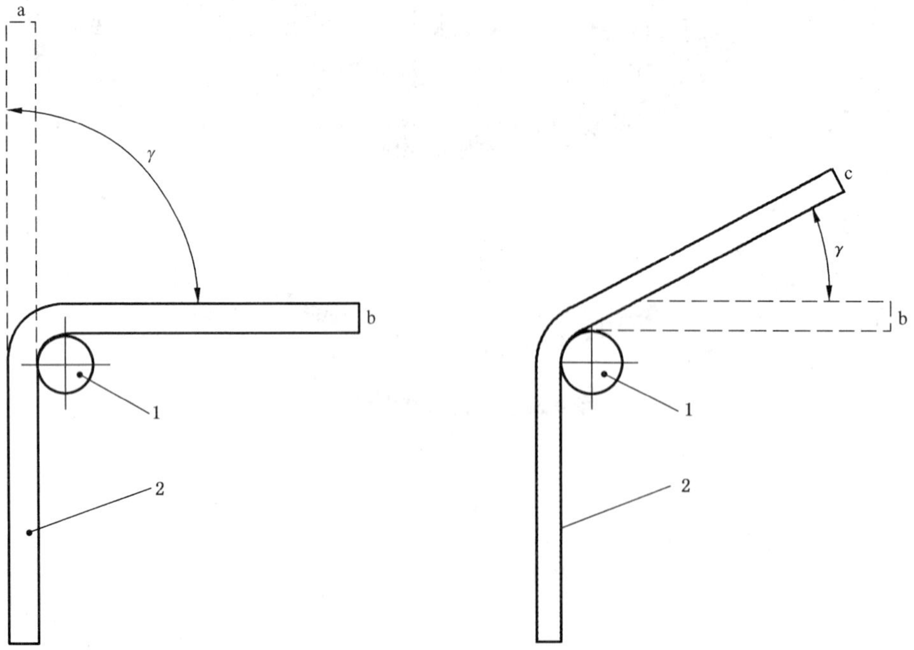

说明：

1——弯芯；

2——试样；

a——初始位置；

b——在 7.3.2 中描述的操作后的位置；

c——在 7.3.4 中描述的操作后的位置。

图 4　反向弯曲试验程序的图例

7.3.2 弯曲

弯曲步骤应在 10 ℃～35 ℃的温度下进行，试样应在弯芯上弯曲。

弯曲角度(γ)和弯芯直径(D)应符合相关产品标准的规定。

试样应由目视仔细检查裂纹和裂缝。

7.3.3 人工时效步骤

人工时效的温度和时间应满足相关产品标准的要求。

当产品标准没有规定任何时效的处理办法时，可参照 4.3 中的推荐工艺。

7.3.4 反向弯曲步骤

在静止空气中自然冷却到 10 ℃～35 ℃后，确保在弯曲原点(最大曲率半径圆弧段的中间点)将试样按相关产品标准规定的角度(δ)向回弯曲。

7.4 试验结果的判定

反向弯曲试验应根据相关产品标准的规定来判定。

当产品标准没有规定时，若反向弯曲试样无目视可见的裂纹，则判定该试样为合格。

8 轴向疲劳试验

8.1 试验原理

轴向疲劳试验是试样在弹性变形范围内，使之承受一个呈固定频率 f 正弦曲线周期变动(如图 5 所示)的轴向拉力的作用，并使试验一直进行到试样破坏或者达到相关产品标准规定的循环周次且试样没有破坏为止。

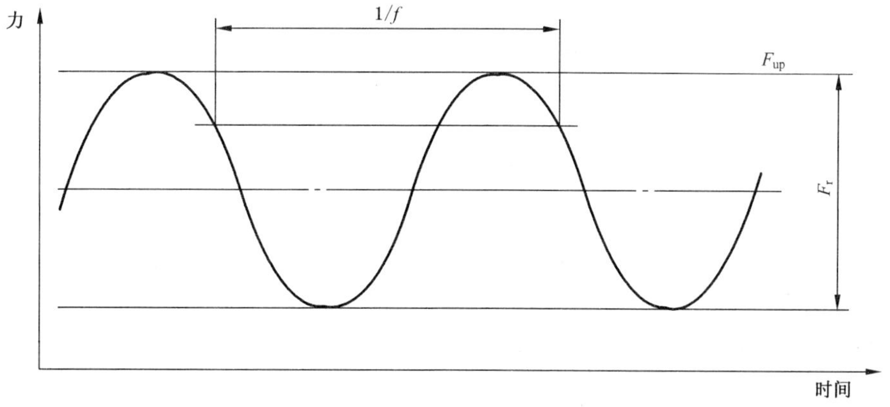

图 5 疲劳加载循环图

8.2 试样

试样应符合第 4 章的一般规定。

在夹持部位之间的平行长度的表面不应进行任何形式的表面处理，且不应包含产品标识。平行长度应至少为 140 mm 或 14 d(二者取较大者)。

8.3 试验设备

疲劳试验机应根据 GB/T 16825.1 校准，其精度等级至少应为 1 级，试验机应能确保最大力 F_{up} 误差范围在规定值的±2%之内，力的范围 F_r 误差范围在规定值的±4%之内。

8.4 试验程序

8.4.1 与试样有关的准备工作

试样夹持在试验设备中时，应确保力沿轴向传送，且没有任何弯曲力矩。

8.4.2 最大力(F_{up})和力的范围(F_r)

最大力(F_{up})和力的范围(F_r)应在相关产品标准中给出，若相关产品标准中未给出最大力(F_{up})和力的范围(F_r)的数值，可按以下参数进行试验：

注：F_{up} 和 F_r 能从相关产品标准给出的最大应力(σ_{max})和应力范围(2σ)按照下列方式推导出来：

$$F_{up} = \sigma_{max} \times S_n \quad \cdots\cdots (2)$$

$$F_r = 2\sigma_a \times S_n \quad \cdots\cdots (3)$$

式中：

S_n——钢筋的公称横截面积。

当应力循环的最大值不大于 $0.6R_{eL}$(R_{eL} 为产品标准规定特征值)时：

对于直径不大于 28 mm 的钢筋，应力范围 $2\sigma_a = 175$ MPa；

对于直径大于 28 mm 的钢筋，应力范围 $2\sigma_a = 145$ MPa。

疲劳循环次数 N 一般为 200 万次，也可由供需双方协商确定。

8.4.3 力和频率的稳定性

试验应在恒定的最大力(F_{up})、力的范围(F_r)和频率(f)下进行。在整个试验过程中，循环载荷不应出现中断，但试验因意外而中断也允许继续试验，所有中断应在试验报告中注明。中断试验可视作无效。

8.4.4 循环周次的记录

加载循环周次应当从第一个完整的循环开始记录。

8.4.5 频率

在试验过程中和系列试验过程中，循环频率应保持恒定。频率应在 1 Hz～200 Hz 之间。

8.4.6 温度

在试验的整个过程中，试样温度不应超过 40 ℃。除非另有规定，试验环境温度应在 10 ℃～35 ℃之间，为确保试验在可控条件下进行，试验温度应在(23±5)℃。

8.4.7 试验终止

在达到规定的循环周次之前试样破坏，或在达到规定的循环周次且试样没有破坏，应终止试验。

8.4.8 试验的有效性

如果破坏发生在夹持部位或距夹持部位 $2d$ 的距离内，或破坏是由试样异常特征引起的，试验可被视作无效。

9 化学分析

一般情况下,用 GB/T 4336 光谱分析方法测定化学成分。

在对分析方法产生争议时,化学成分应采用化学分析方法进行仲裁。

10 尺寸测量

10.1 试样

试样应符合第 4 章的一般规定。

试样的长度应确保 10.3 的测量要求。

10.2 试验设备

测量尺寸的设备应至少具有如下所示的测量精度:

——对于小于等于 1 mm 的横肋或纵肋高度的测量为 0.01 mm;

——对于大于 1 mm 的横肋或纵肋高度为 0.02 mm;

——对于两排相邻横肋的间距为 0.05 mm;

——测量横肋间距时(见 10.3.3)为 0.5 mm;

——横肋轴向与钢筋轴向之间的夹角为 1°,肋侧斜角的测量为 1°。

当发生争议时,应使用传统的读数装置例如两脚规、线规等。

10.3 试验程序

10.3.1 横肋高度或刻痕深度

10.3.1.1 最大值(h_{max})

横肋的最大高度(h_{max})应在横肋上每列至少测量 3 个最大值,计算平均值得出,这些用于测量的横肋不应带有钢筋的产品标识。

10.3.1.2 给定位置的值

在给定位置的横肋高度,例如在 1/4 点、1/2 点或 3/4 点,分别定义为 $h_{1/4}$、h 和 $h_{3/4}$,应在不同横肋上,每列至少在这个位置上测量 3 个值,计算平均值得出,这些用于测量的横肋不应有钢筋的产品标识。

10.3.2 纵肋高度(h_1)

纵肋高度(h_1)应是在产品的三个不同位置上对每条纵肋至少测量 3 次得到的计算平均值。

10.3.3 横肋间距(l)

横肋间距(l)应当用测量的长度除以长度内的肋数。

测量长度被认为是在同一排肋上、平行于产品中心线的直线上,一个肋的中心至另一个肋的中心的距离。测量长度应至少有 10 个肋间距。

10.3.4 横肋末端间隙(Σe_i)

横肋末端间隙(Σe_i)应为相邻的两排横肋之间的平均间隙(e)的总和,e 应至少测量 3 次。

10.3.5 **横肋与轴线夹角(*β*)**

横肋与钢筋轴向之间的夹角(*β*)应用按同一公称角度计算每排横肋的单个测量倾斜角度的平均值来确定。

10.3.6 **横肋斜角(*α*)**

按照图6所示，每个横肋斜角(*α*)应在没有钢筋产品标识的部位上，至少每排测量2个不同的横肋，并计算肋的同一侧边上的单个倾角的平均值来确定。

10.3.7 **横肋顶宽(*b*)**

横肋顶宽(*b*)应为每条肋3个测量值的平均值，且在肋的中间点处、垂直于肋的轴线上进行测量。这些用于测量的横肋不应有钢筋的产品标识。

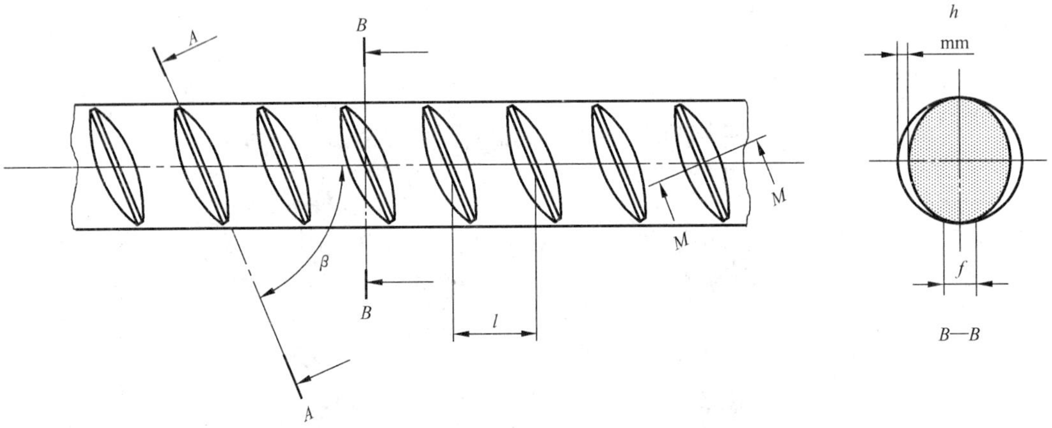

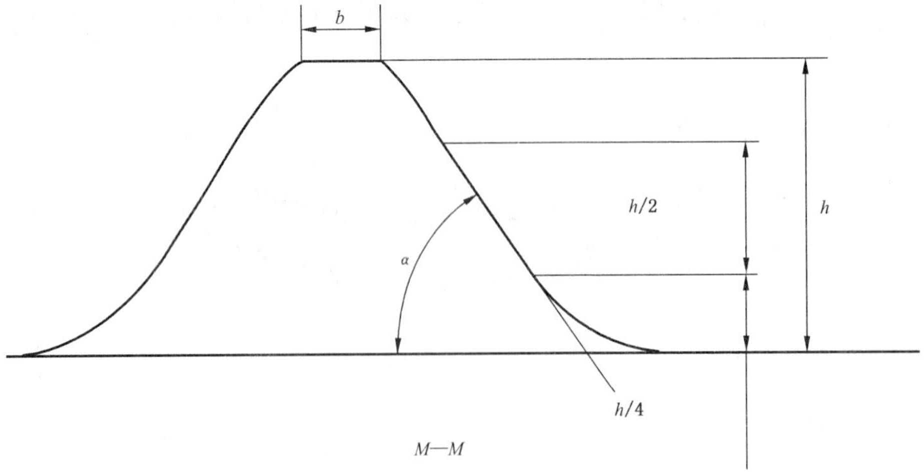

注：横肋斜角(*α*)应通过测量斜面上两点间最适合的线段来确定，这两点应足够远以表示出合适的倾角，但应避免根部末端和肋的峰端，如图所示。

图6 横肋斜角(*α*)的测量和相对肋面积 f_R 的测量

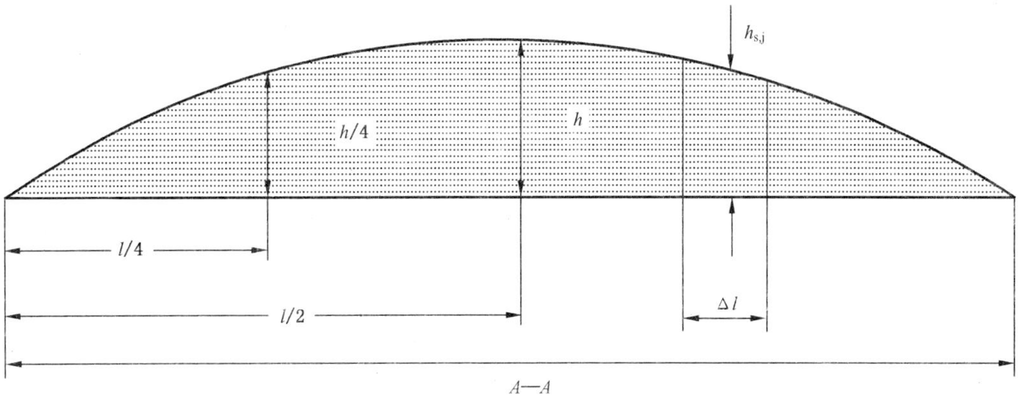

图 6（续）

11　相对肋面积(f_R)的确定

11.1　概述

钢材和混凝土之间的粘结性允许共有的载荷传递。

粘结的主要影响来自于由混凝土钢材表面上肋产生的切变粘结。

当混凝土钢材有肋时，粘结行为可通过不同方法来确定：

——肋几何尺寸的测定；

——在拉拔试验或梁试验中，混凝土与混凝土钢材之间粘结性的测定。

在几何尺寸数据基础上，粘结因子即相对肋面积(f_R)可计算得出。

11.2　测定

相对肋面积(f_R)的测定应采用第 10 章中测量的几何尺寸结果来确定。

11.3　f_R 的计算

11.3.1　相对肋面积

相对肋面积通过式(4)来定义：

$$f_R = \frac{1}{\pi d}\sum_{i=1}^{n}\frac{\frac{1}{m}\sum_{j=1}^{m}F_{R,i,j}\sin\beta_{i,j}}{l_i} \qquad \cdots\cdots(4)$$

式中：

n——在圆周上横肋的排数；

m——不同横肋每排倾斜夹角的数量。

$F_R = \sum_{i=1}^{p}(h_{s,i}\Delta l)$ 是一个肋的纵向截面积(见图 6)，其中 $h_{s,i}$ 是肋在长度上按照 Δl 的距离被分为 p 个部分时 i 部分的平均高度。

具体公式也可由相关产品标准给出。

11.3.2　简化公式

如使用特殊装置而不需要应用 11.3.1 中给出的通用公式时，可采用下列简化公式。

简化公式的范例如下所示：

a)　不等边四边形公式：

$$f_R = (h_{1/4} + h + h_{3/4})(\pi d - \sum e_i)\frac{1}{4\pi d l} \qquad \cdots\cdots(5)$$

b) 辛普森定律公式：

$$f_R=(2h_{1/4}+h+2h_{3/4})(\pi d-\sum e_i)\frac{1}{6\pi dl} \quad \cdots\cdots(6)$$

c) 抛物线公式

$$f_R=\frac{2h}{3\pi dl}(\pi d-\sum e_i) \quad \cdots\cdots(7)$$

d) 经验公式：

$$f_R=\lambda\frac{h}{l} \quad \cdots\cdots(8)$$

式中：

λ——一个经验系数，对于一个特别的钢筋外形，它表明了 f_R 与 h/l 的关系。

$h_{1/4}$、h 和 $h_{3/4}$ 的值可根据 10.3.1.2 来确定。

$\sum e_i$ 可根据 10.3.5 确定。

11.3.3 f_R 的计算公式

用于计算 f_R 的公式应按相关产品标准规定，并记录在试验报告中。

12 重量偏差的确定

12.1 试样

重量偏差应在有垂直端面的试样上进行测量，试样的数量和长度应符合相关产品的规定。

12.2 测量的精确度

试样的长度测量精确到 1 mm，重量的测量精确度应至少为 ±1%。

12.3 试验程序

测量钢筋重量偏差时，试样应从不同根钢筋上截取，数量不少于 5 支，每支试样长度不小于 500 mm。长度应逐支测量，精确到 1 mm。测量试样总重量时，应精确到不大于总重量的 1%。

钢筋实际重量与理论重量的偏差按式(9)计算：

$$重量偏差=\frac{试样实际总重量-(试样总长度\times 理论重量)}{试样总长度\times 理论重量}\times 100\% \quad \cdots\cdots(9)$$

13 钢筋的金相检验方法

本方法适用于带肋钢筋的金相检验方法。

13.1 试样

取钢筋的横截面为观察面。

13.2 试验程序

13.2.1 低倍酸浸

推荐采用 3%～4%硝酸酒精溶液浸蚀试样的横截面。

13.2.2 高倍检验

按照 GB/T 13298 的规定进行检验。

附　录　A
（资料性附录）
本标准与 ISO 15630-1:2010 技术性差异及原因

本标准与 ISO 15630-1:2010 的技术性差异及原因见表 A.1

表 A.1

本标准的章条编号	技术性差异	原　　因
3,8,10,11	“a”改为“h_l”,“a_m”改为“h”,“a_{max}”“h_{max}”,“$a_{s,i}$”改为“$h_{s,i}$”,“$a_{1/4}$”改为“$h_{1/4}$”,“$a_{3/4}$”改为“$h_{3/4}$”,“c”改为“l”,“$2\sigma_a$”改为“$\Delta\sigma$”	与相应的产品、试验方法国家标准一致,其中国际标准的注解中也提到横肋高度可用“h”代替“a”
2	将“ ISO 6892、ISO 7438、ISO 7500-1、ISO 9513、ISO 4965”分别改为“GB/T 228.1、GB/T 232、GB/T 16825.1、GB/T 12160”	GB/T 228.1—2010 修改采用 ISO 6892.1:2008,GB/T 232—2010 修改采用 ISO 7438:2005,GB/T 16825.1—2008 修改采用 ISO 7500-1:2004,GB/T 12160—2002 修改采用 ISO 9513:1999
4	将第 4 章分成了 3 条,并将“注 2”提为正文	使本章条理更清晰,明确了人工时效工艺的必要性
5.1	将“(见 ISO 6892:1998 附录 H)”删除	ISO 6892:2008 已经没有关于手工检测 A_{gt} 的附录了
5.2	将“ISO 7500-1”和“ISO 9513”分别改为“GB/T 16825.1”和“GB/T 12160”	GB/T 16825.1—2002 修改采用 ISO 7500-1:1999,GB/T 12160—2002 修改采用 ISO 9513:1999
5.3	将“ISO 6892:1998 中 13.1 条中的推荐程序”改为“GB/T 228.1—2010 中第 15 章和附录 K 中的推荐程序”	因为在 GB/T 228.1—2010 中相关条款已经变为第 15 章和附录 K
6.2.2	将“ISO 7438:1985 的 4.1 条”改为“GB/T 232—2010 第 4 章”	因为在 GB/T 232—2010 中相关条款已经改变
8.3	疲劳试验机其精度等级至少应为 1 级,而不是精确度最大允许误差为±1%	在 GB/T 16825.1 中是一个涵义,一般都用精度等级来表示
8.4.2	增加“若相关产品标准中未给出最大力(F_{up})和力的范围(F_r)的数值,可按以下参数进行试验: **注**:F_{up} 和 F_r 能从相关产品标准给出的最大应力(σ_{max})和应力范围($\Delta\sigma$)按照下列方式推导出来: $F_{up}=\sigma_{max}\times S_n$ …………(2) $F_r=2\sigma_a\times S_n$ …………(3) 式中: S_n——钢筋的公称横截面积。 当应力循环的最大值不大于 0.6R_{eL}(R_{eL} 为产品标准规定特征值)时: 对于直径不大于 28 mm 的钢筋,应力范围 $2\sigma_a$=175 MPa; 对于直径大于 28 mm 的钢筋,应力范围 $2\sigma_a$=145 MPa。 疲劳循环次数 N 一般为 200 万次,也可由供需双方协商确定。”	对没有明确试验条件的产品提供推荐的疲劳试验步骤以进行补充

表 A.1（续）

本标准的章条编号	技术性差异	原　　因
9	把注提为正文，并改为“一般情况下，用 GB/T 4336 光谱分析方法测定化学成分”。增加了“在对分析方法产生争议时，化学成分应采用化学分析方法进行仲裁”	以符合我国国情
13	删除了原第 13 章。 增加第 13 章钢筋的金相检验方法	各产品标准均有报告格式 补充余热处理钢筋的检验方法

ICS 71.080.15
G 17

中华人民共和国国家标准

GB/T 28901—2012

焦炉煤气组分气相色谱分析方法

Analysis of coke-oven gas composition by gas chromatography

2012-11-05 发布 2013-05-01 实施

中华人民共和国国家质量监督检验检疫总局
中国国家标准化管理委员会 发布

前　　言

本标准按照 GB/T 1.1—2009 给出的规则起草。

本标准由中国钢铁工业协会提出。

本标准由全国煤化工标准化技术委员会炼焦化学分技术委员会(SAC/TC 469/SC 3)归口。

本标准起草单位:宁波钢铁有限公司、冶金工业信息标准研究院。

本标准主要起草人:刘翠华、葛宜运、孙伟、张进莺、徐昱、曾立强。

焦炉煤气组分气相色谱分析方法

1 范围

本标准规定了焦炉煤气中主要常量组分的气相色谱分析方法。

本标准适用于炼焦生产的净煤气中氢气、氧气、一氧化碳、二氧化碳、氮气、甲烷、乙烯、乙烷、丙烯、丙烷等组分的测定。

2 规范性引用文件

下列文件对于本文件的应用是必不可少的。凡是注日期的引用文件，仅注日期的版本适用于本文件。凡是不注日期的引用文件，其最新版本(包括所有的修改单)适用于本文件。

GB/T 4946 气相色谱法 术语

GB/T 5274 气体分析 校准用混合气体的制备 称量法

GB/T 9977 焦化产品术语

3 术语和定义

GB/T 4946 和 GB/T 9977 界定的术语和定义适用于本文件。

4 原理

用带有热导检测器的气相色谱仪，通过气相色谱柱来分离试样中的组分，并通过积分仪或微处理机记下各组分的色谱峰峰面积数值。在相同操作条件下，采用外标法分析已知组分含量的标准气体，把测得的试样色谱峰峰面积与标准气色谱峰峰面积相比较，来计算各组分的含量。

5 仪器及材料

5.1 标准气

分析需要的标准气可采用国家二级标准物质或按 GB/T 5274 制备。

标准气的组分应处于均匀的气态。对于试样中浓度不大于5%的组分，标准气组分的浓度不应大于10%，也不应低于试样中相应组分浓度的50%。对于试样中浓度大于5%的组分，标准气组分的浓度不应低于试样中相应组分浓度的50%，也不应大于试样中相应组分浓度的50%。

可采用经过校验的注射器，用纯标准气体配制成与试样中组分尽可能接近的标准气。配制时，应保证其准确性。

5.2 气相色谱仪

带有双热导检测器、双气路的气相色谱仪。

5.3 典型色谱工作条件

典型色谱工作条件见表1。

表 1 典型色谱工作条件

工作条件	A	B	C
检测器类型	热导检测器(TCD)		
载气	氮气(浓度 99.99%)	氦气(浓度 99.99%)	
色谱柱类型	分子筛填充柱,5A, 250 μm～180 μm (60 目～80 目)	分子筛填充柱,5A, 250 μm～180 μm (60 目～80 目)	有机载体填充柱,Porapak-Q, 300 μm～180 μm (50 目～80 目)
柱长/内径	填充柱,2 m～4 m/3 mm	填充柱,2 m～4 m/3 mm	填充柱,2 m～4 m/3 mm
进样量	1.0 mL		
气化室温度	100 ℃		
柱箱温度	室温～50 ℃		
检测器温度	100 ℃		
载气流量	20.0 mL/min～40.0 mL/min		
载气压力	0.05 MPa		
桥电流	80 mA(或仪器自动匹配)	140 mA(或仪器自动匹配)	
测定组分	H_2	O_2,N_2,CH_4,CO	CO_2,C_2H_4,C_2H_6,C_3H_6,C_3H_8

允许根据实际情况适当调整变动。所选择的色谱工作条件应保证试样中的各组分都能被有效分离。凡能达到同等或更高分离效果的其他色谱工作条件均可使用。

各组分的出峰顺序见图 1～图 3。

图 1 氢气组分典型色谱图

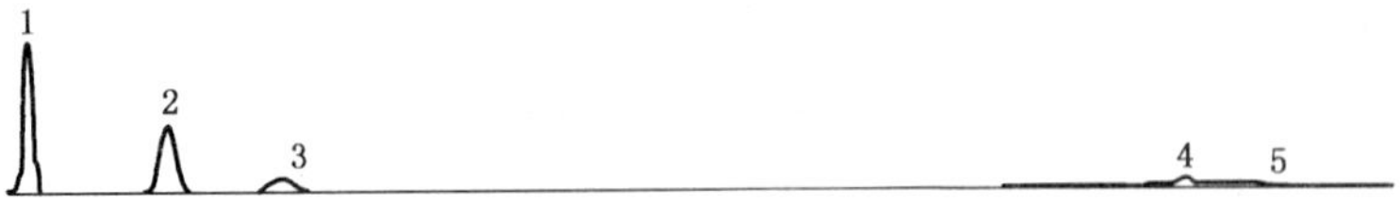

说明:
1——二氧化碳;
2——乙烯;
3——乙烷;
4——丙烯;
5——丙烷。

图 2 典型色谱图

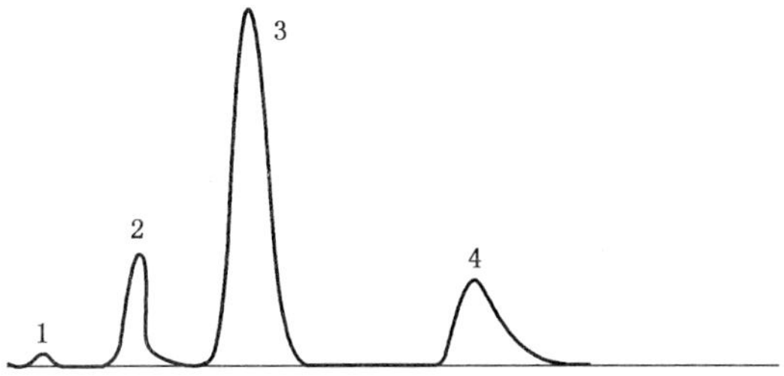

说明：

1——氧气；

2——氮气；

3——甲烷；

4——一氧化碳。

图3 典型色谱图

利用热导池检测器进行定性分析。可把试样的色谱图同已知组分的标准气样的色谱图保留时间相比较来进行各色谱峰的组分定性。

6 取样

6.1 在煤气管道内，距管中心三分之一半径范围设置取样管。取样管位置应避开阀门、弯头和管径发生急速变化处1.5 m以上。

6.2 可采用玻璃注射器皿取样。也可采用聚乙烯、聚丙烯等橡皮袋取样。

6.3 取样前应排除取样管中余气。取样时至少用样气吹洗3次取样容器，取样后应尽快进行分析。

6.4 取样时注意不要带入外界空气。橡皮袋存放样气时间不宜超过2 h。

7 分析方法

7.1 色谱柱的预处理

将填充好的色谱柱安装在色谱仪中，柱出口端暂勿与检测器连接。通小流量载气，分别在柱箱温度低于色谱柱最高使用温度30 ℃以下，老化4 h以上，直至检测器的输出基线稳定。

7.2 测定步骤

7.2.1 启动气相色谱仪，待基线平稳后进行分析操作。

7.2.2 标准气的导入。

将标准气进行测定。应重复操作两次，其峰高或峰面积的相对偏差不应大于1%，或其值重复性应符合表2要求。

7.2.3 试样的导入。

用测定标准气相同的条件，来进行试样的测定。应重复操作两次，其峰高或峰面积的相对偏差不应大于1%，或其值重复性应符合表2的要求。

8 组分的定量

8.1 应使用标准气外标法分析测定试样中各组分的含量，各组分浓度按式(1)计算：

$$X'_i = \frac{A_i}{A_E} \times E_i \qquad \cdots\cdots(1)$$

式中：

X'_i ——试样中组分 i 的体积分数，%；

A_i ——试样中组分 i 的色谱峰峰面积的数值；

E_i ——标准气组分 i 的摩尔分数，%；

A_E ——标准气组分 i 的色谱峰峰面积的数值。

8.2 由外标法式(1)计算出试样中各组分的计算含量后，再将各组分含量浓度进行归一化处理。其值可由式(2)计算。

$$X_i = \frac{X'_i}{\sum X'_i} \times 100\% \qquad \cdots\cdots(2)$$

式中：

X_i ——试样中组分 i 的归一化计算含量的体积分数，%；

X'_i ——试样中组分 i 的计算含量的体积分数，%；

$\sum X'_i$ ——试样中各组分的计算含量之和的体积分数，%。

若试样中各组分计算含量浓度总和在 97%～103%之外，则应检查仪器装置调试和分析操作上是否有重大错误，或是否存在有分析组分以外的其他组分被遗漏，需要细心地进行校验后重新进行分析。

9 精密度

重复性限 r 应符合表 2 的要求。

表 2 不同浓度范围的重复性限 %

组分含量(体积分数)	重复性限 r 不大于
≤1.00	0.17
1.01～5.00	0.20
5.01～25.00	0.40
>25.00	0.70

10 注意事项

10.1 为延长仪器寿命，需要关机时，应等各部件温度降至 100 ℃以下时才可关闭主机与气体。

10.2 非特别情况时，不应拿掉检测器、柱箱的盖子。注意避免烫伤。

ICS 77.140.65
H 49

中华人民共和国国家标准

GB/T 28902—2012

电解抛光用不锈钢丝

Electvolytic polishing for stainless steel wires

2012-11-05 发布　　　　2013-05-01 实施

中华人民共和国国家质量监督检验检疫总局
中国国家标准化管理委员会　发布

前　言

本标准按照 GB/T 1.1—2009 给出的规则起草。

本标准由中国钢铁工业协会提出。

本标准由全国钢标准化技术委员会(SAC/TC 183)归口。

本标准主要起草单位:江阴康瑞不锈钢制品有限公司、广州市奥赛钢线科技有限公司、冶金工业信息标准研究院、江苏法尔胜泓昇集团有限公司、永兴特种不锈钢股份有限公司、江阴市产品质量监督检验所。

本标准主要起草人:朱卫、陈万春、刘翔、邢献强、王玲君、戴宝昌、徐钦华、王建勇、朱红斌、任翠英、陈君、吴明华。

电解抛光用不锈钢丝

1 范围

本标准规定了电解抛光用不锈钢丝的术语和定义、分类、尺寸、外形、重量及允许偏差、技术要求、试验方法、检验规则、包装、标志和质量证明书等。

本标准适用于制作厨房和卫浴用具，多用途篮框、宠物笼、装饰用具、食品料架、超市手推车等用途的圆截面不锈钢丝(以下简称钢丝)。

2 规范性引用文件

下列文件对于本文件的应用是必不可少的。凡是注日期的引用文件，仅注日期的版本适用于本文件。凡是不注日期的引用文件，其最新版本(包括所有的修改单)适用于本文件。

GB/T 222—2006 钢的成品化学成分允许偏差

GB/T 223.3 钢铁及合金化学分析方法 二安替吡啉甲烷磷钼酸重量法测定磷量

GB/T 223.4 钢铁及合金 锰含量的测定 电位滴定或可视滴定法

GB/T 223.5 钢铁 酸溶硅和全硅含量的测定 还原型硅钼酸盐分光光度法

GB/T 223.8 钢铁及合金化学分析方法 氟化钠分离-EDTA 滴定法测定铝含量

GB/T 223.11 钢铁及合金 铬含量的测定 可视滴定或电位滴定法

GB/T 223.17 钢铁及合金化学分析方法 二安替吡啉甲烷光度法测定钛量

GB/T 223.18 钢铁及合金化学分析方法 硫代硫酸钠分离-碘量法测定铜量

GB/T 223.23 钢铁及合金 镍含量的测定 丁二酮肟分光光度法

GB/T 223.25 钢铁及合金化学分析方法 丁二酮肟重量法测定镍量

GB/T 223.26 钢铁及合金 钼含量的测定 硫氰酸盐分光光度法

GB/T 223.28 钢铁及合金化学分析方法 α-安息香肟重量法测定钼量

GB/T 223.36 钢铁及合金化学分析方法 蒸馏分离-中和滴定法测定氮量

GB/T 223.37 钢铁及合金化学分析方法 蒸馏分离-靛酚蓝光度法测定氮量

GB/T 223.40 钢铁及合金 铌含量的测定 氯磺酚 S 分光光度法

GB/T 223.58 钢铁及合金化学分析方法 亚砷酸钠-亚硝酸钠滴定法测定锰量

GB/T 223.59 钢铁及合金 磷含量的测定 铋磷钼蓝分光光度法和锑磷钼蓝分光光度法

GB/T 223.60 钢铁及合金化学分析方法 高氯酸重量法测定硅含量

GB/T 223.61 钢铁及合金化学分析方法 磷钼酸铵容量法测定磷量

GB/T 223.62 钢铁及合金化学分析方法 乙酸丁酯萃取光度法测定磷量

GB/T 223.63 钢铁及合金化学分析方法 高碘酸钠(钾)光度法测定锰量

GB/T 223.67 钢铁及合金 硫含量的测定 次甲基蓝分光光度法

GB/T 223.68 钢铁及合金化学分析方法 管式炉内燃烧后碘酸钾滴定法测定硫含量

GB/T 223.69 钢铁及合金 碳含量的测定 管式炉内燃烧后气体容量法

GB/T 223.71 钢铁及合金化学分析方法 管式炉内燃烧后重量法测定碳含量

GB/T 223.72 钢铁及合金 硫含量的测定 重量法

GB/T 228.1 金属材料 拉伸试验 第1部分：室温试验方法

GB/T 342—1997 冷拉圆钢丝、方钢丝、六角钢丝尺寸、外形、重量及允许偏差
GB/T 2103—2008 钢丝验收、包装、标志和质量证明书的一般规定
GB/T 3207—2008 银亮钢
GB/T 4356 不锈钢盘条
GB/T 10125 人造气氛中的腐蚀试验 盐雾试验
GB/T 11170 不锈钢 多元素含量的测定 火花放电原子发射光谱法(常规法)
GB/T 20066 钢和铁 化学成分测定用试样的取样和制样方法
GB/T 20123 钢铁 总碳硫含量的测定 高频感应炉燃烧后红外吸收法(常规方法)
GB/T 20124 钢铁 氮含量的测定 惰性气体熔融热导法(常规方法)

3 术语和定义

下列术语和定义适用于本文件。

3.1

软态 (soft,S)

钢丝进行光亮热处理,或热处理后再进行酸洗或类似的处理去除表面氧化皮。

3.2

轻拉 lightly drawn,LD

热处理后的钢丝以较小减面率(≤25%)拉拔到成品尺寸。

3.3

冷拉 cold drawn,WCD

在常温下通过模拉等压力加工方法成形的加工过程。

3.4

亮面 bright

钢丝经湿式润滑剂拉拔后,表面光亮。

4 分类与牌号

钢丝按组织分为两类,其类别、牌号、交货状态和状态代号如表1。

表1 钢丝的类别、牌号、交货状态和状态代号

类别	牌号	交货状态	状态代号
奥氏体型	12Cr17Mn6Ni5N 08Cr16Mn8Ni2Cu2 06Cr19Ni10 06Cr19Ni10N 06Cr17Ni7Mn3Cu3 06Cr17Ni12Mo2 022Cr17Ni12Mo2	轻拉 冷拉 软态	LD WCD S
铁素体型	10Cr17		

5 订货内容

按本标准订货的合同或订单应包括下列内容：

a) 本标准编号；

b) 产品名称；

c) 牌号；

d) 尺寸与外形(见第6章)；

e) 重量(或数量)；

f) 交货状态(见7.3)；

g) 其他(必要时)。

6 尺寸、外形及允许偏差

6.1 钢丝的尺寸范围:0.80 mm～16.00 mm。

6.2 尺寸允许偏差应符合GB/T 342—1997表2中h11级的规定;经双方商定,并在合同中注明,可提供表3中规定的负偏差钢丝或其他级别的钢丝。

6.3 钢丝的不圆度应不大于直径公差之半。

6.4 钢丝以盘卷、缠线轴、带芯轴或不带芯轴密排层绕和容器包装交货。盘卷和密排层绕应规整,打开盘卷时钢丝不得散乱、扭曲或呈"∞"字形。线轴和容器包装应保证放线顺畅,端头有明显标识。需方不作说明,交货方式由供方决定。

6.5 钢丝盘卷内径应符合表2规定。需方对盘径有要求时,由供需双方商定。

6.6 根据需方要求可提供直条和磨光钢丝。直条钢丝的长度及允许偏差应符合GB/T 342—1997中第5章的规定。磨光钢丝的尺寸、外形及直径允许偏差应符合GB/T 3207—2008的规定,需方不作说明,直径允许偏差执行GB/T 3207—2008中h11级的规定。

表2 钢丝盘卷内径

单位为毫米

钢丝公称直径范围	钢丝盘卷内径,不小于
0.80～1.50	200
>1.50～3.00	250
>3.00～6.00	400
>6.00～12.00	600
>12.00～16.00	800

7 技术要求

7.1 牌号及化学成分

7.1.1 钢的牌号及化学成分(熔炼分析)应符合表3规定。根据双方协商,并在合同注明,可对表3化学成分作适当调整;也可提供其他牌号。

7.1.2 钢丝化学成分允许偏差应符合GB/T 222的规定。

7.2 原材料其他要求

钢丝用盘条其他技术要求应符合 GB/T 4356 的规定。

7.3 交货状态

7.3.1 钢丝按表 1 规定的状态交货。

7.3.2 根据需方要求，可提供直条或磨光状态钢丝。

7.4 表面状态

表面状态为亮面。

表 3 钢的牌号及化学成分

统一数字代号	牌号	化学成分(质量分数)/%									
		C	Si	Mn	P	S	Ni	Cr	Mo	Cu	N
S35350	12Cr17Mn6Ni5N	≤0.15	≤1.00	5.50~7.50	≤0.050	≤0.030	3.50~5.50	16.00~18.00	—	—	0.05~0.25
S36080	08Cr16Mn8Ni2Cu3	≤0.10	≤0.75	7.00~9.00	≤0.050	≤0.030	1.50~3.00	15.50~17.50	—	2.00~3.00	0.10~0.25
S30408	06Cr19Ni10	≤0.08	≤1.00	≤2.00	≤0.045	≤0.030	8.00~11.00	18.00~20.00	—	—	—
S30458	06Cr19Ni10N	≤0.08	≤1.00	≤2.00	≤0.045	≤0.030	8.00~11.00	18.00~20.00	—	—	0.10~0.16
S30486	06Cr17Ni7Mn3Cu3	≤0.08	≤0.75	2.00~4.00	≤0.045	≤0.030	6.00~8.00	16.00~18.00	—	2.00~3.50	—
S31608	06Cr17Ni12Mo2	≤0.08	≤1.00	≤2.00	≤0.045	≤0.030	10.00~14.00	16.00~18.00	2.00~3.00	—	—
S31603	022Cr17Ni12Mo2	≤0.03	≤1.00	≤2.00	≤0.045	≤0.030	10.00~14.00	16.00~18.00	2.00~3.00	—	—
S11710	10Cr17	≤0.12	≤1.00	≤1.00	≤0.040	≤0.030	—	16.00~18.00	—	—	—

7.5 力学性能

7.5.1 软态钢丝的力学性能应符合表4的规定。

7.5.2 轻拉和冷拉钢丝的力学性能应符合表5的规定。

7.5.3 中间尺寸钢丝的抗拉强度执行相邻较大规格的规定。

7.5.4 直条或磨光状态钢丝的力学性能允许有10%的偏差。

表4 软态钢丝的力学性能

牌号	公称直径范围/mm	抗拉强度 R_m/MPa	断后伸长率[a] A/%
12Cr17Mn6Ni5N 08Cr16Mn8Ni2Cu2 06Cr19Ni10 06Cr19Ni10N 06Cr17Ni7Mn3Cu3 06Cr17Ni12Mo2 022Cr17Ni12Mo2	0.80～6.00	600～900	≥30
	>6.00～16.00	500～800	≥30
10Cr17	0.80～16.00	400～600	≥15
[a] 公称直径小于1.0 mm的钢丝，伸长率供参考。			

表5 轻拉和冷拉钢丝的力学性能

牌号	公称直径范围/mm	抗拉强度 R_m/MPa
12Cr17Mn6Ni5N 08Cr16Mn8Ni2Cu2 06Cr19Ni10 06Cr19Ni10N 06Cr17Ni7Mn3Cu3 06Cr17Ni12Mo2 022Cr17Ni12Mo2	0.80～1.50	800～1 100
	>1.50～3.00	750～1 050
	>3.00～16.00	650～1 050
10Cr17	0.80～3.00	650～1 050
	>3.00～16.00	550～850

7.6 表面质量

钢丝表面不允许有结疤、折叠、裂纹、毛刺、麻坑、划伤和氧化皮等对使用有害的缺陷，并不允许有肉眼可见的麻点和划痕存在。直条钢丝表面允许有螺旋纹和润滑剂残迹存在。

7.7 特殊要求

7.7.1 经供需双方商定，可提供其他力学性能范围的钢丝。

7.7.2 如需方要求，奥氏体型不锈钢丝可按照 GB/T 10125 进行盐雾腐蚀试验，判定标准由双方协商。

8 试验方法

钢丝的检验项目、取样数量、取样部位和试验方法应符合表 6 的规定。

9 检验规则

9.1 钢丝质量检查与验收由供方质量管理部门进行。

9.2 钢丝应成批验收，每批由同一炉号，同一牌号，同一尺寸和同一交货状态的钢丝组成。

9.3 钢丝的复验与判定规则按 GB/T 2103—2008 的规定执行。

表 6 钢丝的检验项目、取样数量、取样部位和试验方法

序号	检验项目	取样数量[a]	取样部位	试验方法
1	化学成分	1	按 GB/T 20066 规定	GB/T 223(见第 2 章)，GB/T 11170，GB/T 20123，GB/T 20124
2	拉伸试验	3	不同盘(支、轴)钢丝的一端	GB/T 228.1 尺寸≤1.5 mm 的钢丝，伸长率标距 L_0=50 mm；尺寸>1.5 mm 的钢丝，伸长率标距 L_0=100 mm
3	盐雾腐蚀	2	不同盘(支)一端	GB/T 10125
4	尺寸	逐盘(支)	逐盘(支)	相应精度的千分尺测量
5	表面质量	逐盘(支)	逐盘(支)	目视检查，必要时可用不大于 10 倍的放大镜检查

[a] 钢丝盘数小于检验取样数量时逐盘取样。

10 包装、标志和质量证明书

10.1 钢丝包装一般按 GB/T 2103—2008 中 C 类或 E 类包装，要求其他类型包装应在合同中注明。

10.2 标志和质量证明书应符合 GB/T 2103—2008 的要求。

附　录　A
（资料性附录）
新、旧牌号及国外类似牌号（美国、日本、欧盟等）对照

新牌号	旧牌号	ASTM	JIS	EN	BS	ГОСТ
12Cr17Mn6Ni5N	1Cr17Mn6Ni5N	201	SUS201	X12CrMnNiN17-7-5，1.4372	—	—
08Cr16Mn8Ni2Cu3	—	204Cu	—	—	—	—
06Cr19Ni10	0Cr18Ni9	304	SUS304	X5CrNi18-10，1.4301	304S31	—
06Cr19Ni10N	0Cr18Ni9N	304N	SUS304N	X5CrNiN19-9，1.4315	—	—
06Cr17Ni7Mn3Cu3	—	304ES	SUS304J2	—	—	—
06Cr17Ni12Mo2	0Cr17Ni12Mo2	316	SUS316	X5CrNiMo17-12-2，1.4401	316S19	—
022Cr17Ni12Mo2	00Cr17Ni14Mo2	316L	SUS316L	X2CrNiMo17-12-2，1.4404	316S14	03X17H14M2
10Cr17	1Cr17	430	SUS430	X6Cr17，1.4016	430S18	12X17

ICS 77.140.65
H 49

中华人民共和国国家标准

GB/T 28903—2012

辐条用不锈钢丝

Stainless steel wire for spoike

2012-11-05 发布　　2013-05-01 实施

中华人民共和国国家质量监督检验检疫总局
中国国家标准化管理委员会　发布

前　　言

本标准按 GB/T 1.1—2009 给出的规则起草。

本标准由中国钢铁工业协会提出。

本标准由全国钢标准化技术委员会(SAC/TC 183)归口。

本标准主要起草单位:江阴康瑞不锈钢制品有限公司、广州市奥赛钢线科技有限公司、冶金工业信息标准研究院、江苏法尔胜泓昇集团有限公司、永兴特种不锈钢股份有限公司、江阴市产品质量监督检验所。

本标准主要起草人:朱卫、陈万春、刘翔、王玲君、邢献强、戴宝昌、徐钦华、王建勇、朱红斌、任翠英、陈君、吴明华。

辐条用不锈钢丝

1 范围

本标准规定了辐条用不锈钢丝的术语和定义、类别与牌号、订货内容、尺寸、外形、重量及允许偏差、技术要求、试验方法、检验规则、包装、标志和质量证明书等。

本标准适用于制造各种自行车、辐条用冷拉圆截面不锈钢丝(以下简称钢丝)。摩托车、高档小汽车辐条用不锈钢丝亦可参照本标准。

2 规范性引用文件

下列文件对于本文件的应用是必不可少的。凡是注日期的引用文件,仅注日期的版本适用于本文件。凡是不注日期的引用文件,其最新版本(包括所有的修改单)适用于本文件。

GB/T 222 钢的成品化学成分允许偏差

GB/T 223.3 钢铁及合金化学分析方法 二安替吡啉甲烷磷钼酸重量法测定磷量

GB/T 223.4 钢铁及合金 锰含量的测定 电位滴定或可视滴定法

GB/T 223.5 钢铁 酸溶硅和全硅含量的测定 还原型硅钼酸盐分光光度法

GB/T 223.8 钢铁及合金化学分析方法 氟化钠分离-EDTA 滴定法测定铝含量

GB/T 223.11 钢铁及合金 铬含量的测定 可视滴定或电位滴定法

GB/T 223.17 钢铁及合金化学分析方法 二安替吡啉甲烷光度法测定钛量

GB/T 223.18 钢铁及合金化学分析方法 硫代硫酸钠分离-碘量法测定铜量

GB/T 223.23 钢铁及合金 镍含量的测定 丁二酮肟分光光度法

GB/T 223.25 钢铁及合金化学分析方法 丁二酮肟重量法测定镍量

GB/T 223.26 钢铁及合金 钼含量的测定 硫氰酸盐分光光度法

GB/T 223.28 钢铁及合金化学分析方法 α-安息香肟重量法测定钼量

GB/T 223.36 钢铁及合金化学分析方法 蒸馏分离-中和滴定法测定氮量

GB/T 223.37 钢铁及合金化学分析方法 蒸馏分离-靛酚蓝光度法测定氮量

GB/T 223.40 钢铁及合金 铌含量的测定 氯磺酚 S 分光光度法

GB/T 223.58 钢铁及合金化学分析方法 亚砷酸钠-亚硝酸钠滴定法测定锰量

GB/T 223.59 钢铁及合金 磷含量的测定 铋磷钼蓝分光光度法和锑磷钼蓝分光光度法

GB/T 223.60 钢铁及合金化学分析方法 高氯酸重量法测定硅含量

GB/T 223.61 钢铁及合金化学分析方法 磷钼酸铵容量法测定磷量

GB/T 223.62 钢铁及合金化学分析方法 乙酸丁酯萃取光度法测定磷量

GB/T 223.63 钢铁及合金化学分析方法 高碘酸钠(钾)光度法测定锰量

GB/T 223.67 钢铁及合金 硫含量的测定 次甲基蓝分光光度法

GB/T 223.68 钢铁及合金化学分析方法 管式炉内燃烧后碘酸钾滴定法测定硫含量

GB/T 223.69 钢铁及合金 碳含量的测定 管式炉内燃烧后气体容量法

GB/T 223.71 钢铁及合金化学分析方法 管式炉内燃烧后重量法测定碳含量

GB/T 223.72 钢铁及合金 硫含量的测定 重量法

GB/T 228.1 金属材料 拉伸试验 第1部分:室温试验方法

GB/T 342—1997　冷拉圆钢丝、方钢丝、六角钢丝尺寸、外形、重量及允许偏差
GB/T 2103—2008　钢丝验收、包装、标志和质量证明书的一般规定
GB/T 4356　不锈钢盘条
GB/T 10125　人造气氛中的腐蚀试验　盐雾试验
GB/T 11170　不锈钢　多元素含量的测定　火花放电原子发射光谱法(常规法)
GB/T 20066　钢和铁　化学成分测定用试样的取样和制样方法
GB/T 20123　钢铁　总碳硫含量的测定　高频感应炉燃烧后红外吸收法(常规方法)
GB/T 20124　钢铁　氮含量的测定　惰性气体熔融热导法(常规方法)
YB/T 5293　金属材料　顶锻试验方法

3　术语和定义

下列术语和定义适用于本文件。

3.1

轻拉　lightly drawn，LD

热处理后的钢丝以较小减面率(≤25%)拉拔到成品尺寸。

3.2

亮面　bright

钢丝经湿式润滑剂拉拔，表面光亮。

4　类别与牌号

钢丝按组织仅采用奥氏体型不锈钢类，其牌号、交货状态和状态代号如表1。

表1　钢丝的类别、牌号、交货状态及代号

类别	牌号	交货状态	状态代号
奥氏体型	06Cr19Ni10 12Cr17Mn6Ni5N 08Cr17Mn8Ni5Cu3 12Cr16Mn8Ni3Cu3N 12Cr18Ni9 06Cr18Mn3Ni8N 06Cr19Mn3Ni9N	轻拉	LD

5　订货内容

按本标准订货的合同或订单应包括下列内容：

a)　本标准编号；
b)　产品名称；
c)　牌号；
d)　尺寸与外形(见第6章)；
e)　重量(或数量)；

f) 交货状态(见 7.3);

g) 其他。

6 尺寸、外形、重量及允许偏差

6.1 钢丝的尺寸范围为 1.75 mm~4.90 mm。

6.2 钢丝公称直径及其允许偏差应符合表 2 规定。根据需方要求,可制造中间规格的钢丝,其允许偏差按表 2 中相邻较大规格的规定。

表 2 钢丝公称直径及其允许偏差

单位为毫米

钢丝公称直径	允许偏差	钢丝公称直径	允许偏差
1.75 2.00 2.26 2.60 2.90	$^{0}_{-0.03}$	3.20 3.50 4.00 4.50 4.90	$^{0}_{-0.04}$

6.3 钢丝的不圆度应不大于直径公差之半。

6.4 钢丝以盘卷状或无线架包装交货,盘卷和密排层绕应规整,打开盘卷时钢丝不得散乱、扭曲或呈"∞"字形。线轴和容器包装应保证放线顺畅,端头有明显标识。需方不作说明,交货方式由供方决定。

6.5 盘卷状供货钢丝重量为 80 kg~120 kg。

6.6 无线架包装钢丝重量应不小于 250 kg。

7 技术要求

7.1 牌号及化学成分

7.1.1 钢丝用钢牌号及化学成分(熔炼分析)应符合表 3 规定。根据双方协商,并在合同中注明,可对表 3 化学成分作适当调整;也可提供其他牌号。

7.1.2 钢丝化学成分允许偏差应符合 GB/T 222 的规定。

7.2 原材料其他要求

钢丝用盘条其他技术要求应符合 GB/T 4356 的规定。

7.3 交货状态

钢丝按表 1 规定的状态交货。

7.4 表面状态

钢丝表面应光亮,表面状态为亮面。

表 3　钢丝用钢的牌号及化学成分

统一数字代号	牌　号	化学成分（质量分数）/ %								
		C	Si	Mn	P	S	Ni	Cr	Cu	N
S30408	06Cr19Ni10	≤0.08	≤1.00	≤2.00	≤0.045	≤0.030	8.00～11.00	18.00～20.00		
S35350	12Cr17Mn6Ni5N	≤0.15	≤1.00	5.50～7.50	≤0.050	≤0.030	3.50～5.50	16.00～18.00		0.05～0.25
S36180	08Cr17Mn8Ni5Cu3	≤0.10	≤0.75	7.00～9.00	≤0.045	≤0.030	3.50～5.50	15.50～17.50	2.00～3.00	
S36050	12Cr16Mn8Ni3Cu3N	≤0.15	≤1.00	7.00～9.00	≤0.050	≤0.030	1.50～3.50	15.5～17.5	2.00～4.00	0.05～0.25
S30210	12Cr18Ni9	≤0.15	≤1.00	≤2.00	≤0.045	≤0.030	8.00～10.00	17.00～19.00		
S35358	06Cr18Mn3Ni8N	≤0.08	≤0.75	2.00～3.00	≤0.040	≤0.030	7.00～8.00	17.00～18.00	≤1.00	0.08～0.14
S35458	06Cr19Mn3Ni9N	≤0.08	≤0.75	2.00～3.00	≤0.040	≤0.030	8.00～9.00	18.00～19.00	≤1.00	0.08～0.14

7.5　力学性能

钢丝的力学性能应符合表 4 规定。

表 4　钢丝的力学性能

牌　号	钢丝公称直径 /mm	抗拉强度，R_m /MPa	断后伸长率，A /%
06Cr19Ni10 12Cr17Mn6Ni5N 08Cr17Mn8Ni5Cu3 12Cr16Mn8Ni3Cu3N 12Cr18Ni9 06Cr18Mn3Ni8N 06Cr19Mn3Ni9N	1.75、2.00、2.26	1 000～1 300	≥12
	2.60、2.90、3.20、3.50、4.00、4.50、4.90	850～1 250	

7.6　冷顶锻

根据需方要求，钢丝可进行冷顶锻试验，钢丝试样冷顶至原高度的二分之一，表面不得有裂纹和裂口。

7.7 表面质量

钢丝表面不允许有结疤、折叠、裂纹、毛刺、麻坑、划伤和氧化皮等对使用有害的缺陷，也不允许有目视可见的麻点和划痕存在。

7.8 特殊要求

7.8.1 经供需双方商定，可提供其他力学性能范围的钢丝。

7.8.2 如需方要求，奥氏体型不锈钢丝可按照 GB/T 10125 进行盐雾腐蚀试验，判定标准由双方协商。

8 试验方法

钢丝的检验项目、取样数量、取样部位和试验方法应符合表 5 的规定。

9 检验规则

9.1 钢丝质量检查与验收由供方质量管理部门进行。

9.2 钢丝应成批验收，每批由同一炉号、同一牌号和同一规格的钢丝组成。

9.3 钢丝复验与判定规则按 GB/T 2103—2008 的规定进行。

表 5 钢丝的检验项目、取样数量、取样部位和试验方法

序号	检验项目	取样数量[a]/个	取样部位	试验方法
1	化学成分	1	按 GB/T 20066 规定	GB/T 223(见第 2 章)，GB/T 11170，GB/T 20123，GB/T 20124
2	拉伸试验	3	不同盘钢丝的一端	GB/T 228.1
3	冷顶锻试验	2	不同盘一端	YB/T 5293
4	盐雾腐蚀	2	不同盘一端	GB/T 10125
5	尺寸	逐盘	逐盘	相应精度的千分尺测量
6	表面质量	逐盘	逐盘	目视检查，必要时可用不大于 10 倍的放大镜检查

[a] 钢丝盘数小于检验取样数量时逐盘取样。

10 包装、标志和质量证明书

10.1 钢丝包装一般按 GB/T 2103—2008 中 C 类或 E 类包装，要求其他类型包装应在合同中注明。

10.2 标志和质量证明书应符合 GB/T 2103—2008 的要求。

ICS 77.140.50
H 46

中华人民共和国国家标准

GB/T 28904—2012

钢铝复合用钢带

Steel strips for steel-aluminum composite

2012-11-05 发布

2013-05-01 实施

中华人民共和国国家质量监督检验检疫总局
中国国家标准化管理委员会 发布

前　　言

本标准按照 GB/T 1.1—2009 给出的规则起草。

本标准由中国钢铁工业协会提出。

本标准由全国钢标准化技术委员会(SAC/TC 183)归口。

本标准起草单位:鞍钢股份有限公司、冶金工业信息标准研究院。

本标准主要起草人:陈玥、王姜维、满彦臣、袁皓。

钢铝复合用钢带

1 范围

本标准规定了钢铝复合用冷轧钢带及供冷轧用热轧钢带的分类、代号、订货内容、尺寸、外形、重量及允许偏差、技术要求、检验和试验、包装、标志和质量证明书、数值修约。

本标准适用于厚度1.0 mm～3.0 mm的钢铝复合用冷轧钢带及厚度不大于10.0 mm的供冷轧用热轧钢带(以下简称钢带)。

2 规范性引用文件

下列文件对于本文件的应用是必不可少的。凡是注日期的引用文件,仅注日期的版本适用于本文件。凡是不注日期的引用文件,其最新版本(包括所有的修改单)适用于本文件。

GB/T 222 钢的成品化学成分允许偏差

GB/T 223.3 钢铁及合金化学分析方法 二安替比林甲烷磷钼酸重量法测定磷量

GB/T 223.5 钢铁 酸溶硅和全硅含量的测定 还原型硅钼酸盐分光光度法

GB/T 223.9 钢铁及合金 铝含量的测定 铬天青S分光光度法

GB/T 223.12 钢铁及合金化学分析方法 碳酸钠分离-二苯碳酰二肼光度法测定铬量

GB/T 223.23 钢铁及合金 镍含量的测定 丁二酮肟分光光度法

GB/T 223.54 钢铁及合金化学分析方法 火焰原子吸收分光光度法测定镍量

GB/T 223.58 钢铁及合金化学分析方法 亚砷酸钠-亚硝酸钠滴定法测定锰量

GB/T 223.59 钢铁及合金 磷含量的测定 铋磷钼蓝分光光度法和锑磷钼蓝分光光度法

GB/T 223.61 钢铁及合金化学分析方法 磷钼酸铵容量法测定磷量

GB/T 223.62 钢铁及合金化学分析方法 乙酸丁酯萃取光度法测定磷量

GB/T 223.63 钢铁及合金化学分析方法 高碘酸钠(钾)光度法测定锰量

GB/T 223.64 钢铁及合金 锰含量的测定 火焰原子吸收光谱法

GB/T 223.68 钢铁及合金化学分析方法 管式炉内燃烧后碘酸钾滴定法测定硫含量

GB/T 223.72 钢铁及合金 硫含量的测定 重量法

GB/T 223.79 钢铁 多元素含量的测定 X-射线荧光光谱法(常规法)

GB/T 223.85 钢铁及合金 硫含量的测定 感应炉燃烧后红外吸收法

GB/T 228.1 金属材料 拉伸试验 第1部分:室温试验方法

GB/T 229 金属材料 夏比摆锤冲击试验方法

GB/T 247 钢板和钢带包装、标志及质量证明书的一般规定

GB/T 708 冷轧钢板和钢带的尺寸、外形、重量及允许偏差

GB/T 709 热轧钢板和钢带的尺寸、外形、重量及允许偏差

GB/T 2523 冷轧金属薄板(带)表面粗糙度和峰值数的测量方法

GB/T 2975 钢及钢产品 力学性能试验取样位置及试样制备

GB/T 4336 碳素钢和中低合金钢 火花源原子发射光谱分析方法(常规法)

GB/T 17505 钢及钢产品交货一般技术要求

GB/T 20066 钢和铁 化学成分测定用试样的取样和制样方法

GB/T 20123 钢铁 总碳硫含量的测定 高频感应炉燃烧后红外吸收法(常规方法)
GB/T 20125 低合金钢 多元素含量的测定 电感耦合等离子体原子发射光谱法
GB/T 22368 低合金钢 多元素含量的测定 辉光放电原子发射光谱法(常规法)
YB/T 081 冶金技术标准的数值修约与检测数值的判定原则

3 分类和代号

3.1 钢带按表面质量分为:
普通级表面……………………………FA
较高级表面……………………………FB
高级精整表面…………………………FC
3.2 冷轧钢带按表面结构分为:
麻面……………………………………D
光亮表面………………………………B
3.3 钢带的代号由GL("钢铝"汉语拼音首字母)表示。

4 订货内容

订货时用户应在合同或订单中提供下列信息:
a) 产品名称;
b) 本标准编号;
c) 代号;
d) 规格及尺寸、不平度精度(当未规定时,按普通级供货);
e) 表面质量级别[当冷轧钢带未规定时,按较高级表面(FB)供货];
f) 表面结构[当冷轧钢带未规定时,按麻面(D)供货];
g) 卷内径(当冷轧钢带未规定时,按610 mm供货);
h) 包装方式;
i) 用途;
j) 其他特殊要求(如最大卷重、表面朝向等)。

5 尺寸、外形、重量及允许偏差

5.1 钢带的任意2 m长度的镰刀弯应不大于4.0 mm,其他尺寸、外形、重量及允许偏差应符合GB/T 708、GB/T 709的规定。
5.2 冷轧钢带的卷内径应为610 mm、508 mm,未规定时,按610 mm供货。

6 技术要求

6.1 化学成分

6.1.1 钢的牌号和化学成分(熔炼分析)应符合表1的要求。
6.1.2 钢带的成品化学成分允许偏差应符合GB/T 222的规定。

表1 化学成分

代号	化学成分(质量分数)/%								
	C	Si	Mn	P	S	Als	Cr	Ni	N
GL	≤0.02	≤0.03	≤0.40	0.015～0.025	≤0.020	≤0.020	0.02～0.06	0.02～0.06	≤0.02
注：经供需双方协商，也可采用其他化学成分。									

6.2 交货状态

6.2.1 热轧钢带通常以热轧、热轧酸洗状态交货;冷轧钢带以冷轧退火加平整后交货。

6.2.2 冷轧钢带和热轧酸洗状态交货的钢带表面通常涂油后供货,所涂油膜应能用碱性或其他常用的除油液去除。在通常的包装、运输、装卸及贮存条件下,供方应保证涂油产品自出厂之日起六个月内不生锈。经供需双方协议并在合同中注明,也可不涂油供货,但因不涂油而发生的锈蚀及各种擦伤等不予保证。

6.3 力学性能

供方应提供拉伸试验性能,当用户要求并在合同中注明时也可提供冲击试验性能。钢带的力学性能参考值见附录A。

6.4 表面质量

6.4.1 钢带不应有分层,表面不应有裂纹、夹杂、结疤、折叠、气泡和氧化铁皮压入等有害缺陷。

6.4.2 钢带的表面质量分为三级,并应符合表2的规定。

表2 表面质量

级别	名称	适用的交货状态	特征
FA	普通级表面	热轧状态	钢带表面允许有深度(或高度)不超过钢带厚度公差之半的麻点、凹面、划痕等轻微、局部的缺陷,但应保证钢带允许的最小厚度
FB	较高级表面	热轧酸洗状态 冷轧状态	钢带表面允许有少量不影响成形性及涂、镀附着力的缺陷,如轻微的划伤、压痕、麻点、辊印及氧化色等
FC	高级精整表面	冷轧状态	钢带两面中较好的一面无目视可见的明显缺陷,另一面应达到FB的要求

6.4.3 在连续生产钢带的过程中,因局部的表面缺陷没有机会去除,因此钢带允许带缺陷交货,但有缺陷部分应不大于每卷总长度的6%。

6.5 表面结构

表面结构为麻面时,平均粗糙度 Ra 目标值为大于 0.6 μm 且不大于 1.9 μm。表面结构为光亮表面时,平均粗糙度 Ra 目标值为不大于 0.9 μm。如需方对粗糙度有特殊要求,应在订货时协商。

7 检验和试验

7.1 钢带的尺寸及外形应采用合适的测量工具测量检查。

7.2 钢带的外观质量用目视检查。

7.3 钢带的检验项目、取样数量、取样方法及试验方法应符合表3的规定。

表3 检验项目、取样数量、取样方法及试验方法

序号	检验项目	取样数量/个	取样方法	试验方法
1	化学分析	1/炉	GB/T 20066	GB/T 223、GB/T 4336、GB/T 20123、GB/T 20125、GB/T 22368
2	拉伸试验	1/批	GB/T 2975	GB/T 228.1
3	平均粗糙度	1组(3个)	—	GB/T 2523
4	冲击试验	3/批	GB/T 2975	GB/T 229

7.4 钢带应成批验收，每批应由同一牌号、同一熔炼号、同一规格及同一轧制或热处理制度的钢带组成。

7.5 钢带的复验应符合GB/T 17505的规定。

8 包装、标志和质量证明书

钢带的包装、标志和质量证明书应符合GB/T 247的规定。

9 数值修约

数值修约应符合YB/T 081的规定。

附　录　A
（资料性附录）
钢铝复合用冷连轧钢带的力学性能

钢带的力学性能参考值如表 A.1 所示。

表 A.1　力学性能

代号	交货状态	拉伸试验[a]						夏比 V 型冲击试验[c,d]	
		屈服强度[b] R_{eL}/MPa	抗拉强度 R_m/MPa	以下厚度(mm)的断后伸长率 A_{50mm}/% b=25 mm				试验温度/℃	冲击吸收能量 KV_2/J
				≥1.0～<2.5	≥2.5～<3.0	≥3.0～<4.0	≥4.0～10.0		
GL	热轧 热轧酸洗	≤350	300～450	—	≥28	≥30	≥32	−40	≥17
	冷轧	≤240	≥270	≥39	≥39	—	—	—	—

[a] 拉伸试样取纵向。

[b] 当没有明显的屈服时，屈服强度取 $R_{p0.2}$。

[c] 冲击试样取横向。当钢带不能取标准尺寸(10 mm×10 mm×55 mm)的冲击试样时，可用 10 mm×7.5 mm×55 mm 或 10 mm×5 mm×55 mm 的小尺寸冲击试样(应采用尽可能大的试样尺寸)代替，冲击能量规定值应分别为表中值的 75% 及 50%。当钢带厚度小于 6 mm 时，不做冲击试验。

[d] 冲击试验结果为一组三个试样的算数平均值，允许有一个试样的试验结果小于规定值，但不得小于规定值的 75%。

ICS 77.140.50
H 46

中华人民共和国国家标准

GB/T 28905—2012

建筑用低屈服强度钢板

Low yield strength steel plates for construction

2012-11-05 发布

2013-05-01 实施

中华人民共和国国家质量监督检验检疫总局
中国国家标准化管理委员会
发布

前　言

本标准按照 GB/T 1.1—2009 给出的规则起草。

本标准由中国钢铁工业协会提出。

本标准由全国钢标准化技术委员会(SAC/TC 183)归口。

本标准起草单位:宝山钢铁股份有限公司、江苏沙钢集团有限公司、湖南华菱湘潭钢铁有限公司、冶金工业信息标准研究院、天津钢铁集团有限公司、新余钢铁股份有限公司、鞍钢股份有限公司、首钢总公司。

本标准主要起草人:李玉光、黄锦花、温东辉、杨渊、王晓虎、黄正玉、李小莉、吴波、刘志芳、刘明、师莉、涂树林、于成峰、李晓波、信海喜、赵敏森、孙忠明、许晴。

建筑用低屈服强度钢板

1 范围

本标准规定了建筑用低屈服强度钢板的牌号表示方法、订货内容、尺寸、外形、技术要求、试验方法、检验规则及包装、标志、质量证明书等。

本标准适用于制造建筑抗震耗能等结构件(如耗能阻尼构件等)的厚度不大于 100 mm 的厚钢板。

2 规范性引用文件

下列文件对于本文件的应用是必不可少的。凡是注日期的引用文件,仅注日期的版本适用于本文件。凡是不注日期的引用文件,其最新版本(包括所有的修改单)适用于本文件。

GB/T 222 钢的成品化学成分允许偏差

GB/T 223.5 钢铁 酸溶硅和全硅含量的测定 还原型硅钼酸盐分光光度法

GB/T 223.9 钢铁及合金 铝含量的测定 铬天青 S 分光光度法

GB/T 223.11 钢铁及合金 铬含量的测定 可视滴定或电位滴定法

GB/T 223.14 钢铁及合金化学分析方法 钽试剂萃取光度法测定钒含量

GB/T 223.16 钢铁及合金化学分析方法 变色酸光度法测定钛量

GB/T 223.17 钢铁及合金化学分析方法 二安替比林甲烷光度法测定钛量

GB/T 223.19 钢铁及合金化学分析方法 新亚铜灵-三氯甲烷萃取光度法测定铜量

GB/T 223.23 钢铁及合金 镍含量的测定 丁二酮肟分光光度法

GB/T 223.26 钢铁及合金 钼含量的测定 硫氰酸盐分光光度法

GB/T 223.37 钢铁及合金化学分析方法 蒸馏分离-靛酚蓝光度法测定氮量

GB/T 223.40 钢铁及合金 铌含量的测定 氯磺酚 S 分光光度法

GB/T 223.53 钢铁及合金化学分析方法 火焰原子吸收分光光度法测定铜量

GB/T 223.54 钢铁及合金化学分析方法 火焰原子吸收分光光度法测定镍量

GB/T 223.58 钢铁及合金化学分析方法 亚砷酸钠-亚硝酸钠滴定法测定锰量

GB/T 223.59 钢铁及合金 磷含量的测定 铋磷钼蓝分光光度法和锑磷钼蓝分光光度法

GB/T 223.60 钢铁及合金化学分析方法 高氯酸重量法测定硅含量

GB/T 223.62 钢铁及合金化学分析方法 乙酸丁酯萃取光度法测定磷量

GB/T 223.63 钢铁及合金化学分析方法 高碘酸钠(钾)光度法测定锰量

GB/T 223.64 钢铁及合金 锰含量的测定 火焰原子吸收光谱法

GB/T 223.68 钢铁及合金化学分析方法 管式炉内燃烧后碘酸钾滴定法测定硫含量

GB/T 223.69 钢铁及合金 碳含量的测定 管式炉内燃烧后气体容量法

GB/T 223.76 钢铁及合金化学分析方法 火焰原子吸收光谱法测定钒量

GB/T 223.78 钢铁及合金化学分析方法 姜黄素直接光度法测定硼量

GB/T 223.84 钢铁及合金 钛含量的测定 二安替比林甲烷分光光度法

GB/T 228.1 金属材料 拉伸试验 第 1 部分:室温试验方法

GB/T 229 金属材料 夏比摆锤冲击试验方法

GB/T 247 钢板和钢带包装、标志及质量证明书的一般规定

GB/T 709　热轧钢板和钢带的尺寸、外形、重量及允许偏差
GB/T 2970　厚钢板超声波检测方法
GB/T 2975　钢及钢产品　力学性能试验取样位置及试样制备
GB/T 4336　碳素钢和中低合金钢　火花源原子发射光谱分析方法(常规法)
GB/T 5313　厚度方向性能钢板
GB/T 14977　热轧钢板表面质量的一般要求
GB/T 17505　钢及钢产品交货一般技术要求
GB/T 18253　钢及钢产品　检验文件的类型
GB/T 20066　钢和铁　化学成分测定用试样的取样和制样方法
GB/T 20123　钢铁　总碳硫含量的测定　高频感应炉燃烧后红外吸收法(常规方法)
GB/T 20125　低合金钢　多元素含量的测定　电感耦合等离子体原子发射光谱法
GB/T 20126　非合金钢　低碳含量的测定　第2部分:感应炉(经预加热)内燃烧后红外吸收法
YB/T 081　冶金技术标准的数值修约与检测数值的判定原则

3　牌号表示方法

钢的牌号由低屈服的英文“Low Yield”中的首位英文字母“LY”和规定屈服强度目标值二部分按顺序排列。

例如:LY160

LY——低屈服的英文“Low Yield”中的首位英文字母;

160——规定屈服强度的目标值,单位兆帕(MPa)。

4　订货内容

订货时用户需提供以下信息:

a)　产品名称;
b)　本标准号;
c)　牌号;
d)　规格及尺寸精度;
e)　交货状态;
f)　重量;
g)　其他要求。

5　尺寸、外形、重量及允许偏差

尺寸、外形、重量及允许偏差应符合GB/T 709的规定。

6　技术要求

6.1　牌号及化学成分

6.1.1　钢的牌号及化学成分(熔炼分析)应符合表1的规定。

表 1 牌号及化学成分

牌号	化学成分(质量分数)[a]/%					
	C	Si	Mn	P	S	N
LY100	≤0.03	≤0.10	≤0.40	≤0.025	≤0.015	≤0.006
LY160	≤0.05	≤0.10	≤0.50	≤0.025	≤0.015	≤0.006
LY225	≤0.10	≤0.10	≤0.60	≤0.025	≤0.015	≤0.006
[a] 由供方选择,根据需要可添加 Nb、V、Ti、B 等其他合金元素。						

6.1.2 钢中残余元素铜、铬、镍的含量应各不大于 0.30%,供方如能保证可不作分析。

6.1.3 成品钢板的化学成分允许偏差应符合 GB/T 222 的规定。

6.2 冶炼方法

钢由氧气转炉或电炉冶炼的镇静钢生产。除非需方有特殊要求,否则冶炼方法由供方选择。

6.3 交货状态

钢板以热轧、控轧或热处理状态交货。

6.4 力学性能

6.4.1 钢板的力学性能应符合表 2 的规定。

表 2 力学性能

牌号	拉伸试验[a,b]				V 型冲击试验[d]	
	下屈服强度[c] R_{eL}/MPa	抗拉强度 R_m/ MPa	断后伸长率 A_{50mm}/% 不小于	屈强比 不大于	试验温度/ ℃	冲击吸收能量 KV_2/J 不小于
LY100	80～120	200～300	50	0.60	0	27
LY160	140～180	220～320	45	0.80	0	27
LY225	205～245	300～400	40	0.80	0	27

[a] 拉伸试验规定值适用于横向试样。

[b] 拉伸试样尺寸:厚度≤50 mm,采用 L_0=50 mm,b=25 mm;厚度>50 mm,采用 L_0=50 mm,d=14 mm。对于厚度>25 mm～50 mm,也可采用 L_0=50 mm,d=14 mm,但仲裁时为 L_0=50 mm,b=25 mm。

[c] 屈服现象不明显时,屈服强度采用 $R_{p0.2}$。

[d] 冲击试验规定值适用于纵向试样。

6.4.2 冲击值为一组三个试样试验结果的平均值,允许其中一个试样的试验结果小于规定值,但不得小于规定值的 70%。

6.4.3 如冲击试验结果不符合规定要求,且三个试样的平均值不小于规定值的 85%时,可以在同一取样产品上另取三个试样进行检验,前后六个试样的试验结果(平均值)应不小于规定值,并且其中低于规定值的试样最多只能有二个,只允许其中一个值小于规定值的 70%。

6.5 表面质量

6.5.1 钢板表面不允许存在裂纹、气泡、结疤、折叠和夹杂等对使用有害的缺陷。钢板不得有分层。如有上述缺陷,允许清理,清理深度从钢板实际尺寸算起,不得大于钢板厚度公差之半,并应保证钢板的最小厚度。缺陷清理处应平滑无棱角。钢板不允许焊补。

6.5.2 其他缺陷允许存在,但深度从钢板实际尺寸算起,不得超过厚度允许公差之半,并应保证缺陷处厚度不超过钢板允许最小厚度。

6.5.3 经供需双方协商，钢板表面质量可执行 GB/T 14977 的规定。

6.6 其他要求

6.6.1 根据需方要求，经供需双方协商并在合同中注明，可补充 6.6.2～6.6.3 要求。

6.6.2 厚度方向性能要求对厚度不小于 16 mm 不同厚度方向性能级别的钢板应符合 GB/T 5313 的规定。

6.6.3 超声波检测要求钢板应逐张进行超声波检测，超声波检测方法按 GB/T 2970 的规定，合格级别应在合同中规定。

7 检验和试验

7.1 钢板的检验项目、试样数量、取样方法及试验方法应符合表 3 的规定。

表 3 检验项目、取样数量、取样方法及试验方法

序号	检验项目	取样数量/个	取样方法	试验方法
1	化学成分	1/炉	GB/T 20066	GB/T 223、GB/T 4336、GB/T 20123、GB/T 20125、GB/T 20126
2	拉伸试验	1/批	GB/T 2975，横向	GB/T 228.1
3	冲击试验	3/批	GB/T 2975，纵向	GB/T 229
4	厚度方向拉伸性能试验	3/批	GB/T 5313	GB/T 228.1
5	超声波检测	—	—	GB/T 2970
6	尺寸、外形	逐张	—	合适的测量工具
7	表面质量	逐张	—	目视

7.2 钢板应成批验收，每批应由同一炉号、同一牌号、同一交货状态的轧制钢板组成。

7.3 复验

复验按 GB/T 17505 的规定。

8 包装、标志和质量证明书

钢板的包装、标志和质量证明书应符合 GB/T 247 的规定。钢板的质量证明书的类型可按 GB/T 18253中规定。

9 数值修约

数值修约应符合 YB/T 081 的规定。

ICS 77.140.60
H 44

中华人民共和国国家标准

GB/T 28906—2012

冷镦钢热轧盘条

Hot rolled wire rod for cold heading

2012-11-05 发布 2013-05-01 实施

中华人民共和国国家质量监督检验检疫总局
中国国家标准化管理委员会 发布

前　言

本标准按照GB/T 1.1—2009给出的规则起草。

本标准由中国钢铁工业协会提出。

本标准由全国钢标准化技术委员会(SAC/TC 183)归口。

本标准起草单位:安阳钢铁集团有限责任公司、冶金工业信息标准研究院、江苏沙钢集团有限公司、新余钢铁集团有限公司、湖南华菱湘潭钢铁有限公司、邢台钢铁有限责任公司、福建省三钢(集团)有限责任公司、宣化钢铁集团有限责任公司、首钢总公司。

本标准主要起草人:曹树卫、李子林、王玲君、祝学智、孙汝林、黄正玉、刘辉杰、李小莉、郑永瑞、胡真明、王宏斌、李晓波、刘建丰、王丽萍。

冷镦钢热轧盘条

1 范围

本标准规定了冷镦钢热轧盘条的订货内容、分类及代号、尺寸、外形、重量及允许偏差、技术要求、试验方法、检验规则、包装、标志和质量证明书等。

本标准适用于直径为 5 mm～60 mm 的冷镦工艺制造紧固件或其他零件以及冷镦钢丝用的热轧盘条。

2 规范性引用文件

下列文件对于本文件的应用是必不可少的。凡是注日期的引用文件，仅注日期的版本适用于本文件。凡是不注日期的引用文件，其最新版本(包括所有的修改单)适用于本文件。

GB/T 222 钢的成品化学成分允许偏差

GB/T 223.5 钢铁 酸溶硅和全硅含量的测定 还原型硅钼酸盐分光光度法

GB/T 223.9 钢铁及合金 铝含量的测定 铬天青 S 分光光度法

GB/T 223.11 钢铁及合金 铬含量的测定 可视滴定或电位滴定法

GB/T 223.12 钢铁及合金化学分析方法 碳酸钠分离-二苯碳酰二肼光度法测定铬量

GB/T 223.13 钢铁及合金化学分析方法 硫酸亚铁铵滴定法测定钒含量

GB/T 223.14 钢铁及合金化学分析方法 钽试剂萃取光度法测定钒含量

GB/T 223.16 钢铁及合金化学分析方法 变色酸光度法测定钛量

GB/T 223.18 钢铁及合金化学分析方法 硫代硫酸钠分离-碘量法测定铜量

GB/T 223.19 钢铁及合金化学分析方法 新亚铜灵-三氯甲烷萃取光度法测定铜量

GB/T 223.23 钢铁及合金 镍含量的测定 丁二酮肟分光光度法

GB/T 223.26 钢铁及合金 钼含量的测定 硫氰酸盐分光光度法

GB/T 223.53 钢铁及合金化学分析方法 火焰原子吸收分光光度法测定铜量

GB/T 223.54 钢铁及合金化学分析方法 火焰原子吸收分光光度法测定镍量

GB/T 223.58 钢铁及合金化学分析方法 亚砷酸钠-亚硝酸钠滴定法测定锰量

GB/T 223.59 钢铁及合金 磷含量的测定 铋磷钼蓝分光光度法和锑磷钼蓝分光光度法

GB/T 223.60 钢铁及合金化学分析方法 高氯酸脱水重量法测定硅含量

GB/T 223.61 钢铁及合金化学分析方法 磷钼酸铵容量法测定磷量

GB/T 223.62 钢铁及合金化学分析方法 乙酸丁酯萃取光度法测定磷量

GB/T 223.63 钢铁及合金化学分析方法 高碘酸钠(钾)光度法测定锰量

GB/T 223.67 钢铁及合金 硫含量的测定 次甲基蓝分光光度法

GB/T 223.68 钢铁及合金化学分析方法 管式炉内燃烧后碘酸钾滴定法测定硫含量

GB/T 223.69 钢铁及合金 碳含量的测定 管式炉内燃烧后气体容量法

GB/T 223.71 钢铁及合金化学分析方法 管式炉内燃烧后重量法测定碳含量

GB/T 223.72 钢铁及合金 硫含量的测定 重量法

GB/T 223.74 钢铁及合金化学分析方法 非化合碳含量的测定

GB/T 223.75 钢铁及合金 硼含量的测定 甲醇蒸馏-姜黄素光度法

GB/T 223.76 钢铁及合金化学分析方法 火焰原子吸收光谱法测定钒量
GB/T 223.78 钢铁及合金化学分析方法 姜黄素直接光度法测定硼含量
GB/T 224 钢的脱碳层深度测定法
GB/T 226 钢的低倍组织及缺陷酸蚀检验法
GB/T 228.1 金属材料 拉伸试验 第1部分:室温试验方法
GB/T 1979 结构钢低倍组织缺陷评级图
GB/T 2101 型钢验收、包装、标志及质量证明书的一般规定
GB/T 2975 钢及钢产品力学性能试验取样位置及试样制备
GB/T 4336 碳素钢和中低合金钢 火花源原子发射光谱分析方法(常规法)
GB/T 10561 钢中非金属夹杂物含量的测定 标准评级图显微检验法
GB/T 14981—2009 热轧圆盘条尺寸、外形、重量及允许偏差
GB/T 20066 钢和铁 化学成分测定用试样的取样和制样方法
GB/T 20123 钢铁 总碳硫含量的测定 高频感应炉燃烧后红外吸收法(常规方法)
YB/T 081 冶金技术标准的数值修约与检测数据的判定原则
YB/T 5293 金属材料 顶锻试验方法

3 订货内容

按照本标准订货的合同应包括下列内容:

a) 产品名称;
b) 标准编号;
c) 牌号;
d) 规格;
e) 尺寸、外形的精度级别;
f) 重量及数量;
g) 包装方式及标识要求(未明确时,按供方提供的包装方式及标识);
h) 交货状态;
i) 其他特殊要求。

4 分类及代号

4.1 本标准将冷镦钢热轧盘条按使用状态,分为非热处理型、表面硬化型和调质型(包括含硼钢)三类。

非热处理型:紧固件成形后不需进行热处理。

表面硬化型:紧固件成形后需经表面硬化处理。

调质型(包括含硼钢):紧固件成形后,需经调质处理。

4.2 用"铆螺"汉语拼音的第一个字母"ML"表示冷镦钢热轧盘条。

5 尺寸、外形、重量及允许偏差

5.1 盘条的尺寸、外形及允许偏差应不低于GB/T 14981—2009中B级精度的规定。用户有特殊要求

时，按合同规定执行。

5.2 盘条的重量应符合 GB/T 14981—2009 的要求。

6 技术要求

6.1 牌号和化学成分

6.1.1 非热处理型冷镦钢热轧盘条的牌号和化学成分(熔炼分析)应符合表 1 的规定。

表 1 化学成分

序号	牌号	化学成分(质量分数)/%					
		C	Si	Mn	P≤	S≤	Alt
1	ML04Al	≤0.06	≤0.10	0.20～0.40	0.030	0.030	≥0.020
2	ML06Al	≤0.08	≤0.10	0.30～0.60	0.030	0.030	≥0.020
3	ML08Al	0.05～0.10	≤0.10	0.30～0.60	0.030	0.030	≥0.020
4	ML10Al	0.08～0.13	≤0.10	0.30～0.60	0.030	0.030	≥0.020
5	ML10	0.08～0.13	0.10～0.30	0.30～0.60	0.030	0.030	—
6	ML12Al	0.10～0.15	≤0.10	0.30～0.60	0.030	0.030	≥0.020
7	ML12	0.10～0.15	0.10～0.30	0.30～0.60	0.030	0.030	—
8	ML15Al	0.13～0.18	≤0.10	0.30～0.60	0.030	0.030	≥0.020
9	ML15	0.13～0.18	0.10～0.30	0.30～0.60	0.030	0.030	—
10	ML20Al	0.18～0.23	≤0.10	0.30～0.60	0.030	0.030	≥0.020
11	ML20	0.18～0.23	0.10～0.30	0.30～0.60	0.030	0.030	—

注：Alt 表示钢中的全铝量。

6.1.2 表面硬化型冷镦钢热轧盘条的牌号和化学成分(熔炼分析)应符合表 2 的规定。

表 2 化学成分

序号	牌号	化学成分(质量分数)/%						
		C	Si	Mn	P≤	S≤	Cr	Alt
1	ML18MnAl	0.15～0.20	≤0.10	0.60～0.90	0.025	0.025	—	≥0.020
2	ML20MnAl	0.18～0.23	≤0.10	0.70～1.00	0.025	0.025	—	≥0.020
3	ML15Cr	0.13～0.18	0.10～0.30	0.60～0.90	0.025	0.025	0.90～1.20	≥0.020
4	ML20Cr	0.18～0.23	0.10～0.30	0.60～0.90	0.025	0.025	0.90～1.20	≥0.020

注：Alt 表示钢中的全铝量。

6.1.3 表 1 中序号 4、5、6、7、8、9、10、11 八个牌号也适用于表面硬化型冷镦钢热轧盘条。

6.1.4 调质型冷镦钢热轧盘条(包括含硼钢)的牌号和化学成分(熔炼分析)应符合表 3、表 4 的规定。

表 3 化学成分

序号	牌号	化学成分(质量分数)/%						
		C	Si	Mn	P≤	S≤	Cr	Mo
1	ML25	0.23～0.28	0.10～0.25	0.30～0.60	0.025	0.025	—	—
2	ML30	0.28～0.33	0.10～0.25	0.30～0.60	0.025	0.025	—	—
3	ML35	0.33～0.38	0.10～0.25	0.30～0.60	0.025	0.025	—	—
4	ML40	0.38～0.43	0.10～0.25	0.30～0.60	0.025	0.025	—	—
5	ML45	0.43～0.48	0.10～0.25	0.30～0.60	0.025	0.025	—	—
6	ML25Mn	0.23～0.28	0.10～0.25	0.60～0.90	0.025	0.025	—	—
7	ML30Mn	0.28～0.33	0.10～0.25	0.60～0.90	0.025	0.025	—	—
8	ML35Mn	0.33～0.38	0.10～0.25	0.60～0.90	0.025	0.025	—	—
9	ML40Mn	0.38～0.43	0.10～0.25	0.60～0.90	0.025	0.025	—	—
10	ML45Mn	0.43～0.48	0.10～0.25	0.60～0.90	0.025	0.025	—	—
11	ML30Cr	0.28～0.33	0.10～0.30	0.60～0.90	0.025	0.025	0.90～1.20	—
12	ML35Cr	0.33～0.38	0.10～0.30	0.60～0.90	0.025	0.025	0.90～1.20	—
13	ML40Cr	0.38～0.43	0.10～0.30	0.60～0.90	0.025	0.025	0.90～1.20	—
14	ML45Cr	0.43～0.48	0.10～0.30	0.60～0.90	0.025	0.025	0.90～1.20	—
15	ML20CrMo	0.18～0.23	0.10～0.30	0.60～0.90	0.025	0.025	0.90～1.20	0.15～0.30
16	ML25CrMo	0.23～0.28	0.10～0.30	0.60～0.90	0.025	0.025	0.90～1.20	0.15～0.30
17	ML30CrMo	0.28～0.33	0.10～0.30	0.60～0.90	0.025	0.025	0.90～1.20	0.15～0.30
18	ML35CrMo	0.33～0.38	0.10～0.30	0.60～0.90	0.025	0.025	0.90～1.20	0.15～0.30
19	ML40CrMo	0.38～0.43	0.10～0.30	0.60～0.90	0.025	0.025	0.90～1.20	0.15～0.30
20	ML45CrMo	0.43～0.48	0.10～0.30	0.60～0.90	0.025	0.025	0.90～1.20	0.15～0.30

表 4 化学成分

序号	牌号	化学成分(质量分数)/%							
		C	Si	Mn	P≤	S≤	B	Alt	其他
1	ML20B	0.18～0.23	0.10～0.30	0.60～0.90	0.025	0.025	0.000 8～0.003 5	≥0.020	—
2	ML25B	0.23～0.28	0.10～0.30	0.60～0.90	0.025	0.025	0.000 8～0.003 5	≥0.020	—
3	ML30B	0.28～0.33	0.10～0.30	0.60～0.90	0.025	0.025	0.000 8～0.003 5	≥0.020	—
4	ML35B	0.33～0.38	0.10～0.30	0.60～0.90	0.025	0.025	0.000 8～0.003 5	≥0.020	—
5	ML15MnB	0.14～0.20	0.10～0.30	1.20～1.60	0.025	0.025	0.000 8～0.003 5	≥0.020	—
6	ML20MnB	0.18～0.23	0.10～0.30	0.80～1.10	0.025	0.025	0.000 8～0.003 5	≥0.020	—
7	ML25MnB	0.23～0.28	0.10～0.30	0.90～1.20	0.025	0.025	0.000 8～0.003 5	≥0.020	—
8	ML30MnB	0.28～0.33	0.10～0.30	0.90～1.20	0.025	0.025	0.000 8～0.003 5	≥0.020	—

表 4（续）

序号	牌号	化学成分(质量分数)/%							
		C	Si	Mn	P≤	S≤	B	Alt	其他
9	ML35MnB	0.33～0.38	0.10～0.30	1.10～1.40	0.025	0.025	0.000 8～0.003 5	≥0.020	—
10	ML40MnB	0.38～0.43	0.10～0.30	1.10～1.40	0.025	0.025	0.000 8～0.003 5	≥0.020	—
11	ML20MnTiB	0.18～0.23	0.10～0.30	1.30～1.60	0.025	0.025	0.000 8～0.003 5	≥0.020	Ti:0.04～0.10
12	ML15MnVB	0.13～0.18	0.10～0.30	1.20～1.60	0.025	0.025	0.000 8～0.003 5	≥0.020	V:0.07～0.12
13	ML20MnVB	0.18～0.23	0.10～0.30	1.20～1.60	0.025	0.025	0.000 8～0.003 5	≥0.020	V:0.07～0.12
注：Alt 表示钢中的全铝量。									

6.1.5 钢中残余铬、镍和铜的质量分数各不大于 0.20%。

6.1.6 经供需双方协议，也可供应其他牌号的冷镦钢热轧盘条。

6.1.7 钢材的化学成分允许偏差应符合 GB/T 222 中的规定。

6.2 冶炼方法

采用转炉或电炉＋炉外精炼。除非需方有特殊要求，冶炼方法一般由供方选择。

6.3 交货状态

盘条一般以热轧状态交货。经供需双方协商，并在合同中注明，也可以其他状态交货。

6.4 力学性能

6.4.1 非热处理型冷镦钢热轧盘条热轧状态的力学性能应符合表 5 的规定。

表 5 力学性能

牌号	力学性能	
	抗拉强度，R_m/MPa 不大于	断面收缩率，Z/% 不小于
ML04Al	440	60
ML06Al	460	60
ML08Al	470	60
ML10Al	490	55
ML10	490	55
ML12Al	510	52
ML12	510	52
ML15Al	530	50
ML15	530	50
ML20Al	580	45
ML20	580	45

6.4.2 表面硬化型和调质型(包括含硼钢)冷镦钢热轧盘条的力学性能

盘条一般不做力学性能检验。如果需方要求,其热轧态或热处理试样的力学性能值由供需双方协商确定,并在合同中注明。

6.5 冷顶锻

冷镦钢热轧盘条应进行1/2普通级冷顶锻试验。冷顶锻试验不得出现裂纹。根据试样冷顶锻后与冷顶锻前的高度之比,钢材的冷顶锻性能分为:

高 级……1/4;

较高级……1/3;

普通级……1/2。

需方要求较高级或高级冷顶锻性能时,应在合同中注明。含碳的质量分数大于或等于0.30%的牌号以及含合金元素(V、Ti、B、Cr、Mo)的牌号,当要求高级或较高级的冷顶锻性能时,试样需先球化退火。

6.6 脱碳层

表3和表4所列牌号的盘条,应进行脱碳层检验。盘条一边完全脱碳层和总脱碳层(铁素体+过渡层)深度应符合表6中的规定。直径大于32 mm的盘条可由供需双方协议。对脱碳层有特殊要求时,由供需双方协商确定,并在合同中注明。

表6 脱碳层

单位为毫米

公称直径	完全脱碳层深度	总脱碳层深度(铁素体+过渡层)
<7	≤0.01	≤0.10
7~15	≤0.02	≤0.15
>15~25	≤0.03	≤0.20
>25~32	≤0.04	≤0.25

6.7 非金属夹杂物

根据需方要求,经供需双方协议,并在合同中注明,盘条可进行非金属夹杂物检验,合格级别由供需双方协商确定。

6.8 低倍组织

根据需方要求,经供需双方协议,并在合同中注明,盘条可进行低倍组织检验,合格级别由供需双方协商确定。供方可用同一炉(罐)号的钢坯进行低倍检查,并可将检查结果用于该炉(罐)钢坯所加工的所有盘条,但此时供方需保证盘条的低倍组织符合有效合同要求。

6.9 表面质量

盘条表面不得有裂缝、结疤、夹杂、耳子和折叠以及影响使用的其他缺陷。

盘条表面允许有深度不超过公差之半的个别划痕和麻点,以及深度不超过下列规定的个别发纹:公称直径不大于20 mm的盘条为0.10 mm,公称直径大于20 mm的盘条为0.15 mm。

7 试验方法

每批盘条的检验项目、取样数量、取样方法及试验方法应符合表7的规定。

表7 检验项目、取样数量、取样方法及试验方法

序号	检验项目	取样数量	取样方法	试验方法
1	化学成分	1个/炉	GB/T 20066	GB/T 4336、GB/T 223、GB/T 20123
2	拉伸试验	1个	GB/T 2975	GB/T 228.1
3	冷顶锻	3个	不同根盘条	YB/T 5293
4	脱碳层	2个	不同根盘条	GB/T 224
5	非金属夹杂物	2个	不同根盘条	GB/T 10561
6	低倍组织	2个/炉	不同根盘条	GB/T 226、GB/T 1979
7	表面质量	逐盘	—	目测
8	尺寸	逐盘	—	千分尺、游标卡尺
化学成分仲裁分析采用GB/T 223规定的分析方法。				

8 检验规则

8.1 检查和验收

盘条由供方质量监督部门进行检查和验收。供方必须保证交货的钢材符合有关标准的规定，需方有权按相应标准的规定进行检查和验收。

8.2 组批规则

盘条应按批交货，每批由同一炉(罐)号、同一牌号、同一规格的钢材组成。

8.3 复验与判定

盘条的复验与判定应符合GB/T 2101的规定。

8.4 数值修约

盘条各项检验及检查测量值的数值修约应符合YB/T 081的规定。

9 包装、标志和质量证明书

盘条的包装、标志和质量证明书应符合GB/T 2101的规定或按合同要求。

附　录　A
（资料性附录）
本标准与其他标准的牌号对照

本标准与 GB/T 6478、ISO 4954、EN 10263、JIS G 3507 中部分牌号对照如表 A.1 所示。

表 A.1

本标准	GB/T 6478	ISO 4954	EN 10263	JIS G 3507-1
ML04Al	ML04Al	CC4A	C4C	—
ML06Al	—	—	—	SWRCH6A
ML08Al	ML08Al	CC8A	C8C	SWRCH8A
ML10Al	ML10Al	CC11A	C10C	SWRCH10A
ML10	—	CE10	C10E2C	SWRCH10K
ML12Al	—	—	—	SWRCH12A
ML12	—	—	—	SWRCH12K
ML15Al	ML15Al	CC15A	C15C	SWRCH15A
ML15	ML15	CE15E4	C15E2C	SWRCH15K
ML20Al	ML20Al	CC21A	—	SWRCH20A
ML20	ML20	CE20E4	C20E2C	SWRCH20K
ML18MnAl	ML18Mn	—	C17C	SWRCH18A
ML20MnAl	ML22Mn	—	C20C	SWRCH22A
ML25	ML25	—	—	SWRCH25K
ML30	ML30	—	—	—
ML35	ML35	—	—	—
ML40	ML40	—	—	—
ML45	ML45	—	—	—
ML25Mn	ML25Mn	—	—	—
ML30Mn	ML30Mn	CE28E4	—	SWRCH30K
ML35Mn	ML35Mn	CE35E4	C35EC	SWRCH35K
ML40Mn	—	CE40E4	—	SWRCH40K
ML45Mn	—	CE45E4	C45EC	SWRCH45K

本标准与 GB/T 6478、ISO 4954、EN 10263、JIS G 3508 中部分牌号对照如表 A.2 所示。

表 A.2

本标准	GB/T 6478	ISO 4954	EN 10263	JIS G 3508-1
ML20B	ML20B	CE20BG1	17B2	SWRCHB220
ML25B	—	—	28B2	SWRCHB226
ML30B	—	—	33B2	SWRCHB331
ML35B	ML35B	CE35B	38B2	SWRCHB234
ML15MnB	ML15MnB	—	—	SWRCHB620
ML20MnB	ML20MnB	CE20BG2	20MnB4	SWRCHB420
ML25MnB	—	—	27MnB4	SWRCHB526
ML30MnB	—	—	30MnB4	SWRCHB531
ML35MnB	ML35MnB	35MnB5E	37MnB5	SWRCHB634
ML40MnB	—	—	—	—
ML20MnTiB	ML20MnTiB	—	—	—
ML15MnVB	ML15MnVB	—	—	—
ML20MnVB	ML20MnVB	—	—	—

本标准与 GB/T 6478、ISO 4954、EN 10263、JIS G 4053 中部分牌号对照如表 A.3 所示。

表 A.3

本标准	GB/T 6478	ISO 4954	EN 10263	JIS G 4053
ML15Cr	—	—	—	SCr415
ML20Cr	ML20Cr	20Cr4E	—	SCr420
ML30Cr	—	—	—	SCr430
ML35Cr	—	34Cr4E	34Cr4	SCr435
ML40Cr	ML40Cr	41Cr4E	41Cr4	SCr440
ML45Cr	—	—	—	SCr445
ML20CrMo	—	18CrMo4E	18CrMo4	SCM420
ML25CrMo	—	25CrMo4E	25CrMo4	SCM425
ML30CrMo	ML30CrMo	—	—	SCM430
ML35CrMo	ML35CrMo	34CrMo4E	34CrMo4	SCM435
ML40CrMo	ML42CrMo	42CrMo4E	42CrMo4	SCM440
ML45CrMo	—	—	—	SCM445

ICS 77.140.50
H 46

中华人民共和国国家标准

GB/T 28907—2012

耐硫酸露点腐蚀钢板和钢带

Sulfuric acid dew-point corrosion resistance steel plates and strips

2012-11-05 发布　　2013-05-01 实施

中华人民共和国国家质量监督检验检疫总局
中国国家标准化管理委员会　发布

前　言

本标准按照 GB/T 1.1—2009 给出的规则起草。

本标准由中国钢铁工业协会提出。

本标准由全国钢标准化技术委员会(SAC/TC 183)归口。

本标准起草单位:济钢集团有限公司、鞍钢股份有限公司、冶金工业信息标准研究院、攀钢集团攀枝花钢钒有限公司、湖南华菱涟源钢铁有限公司、马钢(集团)控股有限公司、首钢总公司。

本标准主要起草人:张瑞堂、张殿英、高玲、王晓虎、郭晓宏、李叙生、柴海涛、方拓野、师莉、孙根领、王姜维、刘庆春、蒋善玉、梁英、马玉平。

耐硫酸露点腐蚀钢板和钢带

1 范围

本标准规定了耐硫酸露点腐蚀钢板和钢带的定义、订货内容、牌号表示方法、尺寸、外形、重量及允许偏差、技术要求、试验方法、检验规则、包装、标志及质量证明书。

本标准适用于电厂烟囱、空气预热器、脱硫装置以及烟草行业烤房等厚度不大于 40 mm 的耐硫酸露点腐蚀钢板和厚度不大于 25.4 mm 的耐硫酸露点腐蚀钢带。

2 规范性引用文件

下列文件对于本文件的应用是必不可少的。凡是注日期的引用文件，仅注日期的版本适用于本文件。凡是不注日期的引用文件，其最新版本(包括所有的修改单)适用于本文件。

GB/T 222　钢的成品化学成分允许偏差

GB/T 223.3　钢铁及合金化学分析方法　二安替比林甲烷磷钼酸重量法测定磷量

GB/T 223.5　钢铁　酸溶硅和全硅含量的测定　还原型硅钼酸盐分光光度法

GB/T 223.11　钢铁及合金　铬含量的测定　可视滴定或电位滴定法

GB/T 223.12　钢铁及合金化学分析方法　碳酸钠分离-二苯碳酰二肼光度法测定铬量

GB/T 223.14　钢铁及合金化学分析方法　钽试剂萃取光度法测定钒含量

GB/T 223.17　钢铁及合金化学分析方法　二安替比林甲烷光度法测定钛量

GB/T 223.18　钢铁及合金化学分析方法　硫代硫酸钠分离-碘量法测定铜量

GB/T 223.19　钢铁及合金化学分析方法　新亚铜灵-三氯甲烷萃取光度法测定铜量

GB/T 223.47　钢铁及合金化学分析方法　载体沉淀-钼蓝光度法测定锑量

GB/T 223.53　钢铁及合金化学分析方法　火焰原子吸收分光光度法测定铜量

GB/T 223.54　钢铁及合金化学分析方法　火焰原子吸收分光光度法测定镍量

GB/T 223.58　钢铁及合金化学分析方法　亚砷酸钠-亚硝酸钠滴定法测定锰量

GB/T 223.59　钢铁及合金　磷含量的测定　铋磷钼蓝分光光度法和锑磷钼蓝分光光度法

GB/T 223.60　钢铁及合金化学分析方法　高氯酸重量法测定硅含量

GB/T 223.61　钢铁及合金化学分析方法　磷钼酸铵容量法测定磷量

GB/T 223.63　钢铁及合金化学分析方法　高碘酸钠(钾)光度法测定锰量

GB/T 223.64　钢铁及合金　锰含量的测定　火焰原子吸收光谱法

GB/T 223.68　钢铁及合金化学分析方法　管式炉内燃烧后碘酸钾滴定法测定硫含量

GB/T 223.69　钢铁及合金　碳含量的测定　管式炉内燃烧后气体容量法

GB/T 223.72　钢铁及合金　硫含量的测定　重量法

GB/T 228.1　金属材料　拉伸试验　第1部分:室温试验方法

GB/T 229—2007　金属材料　夏比摆锤冲击试验方法

GB/T 232　金属材料　弯曲试验方法

GB/T 247　钢板和钢带包装、标志及质量证明书的一般规定

GB/T 709　热轧钢板和钢带的尺寸、外形、重量及允许偏差

GB/T 2970　厚钢板超声波检测方法

GB/T 2975　钢及钢产品　力学性能试验取样位置及试样制备
GB/T 4336　碳素钢和中低合金钢　火花源原子发射光谱分析方法(常规法)
GB/T 17505　钢及钢产品交货一般技术要求
GB/T 20066　钢和铁　化学成分测定用试样的取样和制样方法
GB/T 20123　钢铁　总碳硫含量的测定　高频感应炉燃烧后红外吸收法(常规方法)
GB/T 20125　低合金钢　多元素含量的测定　电感耦合等离子体原子发射光谱法
GB/T 20126　非合金钢　低碳含量的测定　第2部分:感应炉(经预加热)内燃烧后红外吸收法
YB/T 081　冶金技术标准的数值修约与检测数值的判定原则
JB/T 7901　金属材料试验室　均匀腐蚀全浸试验方法

3　术语和定义

下列术语和定义适用于本文件。

3.1

耐硫酸露点腐蚀　sulphuric acid dew-point corrosion resistance

是指在钢中加入一定含量的合金元素,使钢在接触含硫酸性气体时(如排放含硫废气的钢烟囱),增加对露点以下由 SO_2、SO_3 和 H_2O 结合生成的硫酸的耐腐蚀性能。

4　牌号表示方法

钢的牌号由"屈服强度"中"屈"字汉语拼音的首位字母"Q"、屈服强度下限值及耐硫酸露点腐蚀的"耐酸"的汉语拼音的首位字母"NS"组成。

示例:Q315NS

Q ——屈服强度中"屈"字汉语拼音的首位字母;

315——钢的下屈服强度的下限值,单位为 MPa;

NS——分别为"耐"、"酸"的汉语拼音的首位字母。

5　订货内容

5.1　按本标准订货的合同或订单应包括下列内容:

a)　本标准编号;
b)　产品名称(单轧钢板、连轧钢板、钢带);
c)　牌号;
d)　尺寸;
e)　边缘状态(切边 EC,不切边 EM);
f)　单轧钢板厚度偏差种类(N、A、B、C);
g)　连轧钢板和钢带厚度精度(PT. A、PT. B);
h)　交货状态;
i)　重量;
j)　其他要求。

5.2　对于钢板和钢带的边缘状态、厚度精度合同中如未注明则由供方选择。

6 尺寸、外形、重量及允许偏差

钢板和钢带的尺寸、外形、重量及允许偏差应符合 GB/T 709 的规定。

7 技术要求

7.1 牌号及化学成分

7.1.1 钢的牌号和化学成分(熔炼分析)应符合表 1 的规定。

表 1 钢的牌号和化学成分

牌号	化学成分(质量分数)/%							
	C	Si	Mn	P	S	Cr	Cu	Sb
Q315NS	≤0.15	≤0.55	≤1.20	≤0.035	≤0.035	0.30～1.20	0.20～0.50	≤0.15
Q345NS	≤0.15	≤0.55	≤1.50	≤0.035	≤0.035	0.30～1.20	0.20～0.50	≤0.15

7.1.2 为改善钢的性能，可添加 Al、V、Ti、Nb、Ni、Sn、RE 等元素，其含量应在质量证明书中注明。

7.1.3 成品钢板和钢带的成品化学成分允许偏差应符合 GB/T 222 的规定。

7.2 冶炼方法

钢由转炉或电炉冶炼。

7.3 交货状态

钢板和钢带以热轧或正火状态交货。

7.4 力学性能和工艺性能

钢板和钢带的力学性能和工艺性能应符合表 2 的规定。

表 2 力学性能和工艺性能

牌号	拉伸试验(横向)			弯曲试验(横向)
	屈服强度 R_{eL}/MPa	抗拉强度 R_m/MPa	断后伸长率 A/%	$b=2a(b\geq 20mm)$,180°
Q315NS	≥315	≥440	≥22	$d=3a$
Q345NS	≥345	≥470	≥20	$d=3a$

注 1：当 R_{eL} 不明显，采用 $R_{p0.2}$。

注 2：a 为试样厚度。

7.5 供方应保证钢的耐腐蚀性能，钢板和钢带的耐腐蚀性能见附录 A。

7.6 表面质量

7.6.1 钢板和钢带表面不得有气泡、结疤、裂纹、夹杂、折叠等对使用有害的缺陷。钢板和钢带不得有分层。

7.6.2 钢板和钢带表面允许有不影响使用的薄层氧化铁皮、铁锈和轻微的麻点、划痕等局部缺陷，其凹凸度不得超过钢板和钢带厚度公差之半，并应保证钢板和钢带的允许最小厚度。

7.6.3 钢板表面缺陷允许清理，清理处应圆滑无棱角，并应保证钢板的允许最小厚度。

7.6.4 钢带允许带缺陷交货，但带缺陷部分的长度不应超过钢带总长度的 6%。

7.7 超声波检测

经供需双方协议，单轧钢板可逐张进行超声波探伤，检测方法按 GB/T 2970 的规定，经双方协商，也可采用其他检测标准，具体检测标准和合格级别应在合同中注明。

7.8 特殊要求

7.8.1 根据需方要求，可进行冲击试验，具体要求由供需双方协商确定。

7.8.2 经供需双方协商，并在合同中注明，可以对钢板和钢带提出其他特殊要求。

8 试验方法

钢板和钢带的检验项目、取样数量、取样方法和试验方法应符合表 3 的规定。

表 3 检验项目、取样数量、取样方法和试验方法

序号	检验项目	取样数量/个	取样方法	试验方法
1	化学成分	1/炉	GB/T 20066	GB/T 223、GB/T 4336、GB/T 20123、GB/T 20125、GB/T 20126
2	拉伸	1/批	GB/T 2975	GB/T 228.1
3	弯曲	1/批	GB/T 2975	GB/T 232
4	冲击	3/批	GB/T 2975	GB/T 229
5	超声波检测	逐张	—	GB/T 2970
6	表面	逐张/卷	—	目测
7	尺寸、外形	逐张/卷	—	符合精度要求的适宜量具

9 检验规则

9.1 钢板和钢带的检验、验收由供方质量技术监督部门进行。

9.2 钢板和钢带应成批验收，每批由同一炉号、同一牌号、同一厚度、同一交货状态的钢板和钢带组成，每批重量不大于 60 t。对卷重大于 30 t 的钢带和连轧钢板可按两个轧制卷组批。

9.3 钢板和钢带的判定和复验应符合 GB/T 17505 的规定。

10 数值修约

数值修约应符合 YB/T 081 的规定。

11 包装、标志、质量证明书

钢板和钢带的包装、标志、质量证明书应符合 GB/T 247 的规定。

附　录　A
（资料性附录）
钢板和钢带的耐腐蚀性能

A.1　钢板和钢带的耐腐蚀性能

按照JB/T 7901规定的试验方法，在温度20 ℃、硫酸浓度20％、全浸24 h条件下，腐蚀速率为不大于10 mm/a(0.89 mg/(cm^2·h)，相对于Q235B腐蚀速率为30％)；在温度70 ℃、硫酸浓度50％、全浸24 h条件下，平均腐蚀速率为不大于250 mm/a(22.4 mg/(cm^2·h)，相对于Q235B腐蚀速率为50％)。

ICS 77.100
H 42

中华人民共和国国家标准

GB/T 28908—2012

高纯金属铬

High-purity chromium metal

2012-11-05 发布　　2013-05-01 实施

中华人民共和国国家质量监督检验检疫总局
中国国家标准化管理委员会　发布

前　言

本标准按照 GB/T 1.1—2009 给出的规则起草。

本标准由中国钢铁工业协会提出。

本标准由全国生铁及铁合金标准化技术委员会(SAC/TC 318)归口。

本标准主要起草单位:辽宁沈宏集团股份有限公司、冶金工业信息标准研究院。

本标准主要起草人:王萍、商凯东、陈自斌、董帅、安冬青、孙野、孙胜明。

高 纯 金 属 铬

1 范围

本标准规定了高纯金属铬的要求、试验方法、检验规则、包装、储运、标志和质量证明书。

本标准适用于经过碳还原和氢还原生产的高纯金属铬。

2 规范性引用文件

下列文件对于本文件的应用是必不可少的。凡是注日期的引用文件，仅注日期的版本适用于本文件。凡是不注日期的引用文件，其最新版本(包括所有的修改单)适用于本文件。

GB/T 3211—2008 金属铬

GB/T 3650 铁合金验收、包装、储运、标志和质量证明书的一般规定

GB/T 4010 铁合金化学分析用试样的采取和制备

GB/T 4702.3 金属铬化学分析方法 钼蓝光度法测定磷量

GB/T 4702.8 金属铬化学分析方法 蒸馏-钼蓝分光光度法测定砷量

GB/T 4702.9 金属铬化学分析方法 结晶紫分光光度法测定锑量

GB/T 4702.11 金属铬化学分析方法 茜素紫分光光度法测定锡量

GB/T 4702.14 金属铬化学分析方法 红外线吸收法测定碳量

GB/T 4702.16 金属铬 硫含量的测定 红外线吸收法和燃烧中和滴定法

GB/T 13247 铁合金产品粒度的取样和检测方法

3 要求

3.1 牌号及化学成分

3.1.1 高纯金属铬按其生产工艺不同分氢还原高纯金属铬(GHCr 系列)和碳还原高纯金属铬(GCCr 系列)。其中氢还原高纯金属铬(GHCr 系列)根据铬及杂质含量不同分为 GHCr-1、GHCr-2 两个牌号；碳还原高纯金属铬(GCCr 系列)分为 GCCr-1、GCCr-2、GCCr-3、GCCr-4 四个牌号，其化学成分应分别符合表 1 和表 2 的规定。

牌号中 G 表示高纯；
C 表示碳还原；
H 表示氢还原；
Cr 表示金属铬。

表 1 氢还原高纯金属铬

牌号	化学成分/%(质量分数)										
	Cr	Fe	Al	Si	S	P	C	N	O	Pb	Cu
	不小于	不大于									
GHCr-1	99.99	0.003	0.003	0.002	0.003	0.001 5	0.012	0.002	0.01	0.000 2	0.000 3
GHCr-2	99.95	0.01	0.01	0.005	0.005	0.003	0.020	0.003	0.02	0.000 5	0.000 5
注：铬的质量分数为 100%减去 Fe、Si、Al、Cu、P、Pb 六个杂质实测值总和后的余量。											

表 2 碳还原高纯金属铬

牌号	化学成分/%(质量分数)									
	Cr	Fe	Al	Si	S	P	C	N	O	Pb
	不小于	不大于								
GCCr-1	99.80	0.05	0.010	0.02	0.004	0.004	0.012	0.002	0.04	0.000 5
GCCr-2	99.70	0.10	0.015	0.03	0.004	0.004	0.030	0.003	0.05	0.000 5
GCCr-3	99.70	0.15	0.020	0.05	0.005	0.005	0.030	0.005	0.05	0.000 5
GCCr-4	99.50	0.15	0.10	0.10	0.006	0.005	0.045	0.007	0.10	0.000 5

牌号	化学成分/%(质量分数)							
	Sn	Sb	Bi	As	Cu	Zn	Mn	Ni
	不大于							
GCCr-1	0.000 5	0.000 3	0.000 05	0.000 5	0.001	0.000 5	0.000 5	0.003
GCCr-2	0.001 0	0.000 3	0.000 1	0.000 5	0.001	0.000 5	0.000 5	0.004
GCCr-3	0.001 5	0.000 5	0.000 1	0.000 5	0.001	0.000 5	0.001	0.005
GCCr-4	0.002 0	0.000 5	0.000 1	0.001	0.001	0.000 5	0.001	0.005

注：铬的质量分数为 99.99%减去表中杂质实测值总和后的余量。

3.1.2 需方对化学成分有特殊要求时，可由供需双方另行商定。

3.2 物理状态

3.2.1 碳还原高纯金属铬以块状交货，一般为 φ(30±5)mm×(15±5)mm，半块以下粒度不超过该批总量的 3%；氢还原高纯金属铬以不规则片状交货。

3.2.2 需方对粒度有特殊要求时，可由供需双方另行商定。

4 试验方法

4.1 取样与制样

4.1.1 取样

高纯金属铬化学分析用试样的采取按 GB/T 4010 的规定。

4.1.2 制样

高纯金属铬化学分析用试样采用不锈钢用具(18-8 型)破碎至小于 5 mm 后，于碳化钨研钵中研磨，时间不大于 10 s，研磨后试样粒度不大于 1.6 mm，混匀，然后缩分。用于化学分析的每个试验样的重量不应小于 50 g。

4.2 化学分析方法

高纯金属铬的化学分析方法应按表 3 规定或供需双方协商的方法进行。

表 3 化学分析方法

序号	元素	化学分析方法
1	Cr	差减法
2	Fe	附录 A
3	Si	附录 A
4	Al	附录 A
5	Cu	附录 A
6	C	GB/T 4702.14
7	S	GB/T 4702.16
8	P	GB/T 4702.3
9	Pb	GB/T 3211—2008 附录 F
10	Sn	GB/T 4702.11
11	Sb	GB/T 4702.9
12	Bi	GB/T 3211—2008 附录 F
13	As	GB/T 4702.8
14	N	附录 B
15	O	附录 B
16	Zn	附录 A
17	Mn	附录 A
18	Ni	附录 A

4.3 粒度检查

高纯金属铬粒度检查按 GB/T 13247 的规定。

5 检验规则

5.1 质量检查与验收

高纯金属铬的质量检查与验收应符合 GB/T 3650 的规定。

5.2 组批

高纯金属铬成批交货，每批以同一牌号的产品组成。

6 包装、储运、标志和质量证明书

6.1 包装

高纯金属铬采用铁桶包装，内衬塑料袋或内衬真空铝塑袋，每桶净重分 100 kg 和 250 kg 两种，不应使用含铅油漆。需方对产品的包装如有特殊要求，按合同规定。

6.2 储运、标志和质量证明书

高纯金属铬的储运、标志和质量证明书应符合 GB/T 3650 的规定。需方对产品的储运、标志等如有特殊要求,按合同规定。

附 录 A
（规范性附录）
电感耦合等离子体光谱法测定高纯金属铬中铁、铝、硅、铜、锰、镍和锌含量

A.1 范围

本附录规定了用电感耦合等离子体光谱法测定高纯金属铬中铁、铝、硅、铜、锰、镍和锌含量。

本附录适用于高纯金属铬中铁、铝、硅、铜、锰、镍和锌量的测定。测定范围：Fe：0.002%～0.20%；Al：0.002%～0.10%；Si：0.001%～0.20%；Cu：0.000 2%～0.05%；Mn：0.000 3%～0.05%；Ni：0.001%～0.01%；Zn：0.000 3%～0.01%。

A.2 原理

试样以盐酸-硝酸分解，在一定酸度下，溶液由载气（氩）带入雾化系统进行雾化后，以气溶胶形式进入等离子体的轴向通道，在高温和惰性气氛中被充分蒸发、原子化、电离和激发，发射出所含元素的特征谱线。根据特征谱线强度确定样品中相应元素的含量。

A.3 试剂

除非另有说明，分析中使用分析纯试剂和二次蒸馏水或相当纯度的水。

A.3.1 盐酸，1+1，优级纯。

A.3.2 硝酸，ρ1.42 g/mL，优级纯。

A.3.3 氩气，99.99%。

A.3.4 标准溶液

A.3.4.1 铁标准溶液：称取 1.000 0 g 纯铁（99.99%）于 300 mL 烧杯中，沿杯壁吹少量水，加 50 mL 盐酸（A .3.1）于电炉上加热至全部溶解，加 20 mL 硝酸（A.3.2）加热煮沸驱尽氮氧化物，取下，冷却至室温，移入 1 000 mL 容量瓶中，稀释至刻度混均，此溶液 1.00 mL 含 1.00 mg 铁。

A.3.4.2 硅标准溶液：称取 0.213 9 g 预先在 1 000 ℃马弗炉中烧 1 h 高纯二氧化硅，置于铂坩埚中，加入 2 g～3 g 无水碳酸钠，混匀。于 850 ℃～900 ℃马弗炉中熔融 5 min～7 min，取出冷却，置于 400 mL聚四氟乙烯烧杯中，加入 200 mL 热水，加热溶解，取下用水洗净坩埚，冷却至室温，移入 1 000 mL 容量瓶中，用水稀释至刻度，混匀，立即移入聚乙烯瓶中保存。此溶液 1.00 mL 含 1.00 mg 硅。

A.3.4.3 铝标准溶液：称取 1.000 0 g 金属铝片（99.99%）于 400 mL 烧杯中，加 30 mL 氢氧化钠溶液（25%）。完全溶解后加入 100 mL 水，用盐酸中和氢氧化钠，再过量 20 mL，煮至澄清，冷却至室温，移入 1 000 mL 容量瓶中，以水稀释至刻度，混匀。此溶液 1.00 mL 含 1.00 mg 铝。

A.3.4.4 铜标准溶液：称取 1.000 0 g 纯铜（99.99%）于 250 mL 烧杯中，加 20 mL 硝酸（1+1）盖上表皿，低温加热溶解，完全溶解后取下，冷却至室温，移入 1 000 mL 容量瓶中，用 1%的硝酸稀释至刻度，混匀。此溶液1.00 mL含 1.00 mg 铜。

A.3.4.5 锌标准溶液：称取 1.244 0 g 氧化锌（99.99%）于 200 mL 烧杯中，加 100 mL 水及 1 mL 硫酸，盖上表皿，低温加热溶解，完全溶解后取下，冷却至室温，移入 1 000 mL 容量瓶中，用水稀释至刻度，混匀。此溶液 1.00 mL 含 1.00 mg 锌。

A.3.4.6 锰标准溶液：称取 1.000 0 g 金属锰（99.99%）于 200 mL 烧杯中，加 20 mL 硝酸（1+1），盖

上表皿，加热溶解，煮沸驱尽氮氧化物，取下冷却至室温，移入 1 000 mL 容量瓶中，用水稀释至刻度，混匀。此溶液 1.00 mL 含 1.00 mg 锰。

A.3.4.7 镍标准溶液：称取 1.000 0 g 纯镍(99.99%)于 200 mL 烧杯中，加 20 mL 硝酸(1+1)，盖上表面皿，加热溶解后冷却至室温，移入 1 000 mL 容量瓶中，用水稀释至刻度，混匀。此溶液 1.00 mL 含 1.00 mg 镍。

A.4 仪器及工作条件

A.4.1 仪器

通常的实验室设备及电感耦合等离子体发射光谱仪，按仪器使用要求进行优化满足。

A.4.2 稳定性

A.4.2.1 仪器的试剂分辨率

计算每条使用的分析线的宽带，带宽应小于 0.030 nm。

A.4.2.2 仪器的短期稳定性

测定 11 次标液中，各元素的净光强，计算其标准偏差，相对标准偏差应小于 1.0%。

A.4.2.3 仪器的长期稳定性

将标液每隔 10 s 测定一次，共计 11 次，计算各元素净光强的标准偏差，其相对标准偏差应小于 1.2%。

A.4.3 校准曲线的线性

校准曲线的线性通过计算相关系数进行检查，相关系数应大于 0.995。

A.5 分析谱线

表 A.1 列出的为推荐的分析线谱线，这些谱线不受基体明显干扰。本方法不对分析谱线做出限制性的规定，也可采用其他分析谱线。在采用这些谱线(包括推荐分析谱线)之前，应仔细评价光谱干扰、背景和离子化，如果不能满足建议的性能参数，表明可能有干扰。

表 A.1 分析谱线

元素	分析线波长	可能的干扰谱线/nm	元素	分析线波长	可能的干扰谱线/nm
Fe	259.940	—	Si	251.611	Zn251.581
Fe	238.204	—	Si	212.412	—
Al	308.215	—	Cu	327.396	Ni224.723
Al	396.152	—	Mn	257.610	—
Zn	213.856	Cu213.853	Ni	231.604	—

A.6 分析步骤

A.6.1 试样

试样应全部通过 1.6 mm 筛孔。

A.6.2 试样量

称取 1.000 0 g 试样，精确至 0.000 2 g。

A.6.3 测定

A.6.3.1 试样溶液的制备

将试样(A.6.2)置于 300 mL 聚四氟乙烯烧杯中，沿杯壁吹少量水，加 40 mL 盐酸(A.3.1)于低温电炉加热溶解，待大部分试样溶解后加入 2 mL 硝酸(A.3.2)，待试样全部溶解后取下冷却，过滤于 200 mL 塑料容量瓶中，用 2%热盐酸洗液洗涤烧杯和滤纸并稀至刻度，混匀。此溶液用于 Fe、Al、Si、Cu、Mn、Ni、Zn 的测定。

A.6.3.2 校准曲线的绘制

称取五份 1.00 g 已知含量的金属铬标准物质，置于 300 mL 塑料烧杯中，与试样一同处理后分别加入相应元素标准溶液，绘制校准曲线，曲线含量见表 A.2。

表 A.2 校准曲线系列浓度

元素	Fe	Al	Si	Cu	Mn	Ni	Zn
浓度 1	0.000 16	0.000 16	0.000 15	0.000 04	0.000 14	0.000 08	0
浓度 2	0.001 16	0.001 16	0.001 15	0.001 04	0.001 14	0.001 08	0.001 0
浓度 3	0.010 16	0.010 16	0.010 15	0.010 04	0.010 14	0.010 08	0.010
浓度 4	0.100 16	0.100 16	0.100 15	0.100 04	0.100 14	0.100 08	0.100
浓度 6	0.300 16	0.300 16	0.300 15	0.300 04	0.300 14	0.300 08	0.300

A.6.3.3 空白试验

称取金属铬标准物质做空白试验。

A.6.3.4 分析前准备

A.6.3.4.1 按仪器说明书打开电源、打开氩气减压阀、打开计算机，30 min 后打开循环水、排风，检查仪器状态。

A.6.3.4.2 压好蠕动泵，将进样管放入蒸馏水中，开始"点火"，10 min 后开始工作。

A.6.3.4.3 将试样名称、编号输入仪器中，将试样瓶置于平台上，插入进样管，点击方法开始分析，每个试样至少进行 2 次独立分析。计算机直接显示被测元素含量。

A.6.3.4.4 测试完毕将进样管放入蒸馏水中，10 min 后熄火，将进样管拿出水中，松开蠕动泵，关闭循环水、排风、计算机、打印机，15 min 后关闭气源。

A.7 结果计算

整个过程由计算机控制，最终检测结果以质量分数的形式直接显示并打印。

A.8 允许差

实验者之间分析结果的差值不大于表 A.3 所列允许差。

表 A.3 允许差

%(质量分数)

元素	含量	允许差
Fe	0.002 0～0.005 0	0.001 0
	>0.005 0～0.010	0.003
	>0.010～0.050	0.005
	>0.050～0.10	0.02
	>0.10～0.20	0.03
Si	0.001 0～0.005 0	0.000 5
	>0.005 0～0.010	0.002
	>0.010～0.050	0.005
	>0.050～0.10	0.02
	>0.10～0.20	0.03
Al	0.002 0～0.005 0	0.001 0
	>0.005 0～0.010	0.002
	>0.010～0.050	0.005
	>0.050～0.10	0.02
	>0.10～0.20	0.03
Cu、Mn、Zn、Ni	0.000 2～0.000 5	0.000 1
	>0.000 5～0.001 0	0.000 3
	>0.001 0～0.005 0	0.000 5
	>0.005 0～0.050	0.002

附 录 B
（规范性附录）
红外线吸收法测定高纯金属铬中氧、氮含量

B.1 范围

本附录规定了惰性气体熔融后，红外线吸收法测定氧含量；热导法测定氮含量。

本附录适用于高纯金属铬中氧、氮含量的测定。测定范围：氧 0.005%～0.200%、氮 0.001%～0.05%。

B.2 原理

试样在石墨坩埚中，以镍为助溶剂，在氦气流中加热熔融，氧以一氧化碳形式释放，由加热的稀土氧化铜转化为二氧化碳，二氧化碳吸收某特定波长的红外能，以红外线检测器接收其能量的变化，测得二氧化碳浓度；氮为热分解法，氮以氮气形势释放，由热导的变化测定氮气的浓度。用有证标准样品建立校准曲线。

B.3 试剂及材料

B.3.1 过氯酸镁，粒状。

B.3.2 碱石棉，粒状。

B.3.3 镍篮，用冰醋酸-盐酸(3+1)在 50 ℃～60 ℃下洗涤，用无水乙醇冲洗后，风干，备用。

B.3.4 镍箔，厚度 0.1 mm 用四氯化碳擦洗表面，制成 14 mm×14 mm 的箔块并浸泡，用时风干。

B.3.5 坩埚钳。

B.3.6 四氯化碳(优级纯)。

B.3.7 稀土氧化铜。

B.3.8 真空油脂。

B.3.9 氦气，纯度 99.99%。

B.3.10 动力气，纯度大于 99.9%的氩气。

B.3.11 石墨坩埚，纯度 99.99%。

B.4 仪器与设备

氧氮联测仪及实验室通用设备。

B.5 试样

试样通过 1.6 mm 筛孔。

B.6 分析步骤

B.6.1 仪器准备

B.6.1.1 分析前仪器应处于正常状态。

B.6.1.2 分析前用有证标准样品进行仪器校准。

B.6.2 试样量

称取 0.100 0 g 试样，准确至 0.000 2 g。

B.6.3 空白试验

按 B.6.4 步骤测定空白值，其值氧应小于 0.000 5%；氮小于 0.000 2%。将空白值输入仪器，测定时自动扣除。

B.6.4 测定

B.6.4.1 按仪器说明书，根据待测试样的氧、氮含量范围，选择最佳分析条件。

B.6.4.2 将试样(B.6.2)用镍箔(B.3.4)包好，置于镍篮(B.3.3)内，装入加样器中，在炉内装入石墨坩埚(B.3.11)试样在石墨坩埚中加热熔融，测量后弃去坩埚，用专用铜刷清扫进样通道与炉堂，并读取扣除空白值结果。

B.6.4.3 推荐按下述条件进行脱气和试样分析：

a) 脱气和加热功率 4 800 W；

b) 分析试样功率 4 800 W；

c) 分析时间 60 s；

d) 脱气时间 30 s。

B.6.5 标准曲线的建立

根据待测试样的氧、氮质量分数选择 3 个～4 个基体与试样尽可能相同，质量分数不同的标准样品，按 6.4 进行测定扣除空白，建立校准曲线。

B.6.6 结果计算

整个过程由计算机控制，最终检测结果以质量分数的形式直接显示并打印。

B.7 允许差

实验室之间分析结果的差值应不大于表 B.1 所列的允许差。

表 B.1 允许差

(质量分数)%

氧含量	允许差
0.005～0.010	0.005
>0.010～0.050	0.010
>0.050～0.10	0.03
>0.10～0.20	0.04
>0.20～0.40	0.06
>0.40～0.80	0.08
氮含量	允许差
0.001～0.005	0.001
>0.005～0.020	0.004
>0.020～0.050	0.006

ICS 77.140.50
H 46

中华人民共和国国家标准

GB/T 28909—2012

超高强度结构用热处理钢板

Extra-high strength structural steel plates in the heat-treatment condition

2012-11-05 发布 2013-05-01 实施

中华人民共和国国家质量监督检验检疫总局
中国国家标准化管理委员会 发布

前　言

本标准按照 GB/T 1.1—2009 给出的规则起草。

本标准由中国钢铁工业协会提出。

本标准由全国钢标准化技术委员会(SAC/TC 183)归口。

本标准起草单位:济钢集团有限公司、鞍钢股份有限公司、湖南华菱湘潭钢铁有限公司、冶金工业信息标准研究院、首钢总公司。

本标准主要起草人:孙卫华、张殿英、高玲、王晓虎、刘徐源、李小莉、师莉、王姜维、胡淑娥、晁飞燕、冯勇。

超高强度结构用热处理钢板

1 范围

本标准规定了超高强度结构用热处理钢板的订货内容、牌号表示方法、尺寸、外形、重量及允许偏差、技术要求、试验方法、检验规则、包装、标志及质量证明书等。

本标准适用于厚度不大于 50 mm 的矿山、建筑、农业等工程机械用钢板。

2 规范性引用文件

下列文件对于本文件的应用是必不可少的。凡是注日期的引用文件，仅注日期的版本适用于本文件。凡是不注日期的引用文件，其最新版本(包括所有的修改单)适用于本文件。

GB/T 222 钢的成品化学成分允许偏差

GB/T 223.3 钢铁及合金化学分析方法 二安替比林甲烷磷钼酸重量法测定磷量

GB/T 223.9 钢铁及合金 铝含量的测定 铬天青 S 分光光度法

GB/T 223.11 钢铁及合金 铬含量的测定 可视滴定或电位滴定法

GB/T 223.12 钢铁及合金化学分析方法 碳酸钠分离-二苯碳酰二肼光度法测定铬量

GB/T 223.13 钢铁及合金化学分析方法 硫酸亚铁铵容量法测定钒含量

GB/T 223.14 钢铁及合金化学分析方法 钽试剂萃取光度法测定钒含量

GB/T 223.17 钢铁及合金化学分析方法 二安替比林甲烷光度法测定钛量

GB/T 223.23 钢铁及合金 镍含量的测定 丁二酮肟分光光度法

GB/T 223.26 钢铁及合金 钼含量的测定 氰酸盐分光光度法

GB/T 223.54 钢铁及合金化学分析方法 火焰原子吸收分光光度法测定镍量

GB/T 223.58 钢铁及合金化学分析方法 亚砷酸钠-亚硝酸钠滴定法测定锰量

GB/T 223.59 钢铁及合金 磷含量的测定 铋磷钼蓝分光光度法和锑磷钼蓝分光光度法

GB/T 223.60 钢铁及合金化学分析方法 高氯酸重量法测定硅含量

GB/T 223.61 钢铁及合金化学分析方法 磷钼酸铵容量法测定磷量

GB/T 223.62 钢铁及合金化学分析方法 乙酸丁酯萃取光度法测定磷量

GB/T 223.63 钢铁及合金化学分析方法 高碘酸钠(钾)光度法测定锰量

GB/T 223.64 钢铁及合金 锰含量的测定 火焰原子吸收光谱法

GB/T 223.67 钢铁及合金 硫含量的测定 次甲基蓝分光光度法

GB/T 223.68 钢铁及合金化学分析方法 管式炉内燃烧后碘酸钾滴定法测定硫含量

GB/T 223.69 钢铁及合金 碳含量的测定 管式炉内燃烧后气体容量法

GB/T 223.71 钢铁及合金化学分析方法 管式炉内燃烧后重量法测定碳含量

GB/T 223.72 钢铁及合金 硫含量的测定 重量法

GB/T 223.75 钢铁及合金 硼含量的测定 甲醇蒸馏-姜黄素光度法

GB/T 223.76 钢铁及合金化学分析方法 火焰原子吸收光谱法测定钒量

GB/T 223.78 钢铁及合金化学分析方法 姜黄素直接光度法测定硼量

GB/T 228.1 金属材料 拉伸试验 第1部分:室温试验方法

GB/T 229 金属材料 夏比摆锤冲击试验方法

GB/T 247 钢板和钢带包装、标志及质量证明书的一般规定
GB/T 709 热轧钢板和钢带的尺寸、外形、重量及允许偏差
GB/T 2970 厚钢板超声波检测方法
GB/T 2975 钢及钢产品 力学性能试验取样位置及试样制备
GB/T 4336 碳素钢和中低合金钢 火花源原子发射光谱分析方法(常规法)
GB/T 14977 热轧钢板表面质量的一般要求
GB/T 17505 钢及钢产品交货一般技术要求
GB/T 20066 钢和铁 化学成分测定用试样的取样和制样方法
GB/T 20123 钢铁 总碳硫含量的测定 高频感应炉燃烧后红外吸收法(常规方法)
GB/T 20125 低合金钢 多元素含量的测定 电感耦合等离子体原子发射光谱法
GB/T 20126 非合金钢 低碳含量的测定 第2部分:感应炉(经预加热)内燃烧后红外吸收法
YB/T 081 冶金技术标准的数值修约与检测数值的判定原则

3 订货内容

订货时需方应至少提供如下信息：

a) 本标准编号；
b) 产品名称；
c) 牌号；
d) 规格尺寸；
e) 交货状态；
f) 重量；
g) 其他特殊要求。

4 牌号表示方法

钢的牌号由代表屈服强度的汉语拼音字母、规定屈服强度的下限值、质量等级符号三个部分组成。例如:Q1200D。其中：

Q ——钢的屈服强度的“屈”字汉语拼音的首位字母；
1200 ——规定屈服强度下限数值,单位 MPa；
D ——质量等级为D级。

5 尺寸、外形、重量及允许偏差

5.1 不平度

5.1.1 钢板不平度应符合表1中N类的规定,经供需双方协商并在合同中注明,不平度可也可按表1中S类的规定。

5.1.2 钢板不平度的测量应符合GB/T 709的规定。

5.1.3 当波形间距(直尺与钢板接触点之间的距离)为300 mm~1 000 mm时,对于N类不平度,不平度最大允许值为波形间距的1.5%,且不超过表1中的规定值,对S类不平度,不平度最大允许值为波形间距的1%,且不超过表1中的规定值。

表 1

单位为毫米

公称厚度	N类		S类	
	下列测量长度的不平度[a]，不大于			
	1 000	2 000	1 000	2 000
≥3～5	12	17	7	14
>5～8	11	15	7	13
>8～15	10	14	7	12
>15～25	10	13	7	11
>25～40	9	12	7	11
>40～50	8	12	6	10

[a] 当波形间距不大于 1 000 mm 时，测量长度为 1 000 mm

5.2 除钢板不平度外，钢板的尺寸、外形、重量及允许偏差应符合 GB/T 709 的规定。

5.3 经供需双方协商，也可供应其他尺寸、外形、重量及允许偏差的钢板。

6 技术要求

6.1 牌号及化学成分

6.1.1 钢的牌号和化学成分(熔炼分析)应符合表 2 的规定。

表 2

牌号	化学成分(质量分数)/%											
	C	Si	Mn	P	S	Nb	V	Ni	B	Cr	Mo	Als
	不大于											不小于
Q1030D Q1030E Q1100D Q1100E	0.20	0.80	1.60	0.020	0.010	0.08	0.14	4.0	0.006	1.60	0.70	0.015
Q1200D Q1200E Q1300D Q1300E	0.25	0.80	1.60	0.020	0.010	0.08	0.14	4.0	0.006	1.60	0.70	0.015

6.1.1.1 在保证钢板性能的前提下，表 2 中规定的 Cr、Ni、Mo 等合金元素可任意组合加入，也可添加表 2 规定以外的其他合金元素，具体含量应在质量证明书中注明。

6.1.1.2 钢中 Cu 为残余元素时，其含量应不大于 0.30%，铜为合金元素时，不大于 0.80%；As 含量应不大于 0.08%。如供方能保证，可不做分析。

6.1.1.3 当采用全铝(Alt)含量计算时，Alt 应不小于 0.020%。

6.1.1.4 根据用户要求，由供需双方协议，可规定各牌号碳当量，碳当量按公式(1)计算(附录 A 列出了碳当量参考值）。

$$CEV = C + \frac{Mn}{6} + \frac{Cr + Mo + V}{5} + \frac{Cu + Ni}{15} \quad \cdots\cdots (1)$$

6.1.2 成品钢板的化学成分允许偏差应符合 GB/T 222 的规定。

6.2 冶炼方法

钢由转炉或电炉冶炼，并进行炉外精炼。

6.3 交货状态

钢板以淬火+回火、淬火状态交货。

6.4 力学性能

6.4.1 钢板的力学性能应符合表 3 的规定。

6.4.2 厚度不小于 6 mm 的钢板应做冲击试验。冲击试样尺寸取 10 mm×10 mm×55 mm 的标准试样；当钢材不足以制取标准试样时，应采用 10 mm×7.5 mm×55 mm 或 10 mm×5 mm×55 mm 小尺寸试样，冲击吸收能量应分别为不小于表 8 规定值的 75%或 50%，优先采用较大尺寸试样。

6.4.3 夏比（V 型缺口）冲击功按三个试样的算术平均值计算，允许其中一个试样值比表 2 规定值低，但不得低于规定值的 70%，否则，应从同一抽样产品上再取 3 个试样进行试验，先后 6 个试样试验结果的算术平均值不得低于规定值，允许有 2 个试样的试验结果低于规定值，但其中低于规定值 70%的试样只允许有一个。

表 3

牌号	拉伸试验[a]				夏比（V 型缺口）冲击试验[b]	
	规定塑性延伸强度 $R_{p0.2}$/MPa	抗拉强度 R_m/MPa		断后伸长率 A/%	冲击吸收能量 KV_2	
		≤30 mm	>30 mm～50 mm		温度/℃	J
Q1030D Q1030E	≥1 030	1 150～1 500	1 050～1 400	≥10	−20 −40	≥27
Q1100D Q1100E	≥1 100	1 200～1 550	—	≥9	−20 −40	≥27
Q1200D Q1200E	≥1 200	1 250～1 600	—	≥9	−20 −40	≥27
Q1300D Q1300E	≥1 300	1 350～1 700	—	≥8	−20 −40	≥27

[a] 拉伸试验取横向试样。

[b] 冲击试验取纵向试样。

6.5 表面质量

6.5.1 钢板表面不允许存在裂纹、气泡、结疤、折叠和夹杂等缺陷。钢板不得有分层。如有上述表面缺陷，允许清理，清理深度从钢板实际尺寸算起，不得超过钢板厚度公差之半，并应保证钢板的最小厚度。缺陷清理处应平滑无棱角。

6.5.2 钢板表面允许有不妨碍检查表面缺陷的薄层氧化铁皮、铁锈、由压入氧化铁皮脱落所引起的表面粗糙、划伤、压痕及其他局部缺陷，但其深度不得大于厚度公差之半，并应保证钢板的最小厚度。

6.5.3 钢板不允许焊补。

6.5.4 除焊补的规定外，经供需双方协商，并在合同中注明，表面质量执行 GB/T 14977 的规定。

6.6 超声波检测

如需方要求，钢板可逐张进行超声波探伤，检测方法按照 GB/T 2970 的规定。经双方协商，也可采用其他检测标准，具体检测标准和合格级别应在合同中注明。

6.7 经供需双方协商，可对钢板提出其他特殊要求。

7 试验方法

钢板的检验项目、取样数量、取样方法及试验方法应符合表 4 的规定。

表 4

序号	检验项目	取样数量/个	取样方法	试验方法
1	化学成分	1/炉	GB/T 20066	GB/T 223、GB/T 4336、GB/T 20123、GB/T 20125、GB/T 20126
2	拉伸	1/批	GB/T 2975	GB/T 228.1
3	冲击	3/批	GB/T 2975	GB/T 229
4	尺寸、外形	逐张	—	符合精度要求的量具
5	表面	逐张	—	目视
6	超声波检测	逐张	—	GB/T 2970

8 检验规则

8.1 钢板验收由供方技术监督部门进行。

8.2 钢板应成批验收，每批由同一牌号、同一炉号、同一厚度、同一热处理制度的钢板组成，每批重量不大于 40 t。

8.3 钢板检验结果不符合本标准要求时，可进行复验。检验项目的复验和判定应符合 GB/T 17505 的规定。

9 数值修约

数值修约应符合 YB/T 081 的规定。

10 包装、标志及质量证明书

钢板的包装、标志及质量证明书应符合 GB/T 247 的规定。

附　录　A
（资料性附录）
碳当量参考值

碳当量参考值见表 A.1。

表 A.1

牌号	碳当量 CEV/%
Q1030	≤0.82
Q1100	≤0.82
Q1200	≤0.86
Q1300	≤0.86

ICS 75.020
E 12

中华人民共和国国家标准

GB/T 28910—2012

原油流变性测定方法

The measurement method of crude oil rheological properties

2012-11-05 发布　　2013-03-01 实施

中华人民共和国国家质量监督检验检疫总局
中国国家标准化管理委员会　发布

前　言

本标准按照 GB/T 1.1—2009 给出的规则起草。

本标准由中国石油天然气集团公司提出。

本标准由全国石油天然气标准化技术委员会(SAC/TC 355)归口。

本标准起草单位:中国石油天然气集团公司稠油开采先导试验基地(中国石油辽河油田公司勘探开发研究院)、提高石油采收率国家重点实验室。

本标准主要起草人:刘敬、程海清、刘其成、刘宝良、朱连忠、沈德煌、聂凌云。

原油流变性测定方法

1 范围

本标准规定了原油流变性测定的术语和定义、原油样品准备、四种测定原油流变性的方法及试验报告的内容。

本标准适用于旋转法、细管法、多孔介质法及落球法原油流变性的测定。

2 规范性引用文件

下列文件对于本文件的应用是必不可少的。凡是注日期的引用文件，仅注日期的版本适用于本文件。凡是不注日期的引用文件，其最新版本(包括所有的修改单)适用于本文件。

SY/T 5542—2009 油气藏流体物性分析方法

3 术语和定义

下列术语和定义适用于本文件。

3.1

流变性 rheological properties

在外力作用下流体发生流动和变形等的性质。

3.2

剪切速率 shear rate

流体流动时平行邻近层之间相对运动的相对形变对时间的变化率。

3.3

剪切应力 shear stress

在流体相对运动时平行邻近两流体层之间单位面积上的相互作用力。

3.4

动力黏度 dynamic viscosity

剪切应力与剪切速率的比值。

3.5

表观黏度 apparent viscosity

表示非牛顿流体流动时黏滞性的大小。

3.6

流变曲线 flow curve

在一定温度、压力下，流体的剪切应力与剪切速率之间的对应关系曲线。

3.7

黏度曲线 viscosity curve

在一定温度、压力下，流体的动力黏度与剪切速率之间的关系曲线。

3.8

黏温曲线 viscosity-temperature curve

在一定剪切历史条件下，流体的动力黏度随温度的变化曲线。

3.9

屈服值　yield value

在一定温度、压力下，原油开始流动时所需的最小剪切应力。

3.10

反常点　anomalistic point

原油呈现牛顿流体特性的最低温度。

4　原油样品准备

4.1　概述

原油的基本组成是不同碳链的烷烃、环烷烃、芳香烃构成的烃类化合物和非烃类化合物。原油在一定的条件下还溶解有一定量的天然气，有时含有一定量的氮气和少量的二氧化碳气等。原油中溶解天然气可降低原油的黏度和密度，并使原油的压缩系数增大。

原油的流变性取决于原油的组成，即取决于原油中溶解气、液体和固体物质的含量以及固体物质的分散程度。当原油中固体分散相(蜡晶、沥青质为核心的胶团)的浓度很大时，原油具有明显的胶体溶液性质，并表现出复杂的非牛顿流体流变性质。因此，原油样品准备的目的是使原油具有相同的组成和相同的初始状态，保证室内试验数据具有重现性和可比性。

4.2　取样

在原油开采、集输和储运过程中，由于经历油层渗流、集输、储运等环节，使原油的组分、流变特性可能有所差异。因此在油层、井口或管道，选择合适的取样点，采取正确的方法，取得有代表性的油样。

4.3　地面脱气原油准备

4.3.1　原油脱水

原油脱水通常采用高温高压密闭脱水或离心脱水。在脱水过程中应保持原油的物理化学性质不变，且最终含水小于0.5%为合格。

4.3.2　原油除杂

除去原油中泥沙等杂质有两种方法，一是滤网过滤法；二是成型岩心或填砂管密闭过滤法。

对于流动性较好的原油，采用滤网过滤。一般选用孔径为0.043 mm的滤网过滤，原油可适当加热，加热温度为使原油可从滤网流动的温度。

对于流动性较差的原油应采用成型岩心或填砂管密闭过滤法，其流程示意图见图1。将原油装入活塞容器中，用恒速法或恒压法驱替原油通过成型岩心或填砂管达到除杂的目的。成型岩心或填砂管的渗透率宜选在100 mD～2 000 mD之间。

4.3.3　预处理

将脱水后的原油盛入密封磨口瓶中，在80 ℃条件下恒温2 h，使原油依靠分子的热运动达到均匀状态，然后自然冷却至室温，并稳定48 h以上，确保原油样品达到了相同的组成和相同的初始状态。

4.4　地层原油样品准备

4.4.1　配样

根据已知的油气比确定地层原油所需要的用油量和用气量，将地面脱气原油配制成地层原油，具体操作方法见 SY/T 5542—2009 中第 6 章。

4.4.2 转样

将配制好的地层原油采用保持压力转样方法转入流变仪的测量筒中，系统压力应大于地层原油的饱和压力 3.0 MPa～4.0 MPa，排出原油体积至少是测量筒容积的 2 倍。

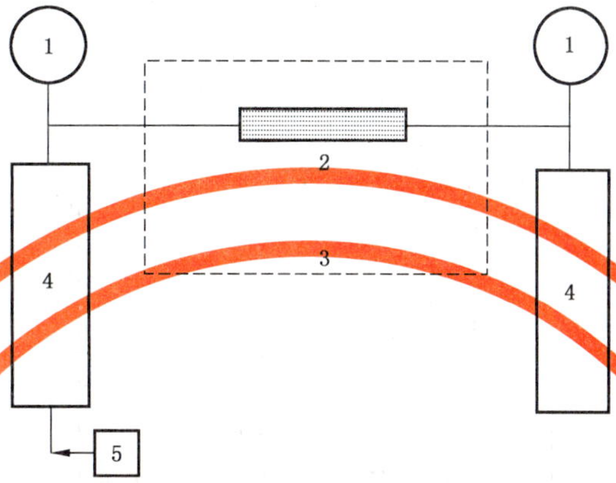

说明：
1——压力表或压力传感器；
2——成型岩心或填砂管；
3——温度控制单元；
4——活塞容器；
5——泵。

图 1 成型岩心或填砂管密闭过滤法示意图

5 旋转法

5.1 概述

旋转法是测定原油流变性最常用、最普遍的方法。旋转流变仪按测量系统的结构分类，可分为同轴圆筒、锥板、平行板旋转流变仪或黏度计；按其受控物理量(应力或速率)可分为控制应力流变仪(CS式)、控制速率流变仪(CR 式)；按旋转体可分为内旋转式流变仪(Searle 式)、外旋转式流变仪(Couette式)。

5.2 原理

同轴圆筒、锥板、平行板等测量系统置于被测流体中并使其产生相对旋转位移，由于流体的黏滞性，将会使与其有同轴心的另一个物体被动地旋转并产生一定大小的力阻，流体的黏度越大，力阻就越大。通过传感系统测得主动旋转物体的旋转速度、被动旋转物体所产生的力矩大小，就可以计算出被测流体所受的剪切应力和产生的剪切速率，得到流体的动力黏度。用式(1)表示：

$$\eta=\frac{\tau}{\dot{\gamma}} \quad \cdots\cdots(1)$$

式中：
η ——动力黏度，单位为帕秒(Pa·s)；
τ ——剪切应力，单位为帕(Pa)；
$\dot{\gamma}$ ——剪切速率，单位为每秒(s^{-1})。

5.3 仪器

名称及规格如下：

a) 旋转流变仪或黏度计：主要包括转子、盛样容器、测量单元、温度控制单元、压力控制单元(有的仪器不带压)，其原理示意图见图 2；

b) 取样器皿、溶剂或洗液。

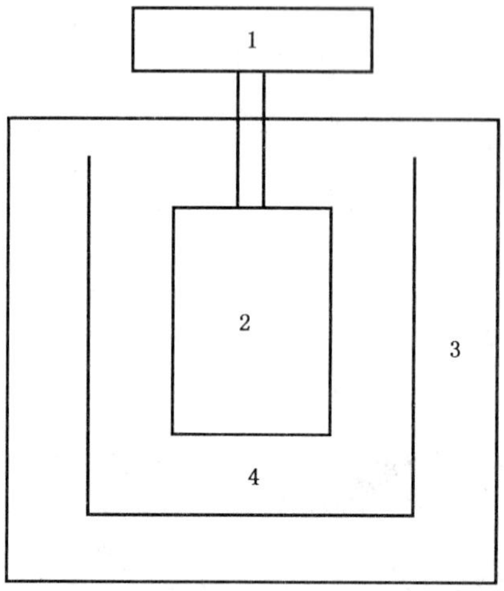

说明：

1——测试单元；

2——转子；

3——温度控制单元；

4——盛样容器。

图 2 旋转法流变仪示意图

5.4 试验准备

试验准备的步骤如下：

a) 用适当的溶剂清洗干净盛样容器、测量系统；

b) 将油样倒入测量筒时保证样品中无气泡；

c) 试样在设定温度下充分恒温，以保证示值稳定。参考恒温时间：锥板-平行板、同轴圆筒、单圆筒系统依次为 0.5 h、1 h、2 h。

5.5 动力黏度测定

在样品测试温度、压力条件下，设定剪切速率，记录剪切时间，进行动力黏度测定。

5.6 流变曲线和黏度曲线测定

在样品测试温度、压力条件下，由低到高改变剪切速率，至少进行 5 个剪切速率下的测定，记录相应剪切速率对应下的剪切应力和动力黏度。

5.7 黏温曲线测定

在同一剪切历史下，从低温到高温或从高温到低温进行动力黏度测定。

5.8 屈服值测定

5.8.1 恒定剪切速率法

用控制剪切速率型流变仪在一个较低的剪切速率下测量剪切应力随时间的变化曲线，找出曲线上的极大值对应的剪切应力值，即得到屈服值。

5.8.2 剪切速率连续增加法

用控制剪切速率型流变仪从零开始连续增加剪切速率，测量剪切应力随剪切速率的变化曲线，原油开始流动时对应的剪切应力，即得到屈服值。

5.8.3 剪切应力连续增加法

控制应力型流变仪逐渐连续地施加剪切应力，测量原油开始流动时的剪切应力，即得到屈服值。

5.8.4 曲线外延法

将实测剪切速率范围内的流变曲线向剪切速率低的方向外延至剪切速率为零，取对应的剪切应力，即得到屈服值。

5.9 反常点测定

在不同的剪切速率下测定黏温曲线，绘制于同一坐标系中，找出直线段与放射线段的分界点对应的温度，即得到反常点。

5.10 优点

该方法的优点包括：

a) 旋转法操作简单，灵敏度高；

b) 不仅能测量流体黏性，而且能测量黏弹性，具有灵活多变的使用性能和较广泛的测量范围。

5.11 应用局限性

该方法的应用局限性包括：

a) 当转子连续高速旋转时，剪切发热会积聚在试样中，引起测试结果偏离实际值；

b) 动力黏度小于 5 mPa・s 的流体，易产生较大误差；

c) 容易产生边缘效应，即在离心力的作用下，液体与筒、板壁产生滑移或断流。

5.12 仪器标定

旋转法流变仪每年标定 1 次，至少选择 3 个规格的标准黏度液，按标准黏度液证书规定的温度测定，测定值与标准值的相对误差不超过±5.0%。

5.13 重复性

5.13.1 牛顿流体

在相同的试验环境条件下，对同一试样连续测定 3 次，相对偏差不超过 3.0%。

5.13.2 非牛顿流体

在相同的试验环境条件下，对同一试样连续测定 3 次，相对偏差不超过 10%。

6 细管法

6.1 概述

细管法主要有重力细管黏度计、高压细管流变仪或细管模型。常用的重力细管黏度计有平氏、芬氏、乌氏和逆流黏度计，主要用于较低黏度流体黏度的精确测量。高压细管流变仪或细管模型具有工作压力范围大、剪切速率范围小的特点，主要用于较高黏度的流体流变性测定。

6.2 重力细管法

6.2.1 原理

重力细管黏度计靠细管入口与出口液面高度差，使其流过细管，测定一定量的流体通过细管所需的时间，即可确定流体的动力黏度。用式(2)表示：

$$\eta=\rho\left(c_1 t-c_2 \frac{1}{t}\right) \quad \cdots\cdots(2)$$

式中：

ρ——流体密度，单位为克每立方厘米(g/cm^3)；

c_1——黏度计系数，单位为平方毫米每二次方秒(mm^2/s^2)；

t——流体下落的时间，单位为秒(s)；

c_2——黏度计修正系数，单位为平方毫米(mm^2)。

6.2.2 仪器

名称及规格如下：

a) 细管黏度计，其原理示意图见图3；

b) 温度控制单元，控温精度≤±0.1 ℃；

c) 密度计，分度值≤0.001 g/cm^3；

d) 计时器，分辨率 0.01 s。

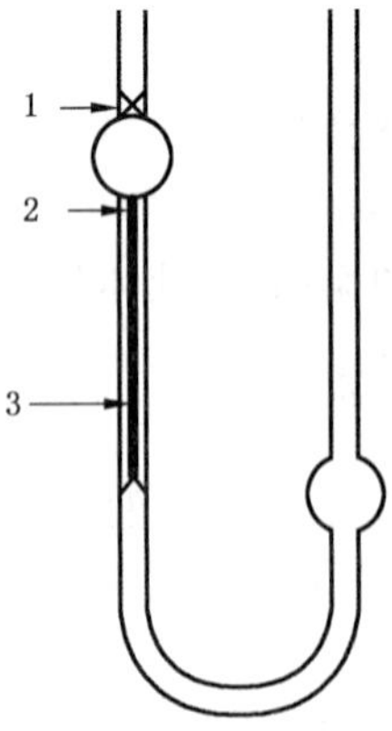

说明：

1——计时点1；

2——计时点2；

3——毛细管。

图3 重力细管法黏度计示意图

6.2.3 试验准备

试验准备的步骤如下：

a) 选取测定球内流体的下流时间在 200 s～1 000 s 之间的细管黏度计，且需要备有内径不同的一套细管黏度计；

b) 将细管黏度计清洗干净；

c) 将样品加入细管黏度计内。每次向管内加入样品时不应含有气泡。原油中存有气泡会影响装油体积，而且进入细管后能形成气塞，增大流动阻力，使流动时间增长，造成测定结果偏高；

d) 测量时，细管黏度计应垂直放置。

6.2.4 测定

使流体自然流下，测量流体弯月面最低点通过上下计时标线的时间。不重装流体，连续重复测量5次，取平均值，计算5次测量值的相对偏差。对于平氏、芬氏、乌氏、逆流黏度计相对偏差应分别不超过0.20%、0.20%、0.20%、0.35%。

6.2.5 优点

该方法的优点是：操作简单，精确度高。

6.2.6 应用局限性

该方法的应用局限性包括：

a) 不适用非牛顿流体流变性的测量；

b) 仅适用 1 000 mPa·s 以下、透明的牛顿流体的黏度、黏温曲线测定。

6.2.7 仪器标定

细管黏度计每年标定1次，选择至少2个规格的标准黏度液，分别测量出相应的时间，通过式(2)计算出该细管黏度计的 c_1 和 c_2。

6.2.8 重复性

在相同的试验环境条件下，对同一试样连续测定3次，相对偏差不超过0.35%。

6.2.9 再现性

在不同的试验环境条件下，对同一试样连续测定3次，相对偏差不超过0.70%。

6.3 高压细管法

6.3.1 原理

在恒温、恒速(恒压)的条件下，当原油通过一根细管时，测定进出口两端的压差(流量)，忽略滑脱效应和端点效应的前提下，应用 Hagen-Poiseuille 理论，计算剪切应力、剪切速率，即可得到该条件下原油的流变特征参数。

6.3.2 装置

名称及规格如下：

a) 试验细管，管长与管径比值>250；

b） 流量调节单元，流量复现性精度≤±1.0%；

c） 气源及压力调节单元；

d） 温度控制单元，控温精度≤±1 ℃；

e） 回压控制单元，回压控制精度 0.25 级或 0.5%F·S；

f） 装载试验流体的容器；

g） 压力、差压测量单元，测量精度 0.25 级或 0.5%F·S。

高压细管法测定原油流变性试验装置示意图见图 4。

6.3.3 测定

6.3.3.1 动力黏度测定

设定系统出口回压，当试验细管达到试验温度后，以一定的流量使原油通过细管。当压差稳定后，记录流量、温度、压差，并根据流量及所对应的压差计算动力黏度。

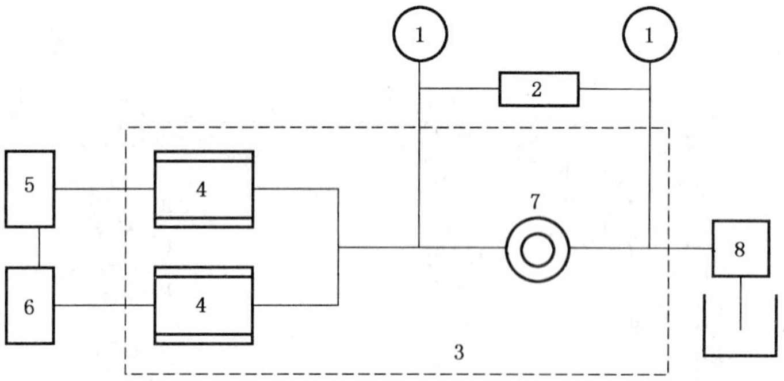

说明：

1——压力表或压力传感器；

2——差压测量单元；

3——温度控制单元；

4——盛样容器；

5——气源及压力调节单元；

6——流量调节单元；

7——试验细管；

8——回压控制单元。

图 4 高压细管法测定原油流变性试验装置示意图

6.3.3.2 流变曲线和黏度曲线测定

设定系统出口回压，当试验细管达到试验温度后，设定不同的流量（最少 5 个），从低到高测定不同流量下原油通过细管时的压差。压差稳定后，记录流量、温度、压差。根据流量及对应的压差计算剪切速率和剪切应力。

6.3.3.3 黏温曲线测定

改变试验温度（试验温度选择可以从低温到高温或从高温到低温），在同一流量下，测定原油通过细管时的压差。压差稳定后，记录流量、温度、进出口压力和压差。试验温度一般不少于 5 个。根据动力黏度与温度的关系，绘制黏温曲线。

6.3.3.4 屈服值测定

6.3.3.4.1 连续阶梯式增压法

采用连续阶梯式增加压力的方法，驱替细管内的原油，测定原油开始流动时对应的压差，计算该压差对应的剪切应力，即得到屈服值。

6.3.3.4.2 曲线外延法

同5.8.4。

6.3.3.5 反常点测定

在不同的流量下测定黏温曲线，绘制于同一坐标系中，找出直线段与放射线段的分界点对应的温度，即得到反常点。

6.3.4 结果计算

6.3.4.1 原油在细管壁上的剪切应力按式(3)计算：

$$\tau_w = \frac{r\Delta p}{2L} \qquad \cdots\cdots(3)$$

式中：

τ_w ——细管壁上的剪切应力，单位为帕(Pa)；

r ——细管半径，单位为米(m)；

Δp ——细管两端的压差，单位为帕(Pa)；

L ——细管的长度，单位为米(m)。

6.3.4.2 非牛顿特性指数按式(4)计算：

$$n' = \frac{\Delta \ln\left(\frac{r\Delta p}{2L}\right)}{\Delta \ln\left(\frac{4Q}{\pi r^3}\right)} \qquad \cdots\cdots(4)$$

式中：

n'——非牛顿特性指数；

Q——通过细管断面的原油体积流量，单位为立方米每秒(m^3/s)。

6.3.4.3 原油在细管壁上的剪切速率按式(5)计算：

$$\dot{\gamma}_w = \frac{3n'+1}{4n'}\left(\frac{8v}{d}\right) \qquad \cdots\cdots(5)$$

式中：

$\dot{\gamma}_w$ ——细管壁上的剪切速率，单位为每秒(s^{-1})；

v ——平均线性流速，单位为米每秒(m/s)；

d ——细管直径，单位为米(m)。

6.3.4.4 原油在细管中的动力黏度按式(6)计算：

$$\eta = \frac{\tau_w}{\dot{\gamma}_w} \qquad \cdots\cdots(6)$$

6.3.5 优点

该方法的优点是：

a) 测得的原油流变性更真实地表征原油在管道中的流动，有利于原油管道输送工程设计；

b) 适合地层条件下含气原油流变性测定。

6.3.6 应用局限性

该方法的应用局限性包括：

a) 试验周期长，操作繁琐；

b) 对测量结果产生影响的因素较多，需要对测量管径、端部效应等进行误差修正。

6.3.7 仪器标定

选择至少3个规格的标准黏度液进行全测量管段的标定，即通过标准液体在细管中进行流动试验，测得细管段上的压差和对应的流量，利用 Hagen-Poiseuille 方程求得等效半径。

6.3.8 重复性

6.3.8.1 牛顿流体

在相同的试验环境条件下，对同一试样连续测定3次，相对偏差不超过5.0%。

6.3.8.2 非牛顿流体

在相同的试验环境条件下，对同一试样连续测定3次，相对偏差不超过10%。

7 多孔介质法

7.1 概述

在原油开采过程中，无论是在原始压力下驱替或采用强化采油手段，原油在多孔介质中的流变性都是不可忽视的因素。而多孔介质法测定原油流变性可以真实地反映原油在油层中的渗流特性及原油表现出的不同非牛顿特性，可以更好地指导油田开发。

7.2 原理

当含气、脱气原油以恒速（恒压）通过多孔介质时，测定进出口两端的压差（流量），忽略滑脱效应和端点效应的前提下，应用 Rabinowitsch 理论，计算剪切应力、剪切速率，即可得到该条件下原油在多孔介质中渗流的流变特征参数。

7.3 装置

名称及规格如下：

a) 岩心；

b) 流量调节单元，流量复现性精度≤±1.0%；

c) 气源及压力调节单元；

d) 温度控制单元，控温精度≤±1 ℃；

e) 回压控制单元，回压控制精度0.25级或0.50%F·S；

f) 压力、差压测量单元，测量精度0.25级或0.50%F·S；

g) 装载试验流体的容器。

多孔介质法测定原油流变性试验装置示意图见图5。

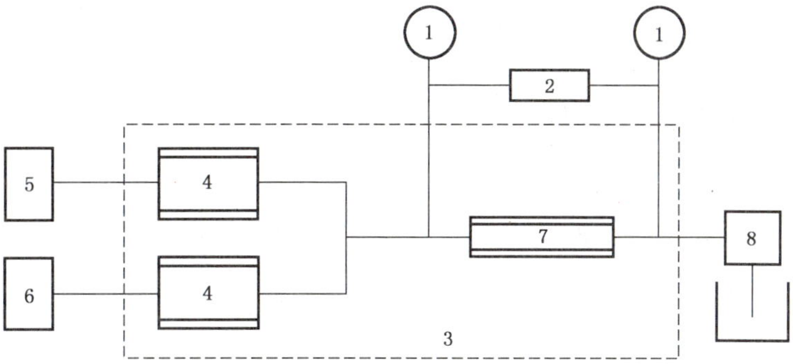

说明：

1——压力表或压力传感器；
2——差压测量单元；
3——温度控制单元；
4——盛样容器；
5——气源及压力调节单元；
6——流量调节单元；
7——岩心；
8——回压控制单元。

图5 多孔介质法测定原油流变特性试验装置示意图

7.4 测定

7.4.1 动力黏度测定

设定系统出口回压，当多孔介质达到试验温度后，以一定的流量使原油通过多孔介质。当压差稳定后，记录流量、温度、压差，并根据流量及所对应的压差计算动力黏度。

7.4.2 流变曲线和黏度曲线测定

设定系统出口回压，当多孔介质达到试验温度后，设定不同的流量(最少5个)，从低到高测定不同流量下原油通过多孔介质时的压差。压差稳定后，记录流量、温度、压差。根据流量及对应的压差计算剪切速率和剪切应力。

7.4.3 黏温曲线测定

改变试验温度(试验温度选择可以从低温到高温或从高温到低温)，在同一流量下，测定原油通过多孔介质时的压差。压差稳定后，记录流量、温度、进出口压力和压差。试验温度一般不少于5个。根据动力黏度与温度的关系，绘制成黏温曲线。

7.4.4 屈服值测定

7.4.4.1 连续阶梯式增压法

采用连续阶梯式增加压力的方法，驱替多孔介质内的原油，测定原油开始流动时对应的压差，计算该压差对应的剪切应力，即得到屈服值。

7.4.4.2 曲线外延法

同5.8.4。

7.4.5 反常点测定

同6.3.3.5。

7.5 结果计算

7.5.1 原油在多孔介质内渗流的平均剪切应力

Mckinlcy 认为达西定律与非牛顿流体在均匀细管内稳定流的 Hagen-Poiseuille 定律之间是相似的，由此得出原油在多孔介质内渗流的平均剪切应力按式(7)计算：

$$\tau_c = \frac{\alpha \Delta p \sqrt{\frac{K}{\phi}}}{2l} \qquad \cdots\cdots (7)$$

式中：

τ_c ——多孔介质内渗流的平均剪切应力，单位为帕(Pa)；

α ——取决于孔隙介质迂曲度的一个参数；

Δp ——岩心两端的压力降，单位为帕(Pa)；

K ——岩心渗透率，单位为达西(D)；

ϕ ——岩心孔隙度，%；

l ——岩心长度，单位为米(m)。

7.5.2 原油在多孔介质内渗流的平均剪切速率

根据 Dupuit-Forchheimer 的假定，原油在多孔介质内渗流的平均剪切速率按式(8)计算：

$$\dot{\gamma}_c = \frac{4v_c}{\alpha\sqrt{K\phi}} \qquad \cdots\cdots (8)$$

式中：

$\dot{\gamma}_c$ ——多孔介质内渗流的平均剪切速率，单位为每秒(s^{-1})；

v_c ——平均线速度，单位为米每秒(m/s)。

7.5.3 原油在多孔介质内的表观黏度

原油在多孔介质内的表观黏度按式(9)计算：

$$\eta = \frac{\tau_c}{\dot{\gamma}_c} \qquad \cdots\cdots (9)$$

7.6 优点

该方法的优点是：可以表征原油在油藏的渗流特性，得出的测量结果更接近油藏实际情况。

7.7 应用局限性

该方法的应用局限性是：试验周期长，操作繁琐。

7.8 仪器标定

选择至少 3 个规格的标准黏度液进行标定，即通过标准液体在多孔介质中进行流动试验，测得多孔介质两端的压差和对应的流量，按式(9)计算黏度。测定值与标准值的相对误差不超过±15.0%。

7.9 重复性

在相同的试验环境条件下，对同一试样连续测定 3 次，相对偏差不超过 10%。

8 落球法

8.1 概述

使金属小球在液体中下落而确定液体黏度的方法称为落球法。落球法分为直落式和滚落式。

8.2 原理

金属小球在液体中下落时，小球受到三个力的作用：重力、液体作用下的浮力、由液体黏度引起的黏滞阻力。由于附着于球面的液层与周围其他液层之间存在着相对运动，小球受到的黏滞阻力大小与小球下落的速度有关。当小球做匀速直线运动时，三力达到平衡，即可求得小球受到的黏滞力，进而确定液体的动力黏度。

8.3 装置

名称及规格如下：

a） 落球黏度计，原理示意图见图 6；

b） 温度控制单元，控温精度≤±1 ℃；

c） 计时器，分辨率 0.01 s。

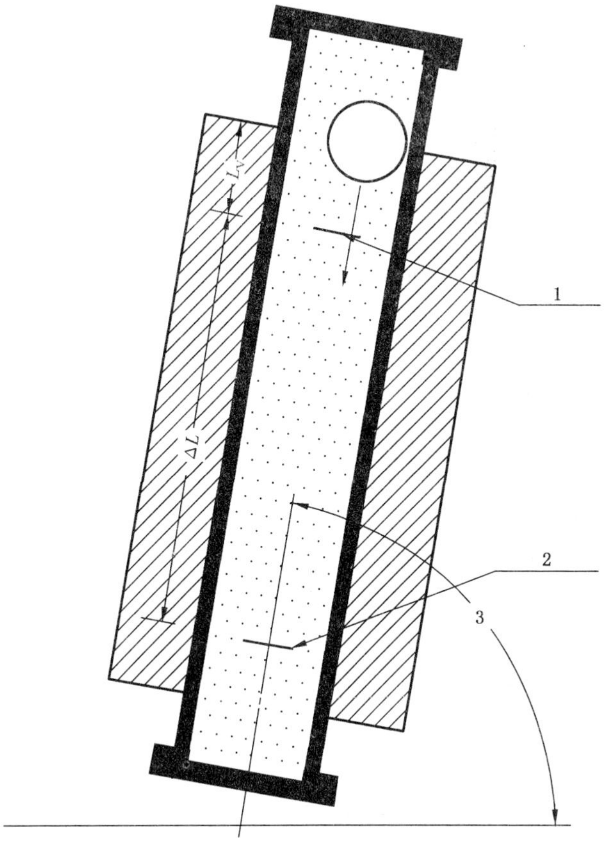

说明：

1——计时标线 1；

2——计时标线 2；

3——倾斜角度 α；

L_V ——金属小球达到匀速时通过的距离；

ΔL ——两计时标线间距离。

图 6 落球黏度计示意图

8.4 试验准备

实验准备的步骤如下：

a) 将小球清洗干净并吹干；

b) 反复翻转黏度计，搅拌油样使其达到单相平衡；

c) 待样品中气泡消失后再测定。

8.5 测定

8.5.1 直落式

在试验温度下，将小球从测试导管放入样品中，测量小球下落经过上下两个计时标线所需的时间。重复测量5次，取平均值。小球下落的时间之差应不超过平均值的1%。

8.5.2 滚落式

在试验温度下，选定测角，按测定规程测定落球时间，落球时间介于10 s～80 s间为宜。

8.6 计算

8.6.1 直落式

通过测量小球在液体中匀速自由下落一定距离所需的时间求得动力黏度，按式(10)计算：

$$\eta=\frac{100\ d^2(\rho_0-\rho)gt}{18l}f \qquad (10)$$

式中：

d ——小球的直径，单位为厘米(cm)；

ρ_0——小球的密度，单位为克每立方厘米(g/cm^3)；

ρ ——原油的密度，单位为克每立方厘米(g/cm^3)；

g ——重力加速度，单位为米每二次方秒(m/s^2)；

t ——小球的下落时间，单位为秒(s)；

l ——小球通过两计时标线之间的距离，单位为厘米(cm)；

f ——考虑管壁影响的修正系数。

考虑管壁影响的修正系数按式(11)计算：

$$f=1-2.104\frac{d}{D}+2.09\left(\frac{d}{D}\right)^3-0.95\left(\frac{d}{D}\right)^5 \qquad (11)$$

式中：

D——测试导管的直径，单位为厘米(cm)。

对于相对测量，式(10)可写成式(12)：

$$\eta=K(\rho_0-\rho)t \qquad (12)$$

式中：

K——落球系数，单位为毫帕秒立方厘米每克($mPa\cdot s\cdot cm^3/g$)。

8.6.2 滚落式

按式(12)计算动力黏度。

8.7 优点

该方法的优点是：

a） 操作简单；
b） 适用于地层原油动力黏度的测量。

8.8 应用局限性

该方法的应用局限性是：只限于原油动力黏度、黏温曲线的测定。

8.9 仪器标定

选择至少 3 个规格的标准黏度液，测定不同直径的小球在不同角度的下落时间，按式(12)计算落球系数。

8.10 重复性

在相同的试验环境条件下，对同一试样连续测定 3 次，相对偏差不超过 1.5%。

8.11 再现性

在不同的试验环境条件下，对同一试样连续测定 3 次，相对偏差不超过 3.0%。

9 试验报告

9.1 数值修约

9.1.1 细管长度、细管直径、岩心直径、岩心长度精确到 0.01 cm。
9.1.2 岩心孔隙体积精确到 0.01 cm^3。
9.1.3 温度精确到 0.1 ℃。
9.1.4 流量、压差、流度、压力梯度、渗流速度值为 3 位有效数字。
9.1.5 剪切速率、剪切应力值为 4 位有效数字。
9.1.6 动力黏度值为 4 位有效数字。

9.2 试验报告的格式

9.2.1 试验报告封面及首页的格式示意图参见图 A.1、图 A.2。
9.2.2 原油动力黏度、流变曲线、黏度曲线及黏温曲线、屈服值、反常点检测报告数据表的格式分别参见表 B.1、表 B.2、表 B.3、表 B.4、表 B.5。
9.2.3 原油流变曲线图、黏度曲线图、黏温曲线图、屈服值测定曲线图、反常点测定曲线图的格式分别参见图 C.1、图 C.2、图 C.3、图 C.4、图 C.5。

附 录 A
（资料性附录）
原油流变性检测报告封面及首页格式

试验报告封面及首页的格式示意图见图 A.1、图 A.2。

××××检测报告

检测项目__________________

地　　区__________________

井　　号__________________

井　　深__________________ m

送样单位__________________

送 样 人__________________

报告日期__________________

××××检测单位名称（单位及检测专用章）

图 A.1　试验报告封面的格式

××××检测单位名称

报告页数＿＿＿＿＿＿＿＿页

样品数量＿＿＿＿＿＿＿＿块

检测依据＿＿＿＿＿＿＿＿

检测设备＿＿＿＿＿＿＿＿

设备编号＿＿＿＿＿＿＿＿

检测环境＿＿＿＿＿＿＿＿

检 测 人＿＿＿＿＿＿＿＿

校 核 人＿＿＿＿＿＿＿＿

授权签字人＿＿＿＿＿＿＿

图 A.2 试验报告首页的格式

附　录　B
（资料性附录）
原油流变性检测报告数据表的格式

原油动力黏度、流变曲线、黏度曲线及黏温曲线、屈服值、反常点检测报告数据表的格式分别见表B.1、表B.2、表B.3、表B.4、表B.5。

表B.1　原油动力黏度检测报告数据表

共　页第　页

井号		样号		层位	
井深/m		压力/MPa			
温度/℃		剪切速率/s^{-1}		动力黏度/(mPa·s)	

表B.2　原油流变曲线检测报告数据表

共　页第　页

井号		样号	
层位		井深/m	
温度/℃	压力/MPa	剪切速率/s^{-1}	剪切应力/Pa

表 B.3　黏度曲线及黏温曲线检测报告数据表

共　页第　页

井号		样号	
层位		井深/m	
温度/℃	压力/MPa	剪切速率/s^{-1}	动力黏度/(mPa·s)

表 B.4　屈服值检测报告数据表

共　页第　页

井号		样号	
层位		井深/m	
温度/℃	压力/MPa	剪切速率/s^{-1}	剪切应力/Pa
屈服值/Pa			

表 B.5　反常点检测报告数据表

共　页第　页

井号		样号	
层位		井深/m	
温度/℃	压力/MPa	剪切速率/s^{-1}	动力黏度/(mPa·s)
反常点/℃			

附 录 C
（资料性附录）
原油流变性检测报告曲线图的格式

原油流变曲线图、黏度曲线图、黏温曲线图、屈服值测定曲线图、反常点测定曲线图的格式分别见图 C.1、图 C.2、图 C.3、图 C.4、图 C.5。

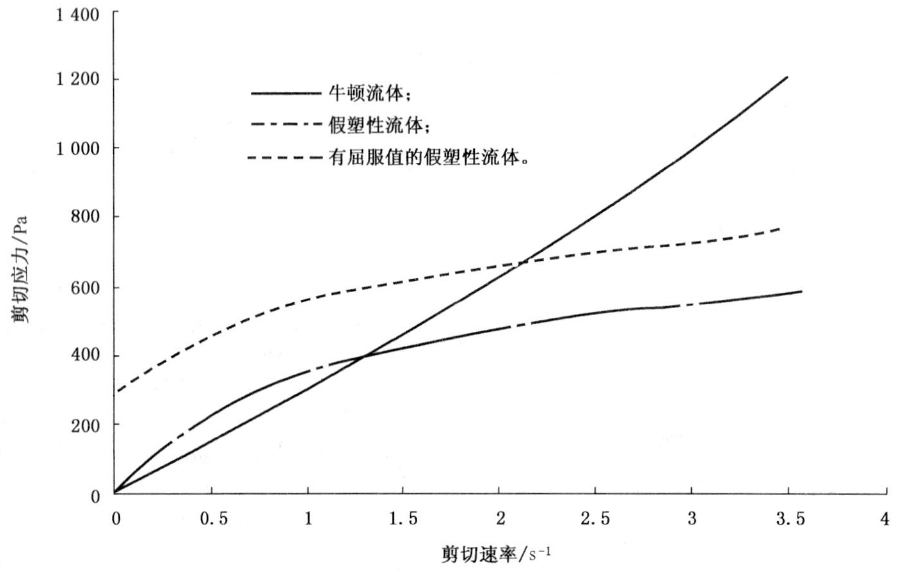

图 C.1 原油流变曲线图示例

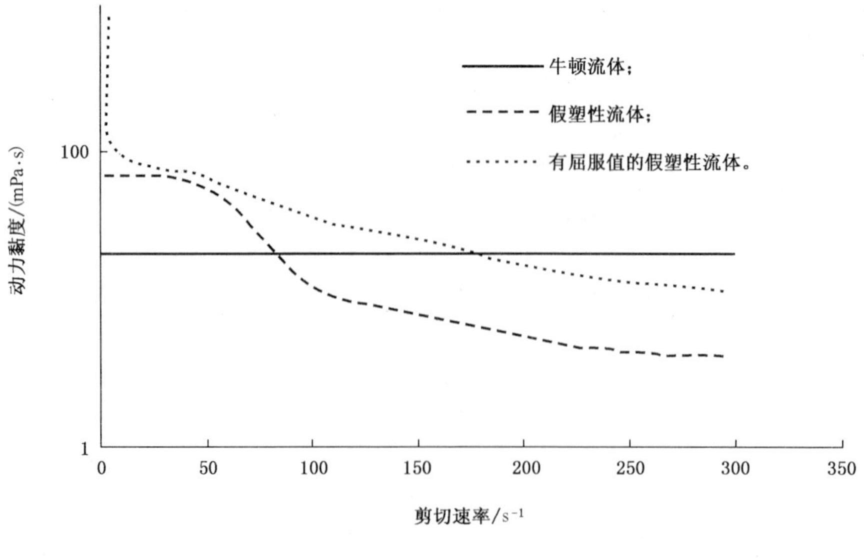

图 C.2 原油黏度曲线图示例

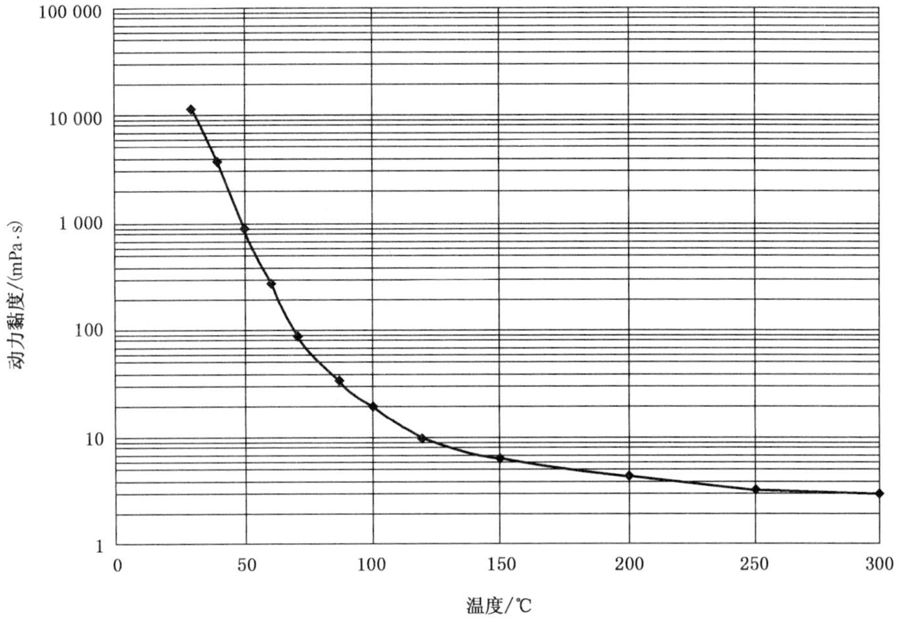

图 C.3 原油黏温曲线图示例

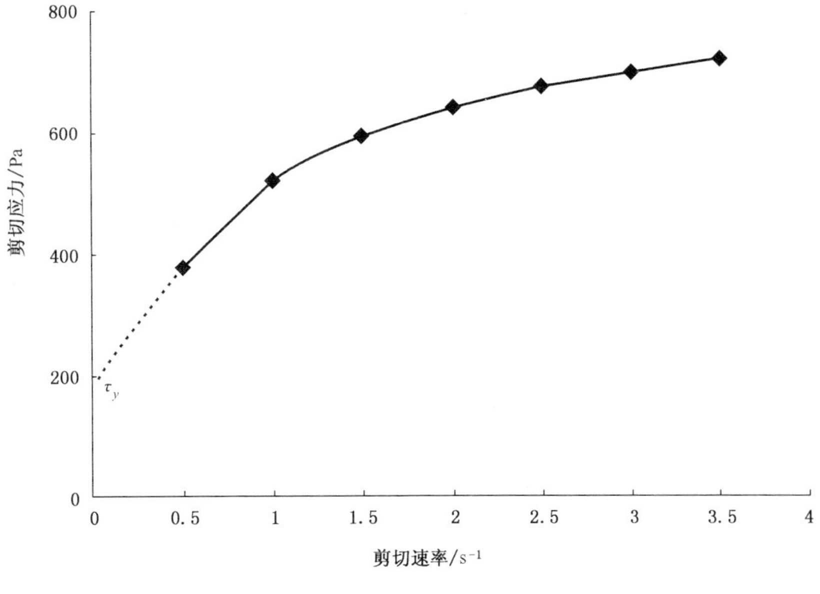

图 C.4 原油屈服值测定曲线图示例

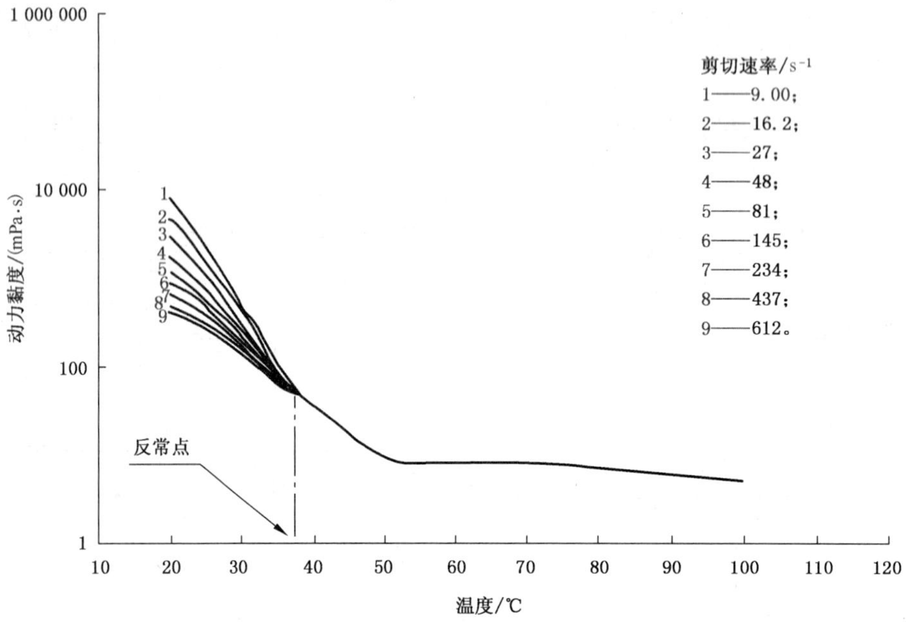

图 C.5 原油反常点测定曲线图示例

参 考 文 献

[1] SY/T 6580—2004 石油天然气勘探开发常用量和单位

[2] 张方礼,刘其成,刘宝良等.稠油开发试验技术与应用.北京:石油工业出版社,2007

[3] 李传宪.原油流变学.山东东营:中国石油大学出版社,2006

[4] 卢学成.原油流变性的试验研究及其水驱开发特征.第四届全国多相流非牛顿流体物理化学流学术会议论文集,1993

[5] Gebhard Schramm.实用流变测量学.李晓辉,译.北京:石油工业出版社,1998.5

[6] D. A. Alvarado, S. S. Maraclen. Flow of oil in water Emulsions through tubes and porous media. SPEJ, Dec, 1979:369-377

ICS 75.020
E 13

中华人民共和国国家标准

GB/T 28911—2012

石油天然气钻井工程术语

Vocabulary of drilling engineering for the petroleum and natural gas

2012-11-05 发布　　2013-03-01 实施

中华人民共和国国家质量监督检验检疫总局
中国国家标准化管理委员会　发布

前　言

本标准按照 GB/T 1.1—2009 给出的规则起草。

本标准由全国石油天然气标准化技术委员会(SAC/TC 355)提出并归口。

本标准起草单位:中国石油大学(华东)、胜利石油管理局钻井工艺研究院、中海油田服务股份有限公司。

本标准主要起草人:管志川、廖华林、史玉才、严新新、黄根炉、曹式敬、韩志勇、陈庭根、邹德永、程远方、刘瑞文、张卫东。

石油天然气钻井工程术语

1 范围

本标准规定了石油天然气钻井工程专用的术语。

本标准适用于石油天然气钻井工程领域，也适用于石油天然气工业的其他领域。

2 钻井总论

2.1 井的基本概念

2.1.1

井 well

以勘探、开发石油、天然气和其他地下资源为目的，在地层中钻出的具有一定深度的圆柱形孔眼。

2.1.2

井口 wellhead

井的顶部开口端。

2.1.3

井底 well bottom

井的底端。

2.1.4

井壁 well wall

井眼的圆柱形内壁。

2.1.5

井眼 well bore

井筒

井身

一口井的整体。

2.1.6

井段 well section

井眼中的某一段。

2.1.7

裸眼 open hole

未用套管、筛管以及其他措施封隔的井段。

2.1.8

井深 measured depth

测深

斜深

从转盘面(参照点)至井内某测点间的井眼轴线的实测长度。

2.1.9

垂深　true vertical depth

井眼轴线上某点至井口所在水平面的距离。

2.1.9.1

深井　deep well

垂深不小于4 500 m、不大于6 000 m的直井。

2.1.9.2

超深井　ultra-deep well

垂深不小于6 000 m的直井。

2.1.10

井径　well diameter

井眼的直径。

2.1.11

环空　annulus

环形空间

井内下有管柱时，井壁与管柱或管柱和管柱之间的环形柱状空间。

2.1.12

井眼轴线　hole axis

井眼的中心线。

2.1.13

井身结构　casing program

套管程序

一口井的套管层数，下入深度及各层套管的直径，相应各井段的井眼直径及裸眼井深和管外的水泥返深。

2.2　井别和井型

2.2.1

井别　well type

按钻井目的对井的分类，通常分为探井、开发井。

2.2.1.1

探井　exploratory well

在油气田勘探阶段所钻的井的统称。一般分为区域探井、预探井和评价井。区域探井、预探井是为了寻找油气藏；评价井的目的是探明油气藏的边缘，确定油气藏的深度、油气层的厚度变化及含油气情况等。

2.2.1.2

开发井　development well

为开发石油、天然气或其他资源所钻的各种生产井、注入井，以及在已开发油气田内，为保持一定的产量并研究开发过程中地下情况变化所钻的观察井、资料井、检查井等。

2.2.2

井型　well type

按井眼轨道形状对井的分类，通常分为直井、定向井。

2.2.2.1

直井　vertical well

设计的井眼轴线为一铅垂线的井。

2.2.2.2

定向井　directional well

设计的目标点与井口不在同一铅垂线上的井。

2.3

钻井方法　drilling method

钻井方式

采用不同的钻井设备、工具和工艺技术钻出井眼的方法。

2.3.1

顿钻钻井　cable drilling

冲击钻井

采用顿钻钻井设备和工具，以冲击方式破碎岩石形成井眼方法。

2.3.1.1

绳式顿钻　cable tool drilling

利用钢丝绳连接钻头的顿钻钻井方法。

2.3.1.2

杆式顿钻　rod tool drilling

利用钻杆连接钻头的顿钻钻井方法。钻进时可以同时循环钻井液以清洗井底。

2.3.2

旋转钻井　rotary drilling

采用旋转钻井设备和工具，使钻头做旋转运动以破碎岩石形成井眼的方法。

2.3.2.1

转盘钻井　rotary table drive drilling

利用转盘带动钻柱和钻头的旋转钻井方法。

2.3.2.2

顶部驱动钻井　top drive drilling

利用钻柱顶部的动力装置带动钻柱和钻头旋转的钻井方法。

2.3.2.3

井下动力钻井　down hole motor drilling

井底动力钻井

利用井下动力钻具带动钻头旋转的钻井方法。包括涡轮钻具钻井、螺杆钻具钻井、电动钻具钻井等。

2.3.3

喷射钻井　jet drilling

利用钻井液流经钻头喷嘴所形成的高能射流充分地清洗井底，使岩屑免于重复切削，并使其水力作用与机械作用联合破碎井底岩石的钻井。

2.3.4

冲击旋转钻井　percussion and rotary drilling

旋冲钻井

在普通旋转钻进的基础上同时使用冲击器，使钻头在冲击动载和静压旋转的联合作用下破碎岩石以提高钻井效率的钻井。

2.4

钻井种类　kinds of drilling

根据钻井环境、钻井设备及工具、工艺技术等所划分的钻井类别。按破碎岩石方式可分为顿钻钻井、旋转钻井。按钻井施工环境可分为陆上钻井、海上钻井；按钻井工艺可分为过平衡压力钻井、近平衡压力钻井、平衡压力钻井、欠平衡压力钻井、控压钻井、取心钻井、连续管钻井、套管钻井等；按钻井循环介质可分为钻井液钻井、气体钻井、雾化钻井、泡沫钻井、充气钻井液钻井等。

2.4.1

海上钻井　offshore drilling

海洋钻井

用钻井平台或钻井船在不同水深的水域进行的钻井。

2.4.2

沙漠钻井　desert drilling

利用适合沙漠地带作业的钻井设备在沙漠地区进行的钻井。

2.4.3

平衡压力钻井　balanced drilling

作用于井底的液柱压力等于地层孔隙压力情况下进行的钻井。

2.4.4

近平衡压力钻井　near balanced drilling

作用于井底的液柱压力略大于地层孔隙压力情况下进行的钻井。

2.4.5

欠平衡压力钻井　under balanced drilling; UBD

作用于井底的流体压力略低于地层孔隙压力情况下的钻井。

2.4.6

气体钻井　gas drilling

用空气或天然气、氮气等其他气体作为钻井循环介质所进行的钻井。

2.4.7

雾化钻井　mist drilling

用水和泡沫剂的混合物注入到空气流中作为钻井循环介质进行的钻井。

2.4.8

泡沫钻井　foam drilling

用泡沫钻井液作为钻井循环介质进行的钻井。

2.4.9

充气钻井液钻井　aerated drilling fluid drilling

用钻井液和气体的混合物作为钻井循环介质进行的钻井。

2.4.10

小井眼钻井　slim-hole drilling

井眼直径比常规井径要小的钻井。通常指井眼直径不大于 165.5 mm、井段占总井深 2/3 的钻井。

2.4.11

取心钻井　core drilling

使用取心工具钻进，以获得圆柱状地层岩样（岩心）的钻井。

2.4.12

连续管钻井　coiled tubing drilling; CTD

连续柔管钻井

用连续柔性盘管代替钻柱进行的钻井。

2.4.13

套管钻井　drilling while casing;DWC

用套管替代钻柱,同时完成下套管作业的钻井。

2.5

工程报废井　engineering abandoned well

由于工程原因未能实现钻井目的,又不能用做采油(气)或辅助生产而废弃的井。

2.6

钻井设计　well design

钻井施工的依据,包括钻井地质设计、钻井工程设计等。

2.6.1

钻井工程设计　drilling engineering design

按照地质任务的目的和要求,预先制定的钻井程序、工艺方法、施工计划、成本预算等。

2.6.2

钻井工程质量　drilling engineering quality

衡量钻井工程作业质量的重要指标,主要包括井身质量、固井质量、取心质量、油气层保护等。

2.6.3

钻井工序　drilling process

钻井工艺过程的各阶段。一般包括钻前工程、钻进、取心、中途测试、测井、固井和完井等。

2.6.4

钻井进度　drilling progress

用时间段表示的钻井工序施工进展程度。

2.7

钻井破岩新方法　advanced drilling techniques

探索或应用于钻井破岩的新科技,或新设备、工具和新工艺技术等。

2.7.1

磨蚀钻井　abrasive jet drilling

用单级涡轮带动一个金刚砂或碳化钨的切削轮旋转以破碎岩石的钻井方法。

2.7.2

射流冲蚀钻井　high pressure jet drilling

用高压射流冲蚀破碎岩石的钻井方法。

2.7.3

炸药囊爆破钻井　explosive capsule drilling

用炸药囊撞击岩石而引起爆炸以破碎岩石的钻井方法。

2.7.4

弹丸钻井　pellet impact drilling

将钢粒加入钻井液中,通过特制钻头的喷嘴提高流速,用高速的钢粒撞击以破碎岩石的钻井方法。

2.7.5

电火花钻井　electric spark drilling

用高压电的水下电火花产生高压强脉冲,从孔底冲击破碎岩石的钻井方法。

2.7.6

超声波钻井　supersonic wave drilling

用磁滞伸缩的铁芯,使发射体高频振动产生超声波,依靠磨蚀和空化作用破碎岩石的钻井方法。

2.7.7

火焰钻井　flame drilling

热力钻井

用氧和柴油一起燃烧以产生高温高喷速的火焰来破碎岩石的钻井方法。

2.7.8

电加热钻井　electric heating drilling

用电加热剥落破碎岩石的钻井方法。

2.7.9

微波钻井　microwave drilling

用集聚的雷达波来加热和剥落岩石的钻井方法。

2.7.10

原子能钻井　atomic energy drilling

用原子反应堆熔化岩石的钻井方法。

2.7.11

电弧钻井　electric arc drilling

用电弧的高温熔化岩石的钻井方法。

2.7.12

等离子钻井　plasma jet drilling

等离子体射流钻井

用产生的高热转换等离子体熔化岩石的钻井方法。

2.7.13

电子束钻井　electron-beam drilling

用高电压使从阴极射向阳极的电子束加速，并用偏压栅极和电极透镜使电子束向岩石聚焦，产生高温熔化和破碎岩石的钻井方法。

2.7.14

振动钻井　vibratory drilling

用振动器产生振动力使钻头破碎岩石的钻井方法。

2.7.15

激光钻井　laser drilling

用激光光束熔化和气化岩石的钻井方法。

2.7.16

化学腐蚀钻井　chemical erosion drilling

用一种反应化学剂破碎岩石的钻井方法。

3　钻井的工程地质条件

3.1

岩石的物理力学性质　rock physical and mechanical properties

岩石的物理机械性质

岩石在机械外力作用下呈现的力学特性。

3.1.1

岩石强度　rock strength

岩石抵抗外力破坏的能力。

3.1.1.1

岩石的抗拉强度 rock tensile strength

岩石单纯受拉伸应力作用时的能力。

3.1.1.2

岩石的抗压强度 rock compressive strength

岩石单纯受压缩应力作用时的强度。

3.1.1.3

岩石的抗剪强度 rock shear strength

岩石单纯受剪切应力作用时的强度。

3.1.1.4

岩石的抗弯强度 rock bending strength

岩石单纯受弯曲应力作用时的强度。

3.1.2

岩石硬度 rock hardness

岩石抗压入强度

岩石抵抗局部破坏的能力。

3.1.2.1

岩石压入硬度 rock indentation hardness

用压模压入方式测定的岩石硬度。

3.1.2.2

岩石微硬度 rock microhardness

根据统计学原理,用微硬度计测定的岩石硬度平均值。

3.1.2.3

肖氏岩石硬度 Shore's hardness

利用肖氏硬度计测定的岩石硬度。

3.1.2.4

史氏岩石硬度 Shi's hardness

利用史立涅尔岩石硬度计测得的岩石硬度。

3.1.2.5

列宾捷尔效应 Rebinder P. A. effect

岩石破碎过程中,因吸附作用而降低硬度的现象。

3.1.3

岩石的弹性 elasticity of rock

岩石的应变随着应力的解除而恢复的特性。

3.1.3.1

岩石弹性模量 rock elastic modulus

在弹性范围内,岩石的正应力与正应变的比值。

3.1.3.2

岩石泊松比 rock Poisson's ratio

岩石在施加应力方向上的应变与在垂直于此力的方向上所引起的应变的比值。

3.1.3.3

岩石剪切模量 rock shear modulus

在弹性范围内,岩石在剪切应力作用下,剪应力与剪切应变的比值。

3.1.3.4

岩石体积压缩模量　rock bulk compressibility modulus

根据广义虎克定律，作用于岩石单元体上的压应力与单位体积变化量的比值。

3.1.3.5

岩石体积压缩系数　rock bulk compressibility coefficient

岩石在压力作用下，单位体积微变量与压力微增量的比值。

3.1.4

岩石的塑性　plasticity of rock

岩石的应变随应力的解除而不能完全恢复的特性。

3.1.4.1

岩石塑性变形　rock plastic deformation

岩石在三轴压缩应力状态下由塑性性质而产生的变形，主要由组成岩石的矿物颗粒间界面的滑移引起。

3.1.4.2

岩石塑性系数　rock plasticity coefficient

岩石破坏时所消耗的总功与破坏前弹性变形功的比值。

3.1.4.3

岩石蠕变　rock creep

岩石在恒定载荷作用下，变形量随时间而缓慢增加的现象。

3.1.5

脆性岩石　brittle rock

外载作用下破坏前不呈现明显变形的岩石。

3.1.6

塑性岩石　plastic rock

外载作用下破坏前呈现明显塑性变形的岩石。

3.1.7

岩石力学试验　rock physical and mechanical property test

测量岩石物理力学性质的各种试验。

3.1.7.1

岩石直接拉伸试验　direct rock tensile test

把岩样加工成拉伸试样，置于材料拉伸试验机上进行简单应力状态下(或称单轴拉伸状态)的拉伸试验。

3.1.7.2

岩石巴西劈裂试验　rock Brazilian test

间接测量岩石抗拉伸强度的方法之一。把圆盘形岩样立放于试验机的工作台面和加载平板之间施加压力载荷的试验。

3.1.7.3

岩石筒形抗内压胀裂试验　hollow cylinder burst test

是岩石抗拉伸试验的间接方法之一。对圆筒状岩样施以均匀内压至胀裂的抗拉伸强度试验。

3.1.7.4

静压入试验　static impact test

压模在静态载荷作用下压入岩石的试验。

3.1.7.5

等剪应力球面　iso-shear sphere

静压入试验中，圆柱形平底压模压入岩石时，半无限球体中剪应力相等的点构成一个个的球面。

3.1.7.6

动压入试验　impact penetration test

冲击压入试验

压模在动态载荷作用下压入岩石的试验。

3.1.7.7

岩石抗剪切强度试验　rock shear test

在实验台上给岩样施加剪切载荷直到破坏的试验。

3.1.7.8

岩石抗压缩强度试验　rock uniaxial compression test

单轴抗压试验

单轴压应力状态下的抗压强度试验。

3.1.7.9

岩石三轴强度试验　triaxial compressive test of rock

三轴应力状态下进行的强度试验。

3.1.7.10

三轴应力状态　triaxial stress state

岩石在 X、Y 和 Z 三个方向被施以均布压力，使其处于三向压缩的应力状态。

3.1.7.11

岩石常规三轴试验　conventional triaxial test of rock

在三轴试验仪的高压室内，用液压使岩样四周处于三向均匀压缩应力状态下进行的强度试验。

3.1.7.12

岩石真三轴试验　true triaxial test of rock

三轴试验时，给岩样 X、Y 和 Z 三个方向施加的均布压力不等，即在三个主应力互不相等的条件下进行的强度试验。

3.1.7.13

围压　confinning pressure

指作用在岩石周围的均匀压应力。

3.1.7.14

岩石脆塑性临界压力　rock brittle-plastic transition pressure

岩石在三向应力状态下从脆性破坏转变为塑性破坏时的围压值。

3.1.8

岩石强度破坏准则　rock strength failure criterion

岩石发生强度破坏所遵循的基本准则。

3.1.8.1

岩石库仑-纳维尔强度准则　rock Coulomb-Navier strength criterion

由库仑、纳维尔提出的岩石强度破坏准则之一。该准则认为岩石沿剪切面破坏时，剪应力等于岩石的抗剪切强度与剪切面上作用的正应力所产生的摩擦力之和。

3.1.8.2

岩石内摩擦角　rock internal friction angle

库仑-纳维尔强度直线与纵轴的夹角。

3.1.8.3

内摩擦系数 rock internal friction coefficient

岩石内摩擦角的正切值。

3.1.8.4

岩石莫尔强度准则 Mohr failure criterion for rock

岩石强度破坏准则之一，该准则用一组莫尔圆包络线作为岩石破坏的条件，莫尔圆包络线内的任何应力状态都不会使岩石破坏，反之，若落在包络线以外，岩石将发生破坏。

3.1.8.5

岩石格里菲斯脆性破坏准则 Griffith theory for rock brittle failure

岩石强度破坏准则之一，该准则认为脆性材料的破坏是由于材料本身存在有微裂纹和缺陷，在应力作用下使这些裂纹的顶端周围发生了拉伸破坏造成的。

3.1.8.6

岩石统计强度理论 rock statistical strength theory

用岩石微观破坏强度的统计规律来表达宏观强度数学期望的理论。

3.1.9

岩石破碎机理 rock crushing mechanism

岩石在工具作用下的破碎原理。主要有锲入、切削、研磨、冲击、压碎、扭搓、射流冲蚀等。

3.1.9.1

岩石表面破碎 rock surface fracture

指钻进过程中施加的钻压太小，其比钻压远远小于史氏岩石硬度，牙齿不能切入地层，只是在岩石表面产生研磨、刮削破碎。

3.1.9.2

岩石疲劳破碎 rock fatigue fracture

钻进时比钻压小于但接近史氏岩石硬度，由于长时间研磨、刮削和冲击，使得岩石表面颗粒达到疲劳极限而产生的破碎。

3.1.9.3

岩石体积破碎 rock volumetric fracture

当比钻压达到或超过史氏岩石硬度时，牙齿切入岩石后在冲击、刮挤和切削的作用下，岩石产生呈较大块状的破碎。

3.1.9.4

岩石破碎比功 rock specific volumetric fragile work

破碎单位体积的岩石所消耗的功。

3.1.9.5

岩石拟塑性破坏 rock pseudo-plastic breakage

岩石在外载作用下直到破坏前呈现的塑性变形，不仅是由于其矿物颗粒内部的晶格滑移，而且还由于其结构疏松，在压缩破坏过程中，孔隙的闭合也掺入了总的塑性变形中，称为岩石的拟塑性破坏。

3.1.9.6

各向压缩效应 triaxial compressibility effect

随着围压的增大，岩石的强度和塑性增大的现象。

3.1.10

岩石的可钻性 rock drill-ability

评价岩石被钻碎难易程度的综合性指标。

3.1.10.1

微钻头可钻性试验　micro-bit drillability test

测量地层可钻性的实验方法之一。在微型钻头试验架上，用微型钻头按规定条件在岩石上钻规定深度所需时间作为衡量岩石可钻性的指标。

3.1.10.2

岩石可钻性分级　rock drill-ability classification

岩石按被钻碎难易程度的分级。

3.1.11

岩石研磨性　rock abrasive properties

岩石磨损与其接触并运动的物体的能力。

3.2

地层压力　formation pressure

地层孔隙压力　formation pore pressure

地层孔隙中流体所具有的压力。

3.2.1

正常地层压力　normal formation pressure

等于地层流体的静液压力，其值等于从地面到地下某深度处的连续地层水的静液压力。

3.2.2

异常地层压力　abnormal formation pressure

其值大于或小于正常地层静液压力的地层压力。

3.2.2.1

异常高压　abnormal high pressure

其值大于正常地层静液压力的地层压力。

3.2.2.2

异常低压　abnormal low pressure

其值小于正常地层静液压力的地层压力。

3.3

地应力　in-situ stress

地壳岩层中存在的应力。它不是一个定值，而是随着时间空间的变化而异。

3.3.1

岩层水平地应力　strata horizontal in-situ stress

作用在岩层水平方向上的地应力，包括最大水平地应力和最小水平地应力两个分量。

3.3.2

上覆岩层压力　overburden pressure

由上覆岩层重力产生的铅垂方向的地应力分量。是该处以上地层总重力(包括岩石基质和岩石孔隙中流体)所产生的压力。

3.3.3

基岩应力　matrix stress；effective stress

骨架应力

有效应力

由岩石颗粒间相互接触支撑的那一部分上覆岩层压力。

3.4

地层破裂压力　formation fracture pressure

地层某深度处的井壁产生拉伸破坏时的压力。

3.5

地层坍塌压力　formation collapse pressure

地层某深度处的井壁产生剪切破坏时的压力。

3.6

安全泥浆密度窗口　safety drilling fluid density window

地层破裂压力、地层孔隙压力、地层坍塌压力三条压力曲线之间不导致地层破裂、溢流或坍塌的压力区间。

3.7

压持效应　chip hold-down effect

井底液柱压力大于地层孔隙压力时产生的正压差，使已破碎的岩屑被压紧在井底，造成机械钻速降低的现象。

4　钻前工程

4.1

定井位　location determination

按钻井地质设计井口和钻探目标的地理坐标，结合地形及施工技术条件，综合勘测确定井口位置。

4.2

选线　route selection

根据地理条件和施工条件选取通往井场的路线。

4.3

井场道路　access road to well site

沟通公路和井场之间交通的道路。

4.4

井场　well site

钻井施工必需的作业场地。

4.5

井场布置　well site arrangement

根据井位所处自然环境、设备类型和技术要求，布置井场及钻井设备。

4.5.1

大门方向　well site arrangement

沿井口纵向中心线指向井架正前方的方向。

4.5.2

井场前部　foreside of well site

以井口横向中心线为界，位于井场大门方向的区域。

4.5.3

井场后部　rearward of well site

以井口横向中心线为界，位于井场大门反方向的区域。

4.5.4

井场左侧　nearside of well site

面对井架大门，位于井口纵向中心线左侧的区域，通常摆放油罐、发电房等。

4.5.5

井场右侧　starboard of well site

面对井架大门，位于井口纵向中心线右侧的区域，通常摆放钻井循环系统等。

4.6

钻机基础　rig foundation

钻井设备基础

承受钻机载荷并将其传递至地基的构筑物。

4.6.1

预制基础　pre-fabricated foundation

活动基础

预先制作好并能多次重复使用的钻机基础。如钢筋混凝土基础、钢管排基础、钢木基础、条石基础和木方基础等，能多次重复使用的钻机基础。

4.6.2

现浇基础　foundation grouted in site

死基础

在现场浇筑的一次性使用的水泥混凝土钻机基础。

4.6.3

桩基础　pile-supported foundation

由基桩及联结各桩顶的承台构成的钻机基础。

4.6.4

钻机基础设计　rig foundation design

根据钻井工艺和设备要求以及地基的情况，确定钻机基础类型、结构尺寸及施工技术要求。

4.6.5

基础安装　pre-fabricated foundation setting

摆基础

将预制基础安置在指定位置的作业。

4.6.5.1

基础放线　foundation pit delimitation

按照基础设计要求，在指定位置用明显的标志划出基坑边界线。

4.6.5.2

基础找平　foundation levelling

对同一组基础表面进行测量找水平的作业。

4.6.5.3

静力触探　static probe

使用静力触探仪器，用以测定地基土不同土层承载能力的作业。

4.7

圆井　cellar

方井

为便于井口装置安装、操作，挖建的圆(或方)形坑井。

4.8

导管安装　conductor installation

在钻井一开前,在井口位置安装、埋设用于导出钻井液的导管的作业,包括开挖填埋和机械打入等形式。

4.9

钻机拆卸　drilling rig disassembly

将钻机各个组件拆开,以便运输。

4.10

放井架　derrick lowering

利用钻井设备自身所配备的动力,将井架由工作位置下放至拆卸位置的作业。

4.11

钻机安装　drilling rig installation

对井场设备进行就位、校正、固定和试运转等项工作。自升式井架钻机的安装工序和塔式井架钻机不同。先安装底座,后就位绞车、动力机组、传动系统,校正并固定,同时在井场水平组装井架,装天车及游动系统,再利用自身动力起升井架。

4.11.1

底座安装　substructure installation

以井口中心线为基准,按照钻机布置图摆放底座固定并安装起升用人字架、死绳固定器、绞车梁,安装绞车以及钻台面、扶梯、栏杆等。

4.11.2

传动系统设备的安装　transmission system installation

并车传动箱、转盘驱动箱、猫头绞车就位并校正固定。

4.11.3

动力设备的安装　power equipment installation

柴油机组液力变矩器联动机的安装。

4.11.4

起升系统安装　hoisting system installation

包括井架、游动系统以及绞车及其动力传动系统的安装、调试。

4.11.4.1

组装井架　derrick assembling

按照技术要求,井架分成数段在场地上水平组装成整体。并装天车及二层台、高压管汇等。

4.11.4.2

绞车安装　drawworks installation

绞车吊装到位,按要求固定并调整刹车及辅助刹车。

4.11.4.3

穿大绳　wire line stringing;string up

穿钢丝绳

将钻井钢丝绳按一定顺序,穿绕天车及游动滑车,并将快绳端及死绳端分别固定在绞车滚筒和死绳固定器上的作业。

4.11.5

井架试起升　derrick hoisting test

井架正式起升前试将井架起至刚离开支撑架的位置,检查起升钢丝绳和钻井钢丝绳的固定、钻机配重、底座人字架等关键部位的安全可靠性。试起升后放井架至原位,重新做好正式起升准备。

4.11.6

井架起升　derrick hoisting

利用钻井设备自身所配备的动力，将井架由水平位置起升至工作位置的作业。

4.11.7

井架校正　derrick alignment

使天车中心对正转盘中心，其同轴度符合规定要求，再将井架与人字架锁固。

4.11.8

旋转送进设备安装　rotary system installation

安装转盘、水龙头和吊环，根据工程设计要求安装顶驱装置。

4.11.9

循环系统的安装　circulating system installation

钻井泵、高压管汇、立管及水龙带的安装。

4.11.10

钻井液处理系统的安装　drilling fluid treating system installation

包括振动筛、除砂器、除泥器、离心机和搅拌器等设备的安装。

4.11.11

索具安装　string drilling line and install raising line

将各种索具分别固定在吊装件指定位置上的准备作业。

4.11.12

扒杆　cantilever ginpole

用以拆装塔形井架的管柱式起重工具。

4.12

整拖井架　skid-mounted derrick

整体拖移井架的作业。

4.13

钻机整体拖运　rig skidding

钻机主要部件不拆开，被整体拖运到新的井位上。

4.14

地貌恢复　landscape restoration

钻井设备在完井离开井场后，对老井场进行平整、清理、治污等的作业。

5　钻头

5.1

钻头　drilling bit

钻井中直接破碎岩石形成井眼的工具。按结构及破岩机理可分为刮刀钻头、牙轮钻头、金刚石钻头和 PDC 钻头等。按功用可分为全面钻进钻头、取心钻头和特殊工艺用钻头。

5.2

刮刀钻头　drag bit

由刮刀片、喷嘴、分水帽和钻头体等部分组成，以刮削方式破岩的一种钻头。

5.3

牙轮钻头　rock bit;roller bit;cone bit

由牙轮、牙爪、轴承和喷嘴等部分组成，以冲击压碎方式破岩的一种钻头。按钻头牙齿可分为铣齿

(钢齿)和镶齿(硬质合金齿)钻头两类。按轴承类型可分为滚动轴承和滑动轴承钻头两类。

5.3.1

牙轮　cone

带牙齿的锥形轮体。有单锥牙轮和复锥牙轮两种。

5.3.1.1

主锥角　main-taper angle

牙轮主锥的锥角。

5.3.1.2

副锥角　secondary-taper angle

牙轮副锥的外延锥角。

5.3.1.3

主锥井底角　main-taper bottom hole angle

由牙轮主锥破碎岩石形成的井底与水平面的夹角。

5.3.2

牙齿　tooth

牙轮钻头破碎岩石的基本元件。分铣齿(钢齿)和镶齿(硬质合金齿)两种。

5.3.2.1

齿高　tooth depth

从牙齿齿顶到牙轮表面的高度。

5.3.2.2

齿距　tooth interval

同一齿圈上相邻两齿的齿顶间距离。

5.3.2.3

齿尖角　tooth angle

牙齿两个斜侧面之间的夹角。

5.3.3

牙轮井底接触母线　contacting generatrix between bottom hole and cone

为牙轮的主锥和副锥母线的总长度。

5.3.4

井底牙齿覆盖系数　bottomhole covering ratio of teeth

三个牙轮各齿圈上牙齿宽度的总和与井底接触母线长度的比值。

5.3.5

牙爪　bit leg

巴掌

用于安装牙轮的部件。

5.3.6

钻头轴承　bit bearing

由牙轮和牙爪轴共同构成的特殊结构的轴承,是支撑牙轮在牙轮轴上转动的机械部件。

5.3.6.1

密封轴承　sealed bearing

在牙轮端面和牙爪之间安装一个密封圈以防止井内钻井液进入轴承腔的轴承。

5.3.6.2

滚动轴承　rolling bearing

结构形式为"滚柱轴承副＋滚珠轴承副＋滚柱轴承副"的轴承。

5.3.6.3

滑动轴承　journal bearing

结构形式为"滑动轴承副＋滚珠轴承副＋滑动轴承副"或"滑动轴承副＋卡簧定位滑动轴承副＋滑动轴承副"的轴承。滑动轴承副又分为轴颈轴承、带固定衬套的滑动轴承、带浮动衬套的滑动轴承和简易滑动轴承等类型。

5.3.6.4

储油压力补偿系统　lubrication & compensator system

装于牙爪内，由压力补偿膜、护膜杯、带传压孔的压盖、泄压阀、储油腔及润滑油通道等部分组成。用来平衡轴承内外的压力和补充轴承内逐渐消耗的润滑剂。

5.3.7

钻头水眼　bit outlet

钻头的钻井液循环出口，在水眼上一般应装有水眼套或喷嘴。

5.3.8

喷嘴　nozzle

安装在钻头水眼内，将钻井液的压能转换为射流动能的能量转换器。其类型有常规喷嘴、加长喷嘴、脉冲喷嘴、空化喷嘴等。

5.3.9

牙轮钻头编码　rock bit code

国际钻井承包商协会（IADC）对牙轮钻头进行分类的编号，用三位数字代表钻头的结构特点和适合的地层，以便识别和选用。

5.3.10

牙轮钻头磨损分级　dull grading for rock bits

国际钻井承包商协会（IADC）对牙轮钻头磨损评价制定的统一标准。

5.3.11

牙轮钻头轴承失效　bit bearing failure

牙轮钻头轴承不能正常工作。

5.3.12

轴承密封失效　bearing seal failure

轴承密封系统损坏，钻井流体进入轴承腔室。

5.3.13

牙齿折断　tooth breakage

牙齿断裂或崩碎，齿根仍留在牙轮基体上。

5.3.14

牙齿脱落　lost teeth

固齿失效，整个镶齿从牙轮体齿孔内掉落。

5.3.15

牙齿磨损　tooth wear

牙齿因地层的研磨作用而导致高度减少或齿形变化。

5.3.16

掉牙轮　cone losing

牙轮与钻头体脱离而掉落井内。

5.3.17

牙轮破裂　cone cracking

牙轮体破碎、断落或出现裂纹。

5.3.18

牙轮互咬　cone interference

牙轮间发生接触，不能灵活转动。

5.3.19

牙轮冲蚀　cone-shell erosion

牙轮被水力剥蚀而出现坑穴损坏。

5.3.20

牙轮旷动　cone shaking

轴承因磨损而间隙增大引起牙轮转动不平稳。

5.3.21

牙轮卡死　cone locked

因轴承失效等导致牙轮被卡住而无法自转。

5.4

固定切削齿钻头　fixed cutter bit

切削齿直接固定在钻头体上，没有轴承一类滑动部件的钻头。

5.4.1

PDC 钻头　polycrystalline diamond compact bit

采用聚晶金刚石复合片作为基本切削单元的固定齿钻头。按钻头体材料和聚晶金刚石复合片的固定工艺不同，可分为钢体 PDC 钻头和胎体 PDC 钻头两大类。

5.4.2

人造聚晶金刚石　artificial polycrystalline diamond

由不同粒度的小颗粒人造金刚石单晶，加入一定量的粘结金属后，在高温高压下一次人工合成的多晶金刚石聚合体。

5.4.3

聚晶金刚石复合片　polycrystalline diamond compact；PDC

PDC 复合片。由聚晶金刚石薄层(0.5 mm～1 mm)和一定厚度的硬质合金衬底组成，两者在高温高压下直接烧结成一体，为圆柱形。

5.4.4

PDC 切削齿　PDC cutter

PDC 钻头的切削齿。钢体 PDC 钻头的切削齿是将复合片焊在带有斜面的硬质合金齿柱上而成。胎体 PDC 钻头的切削齿即为复合片。

5.4.5

钻头冠部形状　profile of bit

钻头剖面形状

钻头上从钻头中心到保径部分的表面称为钻头冠部。钻头冠部的剖面形状称为冠部形状或剖面形状。PDC 钻头冠部通常分为内锥、冠顶(鼻端)、外锥(侧翼)、肩部四个部分。常用的 PDC 钻头冠部形状有平底型、浅锥型、中锥型和长锥型四种。

5.4.6

耐磨性 abrasion resistance

钻头切削刃抵抗岩石研磨磨损的能力。

5.4.7

磨耗比 wear resistance ratio

人造金刚石烧结体耐磨性的指标。按照 JB/T 3235 规定的条件,用砂轮磨削人造金刚石烧结体样品,砂轮磨耗量与样品磨耗量之比。

5.4.8

抗冲击性 impact resisitance

复合片等切削齿抵抗冲击载荷的能力。

5.4.9

研磨性磨损 abrasive wear

钻头切削齿与岩石接触摩擦产生的磨损。

5.4.10

冲击损坏 damage by impact load

PDC 切削齿的聚晶金刚石薄层受冲击载荷作用时的碎裂和剥落现象。

5.4.11

井底造型 establishing a bottom hole pattern

钻头刚下到井底时先用小钻压钻进修整井底,使井底形状与钻头剖面形状相吻合的过程。

5.4.12

钻头涡动 bit whirl

钻头中心偏离井眼中心的涡旋运动。它是导致 PDC 钻头切削齿过早失效的主要原因。

5.4.13

抗涡动钻头 anti-whirl drill bit;whirl-resistant bit

能够有效减轻钻头涡动的 PDC 钻头。

5.4.14

PDC 钻头 IADC 分类 IADC classification for PDC bits

国际钻井承包商协会(IADC)制定的 PDC 钻头分类标准,用四个字码分别表示钻头体材料、切削齿密度、切削齿尺寸及剖面形状,以便识别和选用。

5.4.15

TSP 钻头 thermally stable polycrystalline diamond bit

巴拉斯钻头

采用热稳定性接近天然金刚石的人造金刚石聚晶作为切削齿的金刚石钻头。

5.4.16

金刚石钻头 diamond bit

靠镶嵌在钻头胎体(铸造的粉末冶金烧结体)上的金刚石颗粒破碎岩石的钻头。主要由金刚石、胎体、钢体、水眼及水槽等部分组成。按金刚石颗粒的镶嵌方式可分为表镶式、孕镶式和表孕镶式金刚石钻头。按其材质又可分为天然金刚石和人造金刚石钻头。

5.4.17

金刚石出刃 diamond exposure

金刚石露出钻头表面的高度。该高度一般不超过金刚石粒径的 1/3。

5.4.18

胎体　matrix

金刚石钻头冠部包镶金刚石颗粒的耐磨合金部分。这种合金主要由碳化钨和粘结金属铜、镍、锰等浸渍金属组成，采用粉末冶金方法在石墨模具中制成钻头形状。

5.4.19

金刚石钻头 IADC 分类　IADC classification for diamond bits

IADC 于 1987 年制定的一个适用于金刚石钻头的分类标准。标准采用四位字码描述各种类型的固定切削齿钻头的切削齿种类及钻头体材料、钻头冠部形状、水力结构特点和切削齿大小及密度。

5.5

偏心扩眼钻头　eccentric bit & bi-centric bit

双心钻头

钻头的旋转中心线偏离钻头几何中心线一定距离的特殊结构的钻头，主要用于随钻扩眼钻进。

5.6

取心钻头　core bit

专用于钻取岩心的钻头。根据其结构及制造材料的不同，一般可分为牙轮取心钻头、金刚石取心钻头、PDC 取心钻头和硬质合金取心钻头等。

5.7

钻头选型　bit selection

以快速、安全、经济钻井为目标，根据井眼尺寸、地层岩性和钻井参数等确定钻头类型。

5.8

钻头检查　bit inspection

为保证入井钻头的型号、尺寸、质量等符合要求，在入井前进行的一些检查工作。

5.9

钻头寿命　bit life

钻头在切削元件或轴承失效之前能够在井下正常工作的时间。

5.10

钻头使用时间　bit working time

钻头在井下正常工作的时间。

5.11

钻头合理起钻时间　reasonable time to pull the bit

在钻头寿命内，按钻井技术经济指标最优为标准确定的钻头起钻时间。

5.12

钻头过度使用　overuse of bit

钻头在超过合理使用时间后继续使用。

5.13

钻头磨损　bit wear

在钻进、划眼过程中引起的钻头部件的损耗。

5.13.1

钻头磨损分级　dull grading system

国际钻井承包商协会(IADC)制定的钻头磨损统一分级标准。该标准将牙轮钻头和固定齿钻头(PDC 钻头、金刚石钻头、TSP 钻头等)的磨损统一按内区齿磨损、外区齿磨损、磨损特征、磨损位置、轴承/密封、保径、其他特征、起钻原因 8 个参数进行评价。

5.13.2

钻头正常磨损　bit uniform wear

在钻头合理使用条件下，因岩石的研磨作用而产生的切削元件、钻头外径的磨损。牙轮钻头还包括轴承磨损。

5.13.3

钻头异常磨损　bit unfavorable wear

因选型和使用不当或井下有落物等而导致钻头磨损过快或先期损坏。

5.13.4

钻头过度磨损　bit excessive wear

由于过度使用导致的钻头严重磨损。

5.14

水眼刺坏　water course puncture

喷嘴与钻头体之间的密封失效，钻井流体冲蚀损坏水眼座。

5.15

喷嘴刺坏　nozzle puncture

喷嘴本体被钻井液冲蚀损坏。

5.16

喷嘴堵塞　nozzle plugging

喷嘴被岩屑或异物堵住，钻井液无法通过。

5.17

钻头泥包　bit balling

钻头被岩屑、滤饼等掺混在一起的糊状物紧紧包住。

6　钻井设备、工具及仪表

6.1

钻机　drilling rig

用于石油天然气勘探和开发作业的联合作业机组。主要由起升系统、动力设备、传动系统、旋转系统、循环系统、控制系统以及配套设备等钻机组件组成。

6.1.1

起升系统　hoisting system

用以起升或下放钻柱、套管柱、油管柱，并可起放井架的系统。主要由绞车及其驱动系统和井架、游动系统(包括天车、游动滑车、大钩及钻井大绳)组成。

6.1.1.1

井架　derrick；mast

属于起升系统，用于安放天车、游车等吊升系统设备和工具，并用以起下和存放钻具的钢架结构。分为塔形井架和自升式井架，自升式井架又分为前开口式井架、A形井架和桅形井架等。

6.1.1.2

塔形井架　pyramid mast

横截面为正方形或矩形的四棱截锥形空间桁架结构的井架。一般由许多单一构件用螺栓连接组成，并在井场组装或拆卸运移。

6.1.1.3

A 形井架　A-mast

整体结构型式呈 A 字型，而两大腿为等截面空间杆件结构或管柱式结构的井架。井架大腿下段有一对人字架或撑杆，用于起放井架，保持井架纵向稳定性。井架在井场地面水平组装，整体起升，分段运输。

6.1.1.4

前开口式井架　cantilever mast

K 形井架

前扇敞开或大部分敞开，截面为 Π 形或包括部分矩形的空间桁架结构的井架。井架下段后部有一对人字架或撑杆，用于起放井架。井架分段在井场水平组装，整体起升。

6.1.1.5

桅形井架　mast

由框架结构或管柱式大腿组成整体的或分段的焊接结构井架，可在井场地面组装，整体起升，分段或整体运输。工作时，向井口方向倾立，需要用绷绳保持其稳定性。对于车装钻机或修井机，桅架多做成伸缩或折叠式。

6.1.2

井架组成部分　derrick compoment parts

组成井架的构件。

6.1.2.1

天车台　crown safety platform；water table

位于井架顶部，供拆装和保养天车及穿绕大绳用的框架结构。

6.1.2.2

天车台人字架　gin pole

装在塔形井架顶部，用于安装或拆卸天车的人字形支架。

6.1.2.3

操作台　monkey board

猴台

供井架工进行起下钻操作的工作平台。

6.1.2.4

二层台　racking platform

支承操作台、指梁的环形走廊。其高度须适应起下钻具立柱操作的需要。

6.1.2.5

三层台　auxillary racking platform

位于二层台以上，支承操作台的工作平台。

6.1.2.6

指梁　finger board

设在井架二层台上，用以支靠立根盒中立根顶部的指状悬臂梁。

6.1.2.7

立管台　standpipe board

供拆装钻井水龙带的工作平台。

6.1.2.8

井架大腿　derrick leg

井架结构中起主要支承作用的立柱。一般为两个或四个。塔形井架有四个大腿即 1 号大腿（司钻侧前大腿)、2 号大腿(司钻对侧前大腿)、3 号大腿(司钻对侧后大腿)、4 号大腿(司钻侧后大腿)。

6.1.2.9

井架大门　v-door;window opering

前大门

位于井架的正前方(井架面对井场一侧)的开口。便于钻杆和套管吊上钻台。

6.1.2.10

绞车大门　drawworks window opening

后大门

位于塔形井架的正后方(井架面对机泵房一侧)的开口。便于吊装绞车。

6.1.2.11

底板　bottom plate

支脚板

位于塔形井架大腿底面,用于连接底座的构件。

6.1.2.12

扶梯　ladder

供作业人员上下井架的攀登设施。由梯子体、梯子平台、栏杆组成。

6.1.2.13

死绳固定器　dead-line

固定游动系统死绳的装置。

6.1.2.14

起升绳　raising line

自升式井架整体起升或放倒用的钢丝绳。

6.1.2.15

井架绷绳　derricks guyline

稳定井架用的钢丝绳。

6.1.2.16

绷绳锚　guyline anchor;deadman

埋于井场地下,用以固定井架绷绳的锚桩。

6.1.3

井架结构参数　derrick structural parameters

井架的整体结构尺寸。

6.1.3.1

天车台开孔　water table opening

塔形井架天车台内缘,允许天车通过的净宽度。

6.1.3.2

二层台有效高度　available height of racking platform

从钻台平面到二层台台面的距离。

6.1.3.3

二层台容量　capacity of racking platform

二层台所能存放钻杆、油管或悬挂抽油杆的数量。

6.1.3.4

井架公称高度　nominal height of derrick

井架与底座联结处到天车梁底面的距离。

6.1.3.5

井架有效高度　available height of derrick

钻台面到天车梁底面的距离。

6.1.3.6

井架上底尺寸　derrick top size

井架顶部各相邻大腿中心的距离。

6.1.3.7

井架下底尺寸　derrick base size

塔形井架底部各相邻大腿中心的距离。

6.1.3.8

井架大门高度　v-door height;height of window opening

塔形井架大门高度是从井架大腿底板底面到大门顶面的距离。

6.1.3.9

井架大门开档尺寸　v-door dimensions;window opening dimension

塔形井架从大腿底板面起所量的前大门尺寸。

6.1.4

底座　substructure

用于安装钻机部件承受大钩载荷和立根载荷并满足钻井工艺搬迁要求的钢架结构平台,主要有井架底座、联动机底座及泵底座等。

6.1.4.1

井架底座　derrick substructure

用以安装井架、钻机、转盘等。组成有钻台立根盒、大鼠洞、小鼠洞和转盘大梁等。

6.1.4.2

钻台　derrick floor

位于井架底座上的钻井作业场所。

6.1.4.3

立根盒　pipe setback;setback

钻台上容纳和排放立根的装置。

6.1.4.4

大鼠洞　rat hole

用于放置方钻杆和水龙头联接件的洞,位于钻台左前方井架大腿与井口的连线上。

6.1.4.5

小鼠洞　mouse hole

位于转盘的正前方,用于放置钻杆单根或其他工具的洞。

6.1.5

驱动系统　drives system;power system

动力系统

驱动钻机运转的动力系统。分内燃机驱动系统、交流电驱动系统、直-直流电驱动系统、交-直流可控硅电驱动系统、交流电变频驱动系统和机电混合驱动系统。

6.1.6

传动系统　power transmission system

用以将动力传递分配给各工作机的系统。包括离合、减速、并车、反转和变速机构等。

6.1.7

旋转系统　rotary system

包括转盘、水龙头、顶部驱动装置等。

6.1.8

钻井大绳　drilling line

大绳

钻机游动系统用的钢丝绳。

6.1.9

气动绞车　air winch

以气动马达为动力的手控式绞车。

6.1.10

涡磁刹车　elmagco brake

利用转子在定子内可控磁场中转动切割磁力线，产生电涡流，形成反扭矩，消耗下钻势能，从而达到控制下钻速度的一种辅助刹车形式。

6.1.11

司钻操作台　driller's console

司钻操作控制钻机的工作台。

6.2

钻具　drilling tools

井下钻井工具的总称。一般指方钻杆、钻杆、钻铤、接头、稳定器、井眼扩大器、减振器、震击器、钻头等井下工具等。

6.2.1

方钻杆　kelly

用于传递转盘扭矩、截面外形呈方形而内为圆孔的厚壁金属管，两端有连接螺纹，一般上端为左旋螺纹、下端为右旋螺纹。

6.2.2

钻杆　drill pipe

两端带有连接接头，用于钻井加深井眼、传递破碎岩石的功率，并形成钻井液循环通道的金属或复合材料管。

6.2.2.1

铝合金钻杆　aluminum drill pipe

以铝为主的多种合金制成的轻质钻杆。主要用于地层含有腐蚀性流体的钻井和超深井钻井。

6.2.2.2

加重钻杆　heavy weight drill pipe;heavy wall drill pipe

厚壁钻杆

用合金钢制成的壁厚较大、重量较大的钻杆，其两端有超长的外加厚接头，中间有外加厚段。加重钻杆常用于钻铤与钻杆之间的过渡段。

6.2.3

钻铤　drill collar

用合金钢制成的厚壁无缝钢管，其壁厚一般为钻杆的几倍，两端有连接螺纹。主要用作给钻头施加钻压，配下部钻具组合等。

6.2.3.1

方钻铤 square drill collar

断面外形为方形的钻铤。

6.2.3.2

偏重钻铤 eccentric-weight drill collar

质心偏离形心的钻铤。

6.2.3.3

螺旋钻铤 spiral drill collar;spiral-grooved drill collar

外部铣有螺旋形水槽的钻铤。

6.2.3.4

应力减轻槽 stress-relief groove

钻铤两端的内外螺纹消失端处所加工成的断面半径较内螺纹大(内应力减轻槽)和较外螺纹小(外应力减轻槽),且表面光滑的沟槽,以减轻应力集中。

6.2.4

接头 joint;sub

用以连接、保护钻具的短节。

6.2.4.1

配合接头 crossover sub

转换接头

连接不同尺寸、不同螺纹的接头。

6.2.4.2

钻杆接头 drill pipe tool joint

钻杆管体两端的接头,用于连接钻杆。分为内平式、贯眼式、正规式和数字接头。

6.2.4.3

水龙头接头 swivel tool joint

连接水龙头和方钻杆的接头,两端皆为左旋螺纹。

6.2.4.4

方钻杆保护接头 kelly saver sub

保护方钻杆螺纹的接头。

6.2.5

钻具组合 drill string assembly

钻具配合

各种钻井工具选配和连接而成的井下整体组合。

6.2.6

钻柱 drill string

自水龙头以下钻头以上钻具管串的总称。由方钻杆、钻杆、钻铤、接头、稳定器等钻具组成。

6.2.7

复合钻柱 combination drill string

由几种不同尺寸、不同壁厚或不同钢级的钻杆所组成的钻柱。

6.2.8

下部钻具组合 bottom hole assembly;BHA

底部钻具组合

钻头之上主要用于控制钻头前进方向的包括各种特殊钻具在内的那段紧靠钻头的一段钻柱。

6.2.8.1

满眼钻具 packed hole assembly

由外径接近于钻头直径的多个稳定器和大尺寸钻铤组成的下部钻具组合。主要用于防斜和稳斜。

6.2.8.2

塔式钻具 tapered drill collar string

由直径不同的几种钻铤组成的、上小下大的下部钻具组合。主要用于防斜和纠斜。

6.2.8.3

钟摆钻具 pendulum assembly

根据钟摆原理设计的、主要用于防斜和纠斜的下部钻具组合。

6.2.9

钻柱的工作状态 drilling string working status

在一定工作条件下，不同受力情况的钻柱形态。

6.2.9.1

钻柱屈曲 drill string buckling

由轴向压力引起的钻柱失稳弯曲。

6.2.9.2

临界钻压 critical weight on bit

使一定尺寸下部钻柱产生屈曲的最小钻压。

6.2.9.3

钻柱的扭转振动 drill string torsional vibration

由井下钻具旋转阻力不均引起的钻柱的周向振动。

6.2.9.4

钻柱的纵向振动 drill string longitudinal vibration

钻柱在井内工作时产生的轴向振动现象。

6.2.9.5

钻柱自转 drill string revolve on its own axis

钻柱绕自身轴线旋转。

6.2.9.6

钻柱公转 drill string revolve round the borehole axis

钻柱绕井眼轴线旋转。

6.2.10

钻柱受力分析 drill string force analysis

对钻柱的各部位的受力情况进行分析计算。在井下工作的钻柱受到的作用力主要有自重引起的静拉力、钻井液的浮力、钻压、扭矩、摩擦阻力、动载荷、弯曲力矩、离心力、内压力、外挤压力等。

6.2.10.1

浮力系数 buoyancy factor

表示液体浮力对钻柱轴向受力影响的计算系数。

6.2.10.2

浮力系数法 buoyancy factor method

根据钻柱的线浮重(线重乘以浮力系数)计算其轴向载荷的方法。

6.2.10.3

压力面积法 pressure-area method

根据流体静力学原理考虑浮力影响来计算钻柱轴向载荷的方法。

6.2.11

钻柱设计　drill string design

根据钻井工艺要求和钻柱在井下的受力情况对钻柱进行结构和强度设计。强度设计方法主要有安全系数法、设计系数法、拉力余量法等。

6.2.11.1

安全系数法　safety factor method

为了保证钻柱的工作安全,钻柱设计时通过采用安全系数来考虑起下钻的动载及其他力的作用。

6.2.11.2

设计系数法　design factor method

为了防止卡瓦挤毁钻杆,钻杆拉伸载荷应受到限制,即屈服强度与拉伸应力的比值不能小于某一设计系数,以此来设计钻柱的方法。

6.2.11.3

拉力余量法　overpull margin method

在钻柱设计中选择的计算静拉载荷应小于最大允许静拉载荷一个合适的数值(称为拉力余量)的钻柱设计方法。

6.2.11.4

中性点　neutral point

按浮力系数法计算的钻柱上轴向力等于零的截面位置。

6.2.11.5

零轴向力点　zero axial stress point

按压力面积法计算的钻柱上轴向力等于零的截面位置。

6.2.11.6

钻杆许用长度　drill pipe rated length

钻杆许下深度

钻杆在拉伸强度条件限制下可以下入井内的最大长度。

6.2.12

上扣扭矩　make-up torque

螺纹连接达到上紧时的扭矩值。

6.2.13

最佳上扣扭矩　optimum makeup torque

既可保证台肩面有足够的弹性压缩量,又可防止外螺纹屈服或内螺纹膨胀的扭矩。

6.2.14

钻铤连接螺纹弯曲强度比　drill collar joint bending strength ratio

相当于外螺纹端部位置的内螺纹截面的抗弯截面系数与距台肩 19.05 mm 处外螺纹截面的抗弯截面系数的比值。

6.2.15

钻杆表面缺陷　drill pipe surface imperfection

指钻杆表面的伤痕、裂纹。常见的表面缺陷有大钳伤痕、卡瓦伤痕、地层和井内金属碎屑的切割伤痕等。

6.2.15.1

大钳伤痕　tong mark

钻柱接卸时因大钳咬住钻杆本体而留下的牙痕。

6.2.15.2

卡瓦伤痕　slip marking

因全部钻柱载荷由部分卡瓦牙承受而在钻杆上留下的伤痕。

6.2.16

接头磨损　wear of tool joint

在钻进和起下钻过程中,由于接头与井壁或套管内壁长期的摩擦,其表面产生的磨损。

6.2.17

胶皮护箍　rubber protector

套在钻杆上靠近接头处,避免接头与套管碰撞及相互磨损的装置。

6.2.18

钻杆接头耐磨带　anti-wear pipe joint

在钻杆接头上敷焊的一层耐磨材料带,对钻杆接头有保护作用。

6.2.19

套管防磨接头　casing wear resistance connection

用来防止套管磨损和减小旋转扭矩的一种井下工具,可分为旋转式和不旋转式两种结构。

6.2.20

护丝　thread protector

为了避免钻杆、钻铤等钻具丝扣在装卸、运输、存放时受到碰撞和腐蚀,常常在钻具丝扣部位外套一个护套。

6.2.21

井下三器　three downhole tools

指稳定器、减振器和震击器。

6.2.21.1

稳定器　stabilizer

一种中间外径局部加大接近钻头直径的短节,用于下部钻具组合,具有控制稳定钻具轴线的作用。主要有直、螺旋和辊子稳定器三种形式。

6.2.21.2

减振器　shock absorber

一种安装在钻柱上的、能吸收来自井底产生的轴向和扭转振动的工具。

6.2.21.3

震击器　jar

能产生向上或向下冲击载荷的工具,主要用于钻柱解卡。

6.2.22

扩眼工具　reamer

用于扩大井眼直径的井下工具。按工作原理分为机械式扩眼工具和水力式扩眼工具,按工作方式分分为随钻扩眼工具和钻后扩眼工具。

6.2.22.1

机械式扩眼工具　mechanic reamer

靠机械加压迫使切削臂外伸进行扩眼钻进的装置。

6.2.22.2

水力式扩眼工具　hydraulic reamer

靠水力加压迫使切削臂外伸进行扩眼钻进的装置。

6.2.23

钻具止回阀　drill string back pressure valve

钻具回压阀

安装在钻具内部用于阻止流体向钻柱内反向流动的阀门。

6.3

井口工具　rig tool

钻台上用于井口操作的工具。

6.3.1

大钳　tong

吊钳

上、卸钻柱和套管柱螺纹用的工具。主要有普通吊钳和液压大钳两种。

6.3.2

吊卡　elevator

扣在钻杆接头台肩处用来悬挂、提升、下入钻柱或用来扣在套管接箍处以下入套管的井口工具。分钻杆吊卡和套管吊卡。

6.3.3

卡瓦　slips

起下钻井管柱的一种工具。用于将钻井管柱卡紧在转盘上。

6.3.4

安全卡瓦　safety clamps

起下钻铤时防止其滑落的一种辅助工具。

6.3.5

提升短节　lift sub

起下钻铤的一种工具。类似短钻杆，用于起下钻铤时接在钻铤的螺纹上以便能用吊卡进行起下钻。

6.3.6

钻头装卸器　bit breaker

专门用于在井口旋接和卸开钻头的工具。

6.3.7

旋接器　spinner

旋扣器

旋绳器

专门用来旋接钻杆螺纹的工具。

6.3.8

液压大钳　hydraulic tong

通过液力系统提供动力实现上、卸钻柱螺纹用的工具。

6.3.9

铁钻工　iron roughneck

可完成钻杆、套管等钻具的旋扣连接和松卸工作的专用装置。

6.3.10

套管钳　casing tong

上、卸套管柱螺纹用的工具。

6.4 钻井仪器仪表

6.4.1

指重表　weight indicator

测量和显示大钩上载荷变化情况的仪表,它可显示悬重、钻重和钻压。

6.4.2

大钩载荷自动记录仪　hook load auto-graphic meter

自动记录大钩载荷及其随时间变化的仪表。

6.4.3

转盘扭矩表　rotary table torque indicator

测量并显示转盘扭矩大小的仪表。

6.4.4

转盘转速传感器　R. P. M sensor for rotary table

测量转盘转速的传感装置。

6.4.5

泵压表　pump pressure indicator

测量和显示泵压大小的仪表。

6.4.6

多参数仪　multi-parameters analyzer

能同时测量、显示并记录多种钻井参数的仪器。

7 钻进工艺

7.1

钻进　drilling

使用一定的破岩工具,不断地破碎井底岩石,加深井眼的过程。

7.1.1

滑动钻进　slide drilling

钻柱不旋转,依靠井底动力钻具带动钻头旋转的钻进方式。

7.1.2

复合钻进　compound drilling

钻柱和井下动力钻具同时驱动钻头工作的钻进方式。

7.2

钻进技术　drilling technique

在钻进施工过程中涉及与钻进速度和井身质量等有关的各种技术的总称。

7.3

钻进参数　drilling parameter

钻进过程中可控制的参数,主要包括钻压、转速、钻井液性能、流量、泵压及其他水力参数。

7.3.1

钻压　weight on bit

钻进时施加于钻头上的沿井眼前进方向上的力。

7.3.2

比钻压　specific weight on bit

钻进时施加于钻头与井底单位接触面积上的力。

注：单位常以千牛每平方厘米(kN/cm^2)表示。

7.3.3

悬重　free hanging weight

钻柱在悬吊状态下指重表所显示的轴向载荷。

7.3.4

钻重　hook load while drilling

钻柱在钻进状态下指重表所显示的轴向载荷。

7.3.5

大钩载荷　hook load

大钩所承受的轴向力。

7.3.6

转速　rotary speed

钻头的旋转速度。

注：单位通常以转每分钟(r/min)表示。

7.3.7

流量　flow rate

排量

单位时间内通过钻井泵排出口的流体量。

7.3.7.1

进口流量　inflow rate

通过泵排出口的流量。

7.3.7.2

出口流量　outflow rate

通过井口环空的流量。

7.3.8

钻进扭矩　torque while drilling

钻进时钻柱上所受的瞬时扭矩。

7.4

开钻　spud in

下入导管或各层套管后第一只钻头开始钻进的统称，并依次称为第一次开钻，第二次及第 n 次开钻。

7.5

完钻　finishing well

全井钻进阶段的结束。

7.6

送钻　feed off

钻进时，随着井眼不断加深，钻柱不断下放，始终保持给钻头施加一定的钻压的过程。

7.7

方入　kelly-in

在补心面以下的方钻杆长度。

7.8

方余　kelly-up

在补心面以上的方钻杆长度。

7.9

进尺　penetration footage

钻头钻进的累计长度。

7.10

机械钻速　penetration rate；rate of penetration；ROP

钻头在单位时间内钻进的长度，是衡量钻井技术水平的一项重要指标。

7.11

行程钻速　roundtrip penetration rate

钻头在单位行程时间（包括起下钻、接单根和纯钻进时间）内钻进的长度。

注：单位通常以米每小时（m/h）表示。

7.12

钻时　drilling time

钻进单位进尺所用的时间。

注：单位通常以分钟每米（min/m）表示。

7.13

划眼　redressing

在已钻井眼内，边循环边旋转上提下放钻具的过程。

7.14

倒划眼　back redressing

在已钻井眼内，边循环边旋转上提钻具的过程。

7.15

扩眼　reaming；underream

用扩眼工具扩大井眼直径的过程。

7.16

蹩钻　bit bouncing

在钻进中钻头所受力矩不均，转盘转动异常的现象。

7.17

跳钻　bit jumping

钻进中钻头在井底工作不平稳使钻柱产生明显纵向振动的现象。

7.18

干钻　drilled dry

在钻井流体未流过钻头的情况下钻进。

7.19

停钻　stop drilling

停止钻进。

7.20

顿钻　drill string free fall

钻柱失控下滑顿到井底或其他受阻位置的现象。

7.21

溜钻　drill string not well braked

由于操作失误或设备故障，导致钻具无控制下滑，出现瞬时过大钻压的现象。

7.22

打倒车　reverse rotation

钻具转动受阻严重、摘除转盘或顶部驱动动力时发生急速倒转的现象。

7.23

通井　wiper trip

向井内下入带有通井接头或钻头的钻柱，使井眼保持畅通的作业。

7.24

放空　drilling break

钻进中钻柱能无阻地送入一定长度的现象。

7.25

吊打　easing the bit in

在钻头上施加很小的钻压钻进。

7.26

纠斜　hole straightening

采取措施降低井斜角的作业。

7.27

钻水泥塞　drill out

将注水泥或打水泥塞后留在套管或井眼内的凝固水泥钻掉的作业。

7.28

钻开油气层　drill in

钻入油气层的过程。

7.29

钻杆测试　drill stem test

在钻井过程中或完井之后，利用钻杆下入工具测试裸眼地层流体相关参数的作业。

7.30

缩径　tight hole

因井壁岩石膨胀、蠕变等原因使井径变小。

7.31

井径扩大　hole enlargement

井眼因井壁岩石坍塌、溶蚀(盐岩)等而使井径变大。

7.32

单根　single

一根钻杆或钻铤。

7.33

双根　double

两根钻杆或钻铤连成一体。

7.34

立根　stand

立柱

起钻时卸成一定长度，能立在钻台钻杆盒上的一柱钻柱。

7.35

替根　alternating pipe

当单根钻杆的长度大于方钻杆的有效长度时，先用一根短的钻杆接入，钻完后再换成长的单根。这根短钻杆称为替根。

7.36

吊单根　picking up single

将钻杆单根吊起放入小鼠洞内的操作。

7.37

接单根　making a connection

当钻完方钻杆的有效长度时，将一根钻杆或钻铤接到井内钻柱上使之加长的操作。

7.38

起下钻　round trip

将井下的钻柱从井眼内起出来，称为起钻。将钻具下到井眼内称为下钻。

7.39

短起下钻　short trip

根据钻井工艺的需要，从井内起出若干钻具，再将它们下入井内的作业。

7.40

倒换钻具　switching within strings

为改变钻具受力状况，下钻时变换部分钻具原先的下入顺序或替换一定数量钻具的作业。

7.41

起钻错扣　interchange within stands

起钻时，改变形成立根的卸扣位置的作业。

7.42

活动钻具　drill string movement-reciprocation or rotation

在钻头不接触井底时，上提、下放或旋转钻柱的作业。

7.43

卸钻具　break down drilling stands

甩钻具

完钻后将钻柱卸成单根，从钻台上下放到场地的过程。

7.44

换钻头　bit changing

通过起下钻更换钻头的作业。

7.45

灌钻井液　fill in the hole

为维持井下安全，在起下钻、下套管、空井或井下发生漏失等情况时，向井内，或套管、钻具内灌入钻井液以使井内液面保持一定高度的作业。

7.46

钻头行程　bit run

一只钻头从下入井内到起出为一行程。

7.47

钻头磨合　running in

在新钻头使用的初期，一般采用低钻压、低转速钻进一段时间，使钻头适应井底工作条件的过程。

7.48

起空车　running up with empty blocks

大钩下未挂载荷而将游动系统升起的过程。

7.49

倒大绳 sliping and cut off drilling line

因快绳磨损等而将快绳与滚筒连接的一段钢丝绳截掉，再从钢丝绳储存滚筒中放出相应的一段并将快绳前端与滚筒接好的作业。

7.50

拉猫头 catline pulling

将吊钳或高悬猫头绳的尾绳的一端缠在猫头上，拉动绳索使吊钳或高悬猫头绳工作的操作。

7.51

转盘卸扣 screw out by use of rotary table power

先用吊钳卸松螺纹，然后用转盘正转快速卸开螺纹的过程。

7.52

钻具刺穿 wash out

钻井液在压力作用下穿透钻柱本体或螺纹。

7.53

憋泵 pump choking up

因循环系统堵塞等原因使泵压剧增的现象。

7.54

循环钻井液 circulating drilling fluid

开泵将钻井液通过循环系统进行循环。

7.54.1

大循环 major cycle

快速钻进时，钻井液从井口流经大循环池(坑)再经钻井泵返回井内。

7.54.2

低压循环 surface circulation

地面循环

钻井液只经过地面管汇进行循环。

7.54.3

地质循环 circulating for geologic observation

因地质需要而停止钻进，进行的钻井液循环。

7.54.4

循环短路 circulating shortcut

在循环钻井液过程中，因钻具刺穿而使部分钻井液未通过钻头喷嘴而进入环空的现象。

7.54.5

循环周 circulation circle

钻井液从井口管柱内泵入至环空返出地面所需的时间。

7.55

处理钻井液 drilling fluid treatment

用处理剂调节钻井液性能的过程。

7.56

挂辅助刹车 putting on auxiliary brake

将水刹车或电磁刹车与绞车挂接，增加绞车制动力，以减慢下钻速度。

7.57

井史　well history

一口井的档案资料，包括钻井、地质、完井等施工作业数据和资料。

7.58

钻井日报表　daily drilling report

记录一日内(24 h)钻井施工工作情况的综合性报告表。

7.59

钻井班报表　tour report

记录钻井班工作情况(包括钻井进度、钻井参数、钻井时效、存在和需要解决的问题等)的报表。

7.60

钻井液班报表　drilling fluid tour report

记录钻井作业班钻井液性能及维护处理情况等内容的报表。

7.61

钻头记录　bit record

钻头类型、使用情况、磨损分析等资料的记录。

7.62

钻具记录　drilling string record

所用钻具的各种数据和使用情况的记录。

8　钻井参数优选

8.1

钻进参数优选　optimizing drilling parameter

以钻井效果最佳为目标，采用最优化理论，选择钻压、转速等钻进参数的过程。

8.1.1

钻井可控参数　controllable drilling parameter

钻井施工中可以人为调节控制的参数，如钻压、转速、水力参数和钻井液性能等。

8.1.2

钻井不可控参数　uncontrollable drilling parameter

钻井施工中不可人为控制的因素，如地质条件、岩石埋藏深度等。

8.2

水力参数优化　hydraulic parameter optimization

以快速、安全、经济钻井为目标，对钻头喷嘴直径、排量、泵压等参数进行优选。

8.2.1

射流　jet

从喷嘴中喷出的高速液流。

8.2.1.1

淹没非自由射流　submerged nonfree jet

射流流体密度等于或小于周围环境流体密度且受到周围固壁限制的射流。

8.2.1.2

冲击射流　impact jet

流量是不连续的、周期性变化的射流。

8.2.1.3

空化射流　cavitation jet

气蚀射流

液体流经特种喷嘴时，液流内的压力减少到液体的饱和蒸气压力以下，液体内部出现具有大量气泡的射流。

8.2.1.4

脉冲射流　pulse jet

流量是连续的、周期性变化的射流。

8.2.1.5

磨料射流　abrasive jet

加有研磨性固体颗粒的射流。

8.2.2

射流水力参数　jet hydraulic parameters

用来描述射流水力特性的参数，包括射流喷速、冲击力和水功率。

8.2.2.1

射流喷速　jet velocity

射流在喷嘴出口处的流速。

8.2.2.2

射流冲击力　jet impact force

射流作用于井底的总的力。

8.2.2.3

射流水功率　jet hydraulic horsepower

单位时间内射流具有的做功能量。

8.2.3

射流扩散角　jet spread angle

射流边界母线张开的角度。

8.2.4

射流等速核　jet potential core

射流中各点速度均等于射流出口速度的区域。

8.2.5

漫流　cross flow

射流到达井底，受到井底阻碍而改变方向，沿着井底横向流动，称为漫流。

8.2.6

喷射距离　jet reach

钻进时从喷嘴出口沿着喷嘴轴线方向至井底的距离。

8.2.7

井底净化　bottom-hole cleaning

在喷射钻井中利用射流将破碎的岩屑冲离井底，使之进入环空的过程。

8.2.8

钻头水力参数　bit hydraulic parameters

用以表征钻头水力特性的参数，包括钻头压降和钻头水功率。

8.2.8.1

钻头压降　bit nozzle pressure-drop

钻井液流经钻头喷嘴前后的压力差。

8.2.8.2

钻头压降系数　bit pressure drop factor

计算钻头压降的系数，该系数与钻井液密度、喷嘴截面积及流量系数有关。

8.2.8.3

钻头水功率　bit hydraulic horse-power

钻井液流经钻头喷嘴时损耗的水功率与射流水功率之和。

8.2.8.4

钻头比水功率　bit specific hydraulic horsepower

单位井底面积上的钻头水功率。

8.2.9

钻井液循环系统　drilling fluid circulation system

钻井过程中实现钻井液循环及净化的管路和设备。

8.2.9.1

循环压耗　circulating pressure loss

钻井液在循环系统中流动所造成的压力损耗。包括地面管汇压耗、钻柱内压耗和环空压耗。

8.2.9.2

循环压耗系数　circulating pressure loss coefficient

计算循环压耗的一个系数。该系数与钻柱结构、井眼形状、钻井液性能等有关。

8.2.9.3

环空压耗　annulus pressure loss

钻井液在钻柱和井眼之间的环形空间内流动所造成的压力损耗。

8.2.9.4

地面高压管汇　surface manifold

钻井液从钻井泵出口至立管的地面管汇。

8.2.9.5

地面管汇压耗　pressure losses in surface manifold

钻井液在地面高压管汇中流动的压力损耗。

8.2.10

钻井水力学　drilling hydraulics

研究流体力学在钻井工程中的应用的学科。

8.2.11

钻井液流态　drilling fluid flow pattern

钻井液流动的状态，分为塞流、层流、紊流和过渡流。

8.2.11.1

塞流　plug flow

沿流动方向流体互不掺混，而与流动垂直的方向各质点流场相同。

8.2.11.2

层流　laminar flow

流体流动的一种规则情形，各部分分层流动，互不掺混，质点的轨迹线光滑，流场稳定。

8.2.11.3

平板层流　flat laminar flow

中心区域存在速度相等的流核的层流。

8.2.11.4

紊流　turbulent flow

流体流动的一种不规则情形，各部激烈掺混，质点的轨迹线杂乱无章，流场极不稳定。

8.2.11.5

过渡流　transitional flow

处于层流和紊流之间的一种流动形态。

8.2.12

喷射钻井的工作方式　working regime of jet drilling

在喷射钻井的水力程序设计中，以钻头或射流某个水力参数为目标参数来选择流量及其他水力参数。

8.2.12.1

最大钻头水功率工作方式　maximum bit hydraulic horse-power regime

在水力参数设计中，以获得最大钻头水功率为目标来确定流量及其他水力参数的工作方式。

8.2.12.2

最大射流冲击力工作方式　maximum jet impact force regime

在水力参数设计中，以获得最大射流冲击力为目标来确定流量及其他水力参数的工作方式。

8.2.12.3

最大射流喷速工作方式　maximum jet velocity regime

在水力参数设计中，以获得最大射流喷速为目标来确定流量及其他水力参数的工作方式。

8.2.12.4

经济水功率工作方式　economic hydraulic horse-power regime

在水力参数设计中，以满足携岩需要的最小钻头水功率为目标来确定流量及其他水力参数的工作方式。

8.2.13

最优排量　optimum flow rate of drilling fluid

能够实现所设计的喷射钻井工作方式的钻井液流量。

8.2.14

最优喷嘴直径　optimum nozzle diameter

能够实现所设计的喷射钻井工作方式的喷嘴直径。

8.2.15

第一临界井深　critical well depth

钻井泵由最大流量工作状态转为调节流量工作状态的井深。

8.2.16

第二临界井深　limited critical well depth

当调节流量工作状态所用的流量减小到携带岩屑所必需的最小流量时的井深。

8.2.17

钻井泵的额定功率工作状态　drilling pump rated power regime

钻井泵在额定功率限定下的工作状态。

8.2.18

钻井泵的额定压力工作状态　drilling pump regulated flow rate regime

钻井泵在允许压力限定下的工作状态。

8.2.19

钻井泵的额定压力　drilling pump rated pressure

钻井泵缸套所允许使用的最高压力。

8.2.20

钻井泵的额定流量　drilling pump rated flow rate

钻井泵在额定功率、压力下工作时的流量。

8.2.21

钻井泵的额定冲数　drilling pump rated pumping speed

额定流量时钻井泵的冲数。

8.2.22

钻井泵的额定功率　maximum pump discharge horsepower

额定输入功率下钻井泵的最大功率，等于额定输入功率同钻井泵的机械效率及容积效率的乘积。

8.2.23

钻井泵的特性曲线　pump characteristics

表示钻井泵的压力与流量的关系曲线，反映了压力改变时流量的变化规律。

8.2.24

钻井泵的临界特性曲线　pump critical characteristics

在泵的临界工作条件下的特性曲线。它综合表示了泵压、功率、流量等参数在临界条件下的相互关系。

8.2.25

钻井泵效率　pump mechanical efficiency

钻井泵输出功率和输入功率的比值。

8.2.26

钻井泵水功率利用率　pump hydraulic power utilization efficiency

钻头水功率与钻井泵输出水功率的比值。

8.2.27

钻井泵压力有用分配比值　pump pressure distribution ratio

钻头压力降与钻井泵压力的比值。

8.2.28

井底岩面　bottom hole patterns

在钻井过程中，钻头钻出的瞬时井底岩石表面。

8.2.29

携岩　cuttings carrying

携屑

钻井液从环形空间将岩屑携带到地面上的过程。

8.2.30

岩屑运移比　cutting transport ratio

岩屑上升速度与钻井液上返速度的比值。

8.2.31

环空岩屑浓度　cutting concentration in annulus

环空中的岩屑所占的体积分数。

8.2.32

排屑量　cutting removal rate

一定时间内液流冲离井底的岩屑量。

8.2.33

岩屑上返速度　cutting rising velocity

岩屑随钻井液上升的绝对速度。它等于环空钻井液返速与岩屑下滑速度之差。

8.2.34

最低环空返速　minimum drilling fluid annular velocity

将岩屑携带至地面所需的环空钻井液的最小上返速度。

8.2.35

流变性　rheology

流体流动和变形的特性。

8.2.36

流变曲线　rheological diagram

流速梯度与剪切应力的关系曲线。

8.2.37

流变参数　rheological parameters

流动曲线或流变曲线的流动方程中的系数，即牛顿流体的黏度、宾汉流体的动切力和塑性黏度、幂律流体的稠度系数和流性指数等。

8.2.37.1

稠度系数　consistency factor

流体在每秒分之一的流速梯度下的黏度。

8.2.37.2

流性指数　flow behavior index

幂律型流体流变模式中剪切速率的指数。

8.2.38

牛顿内摩擦定律　Newton's law of viscosity

液体沿某一固体表面以平行直线运动，流层间的内摩擦力 F 的大小与液体的性质有关，并与流速梯度($\mathrm{d}u/\mathrm{d}y$)和接触面积 A 成正比：

$$F=\mu A\frac{\mathrm{d}u}{\mathrm{d}y}$$

式中，F 为内摩擦力；μ 为黏滞系数；A 为接触面积；$\mathrm{d}u/\mathrm{d}y$ 为流速梯度。

8.2.39

流变模式　rheological model

描述流体的速度梯度与剪切应力之间关系的模式。

8.2.39.1

牛顿流型　Newtonian fluid model

流体流动时的剪切应力与速度梯度之间的关系符合牛顿内摩擦定律。

8.2.39.2

非牛顿流型　non-Newtonian fluid model

流体流动时的剪切应力与速度梯度之间的关系不符合牛顿内摩擦定律。

8.2.39.3

宾汉流型　Bingham-plastic fluid model

当施加的剪应力小于屈服值时,流体不流动,而当剪应力超过屈服值以后流速梯度与剪切应力成正比。

8.2.39.4

幂律流型　power law fluid model

流体流动时的剪切应力与速度梯度之间呈指数关系。

8.2.40

假塑性流体　pseudoplastic fluid

视黏度随剪切速率增加而减小的流体。

8.2.41

膨胀性流体　dilatant fluid

视黏度随剪切速率增加而增加的流体。

8.2.42

触变性流体　thixotropic fluid

在恒定剪切速率其黏度随作用时间的增加而减小的流体。

8.2.43

赫德斯特罗姆数　Hedstrom number

用于表征宾汉塑性流体的紊流流动状态判别式的一个参数。

8.2.44

雷诺数　Reynold's number

用来判别流动状态的参数,它反映了惯性力与黏滞力的对比关系,是一个无量纲参数。

8.2.44.1

临界雷诺数　critical Reynold's number

流体从层流向紊流转变时的雷诺数。

8.2.44.2

颗粒雷诺数　particle Reynold's number

判断颗粒是层流滑落还是紊流滑落的雷诺数。

8.2.45

范宁方程　Fanning equation

由范宁推导出的一个公式。用于计算牛顿流体在圆管内紊流流动时的摩阻系数。

8.2.46

范宁摩阻系数　Fanning friction coefficient

由范宁方程式定义的摩阻系数,它是雷诺数和相对粗糙度的函数。

8.2.47

偏心环空　eccentric annulus

井内管柱轴线与井眼轴线偏离一定程度的环空。

8.2.48

环空偏心度　annulus eccentricity

井内管柱轴线与井眼轴线间的偏移距离与井眼半径和管柱半径之差的比值。

8.2.49

颗粒下滑速度　particle slip velocity

颗粒在钻井液中下沉的速度。

8.2.50

壁面效应　wall effect

岩屑下沉时,由于岩屑与井壁相碰撞而使滑落速度降低的现象。

8.2.51

井底流场　bottom-hole flow field

表征井底液流流动特性的物理量。

8.2.52

喷射钻井水力参数设计　jet drilling hydraulic program

按某种喷射钻井的工作方式,分井段优选排量、当量喷嘴直径及其他水力参数。

8.2.53

水力破岩　rock cutting by hydraulic power

采用井底射流的水力能量破碎岩石的破岩方式。

8.2.54

水力机械联合破岩　combined rock-cutting by hydraulic and mechanical power

采用水力能量和机械能量同时进行破岩。

8.3

优化钻井技术　optimum drilling technique

在科学地分析总结大量钻井资料的基础上,建立相应的数学模型,并据此拟定一整套使质量更好、钻速更快、成本更低的钻井方案。

8.3.1

钻井目标函数　penetration objective function

由一系列相关参数组合而成的可衡量钻井效果的函数。

8.3.2

最优磨损量　optimum wear

在一定的钻压、转速组合下,钻头磨损到钻进成本最低时所对应的牙齿磨损量。

8.3.3

最优钻压　optimum bit weight

在某一转速和某一钻头牙齿磨损量条件下使得钻进成本最低的钻压值。

8.3.4

最优转速　optimum rotary speed

在某一钻压和某一钻头牙齿磨损量条件下使得钻进成本最低的转速值。

8.3.5

钻进成本方程　drilling cost

以单位进尺成本作为目标函数所建立的一种数学模式。

8.3.6

钻速方程　drilling rate model

反映影响钻进的诸因素与机械钻速之间关系的数学模式。

8.3.6.1

二元钻速方程　bivariate drilling rate equation

包括两个变量如钻压、转速与机械钻速之间的数学表达式。

8.3.6.2

多元钻速方程　multi-variate drilling rate equation

包括两个以上变量对机械钻速的综合影响而建立的钻速方程。

8.3.6.3

杨氏钻速方程　Young's drilling rate equation

反映钻压 W、转速 n 和齿高磨损量 H 对机械钻速 R 的影响的关系式：

$$R = K_0 (W - M) n^{\lambda} \frac{1}{1 + C_2 H}$$

式中，K_0 为可钻性系数，包括了水力参数、钻井液性能和压差的影响；W 为钻压，单位为千牛(kN)；n 为转速，单位为转每分钟(r/min)；M 为门限钻压，单位为千牛(kN)；λ 为转速指数；C_2 为牙齿磨损因素。

8.3.6.4

修正杨氏钻速方程　modified Young's drilling rate equation

在杨氏钻速方程的基础上，将其可钻性系数中压差和水力系数的影响作为一独立的因素分离出来后的钻速方程：

$$R = K \frac{C_H C_p (W - M) n^{\lambda}}{1 + C_2 H}$$

式中，K 为包括了钻井液性能影响的可钻性系数，无因次；C_H 为水力参数影响系数；C_p 为压差影响系数；W 为钻压，单位为千牛(kN)；n 为转速，单位为转每分(r/min)；M 为门限钻压，单位为千牛(kN)；λ 为转速指数。

8.3.6.5

压差影响系数　differential pressure drilling parameter

当钻压、转速、齿高磨损量、地层可钻性、水力参数等因素恒定不变时，反映压差与机械钻速之间关系的系数。

8.3.6.6

水力参数影响系数　hydraulic drilling parameters

当钻压、转速、齿高磨损量、地层可钻性、压差等因素恒定不变时，反映水力参数与机械钻速之间关系的系数。

8.3.6.7

牙齿磨损量　tooth height wear ratio

牙齿的相对磨损高度。等于牙齿的磨损高度与名义上完全磨损时的磨损高度的比值。

注：其范围由 0～1，新钻头时为 0，牙齿完全磨损时为 1。

8.3.6.8

牙齿磨速方程　tooth wear equation

反映钻压、转速、牙齿磨损状况、地层研磨性、钻头类型等因素与牙齿磨损速度之间关系的数学表达式。

8.3.6.9

牙齿最终磨损量　final tooth wear

决定起钻时的齿高磨损比值。

8.3.6.10

钻压影响系数　bit weight influence coefficient

反映钻压对牙齿磨损速度影响的参数。与钻头尺寸有关。

8.3.6.11

转速影响系数　rotary speed influence coefficient

反映转速对牙齿磨损速度影响的参数。取决于钻头类型。

8.3.6.12

牙齿磨损减慢系数　tooth wear influence coefficient

新钻头的牙齿磨速与牙齿完全磨损时的牙齿磨速之差同牙齿完全磨损时牙齿磨速的比值。

8.3.6.13

轴承磨速方程　bit bearing wear equation

反映钻压、转速、钻头类型等因素与轴承磨损速度之间关系的数学表达式。

8.3.6.14

轴承磨损量　bearing wear

衡量牙轮钻头轴承相对磨损程度的参数。等于实际工作时间与轴承寿命的比值，其范围为 0～1，新钻头时轴承磨损量定为 0，轴承失效时的磨损量定为 1。

8.3.6.15

门限钻压　threshold bit weight

钻压与转速的典型关系曲线中，把钻速与钻压关系线性化后的截距。它取决于岩石的压实程度、应力状态和外界作用条件。

8.3.6.16

钻压指数　bit weight exponent

在其他影响因素恒定不变时，机械钻速与钻压呈指数关系变化，该指数即为钻压指数。

8.3.6.17

转速指数　rotary speed exponent

在其他影响因素恒定不变时，机械钻速与转速呈指数关系变化，该指数即为转速指数。

8.3.6.18

钻速系数　penetration rate factor

当钻压、转速、牙齿磨损量、水力参数、压差等因素一定时，反映其他因素与机械钻速之间关系的系数。

8.3.6.19

地层研磨性系数　formation abrasiveness factor

当钻压、转速和牙齿的磨损状况一定时，表征地层对牙齿磨损影响的系数。

8.3.6.20

牙齿磨损系数　tooth wear coefficient

反映钻头牙齿结构与岩石性质和钻井参数之间关系的系数。

8.3.6.21

轴承工作系数　bearing working coefficient

反映给定类型的钻头在给定介质中轴承工作寿命的系数。

8.3.7

极限磨损量　limit wear

实际钻进中钻头牙齿和轴承可能的最大磨损量。

8.3.8

五点法钻速试验　"five spot" drill off test

实钻过程中获得确定杨氏钻速方程中的钻压指数、转速指数及门限钻压等系数所需要数据资料的一种实验方法。

8.3.9

释放钻压法　drill-off test

利用释放钻柱弹性变形能的方式，取得机械钻速与钻压的相互关系，从而求取钻压和转速指数的一种实验方法。

8.3.10

最大允许钻压　maximum allowable weight on bit

由钻头的结构强度所决定的钻压。

8.3.11

钻进成本-工时曲线　drilling cost vs working time curve

钻进成本与工时之间的关系曲线。

9　定向钻井

9.1　定向井类型

9.1.1

丛式井　cluster wells

在同一井场或钻井平台按一定井口间距钻出两口或两口以上的一组井。

9.1.2

救援井　relief well

救险井

为抢救井喷失控、着火油气井，在其一定安全距离位置设计、施工与事故井连通，达到控制井喷目的的井。

9.1.3

分支井　multilateral wells；multi-branch wells

多底井

同一井口设计有两个或两个以上井底的井。

9.1.4

绕障井　detouring obstacle well

为绕过井口和目标点之间的障碍而设计的定向井。

9.1.5

多目标定向井　multi-target directional well

多靶定向井

具有两个或两个以上目标点的定向井。

9.1.6

大斜度井　high angle well

最大井斜角超过55°的定向井。

9.1.7

水平井　horizontal well

井眼进入目的层时井斜角接近、等于或大于90°并在目的层中延伸一定长度的定向井。

9.1.7.1

长曲率半径水平井　long radius horizontal well

长半径水平井

设计井眼曲率小于6°/30 m的水平井。

9.1.7.2

中曲率半径水平井　medium radius horizontal well

中半径水平井

设计井眼曲率大于或等于6°/30 m、小于20°/30 m的水平井。

9.1.7.3

中短曲率半径水平井　medium-short radius horizontal well

中短半径水平井

设计井眼曲率大于或等于20°/30 m、小于60°/30 m的水平井。

9.1.7.4

短曲率半径水平井　short radius horizontal well

短半径水平井

设计井眼曲率大于或等于60°/30 m的水平井。

9.1.8

径向水平井　radial horizontal well

用特殊工具在直井眼内直接转向水平，然后延伸一段距离的井。

9.1.9

侧钻井　sidetrack well

从已有井眼的选定深度处侧向钻出并钻达目标点的井。

9.1.10

大位移井　extended reach well

水平位移超过3 000 m或水平位移与垂深比值大于2的定向井。

9.1.11

斜直井　slant hole

自井口开始设计井眼轨道就是斜直井段的定向井。

9.2　井眼轨迹参数

9.2.1

井斜角　inclination

井眼轴线上某点沿钻进方向的切线与该点重力线之间的夹角。

9.2.2

井斜变化率　inclination change rate

单位长度的井段内井斜角变化量。增斜时称增斜率；降斜时称降斜率。

注：井斜变化率的单位为度每三十米[(°)/30 m]。

9.2.3

井斜方位角　azimuth

方位角

以井眼轴线上某点的正北方位线为始边顺时针旋转到该点井斜方位线所转过的角度(某点的井斜方位线是指井眼轴线上该点沿钻进方向的切线在水平面上的投影线)。

9.2.4

方位变化率　azimuth change rate

单位长度的井段内井斜方位角变化量。

注：方位变化率的单位为度每三十米[(°)/30 m]。

9.2.5

闭合距　closure distance

水平位移　horizontal displacement

井眼轴线上某点至井口所在铅垂线的距离。

9.2.6

水平投影长度　horizontal projection length

水平长度

井眼轴线上某点和井口之间井段在水平面上的投影长度。

9.2.7

闭合方位角　closure azimuth

平移方位角　departure direction

以井眼轴线上某点的正北方位线为始边顺时针旋转到该点平移方位线所形成的角度。

9.2.8

视平移　vertical section

井眼轴线上某点的闭合距在设计方位线上的投影长度。

9.2.9

北南位移　longitudinal

井眼轴线上某点的闭合距在北南方位线上的投影,北为正,南为负。

9.2.10

东西位移　departure

井眼轴线上某点的闭合距在东西方位线上的投影,东为正,西为负。

9.2.11

全角变化值　overall angle change

一个井段内井斜角和井斜方位角综合变化值。其计算式为:

$$\gamma=\sqrt{\Delta\alpha^2+\Delta\phi^2\times\sin^2\bar{\alpha}}$$

式中,γ 为该井段的全角变化值;$\Delta\alpha$ 为该井段井斜角变化量;$\Delta\phi$ 为该井段井斜方位角变化量;$\bar{\alpha}$ 为该井段的平均井斜角。

9.2.12

全角变化率　overall angle change rate

单位长度的井段内全角变化值。

注:全角变化率的单位为度每三十米[(°)/30 m]。

9.2.13

狗腿　dog leg

井眼轴线上井眼方向变化的部位。

9.2.14

狗腿角　dog-leg angle

假设井段内的井眼轴线在一个斜平面上,该井段对应的弯曲角。其计算公式为:

$$\cos\gamma=\cos\alpha_1\times\cos\alpha_2+\sin\alpha_1\times\sin\alpha_2\times\cos\Delta\phi$$

式中,γ 为该井段的狗腿角;α_1 为该井段上端点井斜角;α_2 为该井段下端点井斜角;$\Delta\phi$ 为该井段井斜方位角变化量。

9.2.15

狗腿严重度　dog leg severity

单位长度的井段内狗腿角大小。

注:狗腿严重度的单位为度每三十米[(°)/30 m]。

9.2.16

井眼曲率　borehole curvature

表示井眼轴线弯曲程度的参数。表示方法有两种:全角变化率和狗腿严重度。

9.3 靶

9.3.1

靶点　target point

目标点

设计井眼轨道穿过的目标层中的坐标点。

9.3.2

靶区　target area

包括靶点在内划定的井眼轨迹在目标层中的范围。

9.3.2.1

水平靶　horizontal target area

以靶点为中心在水平面上划定的具有特定几何形状的靶区。

9.3.2.2

垂直靶　vertical target area

以靶点为中心在铅垂面上划定的具有特定几何形状的靶区。

9.3.3

靶前位移　horizontal displacement of target

靶点至井口所在铅垂线的距离。

9.4 井眼轨道设计

9.4.1

井眼轨道　well trajectory

设计的定向井井眼轴线形状。

9.4.1.1

直井段　vertical interval

井眼轨道上井斜角为零的井段。

9.4.1.2

增斜段　build section

井眼轨道上井斜角逐渐增大的井段。

9.4.1.3

稳斜段　hold section

井眼轨道上井斜角保持不变的井段。

9.4.1.4

降斜段　drop off interval

井眼轨道上井斜角逐渐减小的井段。

9.4.1.5

三段式井眼轨道　build and hold trajectory

“直—增—稳”剖面

自井口开始,依次为直井段、增斜段、稳斜段的井眼轨道。

9.4.1.6

“S”形轨道　S-shaped trajectory

“直—增—稳—降—稳”剖面　build-hold-and-drop and hold trajectory

自井口开始,依次为直井段、增斜段、稳斜段、降斜段、稳斜段的井眼轨道。

9.4.1.7

双增式轨道　build-hold-build trajectory

“直—增—稳—增—稳”剖面　build-hold-and-build and hold trajectory

自井口开始，依次为直井段、增斜段、稳斜段、增斜段、稳斜段的井眼轨道。

9.4.1.8

悬链线轨道　catenary trajectory

以悬链线作为增斜段的井眼轨道。

9.4.1.9

准悬链线轨道　pseudo-catenary trajectory

以恒变增曲率曲线作为增斜段的井眼轨道。

9.4.1.10

抛物线轨道　parabolic trajectory

以二次抛物线作为增斜段的井眼轨道。

9.4.2

造斜点　kick off point

定向造斜的起始点。

9.4.3

待钻井眼轨道设计　trajectory adjustment while drilling

从目前井底开始，对钻到目标点的井眼轨道进行调整设计。

9.4.4

斜面法设计　inclined plane method

在给定的斜平面上设计三维井眼轨道的方法。

9.4.5

柱面法设计　cylindrical method

在给定的圆柱面上设计三维井眼轨道的方法。

9.4.6

节点　node

设计轨道上不同曲线段之间的连接点。

9.4.7

分点　detail point

设计轨道上每隔一定长度所取的点。

9.4.8

井眼防碰　anti-collision

防止相邻井眼相碰的技术。

9.4.9

最近距离扫描　minimum distance scanning

计算参考井井眼轴线上任一点到相邻井眼轴线的最近距离和方位。

9.4.10

水平距离扫描　horizontal distance scanning

计算参考井井眼轴线上任一点到相邻井眼轴线的水平距离和方位。

9.4.11

法面扫描　normal plane scanning

以参考井井眼轴线上任一点为基准点，作垂直于该点处井眼方向的法平面，该法面与邻井的交点称为扫描点,计算基准点到扫描点的距离和方位。

9.4.12

安全圆柱　safety cylinder

以设计井眼轴线上的点为圆心,以一定长度为半径,在垂直于该点井眼方向的平面上作圆,所有这些圆构成的圆柱体。

9.5　井眼轨迹控制

9.5.1

造斜　kick off

利用造斜工具定向钻井的起始过程。

9.5.2

倒装钻具组合　reverse tapered string

把加压钻柱安放在垂直井段或井斜角较小井段的用于水平井和大位移井的一种钻具组合。

9.5.3

斜向器　whipstock

一种可迫使钻头沿其导斜面方向钻进的造斜工具。

9.5.4

弯接头　bent sub

上、下两端螺纹轴线有一定夹角的接头。

9.5.4.1

可调弯接头　adjustable bent sub

弯曲角可在地面或井下进行调节的弯接头。

9.5.5

动力钻具　downhole motor

井底马达

用于驱动钻头转动的井下动力机械。常用动力钻具有涡轮钻具和螺杆钻具。

9.5.5.1

涡轮钻具　turbine drill

钻井液流过定子和转子叶片,使钻井液的水力能转换为驱动钻头旋转的机械能的动力钻具。

9.5.5.2

螺杆钻具　positive displacement mud motor;PDM

钻井液流过螺杆定子和转子,使钻井液的水力能转换为驱动钻头旋转的机械能的动力钻具。

9.5.5.3

反向双弯螺杆钻具　double-tilted universal joint PDM

具有两个弯曲角且弯曲方向正好相反的弯外壳螺杆钻具。

9.5.5.4

同向双弯螺杆钻具　double kick-off PDM

具有两个弯曲角且弯曲方向相同的弯外壳螺杆钻具。

9.5.6

导向钻井　steerable drilling

利用导向造斜工具、随钻测量仪和高效能钻头联合组成的钻井系统对井眼轨迹进行随钻监测、适时调控的钻井方式。

9.5.6.1

滑动导向钻井　sliding steerable drilling

采用滑动钻进和旋转钻进相配合的方式调整井眼轨迹的导向钻井。

9.5.6.2

旋转导向钻井　rotary steerable drilling

用全旋转方式调整井眼轨迹的导向钻井。

9.5.6.3

几何导向钻井　geometric steering drilling

利用导向钻井系统,引导钻头沿着设计井眼轨道钻进的钻井方式。

9.5.6.4

地质导向钻井　geo-steering drilling

利用随钻测井和随钻地层评价技术,引导钻头准确钻达预定的目标地层的钻井方式。

9.5.7

闭环钻井系统　closed-loop drilling system

能够随钻测量井眼轨迹,并能自动导向控制井眼轨迹钻达设计目标的钻井系统。

9.5.8

造斜率　build-up rate

造斜工具的造斜能力。

9.5.9

钻头侧向力　bit side force

下部钻具组合与井壁、地层相互作用,在钻头上形成的与钻头轴线垂直的横向力。

9.5.10

侧钻　sidetracking

在已钻的井眼内,从井壁一侧钻出新井眼的工艺过程。

9.5.10.1

套管开窗侧钻　sidetracking through a casing hole

采用斜向器和磨铣工具从套管壁上开出一个窗口,然后侧向钻进到地层中的工艺过程。

9.5.10.2

套管段铣侧钻　sidetracking through a milled casing section

先用段铣工具铣掉一定长度套管,然后在该段注入水泥形成水泥塞段,再使用造斜工具从该段造斜并侧向钻进到地层中的工艺过程。

9.5.10.3

悬空侧钻　sidetracking off bottom

造斜工具提离井底的情况下侧向钻进到地层中的工艺过程。

9.5.11

扭方位　direction turning

以改变井斜方位角为主要目的的工艺过程。

9.5.12

井眼高边　high side

井眼高边方向

倾斜弯曲井眼上任一井深处的截面都是一个倾斜的圆,圆心到该圆最高点的连线方向称为高边方向。

9.5.13

工具面　tool face

造斜工具本体轴线与造斜力作用方向线构成的平面。

9.5.14

工具面角　tool face angle

工具面向与基准方向之间的夹角。

9.5.14.1

高边工具面角　high side tool face angle

重力工具面角　gravity tool face angle

以井眼高边方向为基准确定的工具面角。

9.5.14.2

磁北工具面角　magnetic tool face angle

在水平面上，以磁北方位线为基准，顺时针方向转到造斜工具的工具面与井眼横截面的交线在水平面上的投影上所转过的角度。

9.5.15

反扭角　reactive angle

井底动力钻具启动之后，作用于定子上的反扭矩迫使造斜工具反时针扭转的一定角度。

9.5.16

斜面法扭方位　change direction on inclined plane

扭方位井段的井眼轴线保持在空间某斜平面上的扭方位方法。

9.5.17

恒工具面角扭方位　change direction by constant tool face angle

扭方位井段造斜工具的工具面角始终保持不变的扭方位方法。

9.5.18

井眼方位漂移　bit walk

由于地质、钻具、钻井参数及钻头旋转等因素引起的井眼方位发生变化的现象。

9.5.19

定向　orientation

采用一定的工艺措施保证造斜工具的工具面在井下位于预定方位上的工艺过程。

9.5.19.1

地面定向法　surface orientation

在下钻过程中，不断测量和记录工具面转动的角度，以此确定造斜工具在井下实际工具面角的定向方法。

9.5.19.2

井底定向法　bottom hole orientation

下钻到底后，通过测量造斜工具的工具面角进行定向的方法。

9.5.20

定向接头　orientation sub

一种用于标记造斜工具面的接头。

9.6　测量

9.6.1

磁干扰　magnetic interference

受井眼内及其周围的磁性物质影响，磁性测量仪器测量结果失真的现象。

9.6.2

无磁钻柱 non-magnetic drill string

由相对磁导率近似于1的合金材料制成的钻柱。

9.6.3

磁偏角 magnetic declination

地球上某点处大地磁场的水平磁力线方向与该处真北方位线之间的夹角。磁力线方向在正北方位线以东的取正值,磁力线方向在正北方位线以西的取负值。

9.6.4

子午线收敛角 grid convergence

地球上某点处的网格北方向与该处真北方位线之间的夹角。网格北方向在正北方位线以东的取正值,网格北方向在正北方位线以西的取负值。

9.6.5

陀螺漂移 gyro drift

框架式陀螺在旋转过程中,由于轴承摩擦、质心偏离等因素造成旋转轴偏离初始定向方向的现象。

9.6.6

磁性单点照相测斜仪 magnetic single shot

由测角装置、定时器、照相机和电源等主要部分组成的测斜仪。用摆锤原理测量井斜角,用磁罗盘测量井斜方位角和工具面角,测量数据用拍照的方法记录在底片上,一次下井只能拍一张底片,取一组数据。

9.6.7

磁性多点照相测斜仪 magnetic multi-shot

由测角装置、定时器、照相机和电源等主要部分组成的测斜仪。用摆锤原理测量井斜角,用磁罗盘测量井斜方位角,测量数据用拍照的方法记录在一定长度的胶卷上,在定时器的控制下,每隔一定时间拍一张照片,从而得到不同井深下的井斜角和井斜方位角。

9.6.8

电子陀螺测斜仪 surface recording orientation;SRO

地面直读陀螺仪

利用陀螺原理测量井斜方位角,利用重力加速度计测量井斜角的测斜仪。此类仪器使用专用电缆或测井电缆下入,测量数据直接传送到地面上显示、打印和存储。

9.6.9

电子单多点测斜仪 electronic multi-shot

采用加速度计和磁通门测量井斜角和井斜方位角,测量数据先存储起来,起出后再进行回放的测斜仪。

9.6.10

自寻北陀螺测斜仪 north-seeking gyro survey tools

速率陀螺测斜仪

根据地球自转速率原理自动找到北极方位的陀螺测斜仪。

9.6.11

有线随钻测斜仪 wireline steering system

一种适用于井底动力钻具钻井的随钻测斜仪器,测量信息通过电缆传至地面处理机,可随钻测量井斜角、井斜方位角、工具面角等参数。

9.6.12

无线随钻测量系统　measurement while drilling;MWD

在钻进过程中实时监测井眼轨迹和工具面角等参数,并采用无线传输方式进行信息传送的测量装置。

9.6.12.1

正脉冲传输　positive pulse transmission

利用正脉冲压力波进行编码传输数据。

9.6.12.2

负脉冲传输　negative pulse transmission

利用负脉冲压力波进行编码传输数据。

9.6.12.3

连续波传输　transmission by continuous mud pressure wave

利用连续波的相位偏移进行编码传输数据。

9.6.12.4

电磁波传输　transmission by electromagnetic wave

利用电磁波作为信号载体传输数据。

9.6.13

随钻测井　logging while drilling;LWD

随钻测量地质参数。

9.6.14

随钻环空压力监测　pressure while drilling;PWD

随钻测量井底的环空压力。

9.6.15

随钻地震　seism while drilling;SWD

利用钻进过程中钻头的震动作为震源,在地面上接收震动波,从而判断钻头前方的地层特性。

9.7　轨迹计算

9.7.1

正切法　tangential method

假设相邻两测点间的井眼轴线是一条直线,直线的井斜角和井斜方位角与下测点相同的计算方法。

9.7.2

平衡正切法　balanced tangential method

假设相邻两测点间的井眼轴线是一条折线,折线的上下两半段长度相等,上半段各点的井斜角和方位角与上测点相同,下半段各点的井斜角和方位角与下测点相同的计算方法。

9.7.3

平均角法　average angle method

假设相邻两测点间的井眼为一直线,该直线的井斜角和方位角等于两测点井斜角和方位角的算术平均值的计算方法。

9.7.4

圆柱螺线法　radius of curvature method

曲率半径法

假设相邻两测点间的井眼轴线为一段空间曲线,该段曲线在其两端点处与上、下两测点处的井眼方向线相切,并且该段曲线在垂直投影图上的投影和在水平投影图上的投影各是一段曲率不变圆弧的计算方法。

9.7.5

最小曲率法　minimum curvature method

假设两测点间的井段是斜平面上的一段圆弧,圆弧在两端点处与上、下两测点处的井眼方向线相切的计算方法。

9.7.6

垂直投影图　vertical projection

井眼轴线在设计方位线所在的铅垂平面上的投影图。

9.7.7

垂直剖面图　vertical profile

以井口为原点、水平投影长度为横坐标、垂深为纵坐标绘制的井眼轨迹图。

9.7.8

水平投影图　horizontal projection

以井口为原点、东西位移为横坐标、北南位移为纵坐标绘制的井眼轨迹图。

9.7.9

入靶点　entry point

实钻井眼轴线与靶区平面的交点。

9.7.10

靶心距　off-target distance

在靶区平面上,入靶点到靶心的距离。

9.7.11

误差椭球　error ellipsoid

由仪器误差、测量误差、计算方法误差等因素引起的井眼位置的不确定性所构成的三轴椭球。

9.7.12

误差椭圆　error ellipse

误差椭球在水平面上的投影。

10　取心钻井

10.1

取心　coring

利用取心工具钻取地层中岩石样品(岩心)的作业。

10.1.1

岩心　core

取心作业时,从井下取出的圆柱状岩石样品。

10.1.2

树心　core shaping

取心钻头下到井底后以轻钻压慢转速钻进,使井底地层与钻头形状完全吻合,并钻进 0.15 m～0.30 m 以形成岩心的阶段。

10.1.3

割心　core cutting

取心钻进到预定长度,把岩心柱从钻头底部割断的作业。

10.1.4

中途割心　medium-term core breaking

未钻达本筒预定取心进尺的割心。

10.1.5

套心　picking up lost core

采取适当措施，用取心工具把遗留在井底的岩心套入内岩心筒。

10.2

取心钻井方法　core drilling method

利用取心工具钻取岩心的作业。

10.2.1

转盘钻取心　rotary drilling coring

用转盘带动取心工具钻取岩心的作业。

10.2.2

井底动力钻取心　downhole motor coring

用井底动力钻具带动取心工具钻取岩心的作业。它包括螺杆钻、涡轮钻和电动钻取心。

10.3

取心方法　coring method

根据不同取心目的与要求，采用相应取心工具和工艺技术进行取心作业。

10.3.1

常规取心　conventional coring

对岩心无特殊要求的取心。

10.3.1.1

水平井取心　horizontal coring

在水平井的水平井段中进行的取心。

10.3.1.2

绳索式取心　wireline coring

利用钢丝绳和打捞器把内岩心筒及岩心一同提出地面的取心。

10.3.2

特殊取心　special coring

对岩心有特殊要求的取心。

10.3.2.1

密闭取心　sealing coring

在取心钻进中，使用密闭取心液保护岩心不受钻井液污染的取心。

10.3.2.2

保压取心　pressure-retained coring

采用特殊的岩心筒和取心工艺措施，使取出的岩心始终保持其在地层中的原始压力状态。

10.3.2.3

定向取心　oriented coring

能够确定岩心所处的倾角、倾向等要素的取心。

10.3.2.4

井壁取心　sidewall coring

它不属于钻进取心，是在已钻成的井眼的井壁上，发射取心器或微型旋转取样器取得岩心。

10.4

取心工具　coring tool

钻取井下岩心所用的工具。

10.4.1

自锁式取心工具　self-lock type coring tool

上提钻具时，岩心爪能自行抓住岩心的工具。

10.4.2

加压式取心工具　load-type coring tool

利用钻具部分重力通过加压装置，压下内筒，迫使岩心爪收缩割心的工具。

10.4.3

砂卡式取心工具　sand-jammed coring tool

投入特定砂粒，憋压迫使砂子卡住岩心的工具。

10.4.4

定向井取心工具　directional well coring tool

用于大斜度井和水平井中取心的工具。

10.4.5

多用途取心工具　multi-purpose coring tool

适应两种以上取心方法的取心工具。

10.4.6

反循环取心工具　thru outside vent reverse circulation coring tool

利用分水接头的喷嘴造成压降，钻井液自钻头经内筒并从内筒上部侧孔返出，从而促使岩心进入内岩心筒的工具。适用于破碎地层取心。

10.4.7

橡胶套取心工具　rubber sleeve coring tool

装有特制橡胶软管套的取心装置。当岩心进入内筒时，橡胶套能随钻同步紧紧包住岩心。适用于松散地层取心。

10.4.8

金属丝套取心工具　metal wire sleeve coring tool

用金属丝套代替了橡胶套的取心工具。

10.4.9

密闭取心工具　sealed coring tool

内筒装有密闭液，密闭液不断从取心钻头口排出并立即包裹形成的岩心，使其不受钻井液污染的取心工具。

10.4.10

保压取心工具　pressure-retained coring tool

具有保压装置，能取出保持地层压力岩心的工具。

10.4.11

定向取心工具　oriented coring tool

能够在岩心表面连续刻出标记槽，并通过多点测斜装置，记录和确定岩心方位的取心工具。

10.5

取心工具的主要部件　coring tool main part

组成取心工具的主要零部件，它包括取心安全接头、旋转总成、稳定器、内外岩心筒、岩心爪等。

10.5.1

取心安全接头　coring safety joint

当取心钻进发生意外卡钻时，可以脱开外筒，使内筒和岩心同时起出的专用接头。

10.5.2

旋转总成　swivel assembly；bearing assembly

由悬挂接头、轴承盒、轴承等组成，使内筒不随外筒旋转的部件。

10.5.2.1

悬挂接头　hanging joint

悬挂内岩心筒并承受载荷的部件。

10.5.2.2

轴承盒　bearing retainer

容纳和保护轴承的装置。

10.5.3

泄压球　pressure relief plug

位于旋转总成内，与球座组成单向阀的球。取心钻进时，可防止循环的钻井液进入内筒，并可使内筒里的钻井液流入到中环隙。

10.5.4

岩心筒稳定器　core barrel stabilizer

在取心工具中起稳定作用，并能增加刚度的部件。

10.5.5

岩心筒　core barrel

取心工具的内岩心筒和外岩心筒及附属机构的统称。

10.5.5.1

内岩心筒　inner core barrel

内筒

取心钻进时，容纳和保护岩心的管子。

10.5.5.2

外岩心筒　outer core barrel

外筒

保护内岩心筒，连接钻头和钻柱并承受和传递钻压和扭矩的合金无缝钢管。

10.5.6

支撑节　support sub

使取心工具内筒始终居于外筒中心的部件。

10.5.7

机械加压接头　mechanical loading joint

加压式取心工具的割心加压装置。

10.5.8

岩心爪　core catcher

割取岩心和承托已割断岩心柱的部件。

10.5.8.1

卡箍岩心爪　core catcher with slip-collar

有外锥面和内摩擦面带切口的弹性件。

10.5.8.2

压缩式岩心爪　compression-type core catcher

它是加压式取心工具的专用岩心爪，割心时，通过加压接头加压，岩心爪收缩并卡紧岩心。

10.5.8.3

卡板岩心爪　core catcher with slip slab

由弹簧、铰链销、四瓣以上的卡板等组成的岩心爪。

10.5.8.4

卡瓦岩心爪　core catcher with slip

带有倒齿的卡瓦片组成的岩心爪。

10.5.8.5

篮式岩心爪　core basket

由内套、外套、弹簧片等组成形状似篮子的部件，专门用于松软破碎地层。

10.5.8.6

全封闭岩心爪　full closure core catcher

由爪片套、加压套、爪片座等组成的岩心爪。割心后，即可完全封闭内岩心筒底端，用于松散地层。

10.5.8.7

钻头端轴承　bit end bearing

内岩心筒下端与钻头之间装有特制轴承，有助于内筒居中并防止内筒转动。

10.5.9

取心工具辅助件　accessory coring component

它是用来拆装、吊运、测量取心工具的部件。

10.5.9.1

取心钻头装卸器　coring bit breaker

用于井口旋接和卸开取心钻头的专用工具。

10.5.9.2

岩心钳　core tong

控制岩心出筒的专用工具。

10.5.9.3

取球器　ball pick-up tool

当取心工具起出井口后，用来取出泄压球的专用工具。

10.5.9.4

间隙尺　clearance gouge

测量内筒底端与取心钻头台肩面距离的专用量具。

10.5.9.5

岩心标　core marker

引心套

引导岩心进入内筒的工件，岩心出筒时此件掉出即标志着岩心全部取出。

10.5.9.6

取心工具提升短节　coring handling sub

内装轴承，且有内筒螺纹和外筒螺纹的部件。用于在井场吊放取心工具的专用短节。

10.5.10

取心工具结构参数　configuration parameter of coring tool

取心工具结构参数是各部件尺寸之间的关系，它由工具结构所决定，并影响取心收获率。

10.5.10.1

外环隙　outer annulus clearance

井径与外筒外径之差。

10.5.10.2

中环隙　middle annulus clearance

外筒内径与内筒外径之差。

10.5.10.3

内环隙　inner annulus clearance

内筒内径与取心钻头内径之差。

10.5.10.4

轴向间隙　axial clearance

内筒底端与取心钻头定位台肩面之间的距离。

10.5.10.5

爪心环隙　core catcher annulus clearance

岩心爪内径与岩心理论外径之差。

10.5.10.6

取心钻头口径比　core bit ID/OD

取心钻头的内径与外径之比。

10.6

取心质量指标　coring quality index

衡量实际取心结果与取心要求满足的程度。

10.6.1

取心进尺　footage cored

钻取岩心时，钻进的实际长度。

10.6.2

单筒取心进尺　footage cored per barrel

下钻至起钻一次的取心进尺。

10.6.3

平均单筒取心进尺　average footage cored per barrel

总取心进尺与总取心次数之比。

10.6.4

岩心长　core recovery length

取出岩心的实际长度。

10.6.5

取心收获率　core recovery

岩心收获率

实际取出岩心长度与取心进尺之比的百分数。

10.6.6

岩心密闭率　core sealing percentage

岩心密闭、微浸的长度和与岩心取样总长度之比的百分数。

10.6.7

岩心保压率　pressure-retained core percentage

地面实测岩心压力与井底液柱计算压力之比的百分数。

10.6.8

照相成功率　photograph success percentage

定向取心时,定点测斜照相成功点数与总照相点数之比的百分数。

10.6.9

岩心定向成功率　core orientation success percentage

定向取心时,岩心有刻痕标记的定向成功点数与总定向点数之比的百分数。

10.7

取心故障　coring trouble

取心钻进过程中发生的卡心、堵心和磨心等故障,会影响取心收获率。

10.7.1

卡心　jammed core

取心钻进中,岩心在筒内被卡,影响岩心继续进入内筒。

10.7.2

堵心　blocked core

取心钻进时,岩心及堆积物将钻头喉部及内筒底部堵死,影响岩心继续进入内筒。

10.7.3

磨心　core grinding

在取心钻进中,由于岩心被卡或被堵,导致岩心面与岩心面之间的磨损。

11　钻井液及完井液

11.1　名称及类型

11.1.1

钻井液　drilling fluid

泥浆

钻井过程中用以满足钻井工作需要的各种循环流体的总称。其主要功能为携带和悬浮钻屑、稳定井壁和平衡地层压力、冷却和润滑钻头与钻具、传递流体动力、保护储层等。

11.1.2

水基钻井液　water base drilling fluid

以水为连续相的钻井液。

11.1.2.1

分散钻井液　dispersed drilling fluid

通过使用分散剂,以促进钻井液中黏土分散为主的水基钻井液。

11.1.2.2

不分散钻井液　non-dispersed drilling fluid

由水、膨润土、高聚物(选择性絮凝剂)组成,不促进钻井液中黏土分散水基钻井液。

11.1.2.3

钙处理钻井液　calcium-treated drilling fluid

经石灰、石膏或氯化钙等处理剂处理的水基钻井液。

11.1.2.4

聚合物钻井液　polymer drilling fluid

以聚合物作为主处理剂的水基钻井液。

11.1.2.5

低固相钻井液　low solids drilling fluid

低密度的固相体积含量小于4%(体积分数)的水基钻井液。

11.1.2.6

无固相钻井液　solids-free drilling fluid

不加入任何悬浮固相的钻井液。

11.1.2.7

盐水钻井液　salt-water drilling fluid

氯化钠含量不小于1%(质量分数)的水基钻井液。

11.1.2.8

饱和盐水钻井液　saturated salt-water drilling fluid

常温下氯化钠含量达到饱和的水基钻井液。

11.1.2.9

海水钻井液　sea-water drilling fluid

用海水配制而成的钻井液。

11.1.2.10

水包油乳化钻井液　oil-in-water emulsion drilling fluid

以水为连续相,油为分散相的乳化钻井液。

11.1.2.11

泡沫钻井液　foam drilling fluid

将气体介质分散在加有发泡剂和泡沫稳定剂的液体中形成的钻井流体。

11.1.2.12

充气钻井液　aerated drilling fluid

钻进过程中将气体连续充入钻井液中形成的钻井流体。

11.1.3

油基钻井液　oil base drilling fluid;oil base mud;OBM

以油为连续相的钻井液。

11.1.3.1

全油基钻井液　true oil drilling fluid

以油为连续相,含水量不超过5%(体积分数)的钻井液。

11.1.3.2

油包水乳化钻井液　water-in-oil emulsion drilling fluid

逆乳化钻井液

以油为连续相,水作分散相的乳化钻井液。

11.1.3.3

低毒油基钻井液　low-toxicity oil base drilling fluid

以脂肪烃或脂环烃为主要成分的精制油(俗称矿物油或白油)作连续相的油基钻井液。

11.1.4

合成基钻井液　synthetic base drilling fluid

以合成的有机化合物作为连续相的钻井液。

11.1.5

气体类钻井流体　gas base drilling fluid

以气体为连续相的钻井流体。

11.1.5.1

气体钻井流体 gaseous drilling fluid

用空气、天然气、氮气等气体作为循环介质的钻井流体。

11.1.5.2

雾化钻井流体 mist drilling fluid

水分散在气体介质中所形成的雾状钻井流体。

11.1.6

加重钻井液 weighted drilling fluid

用加重材料提高了密度的钻井液。

11.1.7

完井液 completion fluid

新井从钻开产层到正式投产前,由于作业需要而使用的任何接触产层的流体。

11.1.7.1

储层钻井液 drill-in fluid

钻进储层所使用的各种工作流体。

11.1.7.2

射孔液 perforating fluid

套管射孔作业过程中使用的流体。

11.1.7.3

砾石充填液 gravel-packing fluid

砾石充填完井作业中将砾石携带至井下预定位置的流体。

11.1.7.4

封隔液 packer fluid

完井后留在封隔器以上套管与油管之间环形空间中的流体。

11.1.8

修井液 workover fluid

修井时用的入井流体。

11.1.9

压井液 killing fluid

压井时用的流体。

11.1.10

清洁盐水 clean brine

经过滤处理,不含粒径大于 2 μm 的悬浮粒子的盐水溶液。

11.1.11

密闭液 sealing fluid

密闭取心钻井时置于岩心筒内保护岩心的专用液体。

11.1.12

解卡液 pipe-freeing fluid

黏附卡钻后,用于浸泡卡点进行解卡的液体。

11.2 材料及处理剂

11.2.1

膨润土 bentonite

主要矿物成分为蒙脱石(montmorillonite)的造浆黏土。

11.2.2

未处理膨润土　untreated bentonite

经过干燥、粉碎但未经任何化学处理的膨润土粉。

11.2.3

OCMA 膨润土　OCMA bentonite

用纯碱、聚合物或其他化学品处理过的，以蒙脱石为基础（符合 OCMA 标准）的黏土。

11.2.4

凹凸棒土　attapulgite

能在盐水中造浆的富镁纤维状黏土。

11.2.5

海泡石　sepiolite

能在盐水中造浆并耐高温，颗粒形状呈链状及棒状的纤维状黏土。

11.2.6

有机土　organic clay

用表面活性剂处理过、能分散在油中形成亲油胶体并使油基钻井液的黏度和切力升高的黏土。

11.2.7

加重材料　weighting material

加重剂

用于提高钻井液或水泥浆密度的材料。

11.2.8

降黏剂　thinner

降低钻井液的黏度及切力的处理剂。

11.2.9

降滤失剂　filtrate reducer

降失水剂

降低钻井液、水泥浆及完井液滤失量的处理剂。

11.2.10

增黏剂　viscosifier

提高钻井液黏度和切力的处理剂。

11.2.11

页岩抑制剂　shale inhibitor

抑制页岩水化膨胀和分散、稳定井壁的处理剂。

11.2.12

润滑剂　lubricant

提高钻井液润滑性的处理剂。

11.2.13

极压润滑剂　extreme-pressure lubricant

在高载荷下提高钻井液润滑性的处理剂。

11.2.14

堵漏材料　lost circulation material；LCM

堵漏剂

能防止或减少钻井液从井筒漏入地层的材料。

11.2.15

乳化剂　emulsifier

促使油水乳化并使乳状液稳定的处理剂。

11.2.16

消泡剂　defoamer

用于消除或减少钻井液、水泥浆及完井液泡沫的处理剂。

11.2.17

发泡剂　foamer

使钻井液或其他流体产生泡沫的处理剂。

11.2.18

泡沫稳定剂　foam stabilizer

增强泡沫稳定性的处理剂。

11.2.19

絮凝剂　flocculant

使钻井液中的粘土颗粒发生絮凝的处理剂。

11.2.20

包被剂　encapsulating agent

在钻屑表面发生多点吸附的大分子处理剂。

11.2.21

防泥包剂　balling inhibitor

防止钻头和钻具泥包的处理剂。

11.2.22

解卡剂　pipe-freeing agent

通过渗透作用实现压力传递，用于解除黏附卡钻或压差卡钻的处理剂。

11.2.23

缓蚀剂　corrosion inhibitor

用于减轻或抑制钻井液对设备及管柱腐蚀的处理剂。

11.2.24

pH 值调节剂　pH control additive

调节钻井液酸碱度的处理剂。

11.2.25

除钙剂　calcium remover

除去钻井液中钙离子的处理剂。

11.2.26

除硫剂　sulfide scavenger

除去钻井液中硫离子的处理剂。

11.2.27

除氧剂　oxygen scavenger

除去钻井液中游离氧的处理剂。

11.2.28

杀菌剂　bactericide

杀灭钻井液中细菌或抑制细菌生长繁殖的处理剂。

11.2.29

屏蔽暂堵剂　temporary plugging/shielding additive

由特定架桥粒子或可变形粒子组成，可在井壁附近形成可解除的屏蔽暂堵带的处理剂。

11.2.30

钻井液示踪剂　drilling fluid tracer

用来指示钻井液侵入岩层或岩心情况的化学剂。

11.3　性能

11.3.1

钻井液密度　drilling fluid density；mud weight

单位体积钻井液的质量。

注：单位为克每立方厘米(g/cm^3)。

11.3.2

漏斗黏度　funnel viscosity；FV

用漏斗黏度计测得的流出一定体积钻井液所经历的时间。

注1：单位为秒(s)。

注2：测试方法参见GB/T 16783.1。

11.3.3

剪切速率　shear rate

垂直于流体流动方向上两相邻流层间单位距离上的流速差。

注：单位为每秒(s^{-1})。

11.3.4

剪切应力　shear stress

克服流体流动阻力所需单位面积上的应力。

注：单位为帕(Pa)。

11.3.5

表观黏度　apparent viscosity；AV

钻井液剪切应力与剪切速率的比值。

注1：单位为毫帕秒(mPa·s)。

注2：测试方法参见GB/T 16783.1。

11.3.6

塑性黏度　plastic viscosity；PV

塑性流体在层流条件下，剪切应力与剪切速率成线性关系时的斜率值。

注1：单位为毫帕秒(mPa·s)。

注2：测试方法参见GB/T 16783.1。

11.3.7

动切力　yield point；YP

屈服值

塑性流体在层流条件下，剪切应力与剪切速率成线性关系时的截距。

注1：单位为帕(Pa)。

注2：测试方法参见GB/T 16783.1。

11.3.8

动塑比　ratio of yield point to plastic viscosity

钻井液动切力与塑性黏度的比值。

注1：单位为帕每毫帕秒(Pa/mPa·s)。

注 2：测试方法参见 GB/T 16783.1。

11.3.9

静切力　gel strength

凝胶强度

塑性流体从静止状态开始运动时所需的最低剪切应力。

注：单位为帕(Pa)。

11.3.10

初切力　initial gel strength

钻井液充分搅拌后静置 10 s 时测得的切力。

注 1：单位为帕(Pa)。

注 2：测试方法参见 GB/T 16783.1。

11.3.11

终切力　ten-minute gel strength

钻井液充分搅拌后静置 10 min 时测得的切力。

注 1：单位为帕(Pa)。

注 2：测试方法参见 GB/T 16783.1。

11.3.12

触变性　thixotropy

某些流体在剪切速率为零或接近零的条件下随时间而发展其凝胶结构，在剪切速率增大时又会随时间而破坏其凝胶结构的可逆变化特性。

11.3.13

剪切稀释性　shear thinning behavior

非牛顿流体的表观黏度随剪切速率增加而下降的特性。

11.3.14

滤失量　filter loss；FL

对钻井液进行[加]压[过]滤试验时，通过过滤介质的滤液体积。

注 1：单位为立方厘米(cm^3)或毫升(mL)。

注 2：测试方法参见 GB/T 16783.1。

11.3.15

高温高压滤失量　high temperature-high pressure fluid loss

用 API 推荐的高温高压滤失仪及方法测得的钻井液滤失量。

注 1：单位为立方厘米(cm^3)或毫升(mL)。

注 2：测试方法参见 GB/T 16783.1。

11.3.16

瞬时滤失量　spurt loss

初滤失[量]

钻井液在形成滤饼前的滤液量，以滤失量与渗滤时间的平方根成线性关系时的截距来表示。

注：单位为立方厘米(cm^3)或毫升(mL)。

11.3.17

滤饼厚度　cake thickness

从多孔过滤介质表面到滤饼表面的平均厚度。

注：单位为毫米(mm)。

11.3.18

滤液甲基橙碱度　filtrate methyl orange alkalinity

每毫升钻井液滤液被滴定到甲基橙终点时，所用 0.01 moL/L 硫酸标准溶液的毫升数(包括到达滤液酚酞碱度所消耗的量)。

11.3.19

滤液酚酞碱度　filtrate phenolphthalein alkalinity

每毫升钻井液滤液被滴定到酚酞终点时，所用 0.01 moL/L 硫酸标准溶液的毫升数。

11.3.20

滤液矿化度　filtrate salinity

单位体积滤液中所含无机阴离子和无机阳离子的总量。

注：单位为毫克每升(mg/L)。

11.3.21

钻井液酚酞碱度　drilling fluid phenolphthalein alkalinity

每毫升钻井液(全相)被滴定到酚酞终点时，所用 0.01 moL/L 硫酸标准溶液的毫升数。

11.3.22

钻井液 pH 值　pH value of drilling fluid

钻井液或钻井液滤液中氢离子活度的负对数。

11.3.23

固相含量　solids content

钻井液中全部固体物质的体积占钻井液总体积的百分数。

注：测试方法参见 GB/T 16783.1。

11.3.24

悬浮固相含量　suspended solid content

钻井液中悬浮的固体物质的体积占钻井液总体积的百分数。

11.3.25

含砂量　sand content

钻井液中粒径大于 74 μm 的固相占钻井液总体积的百分数。

11.3.26

亚微粒子含量　submicron particle content

钻井液中粒径小于 1 μm 的固相占钻井液总体积的百分数。

11.3.27

亚甲基蓝容量　methylene blue capacity

每毫升钻井液用 0.01 moL/L 亚甲基蓝标准溶液滴定到终点时所耗标准溶液的毫升数。

11.3.28

钻井液粒度分布　particle size distribution of drilling fluid

钻井液中各粒径范围内的固体颗粒占固体总量的百分比。

11.3.29

含盐量　salt content

钻井液中以氯化钠计的盐的总含量。

注：单位为毫克每升(mg/L)。

11.3.30

含钙量　calcium content

钻井液中以钙离子计的总硬度。

注 1：单位为毫克每升(mg/L)。

注 2：测试方法参见 GB/T 16783.1。

11.3.31

过量石灰含量　undissolved lime content

钻井液中未溶解的 $Ca(OH)_2$ 含量。

注：单位为毫克每升(mg/L)。

11.3.32

钻井液滤饼黏附系数　drilling fluid cake adhesion coefficient

用泥饼黏附系数测定仪测得的钻井液滤饼与黏附盘间的黏附系数。

11.3.33

钻井液滤饼黏滞系数　drilling fluid cake sluggish coefficient

用泥饼黏滞系数测定仪测得的钻井液滤饼与滑动块间的黏滞系数。

11.3.34

钻井液润滑系数　drilling fluid frictional factor

用极压润滑仪测得的钻井液的润滑系数。

11.3.35

钻井液电稳定性　drilling fluid electric stability

用破乳电压来表示的油基钻井液的相对稳定性。

注：单位为伏(V)。

11.3.36

钻井液抑制性　drilling fluid inhibitive properties

钻井液抑制泥页岩水化膨胀和水化分散的能力。

11.3.37

页岩稳定指数　shale stability index；SSI

用针入度仪测定页岩样品经液体浸泡前后的针入度及膨胀或侵蚀量，以此来确定液体抑制能力的一种参数。

11.3.38

毛细管吸吮时间　capillary suction time；CST value

用毛细管吸吮仪测量泥页岩悬浮液在特定滤纸上由于毛细现象运移一定距离所需时间，以此来确定泥页岩分散特性的一种参数。

注：单位为秒(s)。

11.3.39

页岩回收率　shale recovery

粒径为 2.0 mm～3.2 mm 的泥页岩在钻井液或处理剂溶液中用滚子加热炉热滚后未通过孔径 0.42 mm 分样筛的相对量。

11.3.40

相对膨胀率　relative swelling ratio

用页岩膨胀仪测得的岩样在钻井液或处理剂溶液中的吸水膨胀量与其在蒸馏水中的吸水膨胀量的比值。

11.3.41

半致死浓度　median lethal concentration；LC_{50}

在 96 h 内受试生物群体死亡 50%时的毒性材料或物质的浓度。

注：单位为毫克每升(mg/L)。

11.3.42

半致死剂量　median lethal dose；LD_{50}

受试生物群体摄取或注射某种试验物质后在指定时间死亡率达 50%时的剂量。

注：单位为毫克每千克(mg/kg)。

11.4 测试设备

11.4.1

钻井液密度计 mud balance

测量钻井液密度的一种专用仪器。

注：技术规格参见 GB/T 16783.1。

11.4.2

马氏漏斗 Marsh funnel

现场测量钻井液相对黏度的一种漏斗状仪器。

11.4.3

直读式旋转黏度计 direct-indicating viscometer

一种旋转式测量钻井液流变参数的仪器。

注：技术规格参见 GB/T 16783.1。

11.4.4

滤失仪 filter press

过滤面积(4 580±60)mm^2、工作压力(690±35)kPa 的一种评价钻井液滤失性的仪器。

11.4.5

高温高压滤失仪 high temperature-high pressure filter press

工作压力达 4.14 MPa 或 8.97 MPa、工作温度可达 149 ℃或更高、过滤面积为 2 258 mm^2 的滤失仪。

11.4.6

含砂仪 sand content set

测量钻井液中粒径大于 74 μm 固相颗粒含量的仪器。

注：技术规格参见 GB/T 16783.1。

11.4.7

电稳定性测定仪 electrical stability meter

测量油包水型乳状液破乳电压值的仪器。

11.4.8

固相含量测定仪 retort

测量钻井液中固体及液体含量的仪器。

注：技术规格参见 GB/T 16783.1。

11.4.9

电阻率仪 resistivity meter

测量钻井液及滤液电阻率的一种仪器。

11.4.10

酸度计 pH meter

pH 计

测量钻井液或钻井液滤液 pH 值的仪器。

11.4.11

滚子加热炉 roller oven

在滚动条件下加热及养护钻井液试样的试验设备。

11.4.12

极压润滑仪 extreme pressure and lubricity tester

测量钻井液极压膜强度和润滑系数的仪器。

11.4.13

泥饼黏附系数测定仪　cake differential sticking tester

测量钻井液滤饼黏附系数的仪器。

11.4.14

泥饼黏滞系数测定仪　sliding parallel-plate cake sluggish coefficient meter

测量钻井液滤饼黏滞系数的仪器。

11.4.15

激光粒度仪　laser particle analyzer

利用激光衍射原理测量固相颗粒粒度分布的仪器。

11.4.16

页岩膨胀仪　shale swelling tester

评价页岩岩样在钻井液或处理剂溶液中的水化膨胀能力的一种专用仪器。

11.4.17

高速搅拌器　high-speed mixer

实验室搅拌钻井液、承载转速为(11 000±300)r/min 的专用搅拌器。

11.5　钻井液污染

11.5.1

固相污染　solids contamination

地层中的固相颗粒侵入钻井液使其性能发生变化的现象。

11.5.2

黏土侵　clay contamination

地层中的黏土侵入钻井液使其性能发生变化的现象。

11.5.3

盐污染　salt contamination

盐侵

地层中的盐侵入钻井液使其性能发生变化的现象。

11.5.4

盐水侵　salt water contamination

地层中的盐水侵入钻井液使其性能发生变化的现象。

11.5.5

钙污染　calcium contamination

钙侵

地层中的钙离子侵入钻井液使其性能发生变化的现象。

11.5.6

水泥侵　cement contamination

钻水泥塞时水泥侵入钻井液使其性能发生变化的现象。

11.5.7

石膏侵　gypsum contamination

钻石膏层时石膏中的钙离子污染钻井液使其性能发生变化的现象。

11.5.8

碳酸盐污染　carbonate contamination

碳酸根或碳酸氢根离子侵入钻井液使其性能发生变化的现象。

11.5.9

硫化氢污染　hydrogen sulfide contamination

地层中的硫化氢或钻井液处理剂分解产生的硫化氢使钻井液性能发生变化的现象。

11.5.10

气侵　gas cut

气体侵入钻井液使其密度下降或性能发生变化的现象。

11.5.11

油、气、水侵　gas，oil and water cut

油、气、水侵入钻井液使其性能发生变化的现象。

11.6　固相控制

11.6.1

钻屑　drill cuttings

岩屑

钻井过程中产生的岩层碎屑。

11.6.2

砂　sand

钻井液中粒径大于 74 μm 的固相颗粒。

11.6.3

泥　silt

钻井液中粒径在 2 μm～74 μm 之间的固相颗粒。

11.6.4

胶体颗粒　colloidal solids

钻井液中粒径小于 2 μm 的固相颗粒。

11.6.5

活性固相　active solids

可以发生水化作用或与液相中其他组分发生反应的固相。

11.6.6

惰性固相　inert solids

不发生水化作用且不与液相中其他组分发生反应的固相。

11.6.7

振动筛　shale shaker

通过机械振动将固体颗粒筛离出来的一种过滤性机械分离设备。

11.6.8

水力旋流器　hydrocyclone

在压力作用下，通过高速旋转作用将固体颗粒沉降分离的一种带有圆柱部分的锥形器。

11.6.9

除砂器　desander

可有效清除 30 μm 以上固相颗粒的水力旋流器。

11.6.10

除泥器　desilter

可清除约 95%大于 40 μm 的钻屑和约 50%大于 15 μm 的钻屑的水力旋流器。

11.6.11

微型旋流器 microclone

超级旋流器

分离颗粒粒度范围为 7 μm～25 μm 的水力旋流器。

11.6.12

中值分离点 cut point

某一尺寸的颗粒在流经旋流器后有 50%从底流被清除，其余从溢流口排出，该尺寸就称为这种旋流器的中值分离点。

11.6.13

钻井液清洁器 mud cleaner

一组水力旋流器和一台细目振动筛的组合。

11.6.14

离心机 centrifuge

利用离心沉降原理清除钻井液中的细微颗粒的设备。

11.6.15

底流排量 bottom flow rate

单位时间内从旋流器锥体下端排出的流体量。

注：单位为升每秒(L/s)。

11.6.16

底流密度 bottom flow density

从旋流器锥体下端排出的流体的密度。

注：单位为克每立方厘米(g/cm^3)。

11.6.17

伞状排出 spray discharge

旋流器工作正常时，底流出口处流体以伞状向四周喷出的现象。

11.6.18

底流串稀 bottom flooding

股流

旋流器工作不正常时，底流呈稀液流直泻而下的现象。

11.6.19

串珠流 rope discharge

绳状排出

旋流器工作不正常时，底流以滴状或念珠状不均匀流出的现象。

11.6.20

干底 dry bottom

旋流器底流口堵塞的现象。

11.6.21

钻井液稀释法 dilution of drilling fluid

添加液相来降低钻井液固相含量的方法。

11.6.22

钻井液置换法 displacement of drilling fluid

排放部分钻井液，然后添加清洁钻井液以降低钻井液固相含量的方法。

11.6.23

絮凝法　flocculation method

在钻井液中加入絮凝剂，能使黏附颗粒通过絮凝作用聚结成较大颗粒然后加以清除以降低固相含量的方法。

11.7　储层保护

11.7.1

储层损害　formation damage

在钻井、完井等全过程中的任一作业环节造成储层渗透率下降的现象。

11.7.2

岩心流动实验　core flow test

通过测定岩心与各种外来工作液接触前后渗透率的变化来评价储层损害程度的室内实验方法。

11.7.3

渗透率恢复值　return permeability

渗透率恢复率

岩心与工作液作用后的渗透率与作用前渗透率的比值。

11.8　其他

11.8.1

钻井液工艺　drilling fluid technology

为达到所要求的钻井液性能、满足钻井工程中各种作业的需要所采取的各项技术措施与方法的集合。

11.8.2

钻井液设计　drilling fluid program

根据钻井地质和工程设计，为满足钻井及与之相关的各项作业的要求而拟定的钻井液类型、配方、性能及配制、维护、处理措施等的工艺方案。

11.8.3

钻井液配方　drilling fluid formulation

组成钻井液的材料和处理剂的品种、规格、加量。

11.8.4

配浆　drilling fluid make-up

根据钻井液配方，将各种材料和处理剂按规定程序配制成钻井液的作业。

11.8.5

钻井液混合设备　drilling fluid mixing equipment

用来将配浆材料及处理剂配制成钻井液的设备。

11.8.6

钻井液搅拌器　agitator

用于搅拌钻井液，使其组分和性能均一的装置。

11.8.7

泥浆枪　drilling fluid gun

利用高速喷射流冲击、搅拌钻井液的装置。

11.8.8

钻井液净化　drilling fluid purification

清除钻井液中的外来无益组分的过程。

11.8.9

井眼净化　hole cleaning

钻井液清洗井眼并将岩屑携带至地面的过程。

11.8.10

携岩能力　carrying capability

携屑能力

钻井液将岩屑悬浮和携带到地面的能力。

11.8.11

钻井液稳定性　drilling fluid stability

钻井液在外来因素作用下保持其性能稳定的能力。

11.8.12

处理剂配伍性　additives compatibility

在钻井液体系中加入一种或多种处理剂，使钻井液的一项或多项性能得到改善，而对体系的其他性能没有影响或影响甚微的性质。

11.8.13

聚合物降解　polymer degradation

聚合物受外界因素作用发生分子链断裂，使原有功能改变或丧失的现象。

11.8.14

钻井液老化　drilling fluid deterioration

由于钻井液使用周期太长或处理方法不当，造成钻井液中活性膨润土含量降低或膨润土颗粒表面钝化而使钻井液出现维护处理困难的现象。

11.8.15

钻井液转化　drilling fluid conversion process

改变钻井液类型或体系的大型处理。

11.8.16

废弃钻井液　waste drilling fluid

钻井过程中弃置不用的钻井液。

11.8.17

钻井液日报表　daily drilling fluid report

记录钻井现场每日钻井液性能、处理、维护、储存、消耗及相关信息与试验数据的原始记录。

11.8.18

实验基浆　base mud for testing

为考察某种处理剂性能而专门配制，具有规定性能的钻井液。

11.8.19

钻井液养护　drilling fluid aging

钻井液在一定条件下使其反应完全、性能趋于稳定的过程。

11.8.20

滤饼　cake

泥饼

钻井液在过滤过程中沉积在过滤介质上的沉积物。

11.8.21

钻井液滤液　drilling fluid filtrate

钻井液通过过滤介质流出的液体。

11.8.22

黏土造浆率　yield of clay

每吨粘土能配出表观黏度为 15 mPa・s 的钻井液量。

11.8.23

钻井液转化为水泥浆　mud to cement;MTC

通过加入高炉水淬矿渣、激活剂,使钻井液转化为性能和油井水泥浆相似的钻井液固化液。

11.8.24

井漏　lost circulation

在钻井、固井、测试等各种井下作业中,各种工作液(包括钻井液、完井液、水泥浆及其他流体等)在压差作用下漏入地层的现象。

12　油气井压力控制

12.1　井筒压力

12.1.1

液柱压力　fluid column pressure

由井内液柱的重力形成的压力。

12.1.2

压力过渡带　pressure transitional zone

地层压力由正常值逐渐变为异常值的过渡地层。

12.1.3

压力当量密度　pressure equivalent density

井内某深度处的压力用等深度、等压力的液柱压力表示时,液柱流体所具有的密度。

12.1.4

井底压力　bottom-hole pressure

作用于井底的各种压力总和。

12.1.4.1

井底循环压力　bottom-hole circulating pressure

循环时井底压力。它等于静液柱压力、环空压耗以及井口回压之和。

12.1.4.2

井底静止压力　bottom-hole static pressure

不循环时的井底压力。

12.1.5

附加压力　enhanced pressure

确定钻井液密度时,使钻井液液柱压力超过地层压力的压力值。

12.1.6

当量深度　equivalent depth

在异常高压层,岩石的骨架应力比同等深度正常压力地层的骨架应力低,这一较低的骨架应力值与正常压力井段某一深度对应的骨架应力相等,该深度即称为异常压力层的当量深度。

12.1.7

钻柱排代量　drill string displacement

钻柱管体所排代的等量钻井液体积。

12.1.8

井口回压　back pressure

由节流阀产生的,作用于环空和井底的压力。

12.1.9

激动压力　surge pressure

由于下钻过快或钻井泵启动速率过快,使井内钻井液运动速度突然改变时引起的井内压力瞬时增加值。

12.1.10

抽汲压力　swab pressure

上提钻柱时,由于钻井液的运动引起的井内压力瞬时降低值。

12.1.11

环空压力剖面　annular pressure profile

环空水力压力剖面

指流体作用于环空形成的环空压力分布,表现为环空压力值随深度的变化关系。

12.1.12

环空摩阻压力　annular friction pressure

环空中流体流动阻力造成的压力损失。

12.1.13

当量循环密度　equivalent circulating density;ECD

井内某深度处的循环压力用等深度、等循环压力的液柱压力表示时,液柱流体所具有的密度。

12.1.14

压力脉冲　pressure spike

因节流阀开关产生的瞬时压力变化。

12.1.15

压力窗口　pressure windows/margin

某一深度处地层破裂压力或坍塌压力与孔隙压力的差值。

12.1.16

立管压力　standpipe pressure

钻井立管压力表显示的压力。

12.1.17

关井套管压力　shut-in casing pressure

停泵关井后,由于环空内钻井液不能平衡地层压力,在套管压力表显示的压力值。

12.1.18

关井立管压力　shut-in standpipe pressure

停泵关井后,钻具内钻井液不能平衡地层压力,在立管压力表显示的压力值。

12.1.19

单梯度　single gradient

井筒内采用单一密度的钻井液。

12.1.20

双梯度　dual gradient

井筒内采用两种不同密度的钻井液。

12.2

地层压力检测　pore pressure prediction

在钻井过程中利用随钻资料对地层压力进行实时监测，以便对地层压力的预测值进行校正。

12.2.1

正常压力趋势线　normal pore pressure trend line

在各种检测地层压力的方法中，所检测的地层特性参数(多是反映地层压实程度的参数)在正常地层孔隙压力条件下随深度的增加而变化的趋势。

12.2.2

地震层速度法　seismic reflection method

利用地震波在地层中传播速度的变化来预测地层孔隙压力的方法。

12.2.3

声波时差法　interval travel time method

利用声波时差随深度的变化可以检测地层孔隙压力的方法。

12.2.4

机械钻速法　penetration rate method

利用钻入压力过渡带或高压层时机械钻速加快的特征监测异常高压层的方法。

12.2.5

***d* 指数法　*d*-exponent method**

利用宾汉钻速方程中的比钻压指数 d 在泥(页)岩地层中的变化来监测异常高压层的方法。

12.2.6

dc 指数法　dc-exponent method

修正的 d 指数法　corrected d-exponent method

由正常地层压力当量密度与钻井液密度之比修正后的 d 指数法。

12.2.7

标准化钻速法　normalized drilling rate method

把影响钻速的液柱压力与地层孔隙压力之间的压差以外的诸因素作标准化处理，利用标准钻速的变化，监测地层孔隙压力的方法。

12.2.8

页(泥)岩密度法　shale (mud) density method

利用钻入压力过渡带或高压层时页(泥)岩岩屑密度减小的规律来监测异常高压层的方法。

12.2.9

溢流观测法　overflow observation method

根据溢流时关井测得的立管压力值，求得地层孔隙压力的方法。

12.2.10

气测录井法　gas log method

利用气测仪连续采集分析钻井液中气体成分和含量，依据钻入压力过渡带或高压层时，烃类气体含量增加的特征来监测高压层的方法。

12.2.11

氯化物检测法　chloride log method

随钻测定返出钻井液中氯化物的含量，依据钻入过渡带或高压层时钻井液滤液中的氯化物含量增加特征来检测高压层的方法。

12.2.12

钻井液录井法　drilling fluid log method

利用钻入过渡带或高压层时钻井液性能(密度、动切力、液流指数)的变化来检测高压层的方法。

12.2.13

出口温度检测法　return-line temperature detection method

利用钻入压力过渡带或高压层时返出钻井液的温度梯度升高的原理来检测异常高压层的方法。

12.2.13.1

出口温度　flow-line temperature

循环时,在井口测得的流体温度。

12.2.13.2

井底循环温度　bottom-hole circulating temperature

循环时,井底流体所能达到的最高温度。

12.2.13.3

井底静止温度　static bottom-hole temperature

井内流体在静止状态下,井底流体所能达到的最高温度。

12.2.14

化石资料法　petrification trace

有些异常高压地层的形成与一定的沉积环境有关,利用标志某种沉积环境化石的出现来预告异常高压层的方法。

12.2.15

测井检测法　logging detect method

利用地球物理测井中的电学、力学、声学及其他物理性质的变化特征,检测异常高压层的方法。

12.3

地层破裂压力预测方法　formation fracture pressure prediction

预测地下不同井深地层破裂压力的方法。

12.3.1

哈伯特-威利斯法　Hubbert & Willis minimum fracture gradient

哈伯特和威利斯提出的估算地层破裂压力的方法。其计算式为:

$$p_f = p_p + \alpha \times (p_o - p_p)$$

式中,p_f 为地层破裂压力;p_p 为地层压力;α 为系数,等于 1/3~1/2;p_o 为上覆岩层压力。

12.3.2

马休斯-凯利法　Matthews & Kelly's method

马休斯-凯利提出的计算式估算地层破裂压力的方法。其计算式为:

$$p_f = p_p + K_i \times (p_o - p_p)$$

式中,K_i 为基岩应力系数,其值为水平压力与垂直应力的比值。

12.3.3

伊顿法　Eaton's method

伊顿提出的计算式估算地层破裂压力的方法。其计算式为:

$$p_f = p_p + \left(\frac{\mu}{1-\mu}\right)(p_o - p_p)$$

式中,μ 为泊松比。

12.3.4

安德森法　Anderson's method

安德森提出的计算式估算地层破裂压力的方法。其计算式为：

$$p_f = p_o\left(\frac{2\mu}{1-\mu}\right) + 2p_p\left(\frac{1-3\mu}{1-\mu}\right)$$

12.3.5

艾克斯劳格法　Exlog's method

艾克斯劳格提出的计算式估算地层破裂压力的方法。其计算式为：

$$p_f = p_p + \left(\frac{\mu}{1-\mu} + \beta\right)(p_o - p_p)$$

式中，β为均匀构造应力系数。

12.3.6

黄氏法　Huang's method

黄荣樽提出的计算式估算地层破裂压力的方法。其计算式为：

$$p_f = p_p + \left(\frac{2\mu}{1-\mu} - k\right)(p_o - p_p) + S_t$$

式中，k为非均匀构造应力系数；S_t为破裂地层的岩石抗拉强度。

12.4

漏失试验法　leak-off test

破裂压力试验法

通过关井蹩压方式将套管鞋以下第一个砂层压漏来求得该层地层破裂压力的方法。

12.5

井侵　influx

地层流体(油、气、水)侵入井内的现象。

12.6

气体上窜　gas channeling

井内的气体向井口运移的过程。

12.7

溢流　overflow

因地层流体侵入井内引起井口返出的钻井液量比泵入量大，或停泵后井口钻井液自动外溢的现象。

12.7.1

溢流量　overflow volume

地层流体侵入井内引起的钻井液体积增加量。

12.7.2

溢流长度　kick length

溢流高度

根据溢流量和井眼条件计算出的进入井眼的地层流体在井眼中所占的长度。

12.7.3

溢流前兆　impending blowout

可能发生溢流的各种显示或现象。

12.7.4

预警时间　warning time

从用仪器和装置检测出溢流前兆开始到将转化为溢流的时间。

12.8

井涌 well kick

溢流进一步发展到钻井液涌出井口或防溢管口的现象。

12.9

井喷 well blowout

井涌进一步发展到地层流体(油、气或水)持续无控制地流入井内的现象。

12.9.1

地下井喷 bottom blowout

溢流关井后,将某一薄弱层压破,高压层流体大量流入被压裂地层的现象。

12.9.2

钻柱内井喷 drill string blowout

流体从钻柱内涌出的井喷。

12.9.3

井喷失控 out of control for blowout

发生井喷后,无法用井口防喷装置进行有效控制而出现敞喷的现象。

12.10

循环池液体增量 pit gain

因地层流体进入井内引起的循环池内钻井液体积的增量。

12.11

井控 well control

对井底压力进行控制的工艺技术。

12.11.1

一级井控 primary well control

一次井控

利用井内钻井液柱压力来平衡井筒压力的工艺技术。

12.11.2

二级井控 secondary well control

二次井控

溢流、井涌、井喷后采用一定的井控工艺、设备恢复对井筒压力控制的工艺技术。

12.11.3

三级井控 tertiary well control

三次井控

井喷失控后重新恢复对井筒压力控制的工艺技术。

12.12

关井 shut-in

发生溢流、井涌、井喷后,关闭井口的作业。

12.12.1

硬关井 "hard" shut-in

发现溢流、井涌、井喷时,节流阀在关闭状态下关闭防喷器的关井方法。

12.12.2

软关井 "soft" shut-in

发生溢流、井涌、井喷时,节流阀在一定开度条件下关闭防喷器,再关闭节流阀的关井方法。

12.13

压井　well killing

向失去压力平衡的井内泵入适当密度钻井液，以重建和恢复井内压力平衡的作业。

12.13.1

空井压井　empty well killing

井内无钻具情况下的压井作业。

12.13.2

压井方法　kill methods

采用不同的工艺措施进行压井作业的统称。

12.13.2.1

等候加重法　wait and weight kill method；engineer's kill method

工程师法

先关井求压，待加重钻井液准备好后，用加重钻井液在一个循环周完成压井的施工方法。

12.13.2.2

二次循环法　double circulation kill method；driller's method

司钻法

先关井求压，然后用两个循环周完成压井的施工方法。第一个循环周用原钻井液循环，以排出环空中的受侵钻井液。第二个循环周将加重钻井液泵入井内压井。

12.13.2.3

边加重边循环法　composite kill method；weighting & circulating kill method

先关井求压，然后一边加重钻井液，一边将加重的钻井液泵入井内的压井方法。

12.13.2.4

置换压井法　displacement kill method

向井内挤入定量加重钻井液，关井使钻井液下落，然后泄掉相应量的井口压力。重复这个过程，直至井口压力降到一定程度，再强行下钻完成压井作业。

12.13.2.5

反循环压井法　reverse circulating kill method

钻井液从环空泵入，由钻杆内返出的压井方法。

12.13.2.6

动态压井法　dynamic killing method

通过调节循环排量以控制流动阻力的压井方法。

12.13.2.7

下封隔器压井　killing by packer

利用不压井起下钻井口装置下入封隔器压井的施工方法。

12.13.3

节流循环　circulating by adjustable choke

通过调节节流阀开度控制井口回压，使立管压力保持在所需值的循环方法。

12.13.4

抢装井口　installing wellhead at emergent occasion

在井喷条件下拆除损坏的井口装置，迅速安装新井口装置的作业。

12.14

井控设备　well control equipment

在钻完井施工中用于监测、控制井筒压力，防止或处理井涌及井喷的装备总称。

12.14.1

防喷器　blowout preventer;BOP

关闭井口用的设备。根据钻井工艺的需要和封闭钻具的不同要求,防喷器分为多种型式。

12.14.1.1

环形防喷器　annular preventer

万能防喷器

能对各种尺寸和形状钻具、下井缆线和仪器的环形空间形成有效压力密封的防喷器。

12.14.1.2

闸板防喷器　ram preventer

封闭部分为闸板的防喷器。分全封式、子式、管子式、剪切式等。

12.14.1.3

管子闸板防喷器　pipe ram preventer

半封闸板防喷器

井内留有钻具时用闸板关井所用的防喷器。

12.14.1.4

全封闸板防喷器　blind ram preventer

井内无钻具时用闸板来关井所用的防喷器。

12.14.1.5

单闸板防喷器　single ram preventer

在一个壳体内具有一副闸板的闸板防喷器。

12.14.1.6

双闸板防喷器　double ram preventer

在一个壳体内具有两副闸板的闸板防喷器。

12.14.2

防溢管　bell nipple

接在防喷器顶部用于抬高钻井液出口和防止外溢的一段管子。

12.14.3

防喷器四通　spool

钻井四通

位于防喷器之下或两防喷器之间,用于安装节流管汇和压井管汇的部件。

12.14.4

防喷器组合　BOP satck

由一组防喷器和四通按照一定的组合顺序和形式构成的一套井口防喷设备。

12.14.5

节流管汇　control manifold

用于节流、控制压井和放喷的一组闸门及管汇。

12.14.6

地面管汇　drill fluid injection line

位于钻井泵与立管之间,用于分配高压钻井液流向的一组闸门及管汇。

12.14.7

紧急关闭系统　emergency shutdown system

安装于钻井液的出/入管线上,用于紧急切断钻井液/气流动的装置。

12.14.8

节流管汇控制装置　manifold control system

节流控制箱

用于显示井控有关参数、控制液动节流阀开度的装置。

12.14.9

压井管汇　killing manifold

用于向井内泵入压井液的专用管汇。

12.14.10

司钻控制台　driller's BOP control panel

钻台防喷器控制板

安装在钻台上，由司钻操纵用于开关防喷器的控制装置。

12.14.11

远程控制台　remote control console

距离井口一定距离（一般 25 m 以上），为防喷器开关提供液压能量，并能对井口防喷器实施远程控制装置。

12.14.12

旋转控制头　rotating control head

一种被动密封的井口压力控制设备，能在钻柱旋转状态下关闭环空。

12.14.13

旋转防喷器　rotating blowout preventer；RBOP

一种主动密封的井口压力控制设备，能在钻柱旋转状态下关闭环空。

12.14.14

内防喷工具　inside blowout preventer

装在钻柱上或钻杆水眼中，防止钻井液反方向流动的工具。

12.14.15

钻井液出口流量计　drilling fluid flowmeter

用来测量和记录井口返出钻井液流量的仪表。

12.14.16

泵冲计数仪　pump-stroke counter

记录泵冲数（泵排量）的仪表。

12.14.17

循环池液面监测器　pit-lever monitor

用来监测循环池内液面升降的仪器。

12.14.18

真空除气器　vacuum type degasser

利用真空减压法清除钻井液内所含气体的设备。

12.14.19

硫化氢监测仪　hydrogen-sulfide detector

用来监测钻井井场及周边大气中硫化氢含量的仪器。

12.14.20

计量罐　trip tank

用于计量起钻时灌入井内的钻井液体积的钻井液罐。

12.14.21

液气分离器　liquid/gas separator

分离返回钻井液中的气体的装置。

12.14.22

井控模拟装置　well control simulator

用于井控培训的一种模拟教学装置。

12.14.23

油气井灭火方法　oil well fire extinguishing

油气井井喷失控着火后采取的各种灭火手段。

12.14.23.1

喷射水流灭火法　jet extinguishing method

用消防水枪或钻井液枪喷射水流灭火的方法。

12.14.23.2

爆炸灭火法　explosive extinguishing method

用炸药在井口上空爆炸以产生强大冲击波形成瞬时真空的灭火方法。

12.14.23.3

化学灭火法　chemical agent extinguishing method

用具有高效灭火功能的化学药剂灭火的方法。

12.14.23.4

空气灭火法　pressurized air extinguishing method

用产生足够风量的机械装备，输送相当的风量来吹灭井口火焰的方法。

12.15

控制压力钻井　managed pressure drilling；MPD

采用装备和压力控制手段的结合，对井筒压力系统进行控制的一种钻井工艺技术。

12.15.1

“被动型”控压钻井　reactive MPD

采用常规钻井方法钻井，配备一定的压力控制装备，迅速应对井筒压力变化，以实现安全钻井的工艺技术。

12.15.2

“主动型”控压钻井　proactive MPD

利用一定的钻井液柱设计和压力控制设备配合，主动更改环空压力剖面，对井筒压力系统实施精确控制的工艺技术。

12.15.3

泥浆帽钻井　mud-cap drilling

加压泥浆帽钻井

在井筒上部使用高密度钻井液，井筒下部采用低密度钻井液，以完成特殊地层钻进的一种工艺技术。

12.15.4

井底恒压钻井技术　constant bottom hole pressure

采用一定的设备和工艺，在钻井过程中保持井底当量钻井液密度恒定的一种工艺技术。

12.16　控压钻井装备

12.16.1

动态环空压力控制系统　dynamic annular pressure control system

用于动态调节环空压力，使井底压力恒定的装置，由节流管汇、回压泵、一体化压力控制装置等组成的。

12.16.2

压力补偿泵　backpressure pump

改变井口回压,起到保持井底压力恒定的装置。它是DAPC系统的一部分。

12.16.3

液动节流阀　dynamic choke

利用液压传动控制井口回压的节流阀。

12.16.4

液相欠平衡钻井　flow underbalance drilling

用合适密度的钻井液(包括清水、混油钻井液、原油、柴油、添加空心固体材料钻井液等)进行的欠平衡钻井。

12.16.5

人工诱导欠平衡钻井　artifical underbalance drilling

采用在钻井液中加入低密度介质(一般为气体),以使井底流体压力低于地层孔隙压力的欠平衡钻井。

12.16.6

注气量　gas injection rate

气体钻井时注入井内的气体排量。

12.16.7

出水量　water output

单位时间内侵入井筒的地层水体积。

12.16.8

气液比　gas liquid ratio

钻井流体中气体与液体的体积比例。

12.16.9

泡沫质量/干度　foam quality

泡沫中气体的体积分数。

12.17　欠平衡/气体钻井设备

12.17.1

空气锤　air hammer

联接在钻头上部,利用空气为动力对钻头施加高频冲击能量,破碎井底岩石的工具。

12.17.2

压缩机　compressor

空气钻井中为气体加压的设备。

12.17.3

增压机　booster

为压缩气体加压,进一步提高压缩空气的压力等级的设备。

12.17.4

氮气发生器　nitrogen generation

采用膜分离技术或液氮气化技术为钻井施工提供氮气的设备。

12.17.5

泡沫发生器　foam generator

将气体与基液混合形成泡沫的设备。

13　钻井井下故障及处理

13.1

钻井事故　drilling accident

钻井过程中造成重大人身伤亡、设备严重损毁、重大社会影响的事件，如井喷失控。

13.2

钻井故障　drilling trouble

如各类卡钻、掉牙轮、井下落物等。

13.3

钻井复杂情况　drilling complicacy

如井塌、缩径等。

13.4

卡钻　pipe stuck

由于井内原因造成钻柱在井内不能上提、下放或转动的现象。

13.4.1

泥包卡钻　bailing-up sticking

钻入泥页岩地层不能及时清除井底岩屑，钻井液与岩屑混合物紧紧包住钻头或其他井下工具造成的卡钻。

13.4.2

砂桥卡钻　sand bridge stuck

岩屑在环空急剧堆积造成的卡钻。

13.4.3

沉砂卡钻　solids settling stuck

岩屑在井底沉积造成的卡钻。

13.4.4

键槽卡钻　key seat stuck；key slot sticking

由于井壁形成的槽沟造成的卡钻。

13.4.5

坍塌卡钻　sloughing stuck

由于井壁坍塌埋住钻具而发生的卡钻。

13.4.6

压差卡钻　differential pressure stuck

黏附卡钻

钻井液液柱压力大于地层孔隙压力使钻柱紧贴于井壁泥饼造成的卡钻。

13.4.7

小井眼卡钻　undergauge hole stuck

欠尺寸井眼卡钻

由于钻头磨损造成井眼直径变小，使后续下入的同尺寸钻头被卡造成的卡钻。

13.4.8

缩径卡钻 formation swelling stuck;hole shrinking sticking

井径缩小造成的卡钻。

13.4.9

顿钻卡钻 drill string free-fall stuck

由于顿钻原因造成的卡钻。

13.4.10

落物卡钻 junk stuck

由于落物而造成的卡钻。

13.4.11

水泥卡钻 cement stuck

在挤、注水泥作业中,因水泥凝固钻具造成的卡钻。

13.4.12

干钻卡钻 dry drilling stuck

在无钻井液到达钻头时钻进造成的卡钻。

13.5

钻具故障 drilling string trouble

井下钻具发生的断脱、断裂或刺穿等现象。

13.6

井下落物 downhole junk

物体掉入井内的现象。

13.6.1

落鱼 fish

落入井内的管具和仪器等。

13.6.1.1

鱼长 fish length

落鱼的长度。

13.6.1.2

鱼顶 fish top

落鱼的顶端。

13.6.1.3

鱼顶井深 fish top depth

鱼深

鱼顶距转盘面的距离。

13.6.1.4

鱼底井深 fish-bottom depth

落鱼底部距转盘面的距离。

13.7

井喷失控事故 well blowout accident

因井喷失控造成的事故。

13.8

滑扣 thread slipping

管柱螺纹变形滑脱的现象。

13.9

脱扣　thread-off

管柱螺纹意外脱开的现象。

13.10

落物打捞工具　junk fishing tools

打捞井下落物的工具。

13.10.1

强磁打捞器　fishing magnet;halraser

带有磁铁的打捞工具,用于打捞铁磁质落物。分为永久性磁铁和电磁铁打捞器两种。

13.10.2

正反循环强磁打捞器　fishing magnet with normal or reverse circulation

能实现正、反循环的强磁打捞器。

13.10.3

反循环强磁打捞篮　reverse circulation junk basket with magnet insert

利用井底反循环将井下落物吸入打捞篮框内的一种多用途组合式打捞工具。

13.10.4

反循环打捞篮　reverse circulation junk basket

利用井底反循环将井下落物循环入篮框内的打捞工具。

13.10.5

喷射式打捞篮　jet-type junk basket

装有一组喷嘴的单筒式反循环打捞篮。

13.10.6

钢丝式打捞筒　junk basket with wireline catcher

用钢丝作内部爪牙的筒形打捞工具。

13.10.7

一把抓　finger-type junk basket;poor-boy junk basket

端部带爪牙的筒形打捞工具。

13.10.8

水力打捞器　hydrostatic bailer

利用液柱压差及排量变化打捞井下落物的打捞工具。

13.10.9

牙轮打捞器　core-type junk basket

取心式打捞筒

利用取心原理打捞钻头牙轮及类似落物的打捞工具。

13.10.10

打捞杯　junk sub;fishing cup;boot basket

呈杯状、开口向上,与其他工具配合使用专门打捞碎小物件的打捞工具。

13.10.11

绳索打捞器　wireline spear;rope spear

捞绳器

用来打捞绳索的钩状工具。

13.10.12

多功能打捞器　multifunction fishing tool

集打捞杯、强磁打捞器和一把抓等多种功能为一体的打捞工具。

13.10.13

卡板打捞筒　spring-dogs overshot

利用筒内钢质卡板从接头处卡住落鱼的打捞工具。

13.10.14

卡瓦打捞筒　overshot

利用筒体卡瓦抓卡落鱼的打捞工具。分为篮式和螺旋式等。

13.10.15

卡瓦打捞矛　fishing spear

利用卡瓦在落鱼内孔抓卡落鱼的打捞工具。分可循环式、不可循环式、J型、可退式等。

13.10.16

公锥　taper tap；pin tap

呈长锥体带外螺纹的打捞工具。按打捞螺纹旋向分为正扣公锥和反扣公锥。

13.10.17

母锥　box tap；die coller；die coupling

呈长形喇叭体带内螺纹的打捞工具。按打捞螺纹旋向分为正扣母锥和反扣母锥。

13.10.18

导向接头　leading joint

引导鱼顶和落鱼进入打捞筒内的辅助打捞工具。

13.10.19

铅模　lead impression block

底部灌铅的特制短节，用来判断鱼顶状况的打印工具。

13.10.20

壁钩　wall hook

拨钩

用来拨正鱼顶，便于打捞的井下工具。

13.10.21

打捞肘节　fishing knuckle joint

可根据需要弯曲一定角度的肘节。主要用于大井眼找落鱼作业。

13.11

解卡工具　pipe releasing tools

用于解除卡钻故障的专用工具。

13.11.1

测卡仪　free point indicating instrument

用于测量钻柱卡点位置的专用仪器。

13.11.2

机械震击器　mechanical fishing jar

利用摩擦卡瓦突然释放而产生震击的工具。

13.11.3

液压震击器　hydraulic fishing jar

利用钻具拉伸变形及液压原理产生震击的工具。

13.11.4

随钻震击器　drilling jar

在钻进过程中,随钻具组合下井的震击工具。

13.11.5

液压上击器　super fishing up jar

利用钻具拉伸变形及液压原理产生向上震击的工具。

13.11.6

机械上击器　mechanical up jar

利用机械原理产生上击作用的工具。

13.11.7

液压加速器　hydraulic jar accelerator

能使上击器增强震击作用的工具。

13.11.8

开式下击器　bumper jar

外筒与心轴之间不密封的机械下击器。

13.11.9

闭式下击器　lubricated bumper jar

外筒与心轴全密封的机械下击器。

13.11.10

地面下击器　surface bumper jar

井口使用的机械式下击解卡工具。

13.12

套铣工具　washover tool

清除落鱼外部障碍物,以利打捞井下落鱼的工具。

13.12.1

防掉套铣矛　anchor washpipe spear

落鱼不在井底时的使用套铣工具,在套铣过程中能将落鱼挂在套铣管内,防止掉入井底。

13.12.2

套铣鞋　washover shoe; mill shoe

磨削落鱼外的障碍物或其他特殊井下作业用的筒状井下工具,分切削型、研磨型、保径型三种。

13.12.3

套铣筒　washover pipe

套铣落鱼的无缝钢管。分为外接箍型和无接箍型两种。

13.13

切割工具　cutting tool

通过机械或水力作用控制割刀给进切断井下管柱的工具。

13.13.1

机械式内割刀　mechanical internal cutter

用机械方式控制割刀从管柱内部向外切断井下管柱的工具。

13.13.2

机械式外割刀　mechanical external cutter

用机械方式控制割刀从管柱外部向内切断井下管柱的工具。

13.13.3

水力式内割刀　hydraulic internal cutter

用水力方式控制割刀从管柱内部向外切断井下管柱的工具。

13.13.4

水力式外割刀　hydraulic external cutter

用水力方式控制割刀从管柱外部向内切断井下管柱的工具。

13.14

磨鞋　junck mill

利用磨铣原理清除井下落物的工具。

13.14.1

平底磨鞋　junk mill;flat bottom mill

底面为平面的磨鞋。

13.14.2

凹底磨鞋　concave bottom mill

底面为凹型的磨鞋。

13.14.3

导向磨鞋　pilot mill

带内、外引鞋的磨鞋。

13.15

铣锥　tapered mill

锥体面有铣齿的磨铣工具。分内、外铣锥两种。

13.16

倒扣　back-off operation

采用左旋螺纹钻具,倒出被卡以上钻具的作业。

13.17

倒扣接头　back off sub;releasing sub

倒扣器

由上接头、胀心套和胀心轴组成的倒扣工具。与落鱼对扣后,上提打捞钻具,进行倒扣,可承受倒开下部钻具的倒扣力矩,完成打捞作业。

13.18

安全接头　safety joint

可让钻具在该处易卸开的接头。

13.19

反扣钻杆　left-hand screw pipe

连接螺纹为左旋螺纹的钻杆。

13.20

键槽破坏器　keyseat reamer

破坏键槽的工具。

13.21

正反扣接头　right-and left threaded connection

连接螺纹一端为右旋,另一端为左旋的配合接头。

13.22

解卡　pipe freeing tools

解除卡钻故障的作业。

13.22.1

卡点　stuck point

被卡管柱最上点。

13.22.2

卡点计算　stuck point calculating

通过管柱拉伸，计算出钻具被卡段顶部的深度。

13.22.3

卡点测定　stuck point measuring

通过拉伸或扭转管柱，用测卡仪测定出钻具被卡段顶部的深度。

13.22.4

爆炸解卡　stuck pipe explosive releasing

用电缆把导爆索下至卡点处，引爆后利用爆炸震动解卡的方法。

13.22.5

管内爆炸松扣　inside string-shot back-off

将导爆索下入管内引爆松扣的方法。

13.22.6

管外爆炸松扣　outside string-shot back-off

将导爆索下入管外的环形空间爆炸松扣的方法。

13.22.7

化学切割　chemical cutting

利用电缆运送的化学切割工具切割井下管柱的方法。

13.22.8

爆炸切割　exploding cutting

利用电缆运送的爆炸切割工具切割井下管柱的方法。

13.22.9

机械切割　mechanical cutting

采用机械内、外割刀切割井下管柱的方法。

13.22.10

浸泡解卡　stuck pipe spotting freeing

把浸泡液体注入卡钻部位进行浸泡达到解卡目的。

13.22.11

套铣解卡　washing over stuck pipe freeing

用套铣管、铣鞋套铣掉落鱼被卡部分的卡钻物，达到解卡目的。

13.22.12

震击解卡　jarring stuck pipe freeing

利用震击器强烈震击而达到解卡的目的。

13.22.13

循环解卡　circulation stuck pipe freeing

采用不同液体全井循环达到解卡目的。

13.22.14

中途测试工具解卡　drill stem test pipe freeing

利用裸眼封隔器消除被卡钻具上的液柱压力，减轻被卡钻具黏附作用，并在工具坐封的同时使钻具解卡。

13.22.15

找鱼顶　fish top locating

采用相应的工具和工艺，确定鱼顶位置的作业。

13.22.16

修鱼顶　fish top dressing

修理不规则鱼顶，有利打捞的作业。

13.22.17

鱼顶方入　fish top kelly-in

打捞工具底端接触鱼顶时的方入。

13.22.18

造扣方入　making thread kelly-in

打捞工具进入鱼顶内部或外部接触造扣部位时的方入。

13.22.19

倒扣方入　back-off kelly

倒扣实施时的方入。

13.22.20

自由行程方入　free stroke kelly-in

采用有自由行程的工具打捞时，其自由行程在打开或关闭时的方入。

13.22.21

对扣　make-up thread

将下井钻具螺纹与鱼顶螺纹对接打捞的作业。

13.22.22

造扣　thread making

在落鱼上部造出新螺纹的打捞作业。

14　固井与完井

14.1

油井水泥　oil well cement

由一定比例矿物组成的硅酸盐水泥熟料、适量石膏和混合材料等磨细制成的适用于一定温度压力条件下油、气、水井固井的水泥。

注：改写 GB/T 4131—1997，定义 3.15。

14.1.1

API 水泥　API cement

按美国石油学会标准生产的，用于油气井固井及其他井下作业的水泥。可分为 A、B、C、D、E、F、G、H 八个等级。

注：各等级水泥的性能指标参见 GB 10238。

14.1.1.1

基本水泥　basic cement

API 油井水泥系列中的 G 级和 H 级水泥。

14.1.1.2

API 水泥类型　API cement grade

美国石油学会规定的表示油井水泥抗硫酸盐侵蚀性能的类别。分为普通型(O)、中抗硫酸盐型(MSR)和高抗硫酸盐型(HSR)。

注：各类型性能指标参见 GB 10238。

14.1.1.3

抗硫酸盐水泥　sulfate resistant cement

具有抵抗硫酸盐侵蚀性能的水泥。主要是水泥熟料中铝酸三钙矿物和硅酸三钙矿物含量受到限制,分为中抗硫酸盐型(MSR)和高抗硫酸盐型(HSR)两种类型。

注：各类型性能指标参见 GB 10238。

14.1.1.4

净水泥　neat cement

没有加入外加剂或外掺料的水泥。

14.1.2

火山灰水泥　pozzolan cement,pozzolanic cement

由火山灰、烧黏土、粉煤灰等硅质物质与石灰或硅酸盐水泥混合,具有高强度、抗高温、抗腐蚀性的水泥。

14.1.3

铝酸盐水泥　aluminate cement

以铝酸钙为主,三氧化二铝含量(质量分数)大于 50%的水泥。

注：铝酸盐水泥分类、性能指标等参见 GB 201。

14.1.4

改性水泥　modified cement

通过加入外加剂(或外掺料)改变其化学或物理性能的水泥。

14.1.4.1

早强水泥　high early strength cement

水泥石早期强度增长迅速的水泥。

14.1.4.2

速凝水泥　accelerated cement;quick set cement

加有促凝剂,缩短了水泥浆稠化时间的油井水泥。

14.1.4.3

石膏水泥　gypsum cement

加有半水石膏,以提高早期强度的水泥。

14.1.4.4

缓凝水泥　retarded cement;slow setting cement

硅酸盐水泥中由于减少 C_3S 含量和增加 C_2S 的含量或在硅酸盐水泥中加入化学缓凝剂,而延长水泥浆稠化时间的水泥。

14.1.4.5

膨胀水泥　expansive cement;expanding cement

在凝固过程中体积适量膨胀的水泥。

14.1.4.6

高寒水泥　permafrost cement

用石膏与水泥或铝酸盐水泥混合,在永久冻土区使用的水泥。

14.1.4.7

高温水泥 high temperature cement

在110 ℃以上的温度下能延缓强度衰减的水泥。

14.1.4.8

胶质水泥 gel cement;bentonite cement

用定量膨润土与油井水泥配制而成的水泥。

14.1.4.9

高胶质盐水泥 high gel salt cement

由硅酸盐水泥、12%～16%膨润土、3.0%～7.0%无机盐和0.1%～1.5%分散剂配制而成的水泥。

14.1.4.10

微珠水泥 microsphere cement

加有空心微珠的水泥。

14.1.4.11

触变水泥 thixotropic cement

加有触变剂,增强水泥浆触变性的水泥。

14.1.4.12

纤维水泥 fiber cement

在干水泥或水泥浆中加有纤维物质,以提高堵漏性能和增强水泥石韧性的水泥。

14.1.4.13

树脂水泥 resin cement

加有水溶性树脂的水泥。

14.1.4.14

微硅粉水泥 micro-silica flour cement

加有超微细硅粉类材料,以提高控制气窜能力、降低水泥石渗透率的特种水泥。

14.1.4.15

非渗透性水泥 impermeable cement

加有外加剂,在水泥浆凝固过程中能阻止气体运移并降低水泥石渗透率的水泥。

14.1.4.16

酸溶性水泥 acid soluble cement;acid dissoluble cement

加有碳酸盐岩等材料,以提高酸溶性的水泥。

14.1.4.17

油溶性水泥 oil soluble cement;oil dissoluble cement

加有油溶性材料,以提高水泥石对油水的选择性渗透能力的水泥。

14.1.4.18

放射性示踪水泥 radioactive tracer cement

掺加有放射性示踪物质的水泥。

14.1.4.19

超细水泥 microfine cement;high fineness cement

总比表面积大于600 m^2/kg 的水泥。

14.1.5

散装水泥 bulk cement

非袋装的水泥。

14.1.6

水泥浆　cement slurry

由水泥或掺有外加剂、外掺料的水泥和水按一定比例混拌所形成的浆体。

14.1.6.1

水泥净浆　neat cement slurry

仅由水泥和清水配成的浆体。

14.1.6.2

超高密度水泥浆　ultra-high density cement slurry

密度高于 2.40 g/cm^3 的水泥浆。

14.1.6.3

高密度水泥浆　high density cement slurry

密度介于 2.0 g/cm^3～2.40 g/cm^3 之间的水泥浆。

14.1.6.4

常规密度水泥浆　normal density cement slurry

密度介于 1.75 g/cm^3～2.00 g/cm^3 之间的水泥浆。

14.1.6.5

低密度水泥浆　light weight cement slurry;low density cement slurry

密度介于 1.30 g/cm^3～1.75 g/cm^3 之间的水泥浆。

14.1.6.6

超低密度水泥浆　ultra-light weight cement slurry;extra-low density cement slurry

密度低于 1.30 g/cm^3 的水泥浆。

14.1.6.7

含盐水泥浆　salt cement slurry

用含有一定量 NaCl 的配浆水配制出的水泥浆。按混合水中含盐量的百分比,一般可分为低含盐(NaCl 含量小于 10%)、高含盐(NaCl 含量大于 20%)、半饱和(NaCl 含量约 18%)、饱和盐水(NaCl 含量约 36%)四种。

14.1.6.8

泡沫水泥浆　foamed cement slurry

通过机械混入氮气或空气与表面活性剂配制成的水泥浆或用化学发泡配制成的含泡沫水泥浆。

14.1.6.9

胶乳水泥浆　latex cement slurry

含胶乳和表面活性剂的水泥浆。

14.1.6.10

油基水泥浆　oil-base cement slurry

以水泥为分散相、油为分散介质配制的水泥浆。

14.1.6.11

海水水泥浆　sea water slurry

由海水配制成的水泥浆。

14.2

油井水泥性能　oil well cement properties

油井水泥的化学性能和物理性能。

14.2.1

比表面积　specific surface area

单位质量物料所具有的总表面积。

注：单位为平方米每千克(m^2/kg)。

14.2.2

细度　fineness

粉状物料的程度，通常以比表面积表示。

14.2.3

粒度分布　particle size distribution

不同尺寸颗粒在水泥中所占的质量分数。

14.2.4

水灰比　water-to-cement ratio；w/c

水泥浆中水对水泥的质量比。

14.2.5

液固比　fluid-to-solid ratio

水泥浆中配浆液对所有固体的质量比。配浆液中含有湿混外加剂，固体包括水泥和干混外加剂及外掺料。

14.2.6

安定性　stability

反映水泥硬化后体积变化均匀性的物理性质。

14.2.7

沉降稳定性　settling stability

水泥浆体系中分散相在重力作用下悬浮稳定的性质。

14.2.8

游离液　free fluid

水泥浆静止过程中析出的液体。

14.2.9

滤液　filtrate；fluid loss

水泥浆失水试验时，在施加压力条件下析出的液体。

14.2.10

水泥浆密度　cement slurry density

水泥浆的质量与其体积的比值。

14.2.11

水泥石强度　strength of cement

水泥石承受外载荷的能力。

14.2.11.1

抗压强度　compressive strength

水泥石在压力作用下达到破坏前单位面积上所能承受的最大力。

14.2.11.2

抗折强度　folding strength

抗弯强度

水泥石在弯矩作用下达到破坏前单位面积上所承受的最大力。

14.2.11.3

胶结强度　bond strength

水泥与套管或地层胶结的强度。

14.2.11.3.1

水力胶结强度　hydraulic bond strength

水泥与套管或地层胶结面抗水压渗透能力的大小。

14.2.11.3.2

剪切胶结强度　shear bond strength

水泥石在外力作用下，界面滑脱的初始剪切应力。

14.2.12

强度稳定性　strength stability

水泥石强度随温度、压力和时间的变化而变化的特性。

14.2.13

早期强度　early strength

一般指水泥浆在 8 h 或更短时间养护形成的水泥石强度。

14.2.14

凝结时间　setting time

水泥浆从加水混拌到失去流动性，即可塑性状态发展到固体状态所需要的时间，分为初凝时间和终凝时间。

14.2.14.1

初凝　initial setting

当水泥凝结时间测定仪(维卡仪)的试针沉入水泥浆中距底板 0.5 mm～1.0 mm 时，则认为水泥浆达到初凝。

14.2.14.2

初凝时间　initial setting time;jelling time

水泥与水混合开始到初凝所经历的时间。

14.2.14.3

终凝　final setting

当水泥凝结时间测定仪(维卡仪)的试针沉入水泥浆中不超过 1 mm 时，则认为水泥浆达到终凝。

14.2.14.4

终凝时间　final setting time

水泥与水混合开始到终凝所经历的时间。

14.2.15

闪凝　flash set

水泥浆流动性突然发生非正常丧失的现象。

14.2.16

早凝　quick setting

指水泥浆比预计时间提前稠化或凝固。

14.2.17

水化热　hydration heat

水泥与水混合后，水化反应所释放的热量。

注：通常以千焦每千克(kJ/kg)表示。

14.2.18

水化水　hydration water

与水泥以化学形式结合，形成一种晶体化合物需要的水。

14.2.19

造浆率　slurry yield

在规定水泥浆密度的情况下，单位质量水泥能够配制的水泥浆体积。

14.2.20

流动度　fluidity；mobility

表示水泥浆流动的难易程度。用专门仪器测量得到的一定体积水泥浆的流散面积的平均直径来表示。

注：单位为厘米(cm)。

14.2.21

稠度　consistency

水泥浆的黏稠程度，用来表征水泥浆的流动特性。

注：单位是伯登(Bc)。

14.2.22

初始稠度　initial consistency

在水泥浆稠化时间试验中，从试验开始的 15 min～30 min 内测量到的最大稠度值。

14.2.23

稠化曲线　consistency curve

在特定的温度和压力变化程序下，水泥浆稠度随时间变化的曲线。

14.2.24

稠化时间　thickening time

用增压稠度仪模拟井下条件，从水泥浆加温加压时起至水泥浆稠度达到 100 Bc 时的时间。

14.2.24.1

稠化过渡时间　thickening transition time

在水泥稠化时间实验中，水泥浆稠度从 40 Bc～100 Bc 的时间间隔。

14.2.25

水泥浆硬化过程　hardening process of cement slurry

水泥浆由液态转化为固态的过程。一般可分为 3 个阶段：首先发生水合作用后呈胶体状态，称为溶胶期；其次逐渐形成凝胶结构，丧失流动性，称为凝结期；最后是凝固后的固体状态，称为硬化期。

14.2.26

水泥浆胶凝强度　gel strength of cement slurry

水泥浆静切力

水泥浆在静止状态下产生永久变形的剪切应力，即胶体形成胶凝能力的大小。

14.2.26.1

静胶凝强度过渡时间　gel strength transition time

水泥浆顶替到位后在静止状态下静胶凝强度从 48 Pa 发展到 240 Pa 的时间间隔。

14.2.27

水泥石渗透性　permeability of set cement

水泥石可通过油、气、水流动的能力。

14.2.28

水泥浆滤失量　fluid loss of cement slurry

在 6.9 MPa 的压差条件下，用规定的滤失仪，在 30 min 所测量水泥浆滤液的体积。

14.2.29

水泥水化作用　cement hydration

水泥与水之间发生化学反应形成水泥石的过程。

14.2.30

水泥浆脱水　cement dehydration

水泥浆滤失量测定过程中出现气穿的现象。

14.3

水泥外加剂　cement additives

用来调节水泥浆性能的外加材料总称。

14.3.1

促凝剂　accelerator;accelerating agent

用于缩短水泥浆稠化时间的外加剂。

14.3.2

缓凝剂　retarder;retardant

用于延长水泥浆稠化时间的外加剂。

14.3.3

减阻剂　dispersant;friction reducer

分散剂

用来降低水泥浆的表观黏度和动切力,使其在相对低速注替条件下易形成紊流状态的外加剂。

14.3.4

膨胀剂　expanding agent

能使水泥浆在凝固过程中体积能适量膨胀的外加剂。

14.3.5

防冻剂　antifreeze

能降低水泥浆中水的冰点,在低温下使水泥浆凝结与硬化的外加剂。

14.3.6

防气窜剂　gas block cement additive

在注水泥过程中及注水泥后能防止气体运移的水泥外加剂,可分为可压缩和不可压缩型。

14.4

水泥外掺料　addition of cement

为改善水泥浆的物理化学性能,添加量大于5%的固体外加剂。

14.4.1

减轻剂　light-weight additive

用来降低水泥浆密度的外掺料。

14.4.1.1

飞灰　fly ash

煤粉燃烧后的灰烬粉尘。含硅或硅、铝等材料,属于油井水泥减轻剂。

14.4.2

热稳定剂　thermal stabilizing agent;thermal stabilizer

为防止水泥石在高温条件下强度衰退与破坏而加入的外掺料。

14.4.3

增强剂　strength enhancing agent

用于增强水泥石强度的外加剂或外掺料。

14.5

固井　well cementing

在井眼内按设计要求下入套管柱，并在套管柱与井壁形成的环形空间的预定井段注入水泥浆使之固结在一起的工艺过程。

14.5.1

固井设计　cementing design

为完成固井作业所做的设计，包括套管柱强度、管串结构、下套管和注水泥设计等。

14.5.2

固井工艺　cementing techniques

完成固井作业的技术和方法。

14.5.2.1

水下释放塞固井　sub-surface release plug cementing

一种用于浮式钻井平台(船)或半潜式钻井平台的固井工艺。固井所需的上、下胶塞在组装套管头时通过下入工具一起装在套管头以下的套管内，固井期间分别用金属球和钻杆塞释放下胶塞和上胶塞。

14.5.2.2

尾管固井　liner cementing

用送入管柱将一段套管送至设计井段，通过悬挂装置悬挂在上层套管上，并将此段套管外的环形空间注入水泥浆的一种固井方法。

14.5.3

注水泥　cementing

用注水泥设备将干水泥配制成水泥浆，并将水泥浆自井口泵入井内，送到设计位置的作业。

14.5.3.1

常规注水泥　conventional primary cementing

全井下套管，水泥浆从套管内注入井底返至环空预定井段的固井作业。

14.5.3.2

分级注水泥　stage cementing

借助分级箍将固井注水泥作业分成两级或多级进行的注水泥方法。

14.5.3.3

内插法注水泥　stab-in cementing；inner-string cementing

内管法注水泥

在大直径套管内，以钻杆或油管作内管，水泥浆通过内管注入并从套管鞋处返至套管外环形空间的注水泥方法。

14.5.3.4

外插法注水泥　annular cementing；outside cementing

外管法注水泥

通过环空插入管向环空内注水泥充填的方法。

14.5.3.5

双塞法注水泥　two-plug cementing；cementing between two moving plugs

在水泥浆的前后分别投入下胶塞和上胶塞的注水泥作业。

14.5.3.6

反循环注水泥　reverse circulation cementing

水泥浆通过环形空间注入，钻井液从套管内返出使水泥浆到达环空设计位置的方法。

14.5.3.7

延迟固井　delayed set cementing

先在井筒内注入缓凝水泥浆，再下入套管的固井方法。

14.5.3.8

双凝注水泥　separable setting slurry cementing

一次固井作业注入两种不同稠化时间的水泥浆。通常先注入的水泥浆稠化时间长，后注入的水泥浆稠化时间短。

14.5.4

水泥返高　top of cement

水泥返深

环空水泥面在井下的深度。

14.5.5

水泥塞　cement plug

井内一段已凝固水泥浆。

14.5.6

注水泥塞　cementing plug

打水泥塞

在井内适当位置注入水泥浆形成水泥塞的作业。

14.5.6.1

倾筒法注水泥塞　dump bailer cementing plug method

把配好的水泥浆灌入特制的倾筒内，用电缆或管柱把倾筒送至预定深度注水泥塞的方法。

14.5.7

挤水泥　squeeze cementing

将水泥浆挤入环空或地层的注水泥作业。

14.5.7.1

分段挤水泥　block-squeeze cementing

将挤水泥段分为多段分别挤水泥的作业。

14.5.7.2

井口挤水泥　wellhead squeeze cementing

通过钻杆或油管将水泥浆替至预定位置，通过密封井口，然后向预定地层挤水泥的方法。

14.5.7.3

井下密封挤水泥　retainer squeeze cementing method

通过井下封隔工具向预定层挤水泥的方法。

14.5.7.4

高压挤水泥　high pressure squeeze cementing method

用高于地层破裂压力的压力将地层压裂并把水泥浆挤入地层，直到最后压力稳定在一定值而不放压的挤水泥法。

14.5.7.5

低压挤水泥　low pressure squeeze cementing method

挤水泥时所施加压力不需将地层压裂的一种挤水泥方法。

14.5.7.6

间歇挤水泥　hesitation squeeze cementing

反复多次不连续挤水泥的方法。

14.5.8

反冲洗　reverse circulating flush

为冲洗超量及残余水泥浆，由环空泵入洗井液，从管柱内返出的一种洗井方法。

14.5.9

水泥干混　dry cement blending

干水泥与粉状外加剂或外掺料的均匀混合。

14.5.10

批混　batch mixing

在向井内注入水泥浆之前制备并保存一定体积水泥浆的作业程序。

14.5.11

水泥附加系数　factor of cement excess

为弥补井径误差及其他损失而确定的水泥附加量，通常以百分比计。

14.5.12

替浆压缩系数　compressibility of displacing fluid

固井时由于液体压缩和套管膨胀，实际替入量与理论计算量之间的差值与理论计算量的百分比。

14.5.13

冲洗液　washes；washing fluid

为冲洗和稀释钻井液而在水泥浆及隔离液之前使用的流体。

14.5.14

隔离液　spacer

用于分隔井下两种不能相混的流体的工作液。

14.5.15

前置液　preflush；ahead fluid

注水泥前，在钻井液与水泥浆之间注入的一段特殊配制的液体。通常由冲洗液和隔离液两部分组成。

14.5.16

领浆　lead slurry

入井水泥浆前段经过专门设计的水泥浆。

14.5.17

尾浆　tail slurry

最后注入的主要用来封隔目的层或套管鞋的水泥浆。

14.5.18

压塞液　fluid behind plug

注水泥结束后专门用来压入上胶塞而使用的顶替液。

14.5.19

可泵性　pumpability

水泥浆可泵送的难易程度。

14.5.20

可泵时间　pumpable time

在水泥浆稠化试验中，从试验开始到水泥浆稠度上升到 40 Bc 的时间间隔。

14.5.21

水泥浆流变性　cement slurry rheology

水泥浆在外力作用下产生流动和变形的特性。

14.5.22

注水泥流变设计　rheology design of cementing

根据水泥浆流变性能和实际井眼条件及机泵能力，计算获得最佳顶替流态所需施工参数的设计。

14.5.23

紊流顶替　turbulent flow displacement

流体在环形空间呈紊流状态下的顶替。

14.5.24

接触时间　contact time

前置液或水泥浆流经地层某点的总时间。

14.5.25

环空返速　annular return velocity

环空流体上升速度。

14.5.26

碰压　bump plug

在顶替水泥浆结束时，胶塞与套管承托环相撞而泵压突增的现象。

14.5.27

常压候凝　wait on cement at atmosphere

水泥浆在井口处于常压条件下的候凝方式。

14.5.28

憋压候凝　apply casing pressure while wait on cement

水泥浆在井口套管内施加一定压力条件下的候凝方式。

14.5.29

环空加压候凝　apply annular pressure while wait on cement

水泥浆在井口对环空施加一定压力条件下的候凝方式。

14.5.30

候凝期　waiting on cement；WOC

候凝时间

从注水泥作业结束到水泥浆凝固至强度可满足后续施工要求的时间。

14.5.31

水泥环　cement sheath

水泥浆在环形空间形成的水泥石。

14.5.32

水泥浆柱　cement slurry column

注水泥时，水泥浆在井筒中形成的液柱。

14.5.33

顶替效率　displacement efficiency

封固段水泥浆体积占该封固段总体积的百分比。

14.5.34

微环空间隙　micro-annulus

微环隙

在套管与水泥环之间径向厚度小于0.1 mm的环形间隙。

14.5.35

窜槽 channeling

水泥浆顶替钻井液不完善,或地层流体侵入,造成水泥环的不完整性。

14.5.36

水泥塞超高 cement plug surplus in casing

管内所留水泥塞超过设计长度的现象。

14.5.37

替空 over-displacement

顶替量超过套管内容积,使顶替液进入环空的现象。

14.5.38

"U"形管效应 U-tube effect

注水泥过程中,当管内液柱压力大于管外液柱压力与沿程流动阻力之和时,水泥浆在重力作用下在管内自行下落的现象。

14.5.39

水泥浆失重 effected hydrostatic pressure loss

水泥浆在凝固过程中,其静液柱压力逐渐降低的现象。

14.5.40

环空气窜 annular gas migration;annular gas channelling

地层中的气体通过封固井段运移的现象。

14.5.41

注水泥时间 cementing time

注水泥作业中,从混合水泥浆开始直至注水泥结束的时间。

14.6

固井工具 cementing tool

固井作业中井下和地面使用的专用工具。

14.6.1

套管附件 casing accessories

安装于套管柱上的附件。包括浮鞋、浮箍、承托环、泥饼刷、扶正器、水泥伞等。

14.6.1.1

引鞋 guide shoe

用来引导套管柱顺利入井的装置。

14.6.1.2

旋流引鞋 swirl guide shoe

一种使水泥浆流出后呈旋流状上升的引鞋。

14.6.1.3

套管鞋 casing shoe

上端与套管相连,下端具有内倒角并与引鞋相接的短节。

14.6.1.4

浮鞋 float shoe

带回压装置的引鞋。

14.6.1.5

浮箍 float collar

防止水泥浆倒流的装置。

14.6.1.6

旋流短节　swirl short casing

布有螺旋分布的孔眼使环空流体流出后呈旋流状上升的短套管。

14.6.1.7

压差式灌注接箍　differential fill-up tool

在套管下入过程中按预定压差自动控制钻井液进入套管的量的装置。

14.6.1.8

套管承托环　shutoff baffle

阻流环

控制胶塞的下行位置，确保管内水泥塞长度的套管附件。

14.6.1.9

泥饼刷　mud scratcher

安装在注水泥井段套管上的钢丝刷子，用来清除井壁泥饼。

14.6.1.10

水泥伞　cementing basket

装在套管串上防止水泥浆下沉的伞状装置。

14.6.1.11

套管扶正器　casing centralizer

装在套管柱上有助于井内套管柱居中的装置。

14.6.1.11.1

弹性扶正器　spring centralizer

扶正体为弓形弹簧片的套管扶正器。

14.6.1.11.2

刚性扶正器　rigid centralizer

扶正体为非弹性物体的套管扶正器。

14.6.1.11.3

旋流扶正器　spiral centralizer

在扶正片之间加有斜向片或带有螺旋槽的套管扶正器。

14.6.1.12

起动力　starting force

起动扶正器进入规定的套管中所需要的力。

14.6.1.13

复位力　restoring force

扶正器抵向井眼驱使套管离开井壁所施加的力。

14.6.1.14

漂浮接箍　floating coupling

连接在套管柱上，用于下套管时增加井筒内套管上浮力，降低套管与井壁之间摩擦力的装置。

14.6.1.15

可钻式浮箍　drillable float collar

内部采用易钻材料的浮箍。

14.6.1.16

可钻式浮鞋　drillable float shoe

内部采用易钻材料的浮鞋。

14.6.1.17

自灌浆浮箍　self-fill up floating valve

下套管时可自动灌钻井液的浮箍。

14.6.2

套管吊卡　casing elevator

下套管时用来悬吊套管的工具。

14.6.3

套管卡盘　casing clip

下套管时在井口用来卡住套管的专用工具。

14.6.4

联顶节　landing joint

下套管时接在最后一根套管上用来调节套管柱顶面位置，并与水泥头连接的套管。

14.6.5

循环接头　circulating head

连接于井口套管顶部用于循环钻井液的接头。

14.6.6

旋转短节　swivel crossover

连接于水泥头和联顶节之间的特殊短节，具有可转动的心轴，井下套管转动时，水泥头不转动。

14.6.7

水泥头　cement head；plug container

注水泥作业用的高压井口装置，可安装胶塞和连接管汇等。

14.6.7.1

套管水泥头　casing cement head

用于套管注水泥的水泥头。

14.6.7.2

钻杆水泥头　drill pipe cement head

用于钻杆注水泥的水泥头。

14.6.7.3

双塞水泥头　double plug cement head

可安装上胶塞和下胶塞的水泥头。

14.6.7.4

双级水泥头　two-stage cement head

用于双级注水泥可安放第一级胶塞和关闭塞的水泥头。

14.6.7.5

旋转水泥头　cement head with swivel

允许与管柱相对转动的水泥头。

14.6.8

内插法注水泥接箍　stab-in cementing collar

带有插入座的浮箍。

14.6.9

内插法注水泥套管鞋　stab-in cementing shoe

带有插入座的浮鞋。

14.6.10

可钻式挤水泥工具　drillable squeeze cementing tool

由易钻材料(如铸铁、铝合金、塑料等)制成的挤水泥工具。

14.6.11

安全泄压阀　safety relief valve

注水泥作业时,达到设定压力时可以自动泄除管内压力的装置。

14.6.12

胶塞　cementing plug

用于隔离、碰压等作用的橡胶塞。

14.6.12.1

上胶塞　top plug

顶塞

后胶塞

注完水泥浆后投下,用于分隔管内水泥浆与顶替液,替水泥浆结束时还起碰压作用的胶塞。

14.6.12.2

下胶塞　bottom plug

底塞

前胶塞

注水泥浆前投下,用于分隔管内水泥浆与钻井液,并刮除套管内壁上钻井液的胶塞。

14.6.12.3

钻杆胶塞　drill pipe wiper plug

用钻杆注水泥作业时,用于隔离钻具内钻井液与水泥浆的胶塞。

14.6.12.4

尾管胶塞　liner wiper plug

预装在悬挂器上的一个空芯胶塞。与钻杆胶塞配合使用,在套管内隔离钻井液与水泥浆,同时在替水泥浆结束时起碰压作用。

14.6.12.5

水下释放塞　subsuface release plug;SSR plug

一种用于浮式钻井平台(船)或半潜式钻井平台固井的上、下胶塞。

14.6.13

尾管悬挂器　liner hanger

用来将尾管悬挂在上一层套管内并可进行注水泥的工具。

14.6.14

球座短节　landing collar

在尾管固井中用来捕捉憋压球并可实现碰压的装置。

14.6.15

回接筒　tieback sleeve

尾管回接时的插入密封短节。

14.6.16

回接插头　tieback male stab

尾管回接时插入回接筒的密封短节。

14.6.17

回缩距　releasing shortening length

尾管被悬挂后，尾管载荷被卸掉，送入钻柱发生回缩的距离。

14.6.18

送入管柱　running string

送尾管的管柱。

14.6.19

重叠段　overlap between liner and previous casing

与外层套管重叠的尾管段。

14.6.20

分级注水泥接箍　stage cementing collar

分级注水泥时，装在套管柱上预定位置具有开启和关闭功能的接箍。

14.6.21

碰压塞　first stage plug

一级碰压塞

在分级注水泥时用来碰压的柔性胶塞。

14.6.22

打开塞　opening plug

开孔塞

打开分级箍上注水泥孔的专用塞。

14.6.23

关闭塞　closing plug

关孔塞

用来关闭分级箍循环孔的专用塞。

14.6.24

低压分配器　low pressure distributor

将流体经低压胶管分送至各注水泥设备的装置。

14.6.25

高压分配器　high pressure distributor

水泥泵组泵出的高压流体的汇集装置。

14.6.26

通径规　drift diameter gauge

一种检查套管和钻杆可通过内径的工具。

14.6.27

套管外封隔器　external casing packer；ECP

安装在套管柱上的一种可膨胀的胶囊或胶体，用来封隔该装置上下部的套管外环形空间。

14.7

注水泥设备　cementing equipment

用于注水泥的地面设备。

14.7.1

水泥车　cementing truck

用于注水泥施工的特种车辆。

14.7.1.1

水泥混合器　cement mixer

注水泥时，用于将水泥和配浆液混成水泥浆的设备。

14.7.1.2

再循环式混合器　recirculating mixer

把喷射混合器与再循环系统组合在一起的装置。

14.7.2

橇装注水泥装置　cementing skid

用于注水泥施工的橇装设备。

14.8

套管　casing

油气钻探中主要用于封隔地层，加固井壁所用的管材。

14.8.1

焊接套管　welded casing

沿套管轴线方向有焊缝的套管。

14.8.1.1

ERW 套管　electric resistance welding casing

用电阻焊工艺生产的焊接套管。

14.8.2

无缝套管　seamless casing

不带有焊缝的套管。

14.8.3

无接箍套管　integral joint casing

直连型套管

两端管壁加厚，一端具有内螺纹，另一端具有外螺纹的套管。套管之间无接箍连接。

14.8.4

高强度套管　high strength casing

强度不低于 API P-110 钢级的套管。

14.8.5

玻璃钢套管　fiberglass reinforced plastic casing

由玻璃钢材料制成的套管。

14.8.6

可膨胀套管　expandable casing

在外力作用下，内外直径均可适量增大的套管。

14.8.7

导管　conductor pipe；conductor casing

第一次开钻前井口下入的一段钢管。

14.8.8

表层套管　surface casing

为防止井眼上部疏松地层的坍塌和污染饮用水源及上部流体的侵入，并为安装井口防喷装置等而下的套管。

14.8.9

技术套管　intermediate casing

中间套管

表层套管与生产套管之间的套管。

14.8.10

生产套管　production casing

油层套管

为生产层建立一条牢固通道、保护井壁、满足分层开采、测试及改造作业而下入的套管。

14.8.11

套管柱　casing string

依强度设计的顺序，由不同钢级、外径、壁厚、材质和螺纹的多种套管、套管附件连接起来下入井中的管柱。

14.8.12

尾管　liner

顶端不延伸至井口的套管柱。

14.8.12.1

钻井尾管　drilling liner

技术尾管

功能相当于技术套管的尾管。

14.8.12.2

生产尾管　production liner

功能相当于生产套管的尾管。

14.8.12.3

短回接尾管　short tie-back liner

将套管插入回接筒，向井口方向回接但不回接至井口的套管。

14.8.13

筛管　screen casing

在管体上加工有孔、缝的套管或油管。

14.8.14

接箍　coupling

用于连接套管或钢管两端皆为内螺纹的连接件。

14.8.14.1

变扣接箍　combination coupling；combination collar

具有同一公称尺寸而不同螺纹类型的接箍。

14.8.14.2

变径接箍　adapter coupling；cross-over swage

连接不同直径管柱的接箍。

14.8.15

套管护丝　casing thread protector

保护套管内外螺纹的附件。分内护丝和外护丝两种。

14.8.16

磁性定位短节　magnetic locator sub；casing collar locator

用来校准深度的短套管。

14.8.17

套管头　casing head

用来悬挂套管及密封环空的井口装置。

14.8.18

套管鞋深度　casing shoe setting depth

套管实际下深

管鞋在井内的测量深度。

14.8.19

管柱结构　casing strings structure

各种规格套管及附件的安装顺序。

14.8.20

套管柱下部结构　bottomhole casing assembly

套管柱下部装置与套管柱之间的安装顺序。

14.8.21

套管偏心距　casing eccentric distance

套管轴线与井眼轴线间的偏移距离。

14.8.22

套管偏心度　casing eccentricity

套管偏心距与井眼半径和套管半径之差的比值。

14.8.23

套管居中度　casing centralization

套管在井眼中的居中程度。

注：套管居中度＝(1-套管偏心度)×100%。

14.8.24

同心环空间隙　concentric annular clearance

井眼半径与套管外半径之差。

14.8.25

套管柱长度　casing strings length

下井各单根套管及串接附件的累计长度。

14.8.26

自由套管　free pipe

在井下未经水泥环固结的套管段。

14.8.27

下套管　running casing

把套管及附件逐一连接下入井内的作业。

14.8.28

活动套管　reciprocating or rotating casings

在洗井、注水泥和顶替钻井液过程中，上提、下放或转动套管的作业。

14.8.29

预应力　preceding stress

为抵消温度对套管伸长的影响，预先给套管施加的拉应力。

14.8.30

套管公称质量　nominal casing weight

包括接箍在内，单位长度套管所具有的质量。

14.8.31

套管公称外径　nominal casing outside diameter

某一规格套管本体的外径。

14.8.32

套管通径　drifting of casing

允许通径规通过的套管内径。

14.8.33

套管特性　casing properties

套管尺寸系列、规范、钢级材质和机械性能等。

14.8.34

套管拉伸破坏　casing tensile failure

当轴向载荷大于套管抗拉强度时，发生套管本体缩径、断裂或螺纹滑脱的现象。

14.8.35

套管挤毁破坏　casing collapsing failure

外挤压力大于套管抗挤强度时，发生挤压变形的现象。

14.8.36

套管内压破坏　casing internal pressure failure

内压载荷大于套管抗内压强度时，套管发生膨胀变形、破裂或密封泄漏的现象。

14.8.37

套管外载荷　casing load

套管承受各种外部载荷的总称。

14.8.37.1

套管内压力　casing internal pressure

下入井中的套管，其内壁所承受的管内流体的压力。

14.8.37.2

套管有效内压力　casing effective internal pressure

套管内压力与外挤压力抵消后的实际内压力。

14.8.37.3

套管外挤压力　casing external pressure

下入井中的套管，其外壁所承受的环空流体的压力以及地层侧压力。

14.8.37.4

套管有效外挤压力　casing effective external pressure

套管外挤压力与内压力抵消后的实际外挤压力。

14.8.37.5

套管轴向力　casing axial force

下入井中的套管，由于管柱本身重力及其他附加力所产生的轴向力。

14.8.37.6

台肩力　ledge force

套管柱不同直径变化处的裸露截面积与液柱压力的乘积。

14.8.37.7

套管弯曲力　casing bending force

套管在发生弯曲时所产生的轴向力。

14.8.38

套管强度　casing strength

套管所能承受外载荷的值。

14.8.38.1

抗挤毁强度　collapse resistance

套管在外挤压力作用下能够承受挤压破坏的压力值。

14.8.38.2

抗拉强度　tensile strength

套管在拉力作用下能够承受拉伸破坏的拉力值。

14.8.38.3

抗内压强度　burst resistance

套管在内压力作用下能够承受内压破坏的压力值。

14.8.38.4

有效抗挤强度及有效抗内压强度　effective collapse resistance and burst resistance

考虑轴向载荷作用时，套管本体实际具有的抗挤强度与抗内压强度。

14.8.38.5

管体屈服强度　casing body yield strength

套管本体屈服时所能承受的载荷值，分为抗拉和抗压屈服强度。

14.8.38.6

三轴应力强度　triaxial stress strength

套管在内压力、外挤压力和轴向力联合作用下的套管强度。

14.8.39

安全系数　safety factor

套管强度与套管柱所受最大载荷的比值。

14.8.39.1

抗拉安全系数　safety factor of tensile strength

套管抗拉强度与最大轴向力的比值。

14.8.39.2

抗挤安全系数　safety factor of collapsing strength

套管抗挤强度与最大有效外挤力的比值。

14.8.39.3

抗内压安全系数　safety factor of internal pressure strength

套管抗内压强度与最大有效内压力的比值。

14.8.39.4

三轴应力屈服强度安全系数　safety factor of triaxial yield resistance

套管本体屈服强度与三轴应力条件下套管内壁 Vom Mises 等效应力的比值。

14.8.40

套管强度设计　casing strength design

根据油气开采需要和套管在井下的受力情况对套管柱进行结构和强度设计。强度设计方法有安全系数法、最大载荷法、拉力余量法等。

14.8.41

强度设计线 strength design curve

套管柱强度设计时,载荷线乘以设计系数后所形成的载荷线。

14.8.42

允许最大抗内压载荷 allowable maximum internal pressure

预计井口内压力乘以抗内压安全系数得到的压力值。

14.8.43

最大连接强度 maximum joint strength

套管柱总的轴向载荷乘以抗拉安全系数得到的载荷。

14.8.44

套管最大允许关井压力 maximum allowable shut in pressure

允许施加到套管中的最大内压力。

14.8.45

套管失效概率 casing failure probability

将套管特性参数当作随机变量,得到套管强度服从某种概率分布,套管强度与外载差值小于零的概率。

14.9

水泥试验仪器及装备 cement test instrument and equipment

油井水泥与水泥浆试验的专用仪器及设备。

14.9.1

恒速搅拌器 constant speed mixer

可在恒定转速下用于制备水泥浆专用的搅拌仪器。

14.9.2

稠化仪 consistometer

模拟井下条件测定水泥浆稠化时间的仪器。有常压、增压和便携型等。

14.9.3

水泥渗透仪 cement permeability measuring device

测定水泥石渗透性的仪器。

14.9.4

抗压强度测试仪 compressive strength tester

测定水泥试样抗压强度的仪器。

14.9.5

增压养护釜 pressurized curing chamber

模拟井下温度,特定压力条件下养护水泥试样的仪器。

14.9.5.1

低温增压养护釜 low temperature pressurized curing chamber

可在零摄氏度的低温条件下养护水泥试样的增压养护釜。

14.9.6

养护 curing

在适当的温度、压力和湿度条件下,使水泥浆试样水化硬化的过程。

14.9.6.1

常压养护 atmospheric pressure curing

大气压条件下,在给定的温度和湿度条件下对水泥试样的养护。

14.9.6.2

增压养护　pressurized curing

在给定温度和压力条件下对水泥浆试样的养护。

14.9.6.3

养护时间　curing time

养护龄期

水泥浆试样放入养护装置内开始到试样进行性能测试所经过的时间。

14.9.7

搅拌型滤失仪　dynamic filtration test apparatus

带有搅拌功能的失水仪。

14.9.8

水泥浆气窜模拟分析仪　slurry anti-migration analyzer

在一定温度压力条件下模拟地层流体侵入水泥浆的试验仪器。

14.9.9

超声波水泥强度分析仪　ultrasonic cement strength analyzer

利用超声波无损测量水泥石强度的一种仪器。

14.9.10

流变仪　rheometer

在特定条件下测定水泥浆流变参数的仪器。

14.9.11

水泥静胶凝强度分析仪　static gel strength analyzer

用于测量水泥浆静胶凝强度的仪器。

14.10

固井质量评价　cement evaluation

对固井工程质量的全面鉴定。

14.10.1

水泥胶结　cement bond

水泥环与套管和地层之间的固结。

14.10.2

井温测井　temperature log

探测井液温度随井深的变化。它利用水泥水化热造成管内流体温度升高的原理，确定管外的水泥面位置和套管外环空的窜槽。

14.10.3

水泥胶结测井　cement bond log；CBL

用声幅检查水泥胶结质量的方法。

14.10.4

源距　spacing

声波发射换能器与接收换能器之间的距离。

14.10.5

声幅曲线　amplitude curve

CBL 测井测量的套管波幅度曲线。

14.10.6

声幅值 amplitude

某一深度点声幅曲线对应的数值。

14.10.7

变密度测井 variable density log;VDL

记录声波全波列并以声波变密度图的形式显示水泥与套管及水泥与地层胶结状况的测量方法。

14.10.8

套管波 pipe arrivals

来自发射换能器,穿过钻井液,在套管中传播,而后又返回钻井液,最后为接收换能器所接收的声波。

14.10.9

套管波传播时间 travel time of casing

CBL 测井记录的声波从发射换能器出发,沿着套管传播到接收换能器所花费的时间。

14.10.10

地层波 formation arrivals

来自发射换能器,穿过钻井液、套管和水泥环,在井壁附近地层中传播,而后又返回水泥环、套管和钻井液,最后为接收换能器所接收的声波。

14.10.11

第一界面 first interface

套管与水泥环之间的胶结面。

14.10.12

第二界面 second interface

水泥环与地层(或外层套管)之间的胶结面。

14.10.13

快速地层 fast formation

裸眼井声波时差低于套管声波时差的地层。

注: 钢质套管的声波时差为 187 μs/m(57 μs/ft)。

14.10.14

有效封隔长度 interval for effective zonal isolation

纵向上达到层间封隔要求的水泥环长度。

14.10.15

扇区水泥胶结测井 segmented bond tool;SBT

利用推靠到套管内壁的声波换能器,进行全方位 6 扇区补偿式衰减率测量。

14.10.16

衰减率 attenuation

来自发射换能器的声波,在从近接收换能器沿着套管传播到远接收换能器的过程中,单位距离发生的套管波幅度减小。

14.10.17

套管时差 slowness of casing

来自发射换能器的套管波在从近接收换能器到远接收换能器传播的过程中,单位距离所花费的时间。

14.10.18

胶结比　bond rating ratio

扣除套管影响后,相对于当次固井井段中水泥环完全胶结井段的声波衰减率之比。

14.10.19

水泥评价测井　cement evaluation log

使用声波测井或放射性测井方法评价套管、水泥环和地层之间的胶结情况,即进行固井工程质量检查的方法及过程。

14.10.20

核水泥测井　nuclear cement log

利用伽马射线源和探测器的布置方式测量散射伽马射线,对管外环空物质密度很灵敏的一种测井方法。可用于区分套管环空中的水泥和流体。

14.10.21

噪声测井　noise logging

利用声接收装置,探测环空水泥封固段内是否有地层流体流动所发出的噪声,以评价固井质量的测井方法。

14.10.22

加压测井　pressurizing logging

为证实依据第一次固井质量测井资料所作微间隙的推测,在套管内充压条件下进行水泥胶结测井的方法。

14.10.23

水泥评价测井仪　cement evaluation tool

利用高频超声波的套管厚度谐振原理,全方位测定水泥封固状况的测井仪器。

14.10.24

排空测试　blow down test

用降低管内液面来检测炮眼、尾管悬挂器周围的水泥及生产层套管螺纹密封的可靠程度的方法。

14.10.25

套管试压　testing on casing;casing pressure test

在固井后对井中套管柱进行试压的作业。

14.11

完井　well completion

指油、气井钻井工程最后的一个重要环节,主要包括钻开生产层、确定井底完成方法、固井、安装井底及井口装置和试油。

14.11.1

先期裸眼完井　initial open hole completion

先下油层套管到产层顶部固井,然后再钻开生产层,进行裸眼开采的完井方法。

14.11.2

后期裸眼完井　final open hole completion

钻开产层后,只将套管下到产层顶部,注水泥封固套管后,再裸眼开采的完井方法。

14.11.3

射孔完井　perforated completion

将套管下至产层底部固井,然后射孔开采的完井方法。

14.11.4

无油管完井　tubingless completion

井内不下油管，利用套管直接开采的完井方法。

14.11.5

贯眼完井　perforated pipe completion

把带孔眼套管下入产层部位，在产层顶部注水泥返至环空的完井方法。

14.11.6

衬管完井　liner completion

将套管下至生产层顶部进行固井，然后钻开产层，再下入带孔或割缝套管的完井方法。

14.11.7

筛管完井　screen pipe completion

产层下有筛管的完井方法。

14.11.8

砾石充填完井　gravel pack completion

在衬管与井壁之间或管内充填一定规格砾石的完井方法。

14.11.9

无套管完井　casingless completion

小井眼用油管代替套管，油气流直接经油管产出的完井方法。

14.11.10

人工井底　artificial hole bottom

固井或井下作业结束后，留在套管内的水泥塞或桥塞的最上顶面。

15　石油钻井技术经济

15.1　时段划分

15.1.1

钻机动用时间　rigs time

钻机签订服务合同后，动迁装车开始到合同完成、复员结束止的所有时间总和。它包括建井时间、测试时间、设备解体及运输时间。

15.1.2

等待及整训时间　management down time

合同完成复员结束后的停待、培训和修理等时间总和。

15.1.3

建井时间　well construction time

第一车钻井设备运入井场开始到该井开始甩钻具止的连续工作时间。它由钻前时间、钻井时间、完井时间组成。

15.1.4

测试时间　well testing time

中途测试和原钻机试油时间的总和。

15.1.5

设备解体及运输时间　rig down and transport time

从完井甩钻具开始到第一车钻井设备运入下一口井的井场或合同完成，复员结束止的所有时间总和。

15.1.6

钻前时间　prespud time

从第一车钻井设备运入井场开始到该井第一次开钻止的时间总和。

15.1.7

钻井时间　drilling operation time

钻井周期

从该井第一次开钻始至完钻止的时间总和。

15.1.8

完井时间　well completion time

利用原钻机进行完井的时间，它一般包括完钻电缆测井、下油层套管固井、起下油管、射孔、储层改造、诱喷、装井口或弃井等，截止时间以安装完井井口或完成弃井作业时间为准。

15.1.9

进尺作业时间　footage working time

与进尺直接有关的钻井作业时间称为进尺作业时间。其包括钻进、扩眼、取心、定向作业的时间。

15.1.10

辅助作业时间　auxiliary working time

除进尺作业时间、异常作业时间、特种作业时间和钻井停待时间以外的，与钻井进尺作业密切相关的作业时间。它包括循环处理钻井液、起下钻、保养钻机、倒大绳、测斜等时间。

15.1.11

特种作业时间　special working time

钻井过程中为评价地层或安全钻井而进行的作业时间，它包括完钻前电缆测井、下套管、固井、候凝、装防喷器及试压、回堵作业、挤水泥作业时间。

15.1.12

异常作业时间　abnormal working time；informal working time

井下或地面设备异常而影响正常钻井作业的时间。包括故障作业时间、复杂情况及处理时间、修理时间等。

15.1.13

钻井停待时间　drilling down time

正常钻井生产期间的停工待料、待命等时间。

15.2　钻井技术经济评价指标

15.2.1

钻井工作量指标　drilling workload index

用于评价一个考核单位钻井工作量的指标。

15.2.1.1

交井口数　delivery wells number

完成了该井设计的全部工序，钻机主体设备移出井口，并办完移交手续的井口数。

15.2.1.2

钻井进尺　footage drilled

钻井进尺从转盘方补心表面算起，多井底定向井的钻井进尺从原井眼侧出的位置开始计算，与原井眼累计计算进尺。包括取心进尺、地质报废进尺和自然灾害造成的其他报废进尺。

15.2.1.3

返工进尺　redrilling footage

回填、重钻的钻井进尺，重钻应钻至原井深后再开始计算进尺，但未达到原井深而完井，未达到部分计入工程报废进尺。

15.2.1.4

钻井工作量价值　drilling workload value

钻井实物工作量的货币表现，其值等于每米进尺单价（或完钻平均每米钻井费用，或完成井平均每米进尺综合费用，或预算单价）与钻进进尺的乘积。

注：单位为元。

15.2.1.5

钻机动用台数　contractual rigs number

为执行钻井服务合同而在从事建井、测试或设备解体及运输活动的钻机台数。

15.2.1.6

钻机开动台年　rig operation time

从事建井活动的所有时间之和（包括钻前时间、钻井时间和完井时间）。

注：单位为年。

15.2.1.7

钻井台月　driller-month；rig-momth；drilling-month

钻井时间的另一种表示方式，包括进尺作业时间、辅助作业时间、特种作业时间、异常作业时间、钻井停待时间。

注：单位为月。

15.2.2

钻井效率指标　drilling efficiency index

用于评价一个考核单位钻井效率的指标。

15.2.2.1

台月效率　footage per driller-month

一个钻井台月内的钻井进尺。它综合反映一个钻井单位的综合水平。

注：单位为米每月。

15.2.2.2

平均钻机开动台年进尺　average footage per rig-annual

计算一个单位已开动钻机的一年工作量，以此反映已开动钻机的工作量饱满程度，其值等于各台钻机钻井进尺之和与各台钻机开动台年之和的比值。

注：单位为米每年。

15.2.2.3

钻机利用率　rig utilized percenage

钻机利用程度的指标，其值等于统计时间段内钻机开动台年之和与实有钻机总数的比值。

注：通常用百分数表示。

15.2.3

钻井安全指标　drilling safety index

用于评价一个考核单位钻井过程安全的指标。

15.2.3.1

异常台时率　abnormal working time percentage

钻井过程中异常作业时间所占的比率。

注：通常用百分数表示。

15.2.3.2

故障台时率　trouble handling time percenage

故障作业时间占钻井时间的比率。

注：通常用百分数表示。

15.2.3.3

复杂台时率　problem handling time percentage

复杂情况及处理时间占钻井时间的比率。

注：通常用百分数表示。

15.2.3.4

修理台时率　repairing time perzentage

修理时间占钻井时间的比率。

注：通常用百分数表示。

15.2.3.5

钻井伤害严重率　invlid drillers percentage

所考察的钻井施工单位每百万工时因个别从业人员人身伤害而影响其本人正常工作的天数之和。

注：其中各种人身伤亡所造成的工作日损失，可按 GB/T 6441 的有关规定换算。

15.2.4

钻井效益指标　drilling benefit index

用于评价一个考核单位钻井过程经济效益的指标。

15.2.4.1

完钻井钻头平均进尺　average bit footage of drilled well

反映钻头工作效益和质量的重要指标。

15.2.4.2

钻井台月耗柴油量　disel consumption per driller-month

每钻井台月中钻机消耗柴油量。

15.2.4.3

钻井台月耗机油量　lubricant consumption per driller-month

每钻井台月中钻机消耗机油量。

15.2.4.4

钻井台月备件消耗费用　service part expenses per driller-month

在钻井过程中，可在现场更换的钻机备件消耗费用与钻井台月的比值。

注：单位为元每月。

15.2.4.5

完成井平均每米固井费用　average unit cementing cost of completed well

综合反映每米固井费用，一般包括固井服务及材料费用。

注：单位为元每米。

15.2.4.6

完成井平均每米钻井液费用　average unit mud cost of completed well

综合反映每米钻井液费用，一般包括钻井液服务及材料费用。

注：单位为元每米。

15.2.4.7

完成井平均每米钻井费用　average unit drilling cost of completed well

综合反映每米直接钻井费用，一般包括钻机作业费、定向作业费、取心作业费、钻头费用、钻井工具租赁费用以及和井相关的有形资产。

注：单位为元每米。

15.2.4.8

完成井平均每米进尺综合费用　average unit footage cost of completed well

按全部费用计算综合反映完成井每米进尺费用。

注：单位为元每米。

15.2.5

钻井日费　day rate

钻井承包制条件下，每天租用钻机的费用以及与人员、供应相关的费用。

16　海洋钻井工程

16.1　海洋环境及载荷

16.1.1

滩海　tidal zone

沿海高潮位与低潮位之间的潮差浸带和平均水深小于或等于 5 m 的近海海域。

16.1.2

浅水　shallow water

平均水深大于 5 m 小于或等于 500 m 的海域。

16.1.3

深水　deep water

平均水深大于 500 m 小于或等于 1 500 m 的海域。

16.1.4

超深水　ultra-deepwater

平均水深大于 1 500 m 小于或等于 3 000 m 的海域。

16.1.5

涡激振动　vortex induced vibration；VIV

流体通过非流线型柱体时在柱体后方产生交替的涡释放，使得柱体在轴线方向以及流体方向产生的振动。

16.1.6

气隙　air gap

海洋钻井装置的船底与低潮位时海平面之间的距离。

16.1.7

补心海拔　rotary kelly bushing；RKB

作业井位平均海平面至海洋钻井装置转盘面的距离。

16.1.8

泥线　mudline

海水与海床之间的交界线。

16.1.9

飞溅区　splash zone

在潮汐和波浪作用下，海洋结构物的浪花侵蚀区。

16.1.10

防风警戒线 tropic cyclone alert circle

热带气旋引起的八级或以上强度的大风前沿进入影响海洋钻井装置正常作业范围的外缘线。警戒线分为蓝、黄、红三类。

16.1.11

防风蓝色警戒线 cyclone green alert circle

以海洋钻井装置为中心、1 500 km 为半径的圆周线。热带气旋引起的八级或以上强度的大风前沿行进至此线时，海洋钻井装置应进入三级防风应急作业状态。

16.1.12

防风黄色警戒线 cyclone yellow alert circle

以海洋钻井装置为中心、1 000 km 为半径的圆周线。热带气旋引起的八级或以上强度的大风前沿行进至此线时，海洋钻井装置应进入二级防风应急作业状态。

16.1.13

防风红色警戒线 cyclone red alert circle

以海洋钻井装置为中心、500 km 为半径的圆周线。热带气旋引起的八级或以上强度的大风前沿行进至此线时，海洋钻井装置应进入一级防风应急作业状态。

16.1.14

防冰警戒线 ice alert circle

浮冰前沿进入影响海洋钻井装置正常作业范围的外缘线。警戒线分为蓝、黄、红三类。

16.1.15

防冰蓝色警戒线 ice green alert circle

以海洋钻井装置为中心、15 km 为半径的圆周线。浮冰前沿进至此线时，海洋钻井装置应进入三级防冰应急作业状态。

16.1.16

防冰黄色警戒线 ice yellow alert circle

以海洋钻井装置为中心、10 km 为半径的圆周线。浮冰前沿进至此线时，海洋钻井装置应进入二级防冰应急作业状态。

16.1.17

防冰红色警戒线 ice red alert circle

以海洋钻井装置为中心、5 km 为半径的圆周线。浮冰前沿进至此线时，海洋钻井装置应进入一级防冰应急作业状态。

16.1.18

浅层水流 shallow water flow；SWF

由于地层快速沉积等原因导致的海洋浅部地层中存在着局部的高压水地层，钻遇该层时出现高压水涌动的现象。

16.1.19

穿刺 punch through

自升式钻井装置的桩腿突然穿透地层中的硬夹层而快速下沉的现象。

16.1.20

海底冲刷 seafloor scour

海洋钻井装置的桩靴或沉垫接触海床处的土壤受到海流冲击，使海底土壤发生运移的现象。

16.1.21

可变载荷　variable load

海洋钻井装置上作用位置和大小都有可能改变的载荷。通常指作业过程中频繁变位的料箱及集装箱和日常消耗的各种钻井耗材，包括各种散装材料、液体材料、各种钻井管材等。

16.2　海洋钻井装置

16.2.1

海洋钻井装置　offshore drilling unit

满足海上钻井作业要求的海洋结构物。

16.2.2

固定式钻井平台　fixed drilling platform

用桩腿或桩基结构固定于海床或依靠自身重量坐落于海底，在生命周期内不再移位的钻井装置。

16.2.3

模块钻机　modular drilling rig

为便于运输、吊装和使用，对钻井设施进行优化组合设计所形成的撬块组装钻机。

16.2.4

人工岛　artificial island

在滩海及浅水区域建造的岛式油气开发及生产设施。

16.2.5

移动式钻井装置　mobile offshore drilling unit; MODU

能够重复就位、作业、起浮、拖航、移位等操作的海洋钻井装置。

16.2.6

坐底式钻井装置　submersible drilling unit

可通过海水压载的方法将下船体直接坐落于海底，作业结束后排水起浮的移动式钻井装置。

16.2.7

自升式钻井装置　jack-up drilling unit; self-elevating drilling unit

具有可升降的桩腿和可浮于水面的船体，站立状态时桩腿支撑于海床、船体沿桩腿升至海面以上预定高度进行作业的移动式钻井装置。

16.2.8

沉垫型自升式钻井装置　mat jack-up drilling unit

桩腿下端都连接在同一个大面积沉垫上的自升式钻井装置。

16.2.9

桩靴型自升式钻井装置　spudcan jack-up drilling unit

在每个桩腿下端各装有一个面积较大的密封箱体以增大海底支承面积的自升式钻井装置。

16.2.10

悬臂梁自升式钻井装置　cantilever jack-up drilling unit

井架及其底座安装在可移动的悬臂梁结构上的自升式钻井装置。

16.2.11

槽口型自升式钻井装置　slot jack-up drilling unit

船尾中部的船体结构处设有一个凹形钻井槽口的自升式钻井装置。

16.2.12

浮式钻井装置　floating drilling unit

浮于海面进行钻井作业的海洋钻井装置，通常指半潜式钻井装置和钻井船。

16.2.13

半潜式钻井装置　semi-submersible drilling unit

具有水下浮体、立柱和上部船体，作业时浮体及部分立柱潜没于水中的浮式钻井装置。

16.2.14

钻井船　drilling ship

具有自航能力的船型浮式钻井装置。

16.2.15

系泊定位式钻井装置　anchor moored positioning drilling unit

借助于锚缆张力实现位置相对固定的浮式钻井装置。

16.2.16

动力定位式钻井装置　dynamic positioning drilling unit

借助于推进器的推力实现位置相对固定的浮式钻井装置。

16.2.17

双作业钻机　dual-activity drilling system

在同一深水钻井装置上并联配置有两套独立的提升系统、转盘等设备，可同时进行两组钻井作业而又彼此互不影响的钻井系统。

16.2.18

双井架钻机　dual-derrick drilling system

在同一钻井装置上并联配置有两套井架系统的钻机装置。

16.2.19

钻井辅助船　drilling tender

不具备独立的钻井能力，可为海洋钻井工程提供现场支持服务的浮式工作船。

16.2.20

钻井驳船　drilling barge

用于滩海和河流、湖泊等浅水水域钻井作业的驳船。

16.3　海洋钻井装置结构及器具

16.3.1

船体　hull

移动式钻井装置中除桩腿、水下浮体及设备以外的壳体、船舱隔板、龙骨及甲板等完整的结构部分。

16.3.2

生活区　living quarter

海上设施上供作业人员生活起居的区域。

16.3.3

直升机甲板　helideck

海上设施上专门用于起降直升飞机的场地。

16.3.4

桩腿　leg

自升式钻井装置用于支撑船体升离海面的圆柱形或桁架式结构。

16.3.5

桩靴　spudcan

设置在自升式钻井装置桩腿下端，用于增大桩腿支撑面积的独立箱式结构物。

16.3.6

升降装置　jacking unit

设置在自升式钻井装置船体与桩腿的连接处，使船体沿桩腿上下移动的机械装置。

16.3.7

沉垫　mat

位于自升式钻井装置桩腿下端或坐底式钻井装置立柱底部的整体水密箱式结构物。

16.3.8

钻井凹槽　drilling slot

自升式钻井装置尾部井架底座下方船体处的凹型空槽区域。

16.3.9

滑道　skid rail

甲板上可使悬臂梁或井架底座纵向、横向移动的轨道。

16.3.10

钻柱补偿器　drill string compensator；DSC

维持浮式钻井装置大钩载荷基本恒定的装置。

16.3.11

天车补偿器　crown mounted compensator

安装于浮式钻井装置天车处的钻柱补偿器。

16.3.12

隔水管张力器　riser tensioner

维持浮式钻井装置隔水管柱拉伸载荷基本恒定的装置。

16.3.13

月池　moonpool

浮式钻井装置井架底座下方船体结构空缺的槽型区域。

16.3.14

防喷器叉车　BOP stack trolley

位于月池附近可将水下防喷器组、导向盘、防沉垫等构件从钻台下面移至井口中心的专用移动设备。

16.3.15

燃烧臂　burner boom

将来自井筒的油气流引导至舷外安全位置进行放喷燃烧的长梁式桁架构件。

16.3.16

排管机　pipe racking machine

安装在井架内，起下钻作业时用于排放钻具立柱的机具。

16.3.17

猫道机　catwalk machine

安装于正对井架大门处，用于钻井管材进出钻台的梁式机具。

16.3.18

关节吊　knuckle boom crane

用于给猫道机装卸钻井管材的专用吊机。

16.3.19

定位信标　positioning beacon

安装在水下井口装置四周并向海洋钻井装置发送水下井口装置位置信息的设备。

16.4 钻井技术

16.4.1

单筒多井技术　splitter wellhead

在一个大尺寸的隔水导管内同时下入多口井表层套管柱，并可分别在各表层套管内独立进行钻井作业的技术。

16.4.2

钻屑回注　cutting re-injection

将钻井过程中产生的钻屑经过一定的处理后回注到地下适宜地层的技术。

16.4.3

简易结构井　monobore well

将生产套管和油管合并为一的简易井身结构井。

16.4.4

动态压井钻井　dynamic kill drilling；DKD

在无隔水管的上部井段钻进过程中，使用自动监控混浆设备将加重钻井液与海水快速混合得到所需密度的压井液，利用压井液钻穿有浅层地质灾害地层的钻井技术。

16.4.5

双梯度钻井　dual gradient drilling；DGD

正常作业时，维持钻柱外侧的环空内具有两段不同密度钻井介质的钻井技术。

16.4.6

海底动力举升钻井　subsea mudlift drilling

由水下井口处安装的钻井液举升装置承担隔水管内液柱压力的钻井技术。

16.4.7

连续循环钻井　continuous circulation drilling

利用坐于转盘面上的钻井液循环控制装置，实现接单根或立柱过程中继续用钻井泵维持正常井下循环的钻井技术。

16.4.8

喷射法下导管　jetting in

一种边喷射边下导管的深水钻井开钻方法，即通过专用工具将钻柱与导管锁定在一起，并利用管柱自身重量、喷射水力能量等使导管柱下放到预定位置，依靠土壤和导管外壁的黏附力支撑导管的钻井技术。

16.4.9

导管静候　soaking

喷射法下导管作业完成后，将导管静置等候土壤对导管外壁黏附力恢复的过程。

16.5 水下器具

16.5.1

水下钻井设备　subsea drilling equipment

海洋钻井装置所配备的用于配合钻井作业的各种水下作业设施的总称。

16.5.2

永久导向基盘　permanent guide base；PGB

固定于海底导管头处并可系栓井口导向绳的钢架构件。

16.5.3

导向绳　guideline

底端系于永久导向基盘导向柱、顶端系于导向绳张力器处的钢索。

16.5.4

无绳井口导向盘　guidelineless re-entry assembly;GRA

固定于海底结构导管头处、可引导钻井管柱入井及水下防喷器组与井口装置进行对接的顶部具有锥形导向喇叭口的钢架构件。

16.5.5

防沉垫　mudmat

固定于结构导管柱外侧的钢制板状结构物,用于限定和显示导管柱的下放位置。

16.5.6

水下基盘　subsea template

固定于海底泥线处的钢制结构物,用于固定和扶正导管柱,并保证井口间距。

16.5.7

吸力桩基盘　suction pile template

用吸力桩方式固定的水下基盘。

16.5.8

隔水导管　conductor

自升式钻井装置或固定式钻井平台用于隔离海水、建立循环、支撑井口装置的大口径管柱。

16.5.9

隔水管　marine riser

浮式钻井装置作业时用于起下水下防喷器组和提升环空钻井液液面高度的大口径管柱。

16.5.10

结构导管　structural conductor

水下井口作业时,下入泥线以下的第一层大口径的管柱。

16.5.11

导管头　wellhead housing

焊接在结构导管顶部、用于坐放高压水下井口装置的短节。

16.5.12

泥线悬挂器　mudline hanger

位于泥线附近、用于悬挂套管柱重量且具有脱手和回接套管功能的筒型短节。

16.5.13

水下井口装置　subsea wellhead

坐放于海底附近结构导管头处、用于悬挂和密封多层套管柱的筒型高压短节。

16.5.14

快速连接器　connector

正常作业时用于连接和密封隔水管下部总成、水下防喷器组、水下井口装置等水下结构物、应急解脱作业时可快速脱开上述水下结构物的水下器具。

16.5.15

水下防喷器组　subsea blowout-preventer stack

安装在水下井口装置顶部的一组防喷器总成。

16.5.16

事故安全阀 fail safe valve

位于水下防喷器组两侧且在失去液压控制信号时能够自动关闭的液动闸阀。

16.5.17

复合控制系统 multiplex control system;MUX

通过铠装的光电通讯电缆将控制信号由水上控制盘传送到水下控制盒控制阀处的水下防喷器控制系统。

16.5.18

控制盒 controll pod

安放于隔水管下部总成之上且能够根据地面控制指令来分配动力液的通路,从而实现控制水下防喷器组和阀门的盒内阀组。

16.5.19

应急供液管线 hot line

水下防喷器组的液控管线故障时或起下水下防喷器组过程中所用的临时供液管线。

16.5.20

隔水管下部总成 lower marine riser package;LMRP

由位于隔水管下部的隔水管连接器、上环形防喷器、下挠性接头、放喷压井软管及控制盒构成的一组设备的统称。

16.5.21

隔水管过渡短节 riser adapter

位于下挠性接头与隔水管之间的具有增流管线控制阀的短节。

16.5.22

增流管线 boost line

附着在隔水管外围的高压管线,下部与隔水管过渡短节连接,用于向隔水管内注入流体。

16.5.23

隔水管挠性接头 riser flex joint

分别安装在水下防喷器组顶部、转喷器底部,可在一定角度范围内横向摆动的万向接头。

16.5.24

隔水管填充阀 riser fill up valve

隔水管内液面意外降到一定程度时可自动打开并灌入海水的单向阀。

16.5.25

隔水管防漏阀 riser mud saver valve

用于应急解脱后关闭隔水管底端,防止其内部的钻井液自动排泄入海的截止阀。

16.5.26

鹅颈管短节 termination joint

位于隔水管和伸缩短节之间并可将节流、压井、增流等高压软管连接和固定于隔水管的外侧的隔水管短节。

16.5.27

隔水管张力环 riser tensioner ring

位于鹅颈管短节顶部的环状金属构件,用于系栓张力绳。

16.5.28

伸缩节 telescopic joint

安装在隔水管顶部的具有一定伸缩行程且可实现内外筒间密封的短节,用于消除浮式钻井装置垂荡运动对隔水管张力的影响。

16.5.29

转盘分流器 diverter

顶部坐挂在浮式海洋钻井装置转盘底部的具有大口径侧向出口的分流装置。

16.5.30

导向绳张力器 guideline tensioner

位于导向绳上端,使导向绳始终处于张紧状态的器具。

16.5.31

隔水管卡盘 riser spider

安放在转盘上的井口工具,用于固定和悬挂隔水管。

16.5.32

卡盘减震底座 gimbal

坐放在隔水管卡盘底部的减震装置,用于吸收隔水管柱的垂向冲击载荷。

16.5.33

隔水管浮力块 riser buoyancy module

附着在隔水管外围的浮体,用于控制隔水管浮重。

16.5.34

遥控潜水器 remotely operated vehicle;ROV

由外部提供遥控信息、具有水下观察或作业能力的无人潜水器。

16.5.35

风暴阀 storm valve

能够悬挂钻具及封闭钻具内外通道的井下工具,通常用于临时撤离时封隔井眼。

16.5.36

水下旋转头 subsea swivel

水下井口割套管弃井作业时,与割刀一起下入并坐于导管头处起扶正、稳定钻柱和限定割刀位置的工具。

16.5.37

自由站立式隔水管 free-standing riser

浮式钻井装置离开后能够依靠自身的浮力独立站立于海水中的隔水管柱。

16.5.38

连续钻进工具 drill ahead tool

一种喷射法下导管作业的送入工具,导管静候后将钻具与导管头解锁即可直接进行钻进作业。

16.5.39

浅层气基盘 hydrate mat

位于泥线附近、固定于导管柱外部具有密封结构的钢制板状构件。在钻遇浅层气或水合物时,可防止游离气体或水合物在水下井口装置处聚集。

16.6 海洋钻井作业

16.6.1

海洋井场勘察 marine well site survey

对海洋井位附近区域进行的水文勘测、表层物探和工程地质调查的作业。

16.6.2

降船 jacking down

将自升式钻井装置的船体下降的作业。

16.6.3

升船 jacking up

将自升式钻井装置的船体升高的作业。

16.6.4

压载 preloading

为达到钻井作业条件向压载舱泵注海水的作业。

16.6.5

放压载水 deballast

移动式钻井装置压载到预定载荷后排放压载水的作业。

16.6.6

冲桩 jetting out

对桩靴、桩腿、沉垫周围和底部的土壤进行喷冲以减少土壤黏附力的作业。

16.6.7

拔桩 pulling out

通过自升式钻井装置升降系统将桩腿拔出泥面的作业。

16.6.8

拖航 towing

海洋钻井装置被拖船从一个位置拖往另一个位置的迁移作业。

16.6.9

移位 transit

海洋钻井装置从一个井位移往另一个井位的迁移作业。

16.6.10

就位 locating

在定位系统的引导下,海洋钻井装置进入井场向预定位置缓慢接近的作业。

16.6.11

定位 positioning

海洋钻井装置在预定位置插桩、布锚或维持位置相对固定的作业。

16.6.12

动力定位 dynamic positioning;DP

利用海洋浮式结构物的位置测量系统、控制系统及动力执行系统产生定向推力来平衡风、浪、流等综合作用力,使结构物自动保持在允许偏移范围内的定位方式。

16.6.13

浸锚 soaking anchor

海洋钻井装置的锚头吃入海床后静置的过程。

16.6.14

开路循环 pump and dump

无隔水管钻井作业期间,井筒内返出的钻井液直接排海的作业。

16.6.15

锤入隔水导管 piling conductor

用打桩锤将隔水导管柱锤击到预定深度的作业。

16.6.16

无隔水管作业　riserless drilling operation

采用水下井口作业方式时，水下防喷器组安装到水下井口装置之前的全部钻井作业。

16.6.17

增流循环　boost circulating

通过增流管线向隔水管内连续泵入额外钻井液的过程。

16.6.18

应急解脱　emergency disconnect

浮式钻井装置超过了预定的偏离极限时或应急作业需要时，应急系统自动关闭相关阀件、剪断钻具、封闭井筒后，使隔水管从水下井口装置解脱的一系列动作过程。

16.6.19

批量作业　batch operation

丛式井组作业时，将各井的相同尺寸井段集中一次性完成的作业方式。

16.6.20

交叉作业　off-line operation

海洋丛式井组作业期间，同时进行两个井眼作业而又互不干扰的作业过程。通常是主井眼实施动用钻机的钻进或起下管柱作业，其他井眼从事不动用钻机的套管固井、井口装置安装、试压及固井质量检测等作业。

16.6.21

满贯测井　combo logging

将常用的电法测井和放射性测井组合在一起，一次性下井作业的测井。

16.6.22

临时弃井　well suspended

临时中止作业，以备再返回本井继续作业的一系列封井作业。

16.6.23

永久弃井　well abandonment

永久放弃海上探井或开发井的作业。

16.6.24

井口下沉　wellhead subsidence

水下井口装置随导管一起下降的现象。

16.6.25

回接　tieback

将套管柱从海底或水下接到水面以上适当位置的作业。

16.6.26

软悬挂隔水管　soft hangoff

将解脱的隔水管直接坐挂于已打开的隔水管张力器支撑环处的作业。

参考文献

[1] GB/T 1.1—2009 标准化工作导则 第1部分:标准的结构和编写
[2] GB 201—2000 铝酸盐水泥
[3] GB/T 4131—1997 水泥的命名、定义和术语
[4] GB/T 5005—2010 钻井液材料规范
[5] GB 5327—2008 表面活性剂 术语
[6] GB/T 6441—1986 企业职工伤亡事故分类
[7] GB/T 7727.2—1987 船舶通用术语 总体设计
[8] GB/T 7727.3—1987 船舶通用术语 性能
[9] GB/T 7727.4—1987 船舶通用术语 船体结构、强度及振动
[10] GB/T 8423—2008 石油钻采设备及专用管材词汇
[11] GB 10238—2005 油井水泥
[12] GB/T 12763.2—2007 海洋调查规范 第2部分:海洋水文观测
[13] GB/T 13407—1992 潜水器与水下装置术语
[14] GB/T 13413—1992 船舶通用术语 船舶系统
[15] GB/T 13474—1992 船用潮汐、潮流图表编制方法
[16] GB/T 13952—1992 移动式平台及海上设施用电工电子产品环境条件参数分级
[17] GB/T 14090—2008 海上油气开发工程术语
[18] GB/T 16782—1997 油基钻井液现场测试程序
[19] GB/T 16783.1—2006 石油天然气工业 钻井液现场测试 第1部分:水基钻井液
[20] GB/T 19139—2003 油井水泥试验方法
[21] GB/T 20001.1—2001 标准编写规则 第1部分:术语
[22] JB/T 3235—1999 人造金刚石烧结体磨耗比测定方法
[23] SY/T 5435—2012 定向井轨道设计与轨迹计算
[24] SY 5510—1992 油田化学常用术语
[25] SY/T 6586—2012 石油钻机现场安装及检验
[26] SY/T 6058—2004 自升式井架起放作业规程
[27] 白殿一.标准的编写.北京:中国标准出版社,2009.
[28] 中国石油学会,石油大学.石油技术词典.北京:石油工业出版社,1996.
[29] 《英汉石油大辞典》编委会编.英汉石油大辞典.北京:石油工业出版社,2001.
[30] 刘希圣.钻井工艺原理(上、中、下).北京:石油工业出版社,1988.
[31] 韩志勇.定向井设计与计算.北京:石油工业出版社,1989.
[32] 钻井手册(甲方)编写组.钻井手册(甲方).北京:石油工业出版社,1990.
[33] 黄汉仁.泥浆工艺原理.北京:石油工业出版社,1981.
[34] 李克相.保护油气层钻井完井技术.北京:石油工业出版社,1993.
[35] 刘崇建,黄伯宗,徐同台等.油气井注水泥理论与应用.北京:石油工业出版社,2001.
[36] 王平全.钻井液处理剂及其作用原理.北京:石油工业出版社,2003.
[37] 张绍槐.保护储集层技术.北京:石油工业出版社,1993.
[38] H.C.H.达利.钻井液和完井液的组分与性能.北京:石油工业出版社,1994.
[39] 《油田化学剂质量检验》编写组.油田化学剂质量检验.北京:石油工业出版社,1997.
[40] 张克勤.钻井技术手册(二)钻井液.北京:石油工业出版社,1988.

[41] 刘崇建，黄柏宗，徐同台等. 油气井注水泥理论与应用. 北京：石油工业出版社，2001.
[42] R. 谢菲尔德. 浮式钻井设备及其使用. 北京：石油工业出版社，1988.
[43] D. A. 菲等. 近海边际油田开发技术. 北京：石油工业出版社，1990.
[44] 王箴. 化工词典. 北京：化学工业出版社，1996.
[45] 胡长吉编著. 钻井船电器设备. 北京：国防工业出版社，1989.
[46] 曾少凡. 海上移动式平台检验. 北京：人民交通出版社：1994.
[47] 《水运技术词典》编辑委员会. 水运技术词典. 北京：人民交通出版社，1982.
[48] 赵鸿坤等. 船舶机舱操纵模拟器. 北京：人民交通出版社，1993.
[49] 胡湘炯. 石油与天然气工程学(油气井工程). 北京：中国石化出版社，2003.
[50] 吴隆杰. 钻井液处理剂胶体化学原理. 四川成都：成都科技大学出版社，1992.
[51] 夏俭英. 钻井液有机处理剂. 山东东营：石油大学出版社，1991.
[52] 鄢捷年. 钻井液工艺学. 山东东营：石油大学出版社，2003.
[53] 鄢捷年. 钻井液优化设计与实用技术. 山东东营：石油大学出版社，1993.
[54] 赵福麟. 油田化学. 山东东营：石油大学出版社，2000.
[55] 佟曼丽. 油田化学. 山东东营：石油大学出版社，1997.
[56] 姜仁. 钻井工程. 山东东营：石油大学出版社，1993.

索　引

汉语拼音索引

E

F

G

H

S

英文对应词索引

A

B

E

J

N

P

T

W

ICS 75.020
E 12

中华人民共和国国家标准

GB/T 28912—2012

岩石中两相流体相对渗透率测定方法

Test method for two phase relative permeability in rock

2012-11-05 发布　　2013-03-01 实施

中华人民共和国国家质量监督检验检疫总局
中国国家标准化管理委员会　发布

前　言

本标准按照 GB/T 1.1—2009 给出的规则起草。

本标准由全国石油天然气标准化技术委员会(SAC/TC 355)提出并归口。

本标准起草单位:提高石油采收率国家重点实验室(中国石油勘探开发研究院)。

本标准主要起草人:张祖波、罗蔓莉、戴志坚、吕伟峰、洪颖。

岩石中两相流体相对渗透率测定方法

1 范围

本标准规定了测定岩石中两相流体相对渗透率的基本原理、测定和计算方法以及计量仪器的技术指标。

本标准适用于胶结砂岩岩样中两相流体相对渗透率的测定，其他类型多孔介质可参照执行。

2 规范性引用文件

下列文件对于本文件的应用是必不可少的。凡是注日期的引用文件，仅注日期的版本适用于本文件。凡是不注日期的引用文件，其最新版本(包括所有的修改单)适用于本文件。

SY/T 5153 油藏岩石润湿性测定方法

SY/T 5336 岩心分析方法

3 岩样准备

3.1 岩样的保存和钻取

3.1.1 选择有代表性的岩样，钻成直径大于或等于 2.50 cm 的圆柱，长度不小于直径的 1.5 倍。

3.1.2 新鲜胶结岩样在井场可采取下列两种包装方式：

a) 岩心出筒后先用聚乙烯膜包好，再用锡箔纸包裹后浸蜡密封；

b) 在井场将岩心浸入浓度大于 5%的 NaCl 水溶液中并密封。

用浓度大于 5%的 NaCl 水溶液或中性煤油作循环液钻取岩样，钻取的岩样浸泡在抽空的原油中密闭保存。

3.1.3 疏松岩样在岩心出筒后先用干冰冷冻保存，用液氮作循环液钻取岩样。

3.2 岩样的清洗

岩样的清洗和烘干按 SY/T 5336 的规定执行。

3.3 岩样孔隙度和气体渗透率测定

岩样孔隙度和气体渗透率测定按 SY/T 5336 的规定执行，并用氦气法直接测定孔隙体积，上述参数重复测定两次，偏差在 SY/T 5336 规定的范围内。

3.4 岩样的饱和

3.4.1 将烘干的岩样称重，抽真空饱和地层水。

3.4.2 将饱和模拟地层水后的岩样称重，即可按式(1)求得有效孔隙体积。

$$V_p = \frac{m_1 - m_0}{\rho_w} \qquad \cdots\cdots(1)$$

式中：

V_p——岩样有效孔隙体积的数值，单位为毫升(mL)；

m_1——岩样饱和模拟地层水后的质量的数值,单位为克(g);

m_0——干岩样质量的数值,单位为克(g);

ρ_w——在测定温度下饱和岩样的模拟地层水的密度的数值,单位为克每立方厘米(g/cm^3)。

3.4.3 岩样饱和程度的判定:将岩样抽空饱和地层水后得到的孔隙体积与氦气法孔隙体积对比,二者数据应满足式(2)给出的关系。

$$\left|\left(1-\frac{V_p}{V_{pHe}}\right)\times 100\%\right| \leqslant 2\% \qquad \cdots\cdots(2)$$

式中:

V_{pHe}——氦气法孔隙体积的数值,单位为毫升(mL)。

4 试验用流体

4.1 试验用油

采用精制油或用新鲜脱气、脱水原油加中性煤油配制模拟油,并根据实际情况选择油水黏度比。选用与原油配伍性好的精制油,避免发生沥青沉淀,试验用油在试验前应抽空过滤。

4.2 试验用水

根据地层水和注入水的成分分析资料配制地层水和注入水或等矿化度的标准盐水。试验用水应在试验前放置 1 d 以上,然后用 G5 砂芯漏斗或 0.45 μm 微孔滤膜过滤除去杂质,并抽空。标准盐水配方为:

$$NaCl : CaCl_2 : MgCl_2 \cdot 6H_2O = 7 : 0.6 : 0.4$$

4.3 试验用气

经过加湿处理的氮气或压缩空气,也可根据需要选用其他气体。

5 恢复岩石润湿性

非新鲜岩样恢复润湿性的方法按 SY/T 5153 的规定执行。

6 油-水相对渗透率测定

6.1 稳态法油-水相对渗透率测定

6.1.1 原理

稳态法测定油-水相对渗透率的基本理论依据是一维达西渗流理论,并且忽略毛管压力和重力作用,假设两相流体不互溶且不可压缩。试验时在总流量不变的条件下,将油水按一定流量比例同时恒速注入岩样,当进口、出口压力及油、水流量稳定时,岩样含水饱和度不再变化,此时油、水在岩样孔隙内的分布是均匀的,达到稳定状态,油和水的有效渗透率值是常数。因此可利用测定岩样进口、出口压力及油、水流量,由达西定律直接计算出岩样的油、水有效渗透率及相对渗透率值。用称重法或物质平衡法计算出岩样相应的平均含水饱和度。改变油水注入流量比例,就可得到一系列不同含水饱和度时的油、水相对渗透率值,并由此绘制出岩样的油-水相对渗透率曲线。

6.1.2 试验流程和试验设备

6.1.2.1 试验流程

稳态法测定油-水相对渗透率试验流程示意图见图1。

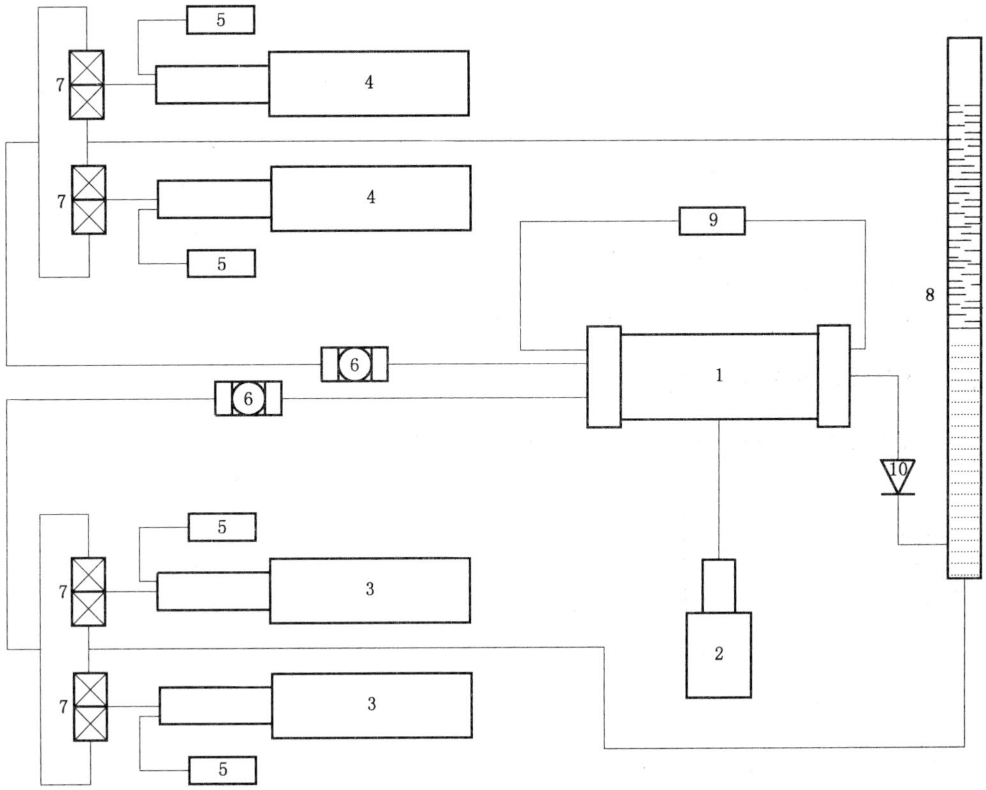

说明：

1——岩心夹持器；

2——围压泵；

3——水泵；

4——油泵；

5——压力传感器；

6——过滤器；

7——三通阀；

8——油水分离器；

9——压差传感器；

10——回压阀。

图1 稳态法测定油-水相对渗透率试验流程示意图

6.1.2.2 试验设备及计量器具

试验所用设备和计量器具及其技术指标如下：

a) 岩心夹持器；

b) 驱替泵：流量精度≤1%；

c) 压力传感器：精度≤0.5%；

d) 油水分离器：0 mL～10 mL，分度值≤0.05 mL；

e) 天平:感量为 0.001 g;

f) 秒表:分度值为 0.01 s;

g) 游标卡尺:分度值为 0.02 mm。

6.1.3 试验步骤

6.1.3.1 建立束缚水饱和度

用油驱水法建立束缚水饱和度,先用低流速(一般为 0.1 mL/min)进行油驱水,然后逐渐增加驱替速度直至不出水为止。束缚水饱和度按式(3)计算:

$$S_{ws}=\frac{V_p-V_w}{V_p}\times 100 \qquad \cdots\cdots (3)$$

式中:

S_{ws}——束缚水饱和度的数值,%;

V_w——岩石内被驱出水的体积的数值,单位为毫升(mL)。

6.1.3.2 测定束缚水状态下的油相渗透率

6.1.3.2.1 新鲜岩样测定束缚水状态下的油相渗透率步骤如下:

a) 将浸泡在原油中或中性煤油中的岩样在试验温度下恒温 2 h 并抽空 1 h 后,装入岩心夹持器中,并在试验温度下恒温 4 h;

b) 用试验油驱替达 10 倍孔隙体积后,测油相有效渗透率,连续测定 3 次,相对偏差小于 3%。束缚水饱和度下的油相有效渗透率按式(4)计算:

$$K_o(S_{ws})=\frac{q_o\mu_o L}{A(p_1-p_2)}\times 10^2 \qquad \cdots\cdots (4)$$

式中:

$K_o(S_{ws})$——束缚水状态下油相有效渗透率的数值,单位为毫达西(mD);

q_o ——油的流量的数值,单位为毫升每秒(mL/s);

μ_o ——在测定温度下油的黏度的数值,单位为毫帕秒(mPa·s);

L ——岩样长度的数值,单位为厘米(cm);

A ——岩样截面积的数值,单位为平方厘米(cm^2);

p_1 ——岩样进口压力的数值,单位为兆帕(MPa);

p_2 ——岩样出口压力的数值,单位为兆帕(MPa)。

6.1.3.2.2 将建立了束缚水饱和度或经过恢复润湿性的岩样装入岩心夹持器中用试验油驱替达 10 倍孔隙体积后,测定油相有效渗透率。其计算式和测量次数及相对偏差要求同新鲜岩样。

6.1.3.3 试验过程

将油、水按设定的比例注入岩样,待流动稳定时,记录岩样进口、出口压力和油、水流量,称量岩样质量(用称重法时)或计量油水分离器中的油、水量变化(用物质平衡法时)。改变油水注入比例,重复上述试验步骤直至最后一个油水注入比结束试验。

6.1.4 稳定的评判依据

在每一级油水流量比注入时,每一种流体至少应注入 3 倍岩样孔隙体积,并且岩样两端的压差稳定,同时满足以上两个条件时判定为稳定。

6.1.5 油水注入比例

在总速度不变的条件下,油水按照表 1 中的比例数值注入。

表 1 油水注入比例

油	水
20	1
10	1
5	1
1	1
1	5
1	10

6.1.6 计算方法

6.1.6.1 用称重法计算含水饱和度

用称重法求含水饱和度按式(5)计算：

$$S_w = \frac{m_i - m_0 - V_p \rho_o}{V_p(\rho_w - \rho_o)} \times 100 \quad \cdots\cdots (5)$$

式中：

S_w——岩样含水饱和度的数值，%；

m_i——第 i 点含油水岩样的质量的数值，单位为克(g)；

m_0——干岩样的质量的数值，单位为克(g)；

V_p——岩样有效孔隙体积的数值，单位为毫升(mL)；

ρ_o——在测定温度下模拟油的密度的数值，单位为克每立方厘米(g/cm³)；

ρ_w——在测定温度下饱和岩样的模拟地层水的密度的数值，单位为克每立方厘米(g/cm³)。

6.1.6.2 用物质平衡法计算含水饱和度

用物质平衡法求含水饱和度按式(6)计算：

$$S_w = S_{ws} + \frac{V_i - V_o}{V_p} \times 100 \quad \cdots\cdots (6)$$

式中：

S_{ws}——束缚水饱和度的数值，%；

V_i——第 i 种油水比下油水稳定后计量管内油的体积的数值，单位为毫升(mL)；

V_o——计量管中原始油的体积的数值，单位为毫升(mL)。

6.1.6.3 计算稳态法油-水相对渗透率

稳态法油-水相对渗透率按式(7)、式(8)、式(9)、式(10)计算：

$$K_{we} = \frac{q_w \mu_w L}{A(p_1 - p_2)} \times 10^2 \quad \cdots\cdots (7)$$

$$K_{oe} = \frac{q_o \mu_o L}{A(p_1 - p_2)} \times 10^2 \quad \cdots\cdots (8)$$

$$K_{ro} = \frac{K_{oe}}{K_o(S_{ws})} \quad \cdots\cdots (9)$$

$$K_{rw} = \frac{K_{we}}{K_o(S_{ws})} \quad \cdots\cdots (10)$$

式中：

K_{we}——水相有效渗透率的数值，单位为毫达西(mD)；

q_w ——水的流量的数值，单位为毫升每秒（mL/s）；
μ_w ——在测定温度下水的黏度的数值，单位为毫帕秒（mPa·s）；
K_{oe}——油相有效渗透率的数值，单位为毫达西（mD）；
K_{ro}——油相相对渗透率的数值，用小数表示；
K_{rw}——水相相对渗透率的数值，用小数表示。

6.2 非稳态法油-水相对渗透率测定

6.2.1 原理

非稳态法油-水相对渗透率是以 Buckley-Leverett 一维两相水驱油前缘推进理论为基础的。忽略毛管压力和重力作用，假设两相流体不互溶且不可压缩，岩样任一横截面内油水饱和度是均匀的。试验时不是同时向岩心中注入两种流体，而是将岩心事先用一种流体饱和，用另一种流体进行驱替。在水驱油过程中，油水饱和度在多孔介质中的分布是距离和时间的函数，这个过程被称为非稳定过程。按照模拟条件的要求，在油藏岩样上进行恒压差或恒速度水驱油试验，在岩样出口端记录每种流体的产量和岩样两端的压力差随时间的变化，用“J. B. N.”方法计算得到油-水相对渗透率，并绘制油-水相对渗透率与含水饱和度的关系曲线。

6.2.2 驱动条件

为了使在实验室测定油-水相对渗透率时，减少末端效应影响，使所得相对渗透率曲线能代表油层内油水渗流特征，除了所用岩样、油水性质、驱油历程等与油层条件相似外，在选择水驱油速度或驱替压差试验条件方面，还应满足以下关系：

当水驱油采用恒速法时，按式(11)确定注水速度：

$$L\mu_w v_w \geqslant 1 \qquad \cdots\cdots(11)$$

式中：

L ——岩样长度的数值，单位为厘米（cm）；
μ_w——在测定温度下水的黏度的数值，单位为毫帕秒（mPa·s）；
v_w——渗流速度的数值，单位为厘米每分钟（cm/min）。$v_w=\dfrac{Q}{A}$，其中 Q 是流量，单位为毫升每分钟（mL/min）；A 是岩样截面积，单位为平方厘米（cm^2）。

当水驱油采用恒压法时，按照 $\pi_1 \leqslant 0.6$ 确定初始驱替压差 Δp_o，π_1 按式(12)确定：

$$\pi_1 = \frac{10^{-3}\sigma_{ow}}{\Delta p_o \sqrt{K_a/\phi}} \qquad \cdots\cdots(12)$$

式中：

π_1 ——毛管压力与驱替压力之比的数值；
σ_{ow} ——油、水界面张力的数值，单位为毫牛每米（mN/m）；
Δp_o——初始驱动压差的数值，单位为兆帕（MPa）；
K_a ——岩样的空气渗透率的数值，单位为达西（D）；
ϕ ——岩样的孔隙度的数值，%。

6.2.3 试验流程和设备

6.2.3.1 试验流程

非稳态法测定油-水相对渗透率试验流程示意图见图 2。

6.2.3.2 试验设备及计量器具

试验所用设备和计量器具及其技术指标如下：

a) 岩心夹持器；

b) 驱替泵：流量精度≤1%；

c) 压力传感器：精度≤0.5%；

d) 油水分离器：0 mL～20 mL，分度值≤0.05 mL；

e) 天平：感量为 0.01 g；

f) 秒表：分度值为 0.01 s；

g) 游标卡尺：分度值为 0.02 mm。

6.2.4 试验步骤

6.2.4.1 建立束缚水饱和度

按照 6.1.3.2.1 和 6.1.3.2.2 的步骤建立束缚水饱和度。

6.2.4.2 测定束缚水状态下的油相渗透率

测定束缚水状态下油相有效渗透率，连续测定 3 次，相对偏差小于 3%。

6.2.4.3 试验过程

6.2.4.3.1 按照驱替条件的要求，选择合适的驱替速度或驱替压差进行水驱油试验。

6.2.4.3.2 准确记录见水时间、见水时的累积产油量、累积产液量、驱替速度和岩样两端的驱替压差。

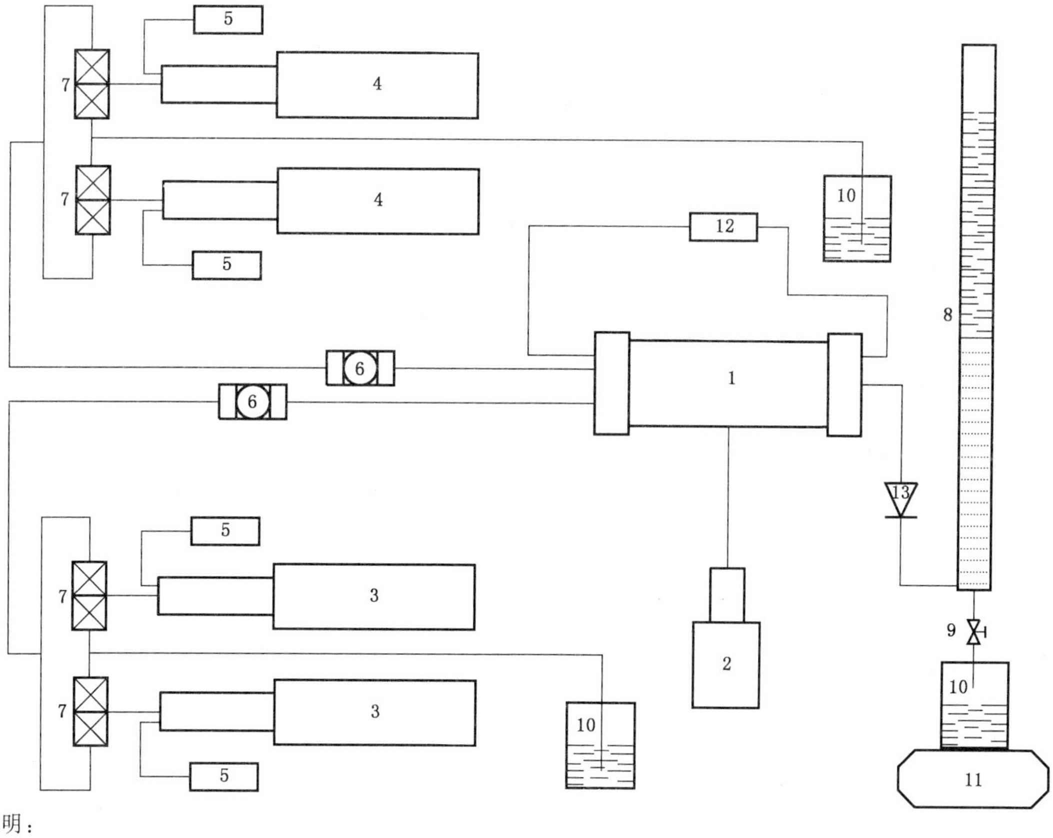

说明：

1——岩心夹持器；
2——围压泵；
3——水泵；
4——油泵；
5——压力传感器；
6——过滤器；
7——三通阀；
8——油水分离器；
9——两通阀；
10——烧杯；
11——天平；
12——压差传感器；
13——回压阀。

图 2 非稳态法测定油-水相对渗透率试验流程示意图

6.2.4.3.3 见水初期，加密记录，根据出油量的多少选择时间间隔，随出油量的不断下降，逐渐加长记录的时间间隔。含水率达到 99.95%时或注水 30 倍孔隙体积后，测定残余油下的水相渗透率，结束试验。

6.2.4.3.4 新鲜岩样应用 Dean Stark 抽提法确定试验结束时的含水量、用物质平衡法计算束缚水饱和度和相应的含水饱和度。

6.2.5 计算方法

非稳态法油-水相对渗透率和含水饱和度按式(13)、式(14)、式(15)、式(16)进行计算：

$$f_o(S_w)=\frac{\mathrm{d}\,\overline{V}_o(t)}{\mathrm{d}\,\overline{V}(t)} \qquad \cdots\cdots(13)$$

$$K_{ro}=f_o(S_w)\,\frac{\mathrm{d}[1/\overline{V}(t)]}{\mathrm{d}[1/I\,\overline{V}(t)]} \qquad \cdots\cdots(14)$$

$$K_{rw}=K_{ro}\,\frac{\mu_w}{\mu_o}\,\frac{1-f_o(S_w)}{f_o(S_w)} \qquad \cdots\cdots(15)$$

$$I=\frac{Q(t)}{Q_o}\,\frac{\Delta p_o}{\Delta p(t)} \qquad \cdots\cdots(16)$$

$$S_{we}=S_{ws}+\overline{V}_o(t)-\overline{V}(t)f_o(S_w) \qquad \cdots\cdots(17)$$

式中：

$f_o(S_w)$——含油率的数值，用小数表示；

$\overline{V}_o(t)$ ——无因次累积采油量的数值，以孔隙体积的倍数表示；

$\overline{V}(t)$ ——无因次累积采液量的数值，以孔隙体积的倍数表示；

K_{ro} ——油相相对渗透率的数值，用小数表示；

K_{rw} ——水相相对渗透率的数值，用小数表示；

I ——相对注入能力的数值，又称流动能力比；

$Q(t)$ ——t 时刻岩样出口端面产液流量的数值，恒速法试验时 $Q(t)=Q_o$，单位为立方厘米每秒(cm^3/s)；

Q_o ——初始时刻岩样出口端面产油流量的数值，单位为立方厘米每秒(cm^3/s)；

Δp_o ——初始驱动压差的数值，单位为兆帕(MPa)；

$\Delta p(t)$ ——t 时刻驱替压差的数值，恒压法试验时 $\Delta p(t)=\Delta p_o$，单位为兆帕(MPa)；

S_{we} ——岩样出口端面含水饱和度的数值，用小数表示；

S_{ws} ——束缚水饱和度的数值，用小数表示。

7 气-液相对渗透率测定

7.1 稳态法水-气相对渗透率测定

7.1.1 原理

稳态法水-气相对渗透率测定原理同 6.1.1。

7.1.2 试验流程和设备

7.1.2.1 试验流程

稳态法测定水-气相对渗透率流程示意图见图 3。

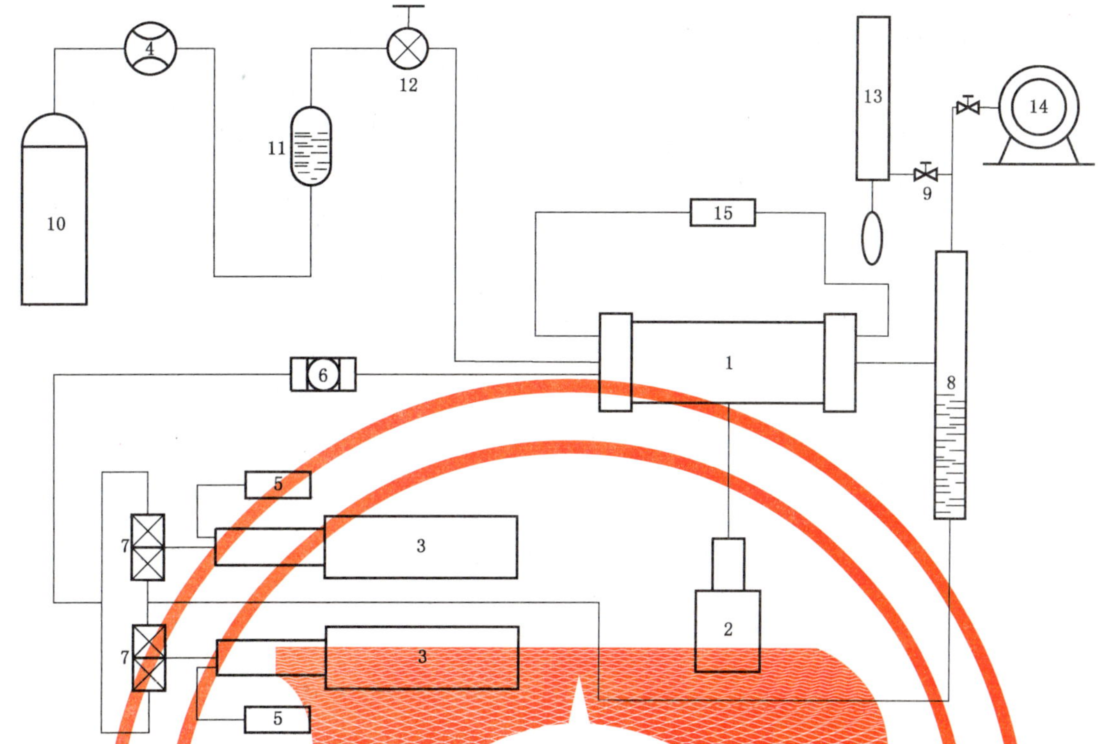

说明：

1——岩心夹持器；
2——围压泵；
3——水泵；
4——气体质量流量计；
5——压力传感器；
6——过滤器；
7——三通阀；
8——气水分离器；
9——两通阀；
10——气源；
11——气体加湿中间容器；
12——调压阀；
13——皂膜流量计；
14——湿式流量计；
15——压差传感器。

图 3 稳态法测定水-气相对渗透率流程示意图

7.1.2.2 试验设备及计量器具

试验所用设备和计量器具及其技术指标如下：

a) 岩心夹持器；
b) 驱替泵：流量精度≤1%；
c) 精密压力表或传感器：精度≤0.4 级；
d) 流量计：流量小于 0.6 mL/s 时，采用皂膜流量计；流量大于 0.6 mL/s 时，采用分度值≤0.01 L/s 的湿式流量计；
e) 计量管：0 mL～10 mL，分度值≤0.05 mL；
f) 气水分离器：0 mL～10 mL，分度值≤0.05 mL；
g) 天平：感量为 0.001 g；
h) 秒表：分度值为 0.01 s；
i) 气压计：分度值为 0.1 kPa。

7.1.3 试验步骤

7.1.3.1 将已饱和模拟地层水的岩样装入岩心夹持器，用驱替泵以一定的压力或流速使地层水通过岩样，待岩样进出口的压差和出口流量稳定后，连续测定 3 次水相渗透率，其相对偏差小于 3%。

7.1.3.2 用加湿氮气或压缩空气驱水，建立岩样的束缚水饱和度，并测量束缚水状态下气相有效渗透率。束缚水饱和度与驱替速度有关，建立束缚水时的驱替速度应稍高于试验时的驱替速度。

7.1.3.3 将气、水按一定的比例注入岩样，水的速度逐渐增加，气的速度降低，使岩样含水饱和度增加，等到流动稳定时，测定进、出口气、水压力和气、水流量以及含水岩样质量，并将数据填入原始记录表中。

7.1.3.4 试验至气相相对渗透率值小于 0.005 后，测定水相渗透率，然后结束试验。

7.1.4 计算方法

按照达西公式[式(18)、式(19)]计算气相、水相的有效渗透率：

$$K_{ge}=\frac{2p_a q_g \mu_g L}{A(p_1{}^2-p_a{}^2)}\times 10^2 \qquad \cdots\cdots(18)$$

$$K_{we}=\frac{q_w \mu_w L}{A(p_1-p_2)}\times 10^2 \qquad \cdots\cdots(19)$$

式中：

K_{ge}、K_{we}——气相、水相有效渗透率的数值，用小数表示；

p_a ——大气压力的数值，单位为兆帕(MPa)；

q_g、q_w ——气、水流量的数值，单位为毫升每秒(mL/s)；

μ_g、μ_w ——在测定温度下气、水的黏度的数值，单位为毫帕秒(mPa·s)；

L ——岩样长度的数值，单位为厘米(cm)；

A ——岩样截面积的数值，单位为平方厘米(cm^2)；

p_1 ——岩样进口压力的数值，单位为兆帕(MPa)；

p_2 ——岩样出口压力的数值，单位为兆帕(MPa)。

按照式(20)、式(21)计算气、水相对渗透率：

$$K_{rg}=\frac{K_{ge}}{K_g(S_{ws})} \qquad \cdots\cdots(20)$$

$$K_{rw}=\frac{K_{we}}{K_g(S_{ws})} \qquad \cdots\cdots(21)$$

式中：

K_{rg} ——气相相对渗透率的数值，用小数表示；

K_{ge} ——气相有效渗透率的数值，单位为毫达西(mD)；

$K_g(S_{ws})$——束缚水状态下气相有效渗透率的数值，单位为毫达西(mD)；

K_{rw} ——水相相对渗透率的数值，用小数表示；

K_{we} ——水相有效渗透率的数值，单位为毫达西(mD)；

按照式(22)、式(23)计算含水、气饱和度：

$$S_w=\frac{m_i-m_0}{V_p \rho_w}\times 100 \qquad \cdots\cdots(22)$$

$$S_g=100-S_w \qquad \cdots\cdots(23)$$

式中：

S_w——岩样含水饱和度的数值，%；

m_i——第 i 点含水岩样的质量，单位为克(g)；

m_0——干岩样的质量的数值，单位为克(g)；

S_g——岩样含气饱和度的数值，%。

根据计算结果绘制水-气相对渗透率与含水饱和度的关系曲线。

7.2 非稳态法气-油(水)相对渗透率测定

7.2.1 原理

非稳态法气-油(水)相对渗透率测定原理同6.2.1。

7.2.2 试验流程和设备

7.2.2.1 试验流程

非稳态法测定气-油(水)相对渗透率流程示意图见图4。

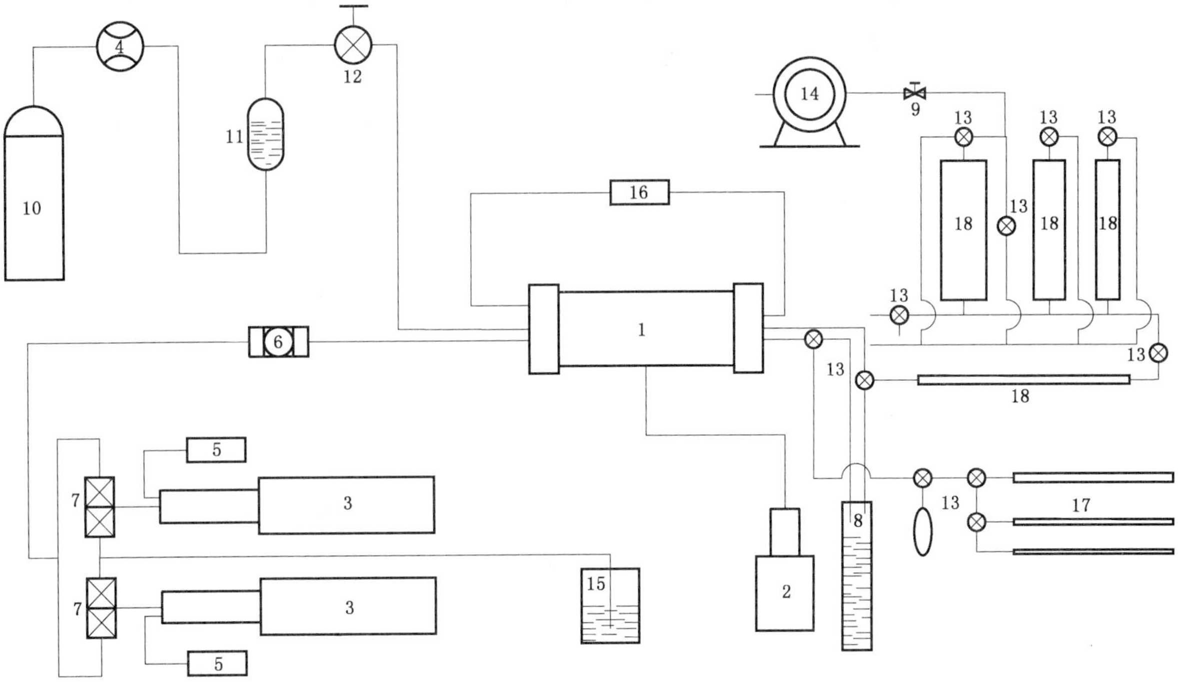

说明:

1——岩心夹持器;	7——三通阀;	13——控制阀;
2——围压泵;	8——气水分离器;	14——湿式流量计;
3——驱替泵;	9——两通阀;	15——烧杯;
4——气体质量流量计;	10——气源;	16——压差传感器;
5——压力传感器;	11——气体加湿中间容器;	17——油体积计量管;
6——过滤器;	12——调压阀;	18——水体积计量管。

图4 非稳态法测定气-油(水)相对渗透率流程示意图

7.2.2.2 试验设备及计量器具

试验所用设备和计量器具及其技术指标如下:

a) 岩心夹持器;
b) 驱替泵:流量精度≤1%;
c) 精密压力表或传感器:精度≤0.4级;
d) 油体积计量管:最小分度值为0.1 mL;
e) 气体积计量管:最小分度值为0.1 mL;
f) 湿式流量计:最小分度值为0.01 L;

g) 气水分离器：0 mL～10 mL，分度值≤0.05 mL；

h) 天平：感量为 0.01 g；

i) 秒表：分度值为 0.01 s；

j) 气压计：分度值为 0.1 kPa。

7.2.3 试验步骤

7.2.3.1 将已饱和模拟地层水的岩样装入岩心夹持器，用驱替泵以一定的压力或流速使地层水通过岩样，待驱替岩样进出口的压差和出口流量稳定后，连续测定 3 次水相渗透率，其相对偏差小于 3%。此水相渗透率作为水-气相对渗透率的基础值。

7.2.3.2 测定油-气相对渗透率时用油驱水的方法建立束缚水，直至不出水为止，或油驱替倍数达到 20 倍孔隙体积以上，记录驱出的水量，计算岩样的含油饱和度和束缚水饱和度。

7.2.3.3 测定束缚水饱和度下油相的有效渗透率，待岩样进出口的压差和出口流量稳定后选 3 个压力点进行测定，测量值之间的相对偏差小于 3%，取其算术平均值。此油相有效渗透率作为油-气相对渗透率的基础值。

7.2.3.4 根据空气渗透率、水相渗透率及束缚水条件下油的有效渗透率，选取合适的驱替压差，初始压差应保证既能克服末端效应又不产生紊流，初始气驱油(水)产出速度在 7 mL/min～30 mL/min 之间为宜。

7.2.3.5 调整好出口油(水)、气体积计量系统，开始气驱油(水)，记录各个时刻的驱替压力、产油量、产气量。

7.2.3.6 气驱油(水)至残余油(水)状态，测定残余状态下气相有效渗透率后结束试验。

7.2.3.7 在残余油(水)状态下，完成气的有效渗透率测定后，在 1/2 和 1/4 驱替压力下分别测定气的有效渗透率，判断是否产生紊流。如果低压力下的有效渗透率高于驱替压力下的有效渗透率的 10%，则发生紊流。

7.2.4 计算方法

气体通过岩心，当压力从岩样的进口 p_1 变化到出口 p_2 时，气体的体积亦随之变化，因此应采用平均体积流量。按照式(24)将岩样出口压力下测量的累积流体总产量值修正到岩样平均压力下的值。

$$V_i = \Delta V_{o(w)i} + V_{i-1} + \frac{2p_a}{\Delta p + 2p_a}\Delta V_{gi} \qquad \cdots\cdots (24)$$

式中：

V_i —— i 时刻的累积油(水)气产量的数值，单位为毫升(mL)；

$\Delta V_{o(w)i}$ —— $i-1$ 到 i 时刻的油(水)增量的数值，单位为毫升(mL)；

V_{i-1} —— $i-1$ 时刻的累积油(水)气产量的数值，单位为毫升(mL)；

p_a ——大气压力的数值，单位为兆帕(MPa)；

Δp ——驱替压差的数值，单位为兆帕(MPa)；

ΔV_{gi} ——大气压下测得的某一时间间隔的气增量的数值，单位为毫升(mL)。

将油(水)气总产量按式(24)修正后，采用式(13)、式(14)、式(15)、式(16)计算非稳态油-水相对渗透率的方法进行计算，其中驱替相为气体，被驱替相为油(水)。

8 数据修约

8.1 岩样长度值修约到 3 位小数，单位为厘米(cm)。

8.2 岩样直径值修约到 3 位小数，单位为厘米(cm)。

8.3 岩样面积值修约到3位小数，单位为平方厘米(cm^2)。

8.4 岩样体积值修约到3位小数，单位为立方厘米(cm^3)。

8.5 岩样孔隙度值以百分数表示修约到1位小数。

8.6 岩样空气渗透率及岩样油相和水相的有效渗透率值修约成3位有效位数，单位为毫达西(mD)。

8.7 岩样油相和水相的相对渗透率值修约到3位小数。

8.8 岩样饱和度值以百分数表示修约到1位小数。

9 报告内容及格式

9.1 报告内容应包括：

a) 岩心数量及其基本情况；

b) 试验所用油、气、水的性质；

c) 试验所用仪器和试验方法；

d) 数据表格和图；

e) 其他需要说明的内容。

9.2 报告封面格式参见附录A。

9.3 报告首页格式参见附录A。

9.4 油-水相对渗透率测定报告格式参见附录B。

9.5 气-油(水)相对渗透率测定报告格式参见附录C。

9.6 水-气相对渗透率测定报告格式参见附录D。

附 录 A
（资料性附录）
岩石中两相流体相对渗透率测定报告格式

岩石中两相流体相对渗透率测定报告封面、首页格式见图 A.1、图 A.2。

分 析 测 定 报 告

检测项目＿＿＿＿＿＿＿＿＿＿＿＿＿＿＿＿

档 案 号＿＿＿＿＿＿＿＿＿＿＿＿＿＿＿＿

送样单位＿＿＿＿＿＿＿＿＿＿＿＿＿＿＿＿

油　　田＿＿＿＿＿＿＿＿＿＿＿＿＿＿＿＿

井　　号＿＿＿＿＿＿＿＿＿＿＿＿＿＿＿＿

样品块数＿＿＿＿＿＿＿＿＿＿＿＿＿＿＿＿

报告页数＿＿＿＿＿＿＿＿＿＿＿＿＿＿＿＿

报告日期＿＿＿＿＿＿＿＿＿＿＿＿＿＿＿＿

（测定单位）

图 A.1　报告封面格式

样品类型：

执行标准名称：

主要检测仪器名称及编号：

检测温度：

测试人：

校核人：

技术负责人：

图 A.2　报告首页格式

附 录 B
（资料性附录）
油-水相对渗透率测定报告图表格式

油-水相对渗透率测定报告的格式见表 B.1 及图 B.1。

表 B.1 油-水相对渗透率测定数据表格式

<table>
<tr><td colspan="4">油-水相对渗透率数据
非稳态法(稳态法)
样 号： 孔 隙 度： %
油 田： 空 气 渗 透 率： mD
井 号： 油 的 黏 度： mPa·s
层 位： 水 的 黏 度： mPa·s
深 度： m 束 缚 水 饱 和 度： %
温 度： ℃ 油 的 有效 渗 透 率： mD</td></tr>
<tr><td>水饱和度
S_W/%</td><td>相对渗透率比值
K_{rw}/K_{ro}</td><td>水相对渗透率
K_{rw}</td><td>油相对渗透率
K_{ro}</td></tr>
<tr><td></td><td></td><td></td><td></td></tr>
<tr><td></td><td></td><td></td><td></td></tr>
<tr><td></td><td></td><td></td><td></td></tr>
<tr><td></td><td></td><td></td><td></td></tr>
<tr><td></td><td></td><td></td><td></td></tr>
<tr><td></td><td></td><td></td><td></td></tr>
<tr><td></td><td></td><td></td><td></td></tr>
<tr><td></td><td></td><td></td><td></td></tr>
<tr><td></td><td></td><td></td><td></td></tr>
<tr><td></td><td></td><td></td><td></td></tr>
<tr><td></td><td></td><td></td><td></td></tr>
</table>

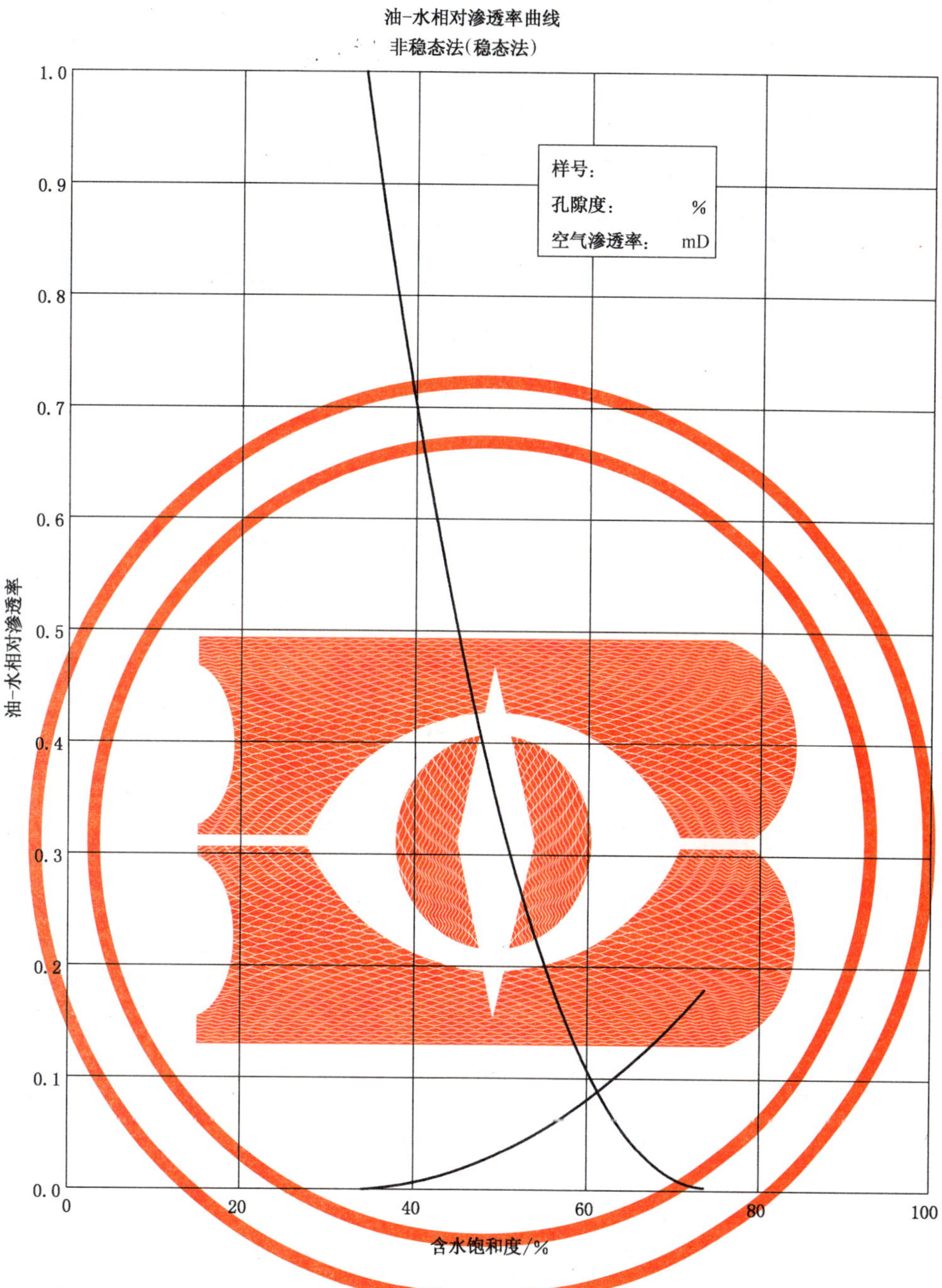

图 B.1 油-水相对渗透率曲线图

附　录　C
（资料性附录）
气-油（水）相对渗透率测定报告图表格式

气-油（水）相对渗透率测定报告的格式见表 C.1 及图 C.1。

表 C.1　气-油（水）相对渗透率测定数据表格式

气-油（水）相对渗透率数据

非稳态法

样 号：		孔 隙 度：	%
油 田：		空 气 渗 透 率：	mD
井 号：		油(水)的 黏 度：	mPa·s
层 位：		气 的 黏 度：	mPa·s
深 度：	m	束 缚 水 饱 和 度：	%
温 度：	℃	油 的 有 效 渗 透 率：	mD
		水相渗透率：	mD

气饱和度 S_g/%	相对渗透率比值 $K_{rg}/K_{ro}(K_{rw})$	气相对渗透率 K_{rg}	油(水)相对渗透率 $K_{ro}(K_{rw})$

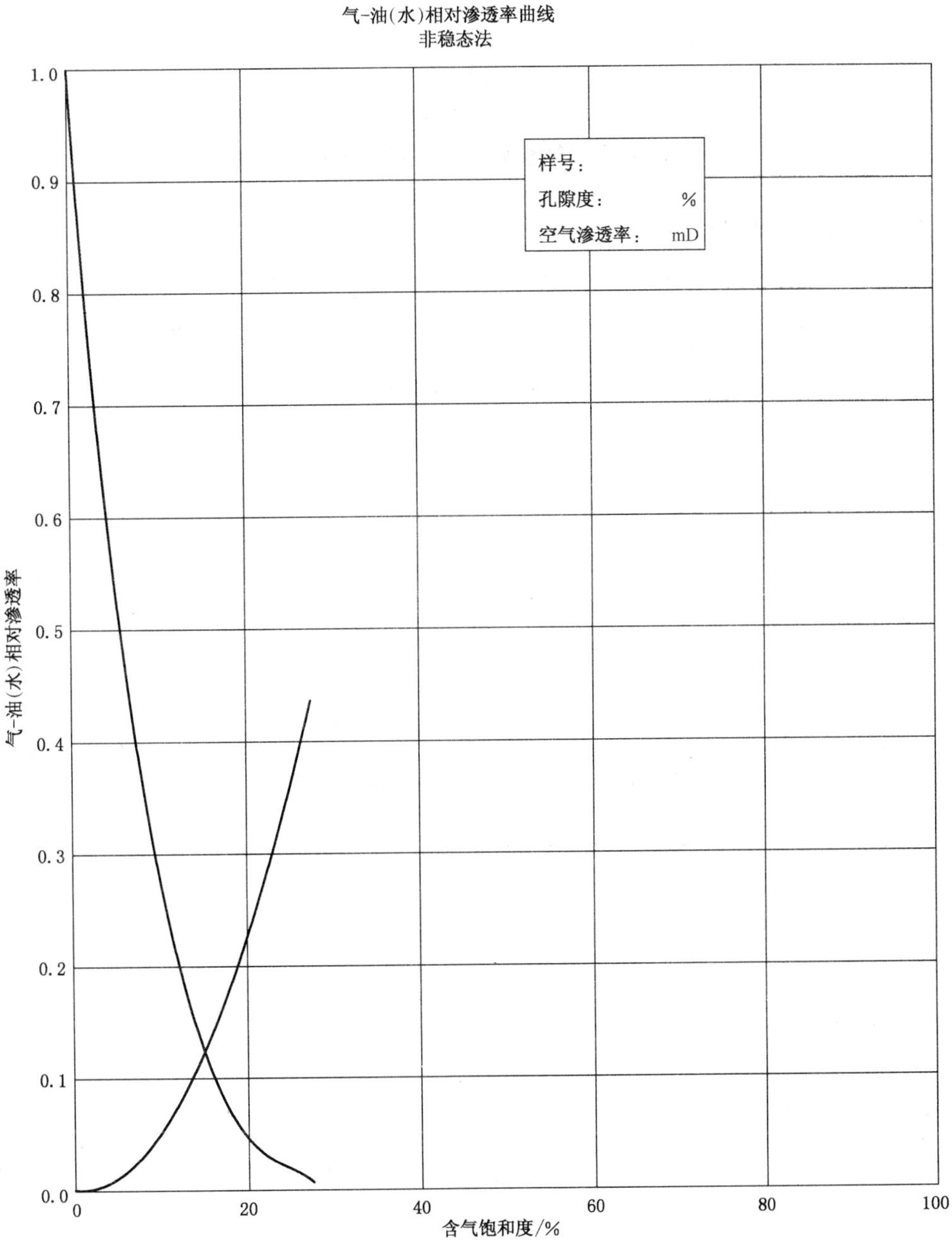

图 C.1 气-油(水)相对渗透率曲线图

附 录 D
（资料性附录）
水-气相对渗透率测定报告图表格式

水-气相对渗透率测定报告的格式见表 D.1 及图 D.1。

表 D.1　水-气相对渗透率测定数据表格式

水-气相对渗透率数据

稳态法

样 号：		孔 隙 度：	%
油 田：		空 气 渗 透 率：	mD
井 号：		气 的 黏 度：	mPa·s
层 位：		水 的 黏 度：	mPa·s
深 度：	m	束 缚 水 饱 和 度：	%
温 度：	℃	气 的 有 效 渗 透 率：	mD

水饱和度 S_w/%	相对渗透率比值 K_{rw}/K_{rg}	水相对渗透率 K_{rw}	气相对渗透率 K_{rg}

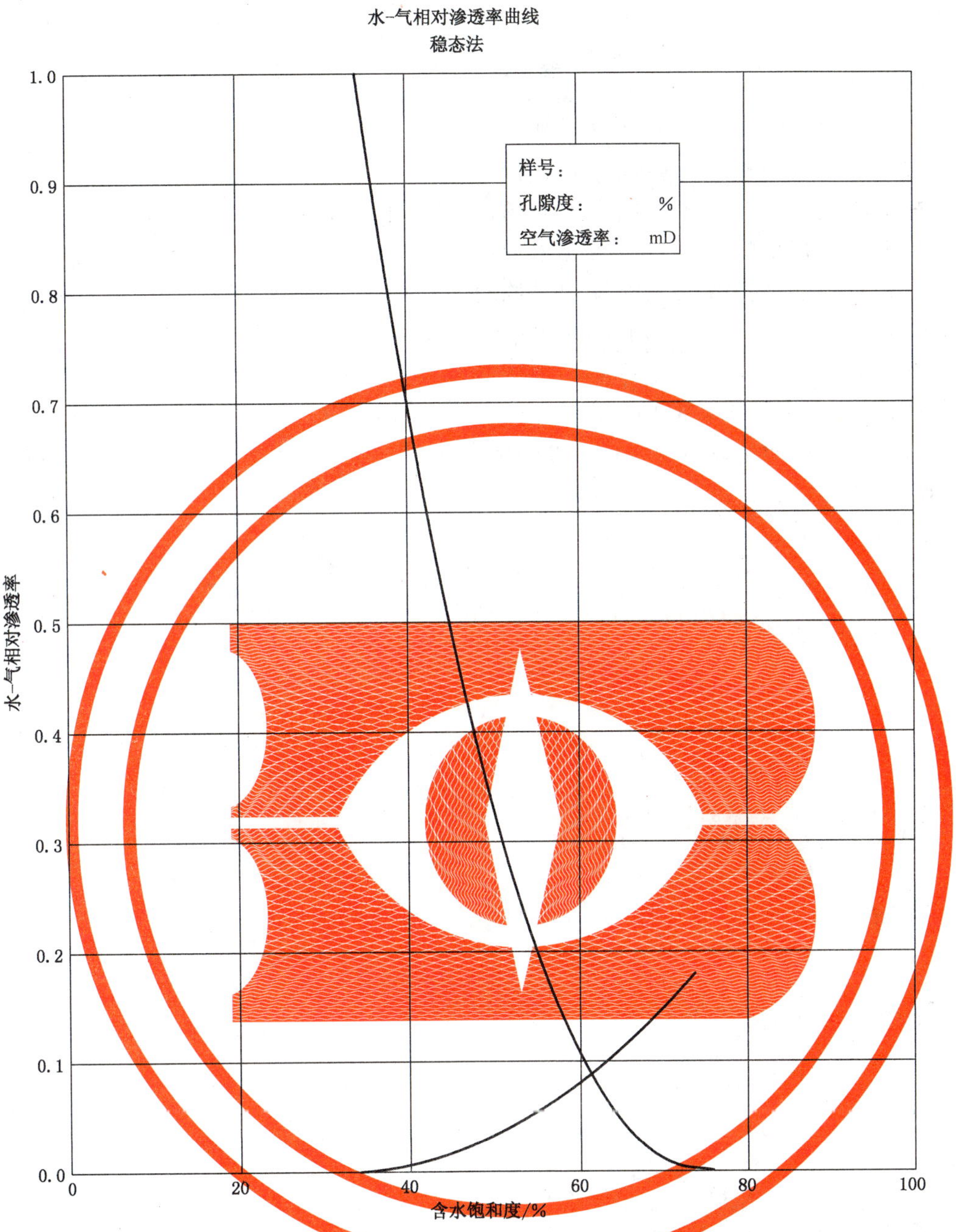

图 D.1 水-气相对渗透率曲线图

参 考 文 献

[1] 洪世铎.油藏物理基础.北京:石油工业出版社,1985.

[2] 何更生.油层物理.北京:石油工业出版社,1994.

[3] 黄代国.油藏岩心分析和采油机理试验论文集.北京:石油工业出版社,2002.

[4] 罗蛰潭.油层物理.北京:地质出版社,1985.

[5] 中国石油天然气总公司劳资局.油层物理试验工.北京:石油工业出版社,1997.

[6] Special Core Analysis. Core Laboratories, Inc. ,1982.

[7] Fundamental Core Analysis. Core Laboratories, Inc. ,1982.

[8] SCAL Training Course. Core Laboratories, Inc. ,1982.

[9] L. A. Rapoport and W. J. Leas. Properties of Linear Waterfloods. Petroleum Transactions, AIME, Vol198,1953.

ICS 03.180
A 12

中华人民共和国国家标准

GB/T 28913—2012

成人教育培训服务术语

Terminology of adult education and training service

2012-10-12 发布

2013-02-01 实施

中华人民共和国国家质量监督检验检疫总局
中国国家标准化管理委员会 发布

前　言

本标准按照 GB/T 1.1—2009 给出的规则起草。

本标准由中华人民共和国教育部提出。

本标准由全国教育服务标准化技术委员会(SAC/TC 443)归口。

本标准起草单位:中国成人教育协会成人教育培训机构工作委员会。

本标准主要起草人:叶忠海、孙永龙、黄健、时勘、俞佳飞、于鉴夫、韩明华、王珊珊。

成人教育培训服务术语

1 范围

本标准规定了成人教育培训服务的基础术语、流程术语、质量和成效术语、管理和组织术语、工作者术语。

本标准适用于成人教育培训服务。

2 成人教育培训服务的基础术语

2.1 基本概念的术语

2.1.1

成人 adult

达到法定成年标准的人。

注：根据《中华人民共和国宪法》、《中华人民共和国民法通则》、《中华人民共和国刑法》、《中华人民共和国未成年人保护法》有关条款规定，我国成年标准的年龄下限为十八周岁。

2.1.2

成人教育培训 adult education and training

培育**成人**(2.1.1)道德价值、知识、技能和态度以满足要求的过程。

注：由于成人培训含有教育因素，因此成人教育培训在实践中约定俗成称为成人培训。

2.1.3

成人教育培训服务 adult education and training service

为满足**成人**(2.1.1)学习者需求所提供的**成人教育培训**(2.1.2)活动。

2.1.3.1

成人教育培训服务提供方 adult education and training service provider

提供**成人教育培训**(2.1.2)服务的机构或个人。

2.1.3.2

成人教育培训顾客 adult education and training customer

接受**成人教育培训**(2.1.2)服务的组织、团体或个人。

注：成人教育培训顾客，也称成人教育培训服务接受方。

2.1.3.3

成人教育培训服务相关方 adult education and training service stakeholder

与**成人教育培训服务**(2.1.3)相关的团体和个人。

2.1.4

继续教育 continuing education

面向学校教育之后所有社会成员的教育活动，特别是**成人**(2.1.1)教育活动。

2.2 类型的基本术语

2.2.1

职业培训 vocational training

为满足**成人**(2.1.1)学习者完成工作任务的需要，对其所进行的有关职业的**成人教育培训**(2.1.2)活动。

2.2.2

非职业培训　non-vocational training

为满足**成人**(2.1.1)学习者职业以外的需要,对其所进行的**成人教育培训**(2.1.2)活动。

2.2.3

职业资格培训　vocational qualification training

为满足**成人**(2.1.1)学习者上岗前取得上岗资格的需要,对其所进行的**成人教育培训**(2.1.2)活动。

2.2.4

岗位培训　job related training

为满足**成人**(2.1.1)学习者岗位工作需要而进行的**成人教育培训**(2.1.2)活动。

2.2.5

初任培训　oriented training

对新录用的从业人员所进行的**成人教育培训**(2.1.2)活动。

示例:如对新录用的公务员进行的教育培训,重点是提高新录用公务员适应机关工作的能力。

2.2.6

任职培训　position training

按照新任职职务的要求,对晋升职务或转岗任职的员工所进行的**成人教育培训**(2.1.2)活动。

示例:如对晋升领导职务的公务员进行的教育培训,重点提高其胜任领导工作的能力。

2.2.7

创业培训　entrepreneurial training

为**成人**(2.1.1)学习者创业所进行的**成人教育培训**(2.1.2)活动。

2.3　特性的基本术语

2.3.1　成人学习者特性

2.3.1.1

成人学习能力　adult learning ability

成人(2.1.1)获取知识和技能的能力。

注:成人学习能力的构成,以成人的脑生理和体质为生理基础,以成人的智力要素和经验成分为心理基础。

2.3.1.2

成人学习需求　adult learning needs

成人(2.1.1)的学习欲求状态。

2.3.1.3

成人学习动机　adult learning motivation

引起**成人**(2.1.1)学习行动的原动力因素。

注:成人学习动机系多类型、多层次、复杂的学习动机结构。

2.3.1.4

成人学习兴趣　adult learning interest

成人(2.1.1)对学习的客观事物所持的特殊态度和认知倾向。

2.3.2　成人教育培训基本特性

2.3.2.1

工学结合整体性　intergration of learning and working

成人教育培训(2.1.2)过程中**成人**(2.1.1)学习者工作和学习形成一个有机整体的特性。

注:工学结合整体性是成人教育培训过程的特性。

2.3.2.2

针对性　pertinency

成人教育培训(2.1.2)内容满足**成人学习需求**(2.3.1.2)的特性。

注：针对性是成人教育培训内容的特性之一。

2.3.2.3

灵活多样性　flexible diversity

成人教育培训(2.1.2)途径方式不拘于一种形式的特性。

注：灵活多样性是成人教育培训途径方式的特性。

2.3.2.4

实效性　effectiveness

成人教育培训(2.1.2)有实用效果的特性。

注：实效性是成人教育培训成效的特性。

2.4　原则的基本术语

2.4.1

成人教育培训原则　adult educational and training principles

根据**成人教育培训**(2.1.2)目的和基本特性所制定的教育培训工作应遵循的基本准则。

2.4.2

按需施教原则　on-demand teaching principle

根据**成人**(2.1.1)学习者现有的智能与所要求的智能之间的差距，提供**针对性**(2.3.2.2)的教育培训的准则。

2.4.3

参与性原则　participation principle

成人(2.1.1)学习者在参与**成人教育培训**(2.1.2)过程中发挥主体作用的准则。

2.4.4

学用一致原则　integrating study with application principle

成人教育培训(2.1.2)内容与**成人**(2.1.1)学习者应用要求相一致的准则。

3　成人教育培训服务的流程术语

3.1　流程的基本术语

3.1.1

成人教育培训服务流程　process of adult educational and training service

将**成人教育培训服务**(2.1.3)转化为教育培训成效的过程。

3.1.2

成人教育培训服务流程基本阶段　fundamental stages of adult educational and training service process

1.确定成人教育培训服务需求；2.设计和策划成人教育培训服务；3.提供成人教育培训服务；4.评价成人教育培训服务成效；5.持续地监控与改进。

3.2　确定成人教育培训服务需求

3.2.1

成人教育培训服务需求分析　analysis of adult educational and training service needs

确定**成人教育培训服务**(2.1.3)的必要性和**成人教育培训**(2.1.2)目标、内容的过程。

3.2.2

工作分析　job analysis

对与特定岗位基本职责、工作标准、内容和达到岗位目标所应具备的知识、技能和态度进行分析，以明确**成人教育培训**(2.1.2)的目标和内容。

注：又称职位分析、岗位分析或职务分析。

3.2.3

组织分析　organization analysis

对成人教育培训服务需求组织的战略、目标、资源、环境等方面进行分析，以明确**成人教育培训服务**(2.1.3)的目标和内容。

3.2.4

学习者分析　learner analysis

对**成人**(2.1.1)学习者工作的现有状况和应有状况之间的差距及产生差距的原因进行分析，以明确**成人教育培训**(2.1.2)的目标和内容。

3.3　设计和策划成人教育培训服务

3.3.1

成人教育培训设计和策划　design and plan of adult education and training

对**成人教育培训服务**(2.1.3)的目标、内容、过程、条件、环境、评价等进行的整体性计划与统筹安排。

3.3.2

成人教育培训条件　adult educational and training condition

影响**成人教育培训**(2.1.2)发生、存在或发展的内外因素。

示例：外部因素，如硬件条件、软件条件；内部因素，如成人学习者学习心理因素。

3.3.3

成人教育培训环境　adult educational and training context

影响**成人教育培训**(2.1.2)活动的情境因素。

注：情境因素可分为自然情境、社会情境。

3.3.4

成人教育培训市场　adult educational and training market

成人教育培训服务(2.1.3)交换的场所。

注：此为狭义解释。广义理解为一定范围内成人教育培训服务的供需关系，或指成人教育培训服务的流动领域。

3.3.5

成人教育培训成本　adult educational and training cost

在**成人教育培训服务**(2.1.3)过程中所发生的一切费用的总和。

注：该成本可分为直接成本、间接成本和机会成本。

3.3.6

成人教育培训计划　adult educational and training plan

对**成人教育培训服务**(2.1.3)各项活动所进行的事先安排。

注：如进程、内容、参与人员、资金、设施等要素。

3.3.7

成人教育培训目标　adult educational and training objective

成人教育培训服务(2.1.3)的目的和预期成果。

3.3.8

成人教育培训课程 **adult educational and training curriculum**

为实现**成人教育培训目标**(3.3.7)而选择的**成人教育培训服务**(2.1.3)内容及其进程的总和。

注：此为广义解释。狭义解释即指成人教育培训科目。

3.3.9

成人教育培训课程开发 **adult educational and training curriculum development**

为选择**成人教育培训服务**(2.1.3)内容及其活动所进行的计划、组织、实施、评价，以最终达到**成人教育培训目标**(3.3.7)的整个工作过程。

3.3.10

成人教育培训教材 **adult educational and training material**

根据**成人教育培训课程**(3.3.8)的内容所编选和撰写的具有一定范围和深度的知识和技能的教育培训材料。

注：此为狭义解释。广义理解为成人教育培训过程中的一切教育培训材料。

3.4 提供成人教育培训服务

3.4.1

成人教育培训实施 **implement of adult education and training**

成人教育培训计划(3.3.6)付诸运作。

3.4.2

成人教育培训支持 **adult educational and training support**

对**成人教育培训服务**(2.1.3)的整个流程提供的必要的和非必要的支持活动。

3.4.3

成人教育培训前支持 **preceding adult educational and training support**

成人教育培训实施(3.4.1)前提供的支持活动。

注：包括向成人教育培训工作者简要介绍有关的信息；向成人学习者简要介绍教育培训的性质和准备弥补的能力差距；使培训双方能够接触。

3.4.4

成人教育培训中支持 **while adult educational and training support**

成人教育培训实施(3.4.1)中提供的支持活动。

注：包括为成人教育培训工作者和成人学习者提供有关的工具、设备、文件、软件或食宿；为成人学习者提供恰当的和充分的机会以应用得到发展的能力；应成人教育培训工作者和(或)成人学习者双方要求就工作业绩给予反馈。

3.4.5

成人教育培训后支持 **post adult educational and training support**

成人教育培训实施(3.4.1)完成后提供的后续支持活动。

3.4.6

成人教育培训技术 **adult educational and training technology**

用于**成人教育培训服务**(2.1.3)的各种媒体技术的总称。

注：此为狭义解释。广义理解为对成人教育培训有关的过程和资源进行设计、开发、利用、管理和评价的理论与实践。

3.4.7

成人教育培训方式 **adult educational and training mode**

实施**成人教育培训服务**(2.1.3)的组织形式。

3.4.7.1

现场式　on-the-spot mode

在工作现场通过观察或效仿他人在工作时的行为进行学习的**成人教育培训方式**(3.4.7)。

3.4.7.2

远程式　distance mode

运用广播、电视、计算机、网络等信息通道对远距离的**成人**(2.1.1)学习者所进行的**成人教育培训方式**(3.4.7)。

3.4.7.3

行动式　action mode

在**成人**(2.1.1)学习者实施活动计划时对其所进行的**成人教育培训方式**(3.4.7)。

3.4.7.4

自学式　self-directed learning mode

成人(2.1.1)学习者在**成人教育培训工作者**(6.1.1)的指导下,通过自身学习达到教学要求的**成人教育培训方式**(3.4.7)。

3.4.8

成人教育培训方法　adult educational and training method

为达到**成人教育培训**(2.1.2)目的而在教育培训过程中采取的途径、手段和具体措施。

3.4.8.1

讲授法　lecturing

通过语言表达,系统地向**成人**(2.1.1)学习者传授知识的**成人教育培训方法**(3.4.8)。

3.4.8.2

讨论法　discussion

通过交流和探讨问题的**成人教育培训方法**(3.4.8)。

3.4.8.3

演示法　demonstration

运用一定的实物和教具,通过形象示范的**成人教育培训方法**(3.4.8)。

3.4.8.4

案例分析法　case study

通过对案例的分析和评价,提出解决问题的建议和方案的**成人教育培训方法**(3.4.8)。

3.4.8.5

角色扮演法　role playing

由**成人**(2.1.1)学习者在模拟情景中通过扮演特定角色,体悟角色所需的理念、情感和行为模式的**成人教育培训方法**(3.4.8)。

3.4.8.6

拓展训练　outward development

户外体验式的**成人教育培训方法**(3.4.8)。

3.5　评价成人教育培训服务成效

3.5.1

成人教育培训成效评估　adult educational and training outcome assessment

对**成人教育培训目标**(3.3.7)的实现程度进行评价和估量。

3.5.2

评估类型 assessment category

按照**成人教育培训成效评估**(3.5.1)的性质区分的门类。

3.5.2.1

形成性评估 formative assessment

对**成人**(2.1.1)学习者在实现**成人教育培训目标**(3.3.7)过程中的学习成果的评价和估量。

注：该评估以对决策计划、方案、活动等提出改进意见为目的，在教育培训活动过程中进行。

3.5.2.2

总结性评估 summative assessment

对**成人**(2.1.1)学习者在**成人教育培训**(2.1.2)活动结束时所取得的学习成果的综合性评价和估量。

3.5.3

评估主体 assessment subject

成人教育培训成效评估(3.5.1)活动和职能的承担者、实施者。

3.5.3.1

自我评估 self-assessment

由**教育培训组织**(5.2.1)自身对提供的**成人教育培训服务**(2.1.3)所进行的评价和估量。

3.5.3.2

组织评估 organizational assessment

由**成人教育培训**(2.1.2)管理部门对**教育培训组织**(5.2.1)提供的**成人教育培训服务**(2.1.3)所进行的评价和估量。

3.5.3.3

社会评估 social assessment

由社会的教育培训评估机构对**教育培训组织**(5.2.1)提供的**成人教育培训服务**(2.1.3)所进行的评价和估量。

示例：如教育培训评估事务所、教育培训评估院等。

3.5.4

评估内容 assessment content

成人教育培训成效评估(3.5.1)的事物。

示例：如教育培训的质量等。

3.5.4.1

反应评估 reaction assessment

对**成人**(2.1.1)学习者在**成人教育培训**(2.1.2)刚结束时所持有的主观感觉和满意程度进行的评价和估量。

注：方式有问卷调查等。

3.5.4.2

学习评估 learning assessment

对**成人**(2.1.1)学习者通过**成人教育培训**(2.1.2)所学的知识、技能的掌握程度进行的评价和估量。

注：方式有书面测评、口头测试及实际操作测试等。

3.5.4.3

行为评估 behavior assessment

对**成人**(2.1.1)学习者运用教育培训所学内容的程度进行的评价和估量。

注：方式有观察、主管的评价、客户的评价、同事的评价等。

3.5.4.4

结果评估　result assessment

对由**成人教育培训**(2.1.2)活动引起的业务结果的变化情况进行的评价和估量。

3.5.5

评估方法　assessment method

对**成人教育培训**(2.1.2)进行价值判断而采取的途径、手段和具体措施。

3.5.5.1

考试考核法　examination

成人(2.1.1)学习者在规定时间内,按指定的方式,解答事先编制的题目,按其结果给予评分的评估方法(3.5.5)。

3.5.5.2

实习法　practical method

检验实际工作中应用学到的理论知识的**评估方法**(3.5.5)。

3.5.5.3

工作成果取代法　method of substitution working achievement

以**成人**(2.1.1)学习者工作成果代替相应的**成人教育培训课程**(3.3.8)考核的**评估方法**(3.5.5)。

3.5.5.4

综合评价法　comprehensive evaluation

综合运用多种考核方式对**成人**(2.1.1)学习者进行考核的**评估方法**(3.5.5)。

3.5.6

评估指标　assessment indication

衡量评估目标的指数、规格、标准。

注:评估指标分为一般指标和具体指标。一般指标是指对评估内容的概括性指标,又称基本指标,如一级指标;具体指标是对基本指标的内容进一步细化、分设后的评估指标,可分成定量指标和定性指标、共性指标和个性指标。

3.5.7

评估尺度　assessment scale

衡量评估结果准确性的测量标准。

4　成人教育培训服务的质量和成效术语

4.1　质量

4.1.1

成人教育培训质量　adult educational and training quality

成人教育培训服务(2.1.3)满足**成人**(2.1.1)学习者要求的程度。

4.1.2

成人教育培训有效性　adult educational and training effectiveness

达到**成人教育培训**(2.1.2)预期结果的程度。

4.1.3

成人教育培训效率　adult educational and training efficiency

成人教育培训(2.1.2)得到的结果与所投入使用资源之间的比率。

4.2 成效

4.2.1

认知成果 **cognition achievement**

成人(2.1.1)学习者在理解、接受和掌握**成人教育培训**(2.1.2)中所提出的理论和知识方面所达到的结果。

4.2.2

技能成果 **skill achievement**

成人(2.1.1)学习者在掌握和应用**成人教育培训**(2.1.2)中所指出的操作技巧、技术或能力以及行为方式方面所达到的结果。

4.2.3

情感成果 **affective achievement**

成人(2.1.1)学习者通过**成人教育培训**(2.1.2)在形成态度、动机方面所达到的结果。

4.2.4

绩效成果 **performance achievement**

成人(2.1.1)学习者通过**成人教育培训**(2.1.2)在对个人或组织绩效产生影响方面所得到的结果。

4.2.5

社会资本积累 **social capital accumulation**

成人(2.1.1)学习者通过**成人教育培训**(2.1.2)在对其结构性社会资本提升与认知性社会资本培育方面所得到的结果。

注:社会资本,指人、社团、组织与给定人群联系程度与社会关系质量,它包括结构性成分(相关联系或活动的范围和强度)与认知性成分(对支持、互惠、共享和信任的感知)。

5 成人教育培训服务的管理和组织术语

5.1 管理

5.1.1

教育培训管理 **educational and training management**

教育培训组织(5.2.1)对**成人教育培训服务**(2.1.3)所进行的指挥、控制、协调的活动。

5.1.2

教育培训项目管理 **educational and training program management**

教育培训组织(5.2.1)对**成人教育培训**(2.1.2)项目实施所进行的指挥、控制、协调的活动。

5.1.3

教育培训目标管理 **educational and training target management**

教育培训组织(5.2.1)在**成人教育培训服务**(2.1.3)全过程中,以**成人教育培训目标**(3.3.7)为导向的指挥、控制、协调的活动。

5.1.4

教育培训过程管理 **educational and training process management**

教育培训组织(5.2.1)对**成人教育培训服务流程**(3.1.1)所进行的指挥、控制、协调的活动。

5.1.5

教育培训资源管理 **educational and training resource management**

教育培训组织(5.2.1)对**成人教育培训实施**(3.4.1)需要的资源配置和使用所进行的指挥、控制、协调的活动。

5.2 组织

5.2.1

教育培训组织　educational and training organization

提供教育培训服务产品的组织。

5.2.2

教育培训机构　educational and training institution

具有法人资格，提供教育培训产品的社会组织。

注：教育培训机构可分为非经营性教育培训机构、经营性教育培训机构。

5.2.3

教育培训组织资质　educational and training organization qualification

教育培训组织(5.2.1)提供培训的资格。

示例：《办学许可证》、《企业法人营业执照》等。

6 成人教育培训服务的工作者术语

6.1 成人教育培训工作者角色

6.1.1

成人教育培训工作者　adult educational and training practitioner

从事或组织**成人教育培训**(2.1.2)的人。

6.1.2

成人教育培训工作者角色　role of adult educational and training practitioner

成人教育培训工作者(6.1.1)在特定的社会关系中的身份及由此而规定的行为规范和行为模式的总和。

6.2 成人教育培训工作者类型

6.2.1

成人教育培训管理师　adult educational and training manager

从事**成人教育培训**(2.1.2)市场分析、教育培训项目设计、行政管理、对培训实施过程予以支持、监控、评估的专业人员。

6.2.2

成人教育培训师　adult educator and trainer

从事**成人教育培训课程**(3.3.8)和**教材**(3.3.10)研发、以及成人教育培训教学实施的专业人员。

6.2.3

成人教育培训技术支持人员　adult educational and training technical support personnel

从事成人学习平台的技术支持与服务，以及相关系统管理与维护等工作的专业人员。

6.3 成人教育培训工作者素质

6.3.1

成人教育培训工作者素质　quality of adult educational and training practitioner

成人教育培训工作者(6.1.1)完成**成人教育培训**(2.1.2)工作所必需具备的各种个性特征的集合。

6.3.2

职业道德　professional ethics

成人教育培训工作者(6.1.1)在履行本职工作中所遵循的行为准则和规范的总和。

6.3.3

职业态度　professional attitude

成人教育培训工作者(6.1.1)对从事的职业所持的认知、情感和行为方式上的反应倾向。

6.3.4

职业认知　professional cognition

成人教育培训工作者(6.1.1)对其所从事职业价值的认识、理解和评价。

6.3.5

职业情感　professional affection

成人教育培训工作者(6.1.1)对自己所从事的职业所具有的内心情绪和体验。

6.3.6

职业行为倾向　professional behavior tendency

成人教育培训工作者(6.1.1)对其所从事的职业在行为方式上的趋向性反应。

6.3.7

职业智能　professional intelligent

成人教育培训工作者(6.1.1)对其所从事的职业所具备的知识、技能和能力。

注：智能是指知识、技能、能力的总称。

6.3.8

教育培训工作者知识序列　knowledge series of educational and training practitioner

由现代培训理论、**成人**(2.1.1)学习心理、**成人**(2.1.1)教育理论、**成人教育培训**(2.1.2)管理、**成人教育培训**(2.1.2)国家标准等构成的**成人教育培训工作者**(6.1.1)知识系统。

6.3.9

教育培训工作者能力序列　competence series of educational and training practitioner

由调查研究能力、需求分析能力、培训策划能力、课程开发能力、教育培训教学能力、**教育培训管理**(5.1.1)能力等构成的**成人教育培训工作者**(6.1.1)能力系统。

6.4　成人教育培训工作者资质

6.4.1

成人教育培训工作者资质　qualification of adult educational and training practitioner

成人教育培训工作者(6.1.1)任职的资格。

6.4.2

职业资格证书　vocational qualification certification

任职资质凭证。

示例：教师职业资格证书。

参 考 文 献

[1] 中华人民共和国教育法.1995 年 3 月 18 日
[2] 中华人民共和国民办教育促进法.2002 年 12 月 28 日
[3] 中华人民共和国教师法.1993 年 10 月 31 日
[4] 国家中长期教育改革和发展规划纲要(2010—2020 年).2010 年 7 月 29 日
[5] 国家中长期人才发展规划纲要(2010—2020 年).2010 年 6 月 6 日
[6] GB/T 19000—2008 质量管理体系 基础和术语
[7] GB/T 19025—2001 质量管理 培训指南
[8] GB/Z 19032—2009 质量管理体系 GB/T 19001 在教育培训组织中的应用指南
[9] GB/T 20647.3—2006 社区服务指南 第 3 部分:文化、教育、体育服务
[10] GB/T 1.1—2009 标准化工作导则 第 1 部分:标准的结构和编写
[11] 白殿一,等.标准的编写.北京:中国标准出版社,2009.

索　引

汉语拼音索引

英文索引

A

B

C

D

E

F

I

J

K

L

M

N

O

P

Q

R

S

V

W

ICS 03.180
A 12

中华人民共和国国家标准

GB/T 28914—2012

成人教育培训工作者服务能力评价

Evaluation of training worker's service capability in adult education and training

2012-10-12 发布　　2013-02-01 实施

中华人民共和国国家质量监督检验检疫总局
中国国家标准化管理委员会　发布

前　言

本标准按照 GB/T 1.1—2009 给出的规则起草。

本标准由中华人民共和国教育部提出。

本标准由全国教育服务标准化技术委员会(SAC/TC 443)归口。

本标准起草单位:中国成人教育协会成人教育培训机构工作委员会。

本标准主要起草人:项秉健、孙永龙、时勘、于鉴夫、王珊珊。

成人教育培训工作者服务能力评价

1 范围

本标准规定了对成人教育培训工作者的职业道德与专业资格要求，培训过程实施与管理能力，培训教学能力，培训质量管理能力及相应的评价内容。

本标准适用于对成人教育培训工作者服务能力的评价。

2 规范性引用文件

下列文件对于本文件的应用是必不可少的。凡是注日期的引用文件，仅注日期的版本适用于本文件。凡是不注日期的引用文件，其最新版本(包括所有的修改单)适用于本文件。

GB/T 28913—2012 成人教育培训服务术语

3 术语和定义

GB/T 28913—2012 界定的术语和定义适用于本文件。

4 职业道德与专业资格要求

4.1 职业道德

成人教育培训工作者应具备的职业道德主要包括：

a) 遵守宪法和法律，为人师表；

b) 能够贯彻国家的教育方针，遵守组织规章制度，执行培训教学计划，履行教育培训工作者聘约，完成教育培训任务；

c) 能够对教育培训顾客进行思想品德以及业务知识、能力的教育培训；

d) 能够尊重教育培训顾客，促进顾客品德、知识、能力等方面全面发展；

e) 热爱教育培训工作，不断提高教育培训业务水平。

4.2 专业资格

4.2.1 成人教育教师和管理工作者资格

从事成人教育培训工作的专职教师和管理工作者应当取得相应的教师等职业资格。

4.2.2 成人教育培训师资格

成人教育培训师是从事成人教育培训课程和教材研发以及成人教育培训教学实施的专业人员。一般应具备如下条件：

a) 相应类别、等级教师资格的同等学历；

b) 一定年限相关职业工作经历；

c) 具有成人教育培训能力。

4.2.3 成人教育培训管理师资格

成人教育培训管理师是从事成人教育培训市场分析、教育培训项目设计、行政管理、对培训实施过程予以支持、监控、评估的专业人员。一般应具备如下条件：

a) 相应类别、等级教师资格的同等学历；

b) 一定年限相关职业工作经历；

c) 具有成人教育培训管理能力。

4.2.4 资格考试

未取得相关法律规定的教师资格学历的公民，申请获取教师资格，应当通过国家举办的或者认可的教师资格考试或相关职业资格考试。

4.2.5 资格评价

评价成人教育培训工作者职业资格的基本依据是应提供有效的资格证书。

4.3 专业知识与能力要求

4.3.1 专业知识

专业知识是指在专业领域范围内所应当具备的基本知识。成人教育培训工作者应掌握以下知识序列并能应用于实践：

a) 现代培训理论；

b) 成人学习心理；

c) 成人教育理论；

d) 成人教育培训管理；

e) 成人教育培训国家标准和政策法规基本知识等知识系统。

4.3.2 专业能力

专业能力是指在专业领域范围内所应当具备的基本能力。成人教育培训工作者应掌握以下能力序列并能应用于实践：

a) 培训需求分析能力；

b) 设计和策划培训能力；

c) 培训营销能力；

d) 培训教学能力；

e) 培训质量管理能力等能力系统。

5 培训过程实施与管理能力

5.1 培训需求分析能力

培训需求分析是设计和策划培训的前提条件，应具备如下基本能力：

a) 掌握并分析经济社会发展所产生的地区、行业及企事业单位的培训需求；

b) 了解顾客的背景，掌握测评工具和方法，进行素质测评及分析；

c) 根据职业及岗位要求和接受培训顾客的情况，分析培训基础及具体培训需求；

d) 进行培训需求调研、预测、分析后，撰写分析报告。

5.2 培训需求分析能力评价

选择或制定的能力评价方法应明确要求：确保利用可行的方式和有效的信息预测培训需求，能够根据预测内容足以为设计和策划培训准确输入信息，并为培训结果评价确定准则。

5.3 设计和策划培训能力

5.3.1 培训项目

设计和策划培训项目的依据是满足教育培训顾客或委托方培训需求，应具备如下基本能力：

a） 根据行业、企事业单位、农村、社区等经济社会发展规划和顾客需求，制定相关培训工作规划；

b） 根据培训工作规划，制定培训项目策划方案；

c） 编写培训项目报告书。

5.3.2 培训课程

设计和策划培训课程应具备如下基本能力：

a） 确定培训课程设计目标；

b） 策划培训课程体系方案；

c） 根据培训课程设计目标和体系方案编写培训课程内容；

d） 根据培训课程内容编制培训课程教学大纲。

5.3.3 培训教材

设计和策划培训教材应具备如下基本能力：

a） 编制培训教材研发工作计划；

b） 设计培训教材的基本框架；

c） 编写培训教材。

5.4 设计和策划培训能力评价

选择或制定的能力评价方法应明确要求：提供在确定实施培训阶段的监测、记录，以检测根据设计和策划的培训内容与形式应满足培训需求，并能够为培训营销准确输入信息。

5.5 培训营销能力

5.5.1 营销准则

培训营销的依据是顾客培训需求并以设计和策划的培训为前提，应具备如下基本能力：

a） 熟悉、掌握和遵循国家有关法律法规与规定；

b） 明确和掌握培训顾客定位；

c） 根据培训成本、供需预测和可持续性选择性价比；

d） 宣传广告内容符合真实性原则并提交行政主管部门审核和备案。

5.5.2 营销方案

制定培训营销方案应具备如下基本能力：

a） 熟悉和掌握培训性质和顾客的特定需求；

b） 分析培训内容、形式、场所、师资和预期效果等分别水准；

c） 熟悉和掌握顾客对象接受相关信息和营销信息媒介的特点及其匹配度；

d） 编写培训营销方案。

5.5.3 营销策略

制定培训营销策略应具备如下能力：

a） 说明所提供的培训是为特定的顾客需求设计和策划的；

b） 提供可证明的培训质量和效果的保证要素；

c） 确认和说明所提供培训的特色。

5.6 培训营销能力评价

选择或制定的能力评价方法应明确要求：确保利用可行的方式和有效的信息，以检测培训营销所提供的培训服务应满足顾客需求，并根据培训营销反馈结果能够为培训教学准确输入信息。

6 培训教学能力

6.1 培训教学管理能力

实施培训教学管理应具备如下基本能力：

a） 制定培训教学目标（知识目标、能力目标、情感态度目标等）；

b） 设计培训教学活动实施方案；

c） 进行培训教学活动过程的管理：

——制定培训教学督导规则；

——调查培训教学情况；

——监督、指导、检查教学工作；

——分析评估教学效果，进行改进。

6.2 培训教学管理能力评价

选择或制定的能力评价方法应明确要求：制定培训教学管理制度，并予以记录，确保其管理制度能够被理解、执行贯彻、维护及审查修订；并确保记录其采用管理方式与方法及其合理性。

6.3 培训教学实施能力

6.3.1 方式、方法

应具备根据培训内容、预期教学效果和顾客情况，提供合适的培训方式、方法的服务能力，包括：

a） 教室、实训场地、工作场所、社区等不同空间安排的培训；

b） 业余、全日制等不同时间安排的培训；

c） 案例教学、实践教学等不同组合的培训；

d） 基于计算机、互联网、阅读器移动终端等辅助工具的培训；

e） 面授与远程教育相结合的培训等。

6.3.2 教材、场地、设备

应具备根据培训教学的需要选择教材，提出对场地与设备要求的基本能力：

a） 由培训教学工作者研发的教材、课件、案例分析资料，或选择合适的已公开出版的教材、资料等；

b） 能够提出对培训场地和配置基本的教学设备的要求，确保满足培训教学的需要。

6.3.3 备课活动

6.3.3.1 教案编写

应具备根据培训教学大纲要求，通过对教材和教学任务分析，对教学结构及教学进度进行设计、编写教案的基本能力：

a) 确立阶段教学目标；
b) 分析教学重点、难点；
c) 合理分配教学时间；
d) 设计适当的测试形式与内容。

6.3.3.2 课件制作

应具备根据培训教学大纲要求，通过对教学目标、内容、特点等分析，制作课件的基本能力：

a) 符合顾客认知规律，能有效提高学习收效度；
b) 对顾客具有针对性、可接受性；
c) 手段新颖，形式生动，有利激发顾客学习兴趣、理解教学内容。

6.3.3.3 其他备课活动

应具备开展其他备课活动的基本能力：

a) 教材、教法研究活动；
b) 集体备课与交流活动；
c) 试讲及评估活动等。

6.3.4 授课活动

6.3.4.1 教学能力

培训教师进行教学应具备如下基本能力：

a) 语言表达能力(普通话或外语语音标准、语言生动)；
b) 人际沟通能力(与顾客建立良好的互动关系)；
c) 教学计划执行能力；
d) 为满足教学需求不断更新知识的学习能力。

6.3.4.2 使用辅助工具

培训教师应具备有效使用各种现代化教学辅助工具，如：计算机、投影仪、多媒体、互联网、音像资料等的基本能力。

6.3.4.3 处理突发事件

培训教师在教学方案中应设置处理各类课堂突发事件的预案，应具备控制教学现场的能力，能够及时处理各类课堂突发事件。

6.4 培训教学实施能力评价

选择或制定的能力评价方法应明确要求：基于教育培训顾客的利益和需求，提供适当的、准确的、足以满足既定教学目标的教学方式、方法，开发和提供适用顾客的教学资源；并确保在教学实施过程中以教学效果进行验证、修订，形成文字材料及修改记录。应对顾客意见与教学措施之间的关联的相应分析与记录做出评价。评价可采用查阅相关资料，顾客调查和验证顾客接受培训前后变化证明等方法进行。

6.5 培训师资管理能力

培训管理工作者应具备如下师资管理的基本能力：

a） 遴选培训教学工作者；

b） 根据培训教学内容设计授课评价方案；

c） 对授课情况进行考核；

d） 建立师资库并进行动态管理。

6.6 培训师资管理能力评价

选择或制定的能力评价方法应明确要求：采取与使用合适、有效的方法，以检测对培训教学工作者胜任力的评估与管理能满足培训教学工作要求，并利于培训师资的培养、提高。

7 培训质量管理能力

7.1 顾客培训效果评价

应具备掌握和运用适当的方式或手段从下述方面评价顾客培训效果的基本能力：

a） 顾客的满意程度；

b） 顾客的知识、技能和行为方式的收获；

c） 顾客在工作中的业绩；

d） 顾客的领导、同事的满意程度；

e） 对顾客所在单位的影响等。

7.2 培训项目质量评估

培训项目质量评估应具备的基本能力：

a） 编制培训项目质量评估标准；

b） 选择并使用调查问卷、访谈提纲等合适的评估方法，反馈有效信息；

c） 编制培训项目质量评估工作方案并组织实施；

d） 整理、分析评估数据，撰写评估报告。

7.3 培训项目质量控制

培训项目质量控制应具备的基本能力：

a） 制定、维护培训质量控制体系；

b） 设计培训质量控制工作流程并控制培训质量；

c） 纠正培训质量控制偏差等问题，保证培训质量。

7.4 培训质量管理能力评价

选择或制定的能力评价方法能够提供质量评估标准、质量控制体系及配套文件，并遵循与培训效果相一致的准则，监测培训效果，用以反馈质量管理工具的适合性与有效性。为确保业务的连续性，应记录质量评估标准与控制体系完善过程，并建立识别和管理不符合质量评估标准与控制体系的识别程序，还应在必要时采取消除不符合其因素的措施。对质量管理动态应按本标准要求予以记录。

参 考 文 献

[1] 中华人民共和国教育法.1995 年 3 月 18 日
[2] 中华人民共和国民办教育促进法.2002 年 12 月 28 日
[3] 中华人民共和国教师法.1993 年 10 月 31 日
[4] 教师资格条例.1995 年 12 月 12 日
[5] 教师资格条例实施办法.2000 年 9 月 23 日
[6] 国家中长期教育改革和发展规划纲要(2010—2020 年).2010 年 7 月 29 日
[7] 国家中长期人才发展规划纲要(2010—2020 年).2010 年 6 月 6 日
[8] GB/T 19025—2001 质量管理 培训指南
[9] GB/T 15498—2003 企业标准体系 管理标准和工作标准体系
[10] ISO/IWA2:2007 质量管理体系—ISO 9001:2000 在教育领域的应用指南
[11] GB/T 20647.3—2006 社区服务指南 第 3 部分:文化、教育、体育服务
[12] GB/T 1.1—2009 标准化工作导则 第 1 部分:标准的结构和编写
[13] 企业培训师国家职业标准(2007 年修订)[国家劳动和社会保障部制定]

ICS 03.180
A 12

中华人民共和国国家标准

GB/T 28915—2012

成人教育培训组织服务通则

General service guideline for adult education and training organizations

2012-10-12 发布 2013-02-01 实施

中华人民共和国国家质量监督检验检疫总局
中国国家标准化管理委员会 发布

前　言

本标准按照GB/T 1.1—2009给出的规则起草。

本标准由中华人民共和国教育部提出。

本标准由全国教育服务标准化技术委员会(SAC/TC 443)归口。

本标准起草单位:中国成人教育协会成人教育培训机构工作委员会。

本标准主要起草人:项秉健、孙永龙、时勘、于鉴夫、王珊珊。

成人教育培训组织服务通则

1 范围

本标准规定了成人教育培训组织特征与设立和成人教育培训组织服务要求、服务评价。

本标准适用于非正规教育的成人教育培训组织。

2 规范性引用文件

下列文件对于本文件的应用是必不可少的。凡是注日期的引用文件，仅注日期的版本适用于本文件。凡是不注日期的引用文件，其最新版本(包括所有的修改单)适用于本文件。

GB/T 28913—2012 成人教育培训服务术语

3 术语和定义

GB/T 28913—2012界定的术语和定义适用于本文件。

4 组织特征与设立

4.1 成人教育培训组织特征

4.1.1 性质特征

成人教育培训组织一般具备以下特征：

a) 面向社会自主招生(非国家招生计划)或受政府、行业、企事业单位等委托招生的法人单位；

b) 实施非正规教育与培训；

c) 设立资金由举办者筹集；

d) 以培训项目收入为主要经济来源。

注：成人教育培训组织经国家行政主管部门审批设置。

4.1.2 行为特征

成人教育培训组织根据由教育培训顾客提出的相关需求提供教育培训，教育培训需求一般包括：

a) 顾客个人的需求；

b) 行业、企事业单位的需求；

c) 相关团体、机构的需求；

d) 政府的需求；

e) 其他社会需求。

4.2 成人教育培训组织设立

4.2.1 举办者

成人教育培训组织的举办者应当具有法人资格。

4.2.2 申办报告

成人教育培训组织的举办者应按有关规定提出申办报告。

4.2.3 资产来源

成人教育培训组织的举办者应说明资产来源和管理方法及提供相关有效证明文件。

4.2.4 组织章程

成人教育培训组织的举办者应制定章程，章程中主要事项发生变化，应按有关规定重新审核。

注：章程中的主要事项如：组织的名称、地址；办学宗旨、规模、层次、形式；资产的数额、来源、性质；理事会、董事会或其他形式决策机构的产生方法、人员构成、任期、议事规则；组织的法定代表人；出资人是否要求取得合理回报；组织自行终止的事由；章程修改程序等。

4.2.5 人员资格证明

从事成人教育培训工作的专职教师和管理工作者应具备相应的教师等职业资格证明。

4.2.6 法人治理结构

教育培训组织应确保：

a) 举办者提出办学宗旨；
b) 理事会、董事会或其他形式决策机构组成人员负责办学决策；
c) 执行理事会、董事会或其他形式决策机构领导下的行政管理者负责制；
d) 能够提供成人教育培训组织服务的管理团队的有效可信的信息。

5 成人教育培训组织服务要求

5.1 服务行为

5.1.1 诚信服务

成人教育培训组织服务应确保：

a) 严格遵守国家相关的法律法规，无违法违规行为；
b) 招生简章、广告符合国家有关法律法规的规定，信息真实、准确；
c) 严格按照向当地物价部门备案的收费项目和标准，公开、透明、合理收费，并出具正规的收费发票或收据，无违规收费；
d) 保证培训质量，颁发培训证书规范；
e) 履行与教职工签订的劳动合同，与教育培训顾客签订的培训、推荐就业合同，与相关方签订的合作合同；
f) 严格按照相关法律法规，公开、公平参与竞争，无恶意竞争行为；
g) 参与社会公益活动和提供公益性培训服务；
h) 建立定期评审其服务提供的程序，定期开展的评审应明确相关文件、记录与提供的服务相一致。

5.1.2 制度规范

应确保管理体制与制度健全规范，包括：

a) 管理体制规范；

b) 内部管理制度规范；

c) 教育培训顾客管理制度规范；

d) 制度执行情况。

5.1.3 服务条件

成人教育培训组织应具备与其培养目标、服务规模、服务层次、服务形式与内容相应的服务保障条件，应确保：

a) 教室、实训场地设施与培训教学内容、规模相适应，能满足教学需求；

b) 办公、培训教学及其实训场所符合安全、消防、卫生等有关规定；

c) 后勤保障工作人员配置齐全，具备上岗资格，后勤保障系统完善。

5.2 培训教学

5.2.1 教学计划

教学计划的制定应以保证教学质量和效果为前提，以确定顾客或教育培训委托方的要求，以及这些要求与顾客现有的知识、技能之间的差距为基础，根据教学目标、形式、条件确定。教学计划管理应包括如下要素：

a) 教学目标；

b) 顾客情况；

c) 教学大纲；

d) 考核大纲；

e) 选用教材

f) 教学形式（业余、全日制、面授、远程）；

g) 资源要求（如教职人员、教学装备）；

h) 经费预算。

i) 制定教学计划的原始记录与执行记录内容结构完备。

5.2.2 课程制定

成人教育培训组织可以根据社会需求自主制定课程或进行课程研发，应确保：

a) 依据教学大纲和考核大纲制定课程；

b) 说明设定课程的教学目标和顾客需要具备的知识、技能基础；

c) 编写或选用教材应体现教学目标和课程特点（也可据此对现有教材进行改写或补充参考教材）；

d) 课程内容应遵循因材施教、循序渐进的原则，并与教学目标、形式和一定的条件支持相匹配；

e) 课程实施后应根据实际教学效果和反馈意见进行修改、完善。

5.2.3 师资管理

成人教育培训组织需明确师资管理要求，应确保：

a) 签订规范的聘用合同；

b) 具有相应的资质证明（学历、学位、专业技术职称、执业经验、相关教育培训执业资质证书等）；

c) 师资配置合理，根据教育培训的性质和教学内容和形式的特点，确定合理的师生比例和恰当的专兼职教师比例；

d） 有计划组织师资培训，参加教研活动及其他形式继续教育，不断提高思想、业务水平；

e） 应有考核、激励措施，调动教师积极性。

5.2.4 培训教学服务

成人教育培训教学服务应确保：

a） 培训教学计划完备；

b） 培训教材与课程目的和课程要求相适应，对顾客适用；

c） 培训师资胜任培训教学要求；

d） 培训教学组织严密；

e） 培训教学有效，达到培训目标。

5.3 培训服务过程

5.3.1 过程监控

经策划的系统的培训过程能够在帮助顾客改进其能力或满足成人教育培训服务质量目标方面做出重要贡献。成人教育培训服务提供的管理者应监控下列阶段：

a） 确定培训需求；

b） 设计和策划培训；

c） 广告宣传；

d） 招生收费；

e） 提供培训；

f） 评价培训结果。

如图1所示，一个阶段的输出将为下一个阶段提供输入。

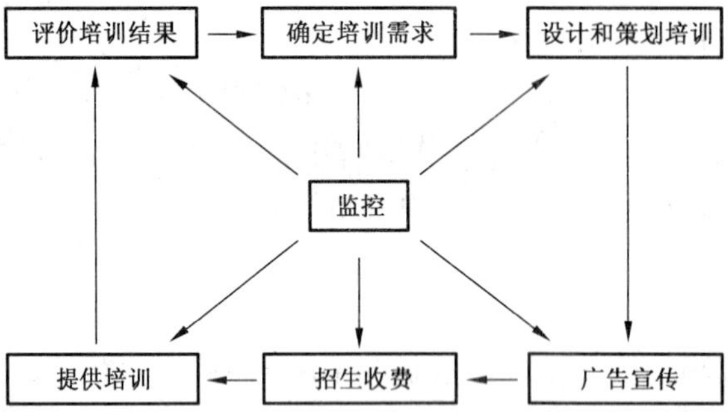

图1 培训服务过程

5.3.2 确定培训需求

运用科学手段确定培训需求是成人教育培训组织在培训过程开始进行前应完成的任务，其中包括：

a） 调查成人教育培训需求，确定相关供需缺口；评估并确认自身服务能力能够满足需求；

b） 确定顾客或由教育培训委托方提供顾客现有的知识、能力状况与要求之间的差距；

c） 确定由于顾客知识、能力现状与要求之间不匹配所需要的培训；

d） 确定适当的招生规模；

e） 将确认的培训需求形成文件，并实施于培训过程。

5.3.3 设计和策划培训

设计和策划培训应针对确定培训需求中识别的知识、能力差距，包括：

a） 确定培训保证与制约条件；
b） 选择培训内容与培训方式；
c） 制定培训计划；
d） 为满足培训需求、培训营销，评价培训结果和监控培训过程确定准则。

5.3.4 广告宣传

发布招生简章，进行广告宣传要与教育培训提供方的服务能力相适合，应确保：
a） 遵守国家相关法律法规和规定；
b） 符合真实性原则，不做虚假承诺，不夸大教育培训效果。

5.3.5 招生收费

招生收费应遵守公开、透明、规范的原则，应确保：
a） 依照教育培训服务成本，确定合理收费标准；
b） 告知教育培训顾客相关费用内容，如学费、考试费、学习资料购买费等；
c） 使顾客了解接受教育培训的形式和内容，评估学习的方法，以及基于学习提供的证书和报告；
d） 顾客可使用教育培训计划中所涉及到的相关资源；
e） 收费项目、标准接受监督。

5.3.6 提供培训

提供培训是开展培训计划内所有规定活动的总和，其核心活动为教学活动，成人教育培训组织需提供必要的培训资源和管理手段以保证为教与学双方提供服务，应确保：
a） 满足培训计划规定的教学活动以及各项教学辅助活动的条件；
b） 监控培训质量（成人教育培训组织和开展教学活动的教与学双方之间相互作用效果所达到的水平）。

5.3.7 评价培训结果

教育培训顾客的目标和培训目标是否实现，应予确认。

在完成教育培训后规定的期间内，教育培训顾客应确保参加考核或接受其他评价以验证其知识、能力所达到的水平。

评价应根据社会公开的或在成人教育培训组织确定顾客教育培训需求阶段制定的准则进行。

5.4 组织内部管理

5.4.1 人力资源管理

成人教育培训组织的人力资源管理要素包括：
a） 人力资源管理制度；
b） 人力资源培训与开发规划；
c） 合理配置教职员工（提供与培训组织设立的服务目标、规模、层次等符合相应条件的教职员工的岗位职数）；
d） 签订规范的符合相关法律法规的聘用合同（提供教职员工岗位规范文件，说明教职员工各自岗位的工作目标、内容和责任，以及所必需具备的知识、能力要求）；
e） 定期进行绩效考核；
f） 薪酬福利管理；

g） 劳动关系与劳动保障。

5.4.2 财务管理

成人教育培训组织的财务管理要素包括：

a） 经费来源于依法接受的投资、捐赠和学费收入；
b） 所有办学收入除在办学章程中写明的合理回报部分外，用于教育培训活动和改善办学条件；
c） 任何组织和个人不得使资金非法外流。
d） 遵循国家有关法律法规和规定，建立健全各项财务制度并严格监督执行；
e） 所有财务凭证符合真实性原则；
f） 依法纳税；
g） 财务人员具有会计专业技术职称和会计上岗合格证。

5.4.3 场所、设施管理

成人教育培训组织的场所和设施应确保满足教学、实训、办公、生活需要，相关场所、设施的管理要素如下：

a） 具有稳定的教学、实训、办公场所，对所使用的场所应拥有产权或以法定合同形式确立的使用权；
b） 成人教育培训组织应合理配置与教育培训活动相适应的设施，一般包括：
 ——教学和教学辅助设施（如计算机、多媒体投影仪、图书资料等）；
 ——实验实训设施（如实验、实训设备等）；
 ——生活、文体设施（如食堂、公寓、文体设施等）；
c） 教学、实训、办公场所以及设施的管理应分别制定具体管理办法，明确管理责任。

6 成人教育培训组织服务评价

6.1 自我评价

成人教育培训服务组织应定期进行自我评价，并确保评价真实、有效。包括：

a） 确定评价目标和范围；
b） 选择采用的评价方式和方法；
c） 编制评价工作方案；
d） 部署本组织内培训教师、管理工作者进行总结评价；
e） 搜集分析培训顾客、委托方、行政主管部门、社会中介机构以及行业评价意见；
f） 本组织决策机构及举办者进行总结评价；
g） 综合整理、分析评估情况，撰写评估报告；
h） 提出并实施改进意见。

6.2 顾客评价

成人教育培训组织服务应接受顾客评价，包括：

a） 培训服务每个过程实现与顾客沟通；
b） 定期或不定期地通过问卷调查、座谈、走访等形式对顾客关于培训服务的满意度情况进行调查；
c） 依据调查结果制定相应措施并应用于培训服务改进；
d） 正确对待和处理顾客诉求，对如下方面措施应予确保：

——顾客诉求的渠道便捷畅通；
——对顾客的诉求进行分析和恰当处理；
——及时回复顾客的诉求；
——对顾客的诉求进行跟踪管理等。

评价可综合采用顾客满意度调查等方法。

6.3 委托方评价

成人教育培训组织服务应接受培训委托方评价，包括：

a) 从培训委托方获得有关培训方式、所用资源以及培训中所获得的知识与技能的反馈信息；
b) 在完成培训委托方培训后的规定期间内，对培训委托方获益情况（如工作业绩和生产率改进）进行调查并做出评价；
c) 评价应根据培训服务是否满足培训委托方的培训要求和培训目标的准则进行；
d) 收集与整理相关记录文件资料并形成报告，可包括下述方面内容：
——提供培训需求说明和培训计划以及培训实施记录；
——分析培训服务每个过程并阐明其互动结果；
——验证培训服务的适合度与有效性；
——评审培训服务性价比；
——结论和改进建议等。

培训结果评价应同培训委托方的培训要求与培训目标相一致，在制定并实施的评价程序中，应验证培训服务每个过程的记录文件资料及其有效联系，体现培训委托方接受培训服务前后的变化、培训委托方的意见及其获益情况调查结果。

6.4 行政主管部门评价

成人教育培训组织服务应接受行政主管部门的年审和专项督查。

6.5 社会中介机构评价

成人教育培训组织服务应接受政府委托的社会中介机构的评估并可以接受相关社会中介机构专业评价，包括：

a) 服务实际情况与行政审批一致性检查；
b) 组织服务能力满足相关标准规定的评审；
c) 办学经费投入和管理；
d) 法人财产管理和使用；
e) 财务审计；
f) 规范使用校名和公开办学证照；
g) 公示收费标准和退费办法；
h) 招生广告宣传和备案手续；
i) 教育教学管理制度和实施；
j) 《教学合同》履行情况；
k) 培训服务社会美誉度；
l) 社会投诉和查处结果等。

制定并实施的评价程序应遵循国家有关法律法规和相关标准、制度规定，综合采用实地考察、文件查阅和进行教育培训相关方调查等方法，教育培训服务管理者应出示有效证明和相关制度文件，并对服务各个执行环节予以记录。

6.6 行业评价

成人教育培训组织服务应接受行业评价，包括：

a) 维护行业信誉，如参加行业培训诚信体系建设；

b) 接受行业自律，如避免同行恶性竞争；

c) 满足行业标准，如符合行业服务质量标准；

d) 接受行业协会指导，履行行业发展和规范的义务、责任等。

选择或制定的评价程序应具有明显行业特征，实施评价应与行业制定的公约、标准相一致，能够提供行业相关评比活动结果，行业公共信息数据库记录、如奖励或投诉查处记录等。

参 考 文 献

[1] 中华人民共和国教育法.1995 年 3 月 18 日

[2] 中华人民共和国民办教育促进法.2002 年 12 月 28 日

[3] 中华人民共和国教师法.1993 年 10 月 31 日

[4] 国家中长期教育改革和发展规划纲要(2010—2020 年).2010 年 7 月 29 日

[5] 国家中长期人才发展规划纲要(2010—2020 年).2010 年 6 月 6 日

[6] GB/T 19025—2001 质量管理 培训指南

[7] GB/T 15498—2003 企业标准体系 管理标准和工作标准体系

[8] ISO/IWA2:2007 质量管理体系—ISO 9001:2000 在教育领域的应用指南

[9] GB/T 19580—2004 卓越绩效评价准则

[10] GB/T 20647.3—2006 社区服务指南 第 3 部分:文化、教育、体育服务

[11] GB/T 1.1—2009 标准化工作导则 第 1 部分:标准的结构和编写

ICS 03.080.30
A 12

中华人民共和国国家标准

GB/T 28916—2012

家务服务基本要求

Basic requirement for housework service

2012-10-12 发布　　2013-02-01 实施

中华人民共和国国家质量监督检验检疫总局
中国国家标准化管理委员会　发布

前　　言

本标准按GB/T 1.1—2009给出的规则起草。

本标准由全国服务标准化技术委员会(SAC/TC 264)提出并归口。

本标准起草单位:济南阳光大姐服务有限责任公司、山东质量认证中心、济南市妇女联合会。

本标准主要起草人:卓长立、沈其民、高玉芝、陈平、詹立新、王继之、初黎华、王敏。

家务服务基本要求

1 范围

本标准规定了家务服务的内容和基本要求。

本标准适用于家务服务的提供与管理。

2 规范性引用文件

下列文件对于本文件的应用是必不可少的。凡是注日期的引用文件，仅注日期的版本适用于本文件。凡是不注日期的引用文件，其最新版本(包括所有的修改单)适用于本文件。

GB/T 20647.8—2006 社区服务指南 第8部分：家政服务

3 术语和定义

GB/T 20647.8—2006界定的以及下列术语和定义适用于本文件。

3.1

家务服务 housework service

入户为雇主提供家庭餐制作、居室清洁、衣物洗涤、基本家庭照料等的活动。

4 服务内容

4.1 总则

家务服务可以包括下列项目中的全部或部分服务内容。家政服务机构应与消费者、服务人员就服务内容的详细信息进行充分沟通，并在服务合同中约定。

4.2 家庭餐制作

家庭餐制作的主要内容包括：

a) 家庭餐主辅料的采购；

b) 餐前准备，包括主辅料的清洗、切配、餐具的摆放等；

c) 菜品及主副食制作、加工；

d) 餐后整理等。

4.3 居室清洁

居室清洁的主要内容包括：

a) 清扫地面；

b) 擦拭室内墙壁、门窗、玻璃、家具及家用电器表面；

c) 清洁厨房；

d) 清洁卫生间等。

4.4 衣物洗涤

衣物洗涤的主要内容包括：

a) 衣物洗涤、晾晒与熨烫；

b) 衣物整理与放置；

c) 被褥拆洗等。

4.5 基本家庭照料

基本家庭照料的主要内容包括：

a) 接送孩童上下学；

b) 协助照料老人、孩子；

c) 协助接待客人；

d) 照料宠物；

e) 养护花卉；

f) 更换饮用水、煤气罐等；

g) 提供简单家教等；

h) 生活用品的采买与记账。

5 家务服务要求

5.1 人员要求

家务服务人员应满足以下基本要求：

a) 经过培训，考核合格，掌握家务服务基础知识，具备家务服务技能；

b) 有健康证，无精神病史和各类传染病；

c) 掌握并运用常用的文明用语；

d) 讲究个人卫生；

e) 掌握坐、立、行的礼仪常识，做到姿势得体；

f) 保持衣着整洁、得体；

g) 掌握迎送客人的基本常识、沏茶倒水的方法和注意事项，能够运用恰当方式接待客人；

h) 掌握接打电话的礼仪常识；

i) 尊重雇主的生活习俗和宗教信仰；

j) 保护雇主的隐私；

k) 安全正确使用常见的家用电器及燃气具，妥善处理使用过程中出现的意外情况。

5.2 家庭餐制作要求

家务服务人员应：

a) 掌握蒸、煮 2 种以上主副食的制作技法和馅料调拌的常识；

b) 掌握蒸、炒、炖、拌 4 种以上烹调技法；

c) 掌握选、削、择及洗涤常见食品原料的方法；

d) 掌握常见食品原料及成品的鉴别及保管的基本常识；

e) 掌握切、剁、削、刮、片等常用刀法，可以将原料加工成丁、片、段、块、丝等形状；

f) 能简单配制一般菜肴，了解原料的合理搭配技巧；

g) 掌握鲜活原料、肉类原料的简单加工方法；

h) 及时清理餐后物品，洗涤餐具、厨具，清洁餐桌及地面；
i) 了解一般常见病的饮食禁忌，制作适合病人的膳食。

5.3 居室清洁要求

家务服务人员应：
a) 针对不同类型的地砖、木地板、地毯，运用正确方法清洁一般地面，保证地面无灰尘、无毛发、无杂物；
b) 根据不同材质室内墙壁、玻璃、门窗的清洁方法，进行清洁，保证墙壁无污迹、无灰尘，玻璃、门窗清洁、明亮；
c) 掌握家具、常见家用电器的有关常识，并进行清洁，保证家具、常用家用电器表面无灰尘、无污迹；
d) 掌握窗帘、沙发套、桌布等物品的清洁常识，进行清洁，保证所清洁物品无污迹、无灰尘；
e) 掌握厨房及餐厨器具清洁、消毒的有关常识，保证厨房内无灰尘、无杂物，餐厨器具无油污、无灰尘；
f) 掌握卫生间及卫生器具清洁、消毒的有关常识，进行清洁和消毒，保证卫生间内无灰尘、无杂物，卫生器具无灰尘、无污迹；
g) 协助雇主进行家居美化；
h) 了解常用清洁剂、消毒剂的有关知识，并进行选择和使用。

5.4 衣物洗涤要求

家务服务人员应：
a) 了解衣物和常见洗涤剂的一般特性，依据衣物的特性选用适宜的洗涤剂；
b) 了解衣物洗涤的一般常识，采取手洗和机洗的方法洗涤衣物；
c) 掌握晾晒、熨烫和叠放衣物的正确方法，进行衣物的晾晒、熨烫和叠放；
d) 按照衣物的存放要求，存放不同面料的衣物；
e) 掌握鞋帽的清洁方法，并对鞋帽进行清洁；
f) 掌握常见被褥的拆洗、缝制方法，并进行拆洗和缝制。

5.5 基本家庭照料要求

家务服务人员应：
a) 了解交通安全常识，并能够安全、及时接送孩子上下学；
b) 了解孩子和老人的生活护理常识，照料生活上能够自理的老人或孩子的日常生活；
c) 了解客人接待的常识，协助雇主接待客人；
d) 了解一般宠物的饲养常识，并协助雇主照料宠物；
e) 了解常见花卉的养护常识，协助雇主合理摆放并养护常见的花卉；
f) 掌握饮水机、煤气罐等的使用常识，更换饮用水、煤气罐等；
g) 了解家庭教育的基本知识，提供简单家教；
h) 了解常见生活用品和食品的购买常识，按雇主的要求购买日常生活用品和食品；
i) 按照雇主的要求，缴纳水、电、暖气、电话、有线电视、物业等费用；
j) 了解一般记账方法，准确记录采买明细，保证账物相符，原始票据保留完整。

ICS 03.080.30
A 12

中华人民共和国国家标准

GB/T 28917—2012

医院陪护服务基本要求

Basic requirement for hospital accompany service

2012-10-12 发布

2013-02-01 实施

中华人民共和国国家质量监督检验检疫总局
中国国家标准化管理委员会 发布

前 言

本标准按GB/T 1.1—2009给出的规则起草。

本标准由全国服务标准化技术委员会(SAC/TC 264)提出并归口。

本标准起草单位:济南阳光大姐服务有限责任公司、山东质量认证中心、济南市妇女联合会。

本标准主要起草人:卓长立、高玉芝、沈其民、陈平、裴祎荣、王继之、初黎华、王敏。

医院陪护服务基本要求

1 范围

本标准规定了医院陪护服务的服务内容和基本要求。

本标准适用于医院陪护服务的提供和管理。

2 术语和定义

下列术语和定义适用于本文件。

2.1

医院陪护服务 hospital accompany service

为住院治疗的病患者提供的日常起居照料、医疗护理协助、饮食照料、卫生清理等活动。

3 服务内容

3.1 总则

医院陪护服务可包括下列服务项目的全部或部分服务内容。家政服务机构应与消费者、服务人员就服务内容的详细信息进行充分沟通，并在服务合同中约定。

3.2 日常起居照料

日常起居照料的主要内容包括：

a) 协助病患者起床、洗脸、洗手、刷牙、漱口、梳头等；

b) 协助病患者排泄大小便；

c) 晚上病患者睡觉前为其洗脚或泡脚。

3.3 医疗护理协助

医疗护理协助的基本内容包括：

a) 协助医护人员观察病患者病情；

b) 协助病患者按时、按量服药；

c) 协助病患者进行功能锻炼；

d) 陪送病患者检查；

e) 对病患者进行必要的心理疏导。

3.4 饮食照料

饮食照料的主要内容包括：

a) 协助病患者进餐、饮水、加餐；

b) 为病患者打开水；

c) 清洗病患者使用的餐具。

3.5 卫生清理

卫生清理的主要内容包括：

a) 协助病患者清理个人卫生；

b) 整理病床、床头桌的卫生；

c) 清洁病患者用品；

d) 洗涤病患者的衣物。

3.6 其他

受病患者或其家属的委托，为病患者购买生活用品并做好记录。

4 服务要求

4.1 人员要求

医院陪护服务人员应具备以下基本要求：

a) 经过培训，考核合格，掌握一定的医(药)学和陪护病患者的基础知识，具有相应的服务技能；

b) 持有健康证，无精神病史和各类传染病；

c) 尊重病患者，富有爱心，善于沟通；

d) 仪容仪表端庄、大方，服饰整洁，不得佩戴耳环、戒指等饰物；

e) 具备基本的服务礼仪和行为规范。

4.2 日常起居照料要求

医院陪护服务人员应：

a) 根据病患者的身体状况，协助病患者起床、洗脸、洗手、刷牙、漱口、梳头，面部双手清洁、牙面无异物、头发整齐；

b) 晚上病患者入睡前，协助病患者洗脸、漱口、洗脚，并协助其上床、盖被；

c) 根据室温变化情况，在病患者睡眠期间为其做好保暖工作；

d) 根据病患者和医护人员的要求，协助病患者排泄大小便；

e) 根据医护人员的要求，协助病患者下床活动或散步；

f) 掌握褥疮预防知识，为卧床病患者擦洗、穿衣，有效预防褥疮。

4.3 医疗护理协助要求

医院陪护服务人员应：

a) 了解病患者护理的常识和内外科病患者护理的要点，观察病患者情况，发现异常情况及时通知医护人员；

b) 掌握褥疮护理的知识，协助医护人员对病患者进行护理；

c) 按照医护人员的要求，协助病患者按时按量服药；

d) 了解药品滴注的基本常识，根据药品滴注的进展情况及时与医护人员取得联系；

e) 掌握收集大小便标本的方法，根据医护人员的要求协助病患者正确收集大小便标本；

f) 安全、及时陪同病患者做医疗检查；

g) 在医生的指导下，协助病患者实施功能康复训练；

h) 了解按摩的一般常识，为病患者提供简单的按摩；

i) 了解病患者心理的基本特点，与病患者进行必要的沟通交流。

4.4 饮食照料要求

医院陪护服务人员应：

a) 掌握病患者饮食的一般特点，根据病患者的饮食要求为其购买适宜的食品；

b) 掌握病患者的喂食方法，为其喂食流体食物及其他食品；

c) 根据医护人员的要求，协助病患者用餐、饮水；

d) 及时清洁病患者使用的餐具；

e) 掌握病患者营养膳食的基本知识，根据病患者的情况，提供合理的营养膳食建议。

4.5 卫生清理要求

医院陪护服务人员应：

a) 了解病患者用品、衣物的清洁消毒方法，对病患者的衣物、便器等用品进行清洁、消毒，并妥善保管；

b) 及时帮助病患者修剪指(趾)甲、洗头、擦澡等。

4.6 其他要求

受病患者或其家属的委托，为病患者购买生活用品并做好记录，保证账目清晰、账物相符，原始票据保留完整。

ICS 03.080.30
A 12

中华人民共和国国家标准

GB/T 28918—2012

家庭育婴服务基本要求

Basic requirement for nursery service at home

2012-10-12 发布　　2013-02-01 实施

中华人民共和国国家质量监督检验检疫总局
中国国家标准化管理委员会　发布

前　言

本标准按 GB/T 1.1—2009 确定的规则起草。

本标准由全国服务标准化技术委员会(SAC/TC 264)提出并归口。

本标准起草单位:济南阳光大姐服务有限责任公司、山东质量认证中心、济南市妇女联合会、哈尔滨市标准化研究院。

本标准主要起草人:卓长立、高玉芝、沈其民、陈平、孟晓红、詹立新、初黎华、王敏。

家庭育婴服务基本要求

1 范围

本标准规定了家庭育婴服务的内容和基本要求。

本标准适用于家庭育婴服务的提供和管理。

2 术语和定义

下列术语和定义适用于本文件。

2.1

家庭育婴服务 nursery service at home

入户为0～3岁婴幼儿提供的生活照料、保健护理、早期教育和智力开发、育婴相关家务等服务。

3 服务内容

3.1 总则

家庭育婴服务可包括下列服务项目的全部或部分服务内容。家政服务机构应与消费者、服务人员就服务内容的详细信息进行充分沟通，并在服务合同中约定。

3.2 生活照料

对婴幼儿的生活照料基本内容包括：

a） 对婴幼儿进行科学喂养；

b） 为婴幼儿修剪指(趾)甲，洗脸、洗头；

c） 为婴幼儿穿脱衣服；

d） 照料婴幼儿睡眠；

e） 处理、训练婴幼儿的大小便，更换尿布或纸尿裤；

f） 为婴幼儿进行水浴、空气浴、日光浴(以下简称“三浴”)。

3.3 日常生活保健与护理

对婴幼儿进行日常生活保健与护理的基本内容包括：

a） 测量、观察婴幼儿身体生长发育状况；

b） 协助家长做好常见病的预防；

c） 对患病婴幼儿进行护理；

d） 配合完成预防接种工作。

3.4 早期教育和智力开发

对婴幼儿实施早期教育和智力开发的基本内容包括：

a） 根据不同的年龄阶段，辅导婴幼儿学会使用玩具；

b） 对婴幼儿进行动作技能训练；

c） 进行婴幼儿语言开发；
d） 社会行为及人格培养；
e） 制定、实施有针对性的培训计划。

3.5 育婴相关家务

育婴相关家务的主要内容包括：
a） 清扫地面，室内通风；
b） 整理婴幼儿床铺、童车、衣物；
c） 拆洗婴幼儿被褥、棉衣，洗涤尿布、衣物；
d） 清洗、消毒奶瓶、餐具、玩具等婴幼儿用品。

4 基本要求

4.1 人员要求

家庭育婴服务人员应具备以下基本要求：
a） 初中以上文化程度；
b） 经过培训，考核合格，掌握育婴服务基础知识，具备育婴服务技能；
c） 持有健康证，无精神病史和各类传染病；
d） 具备基本服务礼仪和行为规范；
e） 仪容仪表端庄、大方，服饰整洁，不得佩戴耳环、戒指等饰物；
f） 掌握婴幼儿护理基础知识；
g） 有婴幼儿护理经验；
h） 口齿清楚、会讲普通话。

4.2 生活照料要求

家庭育婴服务人员应：
a） 按照婴幼儿不同年龄段的营养需求，调配奶粉、添加辅食，制作婴幼儿营养餐；
b） 辅助婴幼儿进食进水，为婴幼儿喂奶，喂奶之后为婴儿拍嗝；
c） 根据气温变化情况和婴幼儿作息时间，为婴幼儿穿脱衣物；
d） 了解婴幼儿生理特点，照料婴幼儿的日常活动和出行；
e） 掌握婴幼儿睡眠规律，照料婴幼儿的睡眠；
f） 为婴幼儿洗脸、洗头，修剪指（趾）甲；
g） 掌握婴幼儿的大小便处理知识，照料婴幼儿的大小便，及时为其更换尿布或纸尿裤；
h） 掌握婴幼儿“三浴”常识，并为婴幼儿进行“三浴”；
i） 了解危害婴幼儿健康的环境因素，营造和选择有益于婴幼儿健康成长的环境。

4.3 日常生活保健与护理要求

家庭育婴服务人员应：
a） 掌握婴幼儿体温及测量的常识，为婴幼儿测量体温，判断是否异常；
b） 了解婴幼儿常见病的预防知识，协助家长做好婴幼儿常见病的预防；
c） 掌握婴幼儿常见病的护理常识，按照医嘱对患病婴幼儿进行科学护理；
d） 了解外伤处理的常识，对婴幼儿的轻微外伤进行处理及护理；
e） 掌握婴幼儿抚触的知识和技能，为婴幼儿实施抚触；

f) 掌握婴幼儿预防接种的种类、接种周期以及接种后的护理知识，协助家长做好婴幼儿的预防接种工作，并能够及时处理接种反应；

g) 了解婴幼儿生长发育的基本知识，准确记录婴幼儿的发育信息，并通过与正常值的比较判断婴幼儿的发育状况；

h) 根据婴幼儿生长发育的纵向检测结果，进行营养计算和提出干预意见。

4.4 早期教育和智力开发要求

家庭育婴服务人员应：

a) 了解不同阶段婴幼儿的智力发育特点，帮助婴幼儿选择并引导婴幼儿使用适宜的玩具；

b) 使用普通话与婴幼儿进行经常性的积极的语言交流，给婴幼儿讲故事、唱儿歌；

c) 掌握不同年龄段婴幼儿大动作和精细动作发展的特点，根据婴幼儿发育情况选择和设计大动作和精细动作的训练游戏；

d) 掌握不同年龄阶段婴幼儿的认知和语言发展的特点，根据婴幼儿的发育情况选择、设计认知和语言训练游戏；

e) 掌握婴幼儿生活自理、社交能力、良好情绪行为的发展特点，根据婴幼儿的发育情况选择和设计培养婴幼儿生活自理能力、社会交往能力、良好行为能力的训练游戏；

f) 运用早期教育知识对婴幼儿家长进行教育观念和方法方面的引导。

4.5 育婴相关家务要求

家庭育婴服务人员应：

a) 掌握居室清洁的基本知识，及时进行居室清洁，并经常为居室通风换气；

b) 及时整理婴幼儿的床铺、童车、玩具及衣物；

c) 掌握婴幼儿被褥、棉衣拆洗及缝制的方法，根据季节变化和雇主要求，及时拆洗婴幼儿的被褥、棉衣；

d) 及时洗涤婴幼儿的衣物、尿布；

e) 掌握奶瓶、餐具、玩具等婴幼儿用品的清洗和消毒方法，对奶瓶、餐具、玩具等婴幼儿用品进行清洗消毒。

ICS 11.180
C 45

中华人民共和国国家标准

GB/T 28919—2012

康复训练器械　站立架

Rehabilitation training devices—Standing frames

2012-10-12 发布　　2013-02-01 实施

中华人民共和国国家质量监督检验检疫总局
中国国家标准化管理委员会　发布

前　　言

本标准按照 GB/T 1.1—2009 给出的规则起草。

请注意本文件的某些内容可能涉及专利。本文件的发布机构不承担识别这些专利的责任。

本标准由中华人民共和国民政部提出。

本标准由全国残疾人康复和专用设备标准化技术委员会(SAC/TC 148)归口。

本标准起草单位:常州市钱璟康复器材有限公司、国家康复器械质量监督检验中心、上海互邦医疗器械有限公司、北京龙福康科技发展有限责任公司、中国康复研究中心。

本标准主要起草人:樊金成、陈光、贾亚玲、贺一鸣、邵晖、戴东、薛沪芳、于娟娟。

康复训练器械　站立架

1　范围

本标准规定了站立架的术语和定义、分类、型号及示例、要求、试验方法、检验规则、标志、包装、运输及贮存。

本标准适用于室内站立康复训练使用的站立架，不包括站立床和站立式轮椅。

2　规范性引用文件

下列文件对于本文件的应用是必不可少的。凡是注日期的引用文件，仅注日期的版本适用于本文件。凡是不注日期的引用文件，其最新版本(包括所有的修改单)适用于本文件。

GB/T 191　包装储运图示标志

GB 9706.1　医用电气设备　第1部分：安全通用要求

GB/T 9969　工业产品使用说明书　总则

GB/T 16432　残疾人辅助器具　分类和术语

GB 24436　康复训练器械　安全通用要求

3　术语和定义

GB/T 16432、GB 24436 界定的以及下列术语和定义适用于本文件。

3.1

站立架　standing frames

在使用者进行站立训练时提供支撑的固定装置。

3.2

直立式站立架　upright standing frames

使用时，始终保持使用者直立姿势的站立架。

3.3

可倾式站立架　tilting standing frames

使用时，使用者可成一定角度前倾或后仰姿势的站立架。

3.4

手动站立架　manual standing frames

通过手动操作达到站立姿势的站立架。

3.5

电动站立架　electric standing frames

通过电动操纵系统达到站立姿势的站立架。

3.6

单人站立架　single standing frames

具有一个训练位的站立架。

3.7

双人站立架 double standing frames

具有两个训练位的站立架。

3.8

多人站立架 multiuser standing frames

具有两个以上训练位的站立架。

3.9

扶手 armrest

手握持的起辅助支撑作用的部件。

3.10

固定带 fixed strap

保持使用者安全站立和训练姿势的绑带。

3.11

胸托 chest support

胸部垫板

支撑使用者胸部,防止台面前缘压迫胸部的装置。

3.12

背托 back support

支撑使用者背部的装置。

3.13

膝托 knee support

膝部挡板

支撑使用者膝部的装置。

4 分类、型号及示例

4.1 分类及代号

4.1.1 按训练位的数量分为:单人站立架、双人站立架、多人站立。分别用"S"、"D"、"M"表示"单人"、"双人"、"多人",单人站立架可以省略"S"。"站立架"用"ZLJ"表示。

4.1.2 按实现站立姿势的操作方式分为:手动站立架、电动站立架。分别用"fist"、"elec"表示,手动站立架可以省略"fist"。

4.1.3 按训练方式分为:直立式站立架、可倾式站立架。分别用"Z"、"X"表示。

4.1.4 按规格大小分为:儿童站立架、成人站立架,分别用"ch"、"adu"表示。

4.2 型号及代号

站立架型号由产品名称代号、分类代号、规格代号和设计及改进代号组成。各代号分别选用具有代表意义的汉语拼音首位大写字母或阿拉伯数字或英文字母表示。

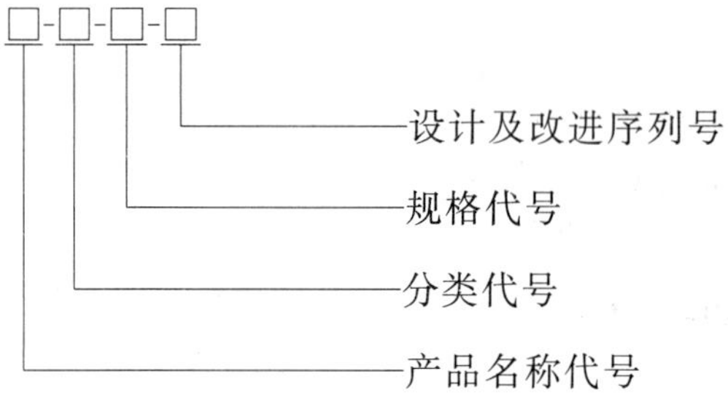

4.3 示例

单人-手动-直立-儿童型-第二次设计-第一次修改的站立架，其产品型号为：ZLJ-Z-ch-2A。

5 要求

5.1 基本参数

站立架基本参数见表1，各部件名称见图1。

表1 基本参数

名称	成人型	儿童型
台面高度调节范围/mm	900～1 200	600～1 000
单人站立架台面最小尺寸（长×宽）/mm×mm	500×300	300×200
扶手肘部垫宽度/mm	≥50	≥50
臀部、腰部固定带宽度/mm	≥100	≥80
膝托最小调节范围（前后）/mm	0～80	0～40
倾斜角度（与垂直面夹角）/（°）	—	0～45
注1：台面高度——指使用者站立的面到台面的距离。 注2：如果站立架包含表中列出的部件，其参数应符合以上要求。		

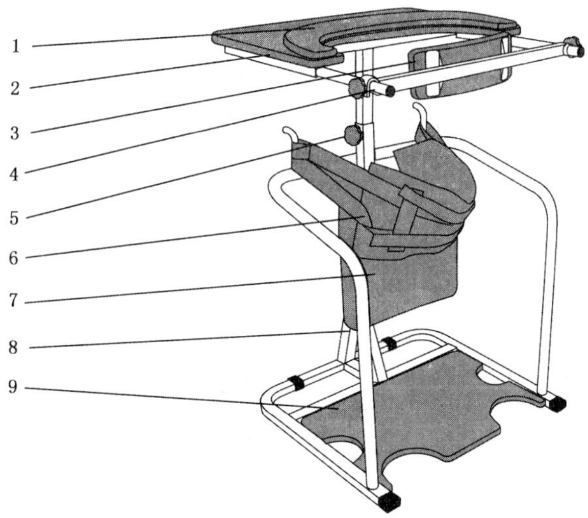

1——胸托；
2——台面；
3——背托；
4——台面支架；
5——台面升降装置；
6——固定带；
7——膝托；
8——支架；
9——脚踏板。

图1 站立架示意图

5.2 外观质量

5.2.1 可触及的表面不应有毛刺、尖角、锐边和可能对使用者造成伤害或损坏衣服的缺陷。

5.2.2 焊接件表面应均匀平整，不应有漏焊、虚焊、焊瘤、夹渣、裂缝、烧穿、飞溅物等缺陷。

5.2.3 镀(涂)层表面应色泽均匀，光滑平整，不应有擦伤、烧痕、裂纹、针孔、麻点、斑点、毛刺、流纹、橘皮、露底、鼓泡、剥落和明显的擦伤、碰伤等缺陷。

5.2.4 木制件榫结合处应结合牢固，外表结合处缝隙不大于0.2 mm。加工表面不应有崩茬、刀痕、毛刺、虫眼。

5.2.5 薄木和其他材料贴面的拼贴应严密、平整，不允许有脱胶、鼓泡、凹陷和压痕等；人造板制成的部件应进行封边处理，封边条不允许有脱胶、鼓泡、开裂等现象。

5.2.6 螺钉的外露长度不应超过其螺距的2倍，突出部分不允许有锐利尖端和毛刺，或其端部应有光滑的螺母帽覆盖。

5.2.7 训练时与人体接触的依靠部位，如：胸部、背部、膝部等应采用软包。软包件填充物应充盈饱满，缝边应牢固规整，外表面不应有皱褶、褪色、跳线和破损等现象。

5.2.8 可触及的管端应有部件或管塞封堵，且封堵件不应因老化、配合不当、振动及人为损坏等原因脱落。

5.2.9 站立架的各零部件在使用中不应脱落。

注意：儿童型站立架应注意零部件和小物件脱落可能有堵塞气管的潜在危险。

5.2.10 固定带缝制应牢固规整，表面不应有皱褶、褪色、跳线和破损等现象。

5.2.11 与人体直接接触的零部件不应采用对人体有刺激性的材料。

5.2.12 使用的塑料、橡胶、皮革等非金属零部件及金属表面涂饰层，在正常使用过程中，不应产生掉色、掉沫和感官能察觉的异味等现象。

5.3 调节和锁定装置

5.3.1 调节机构应能在不使用工具的情况下进行调节，且应运行灵活，不应有卡滞或松弛现象。

5.3.2 调节锁定装置应易于操作，锁定后应安全可靠。

5.3.3 调节装置应装有终端限位机构或明确标识其最大许可调节尺寸。

5.4 稳定性

5.4.1 站立架应放置平稳，底脚或底面与水平面的差值≤2 mm，并在正常使用中不应产生晃动。

5.4.2 单人站立架按6.3的方法分别进行前倾、后倾、侧倾稳定性试验，其倾翻角应≥10°。

5.4.3 多人站立架按6.3.2的方法，在相邻两个方向进行稳定性试验，其倾翻角应≥10°。

5.4.4 双人站立架按6.3.3的方法进行侧倾稳定性试验，其倾翻角应≥10°。

5.5 强度

5.5.1 台面静载强度

按6.4.1的方法进行台面静载强度试验后，站立架各部件应不产生裂纹、断裂和永久变形。

5.5.2 扶手静载强度

按6.4.2的方法进行扶手静载强度试验后，站立架各部件应不产生裂纹、断裂和永久变形。

5.5.3 固定带静载强度

按6.4.3的方法进行臀部、腰部的固定带静载强度试验后，固定带应能牢固连接，无任何损坏。

5.5.4 脚踏板静载强度

按6.4.4的方法进行脚踏板静载强度试验后，站立架各部件应不产生裂纹、断裂和永久性变形。

5.6 噪声

在正常使用时，站立架产生的噪声应≤55 dB(A)。

5.7 电气安全

站立架电气安全应符合GB 9706.1中的有关规定要求。

6 试验方法

6.1 试验条件

6.1.1 全部试验应在环境温度为15 ℃～35 ℃的条件下进行。

6.1.2 除非另有说明，稳定性和强度试验应将站立架调至最大高度、最大倾斜角度下进行。

6.1.3 除非另有说明，力的测量应精确到±2%，施力位置尺寸测量应精确到±3 mm。

6.1.4 试验开始前，检查样品各部件是否存在缺陷，测量样品的外形尺寸，并作记录。

6.1.5 成人型站立架试验使用试验假人重量为100 kg，儿童型站立架试验使用试验假人重量为80 kg。

6.2 一般检验

6.2.1 站立架的基本尺寸采用长度尺、角度尺测量，长度精确到±1 mm，角度精确到±0.5°。

6.2.2 对站立架外观质量、调节和锁定装置及无数据要求的项目，采用目测、手感、试用、观察等方法评定。由3人共同检验，以多数相同结论为评定结果。

6.3 稳定性试验

6.3.1 前倾稳定性试验

将站立架的台面调至最大高度，倾斜角调至最不利位置，放置在试验平台上，使站立架各支脚或支撑面处于同一平面内，将站立架前两支脚的连线或支撑面前端线平行于试验平台倾翻轴线(如图2所示)，如果站立架装有脚轮，应将脚轮处于锁止状态，将试验假人或体重相当的试验员(可加配重)置于站立位上，操作试验平台使其倾翻。记录站立架的前倾倾翻角α，并精确到1°。

6.3.2 后倾稳定性试验

将站立架的台面调至最大高度，倾斜角调至最不利位置，放置在试验平台上，使站立架各支脚或支撑面处于同一平面内，将站立架后两支脚的连线或支撑面后端线平行于试验平台倾翻轴线(如图3所示)，如果站立架装有脚轮，应将脚轮处于锁止状态，将试验假人或体重相当的试验员(可加配重)置于站立位上，多人站立架分别将与站立位数目相同的试验假人或体重相当的试验员(可加配重)置于各站立位上，操作试验平台使其倾翻。记录站立架的后倾倾翻角β，并精确到1°。

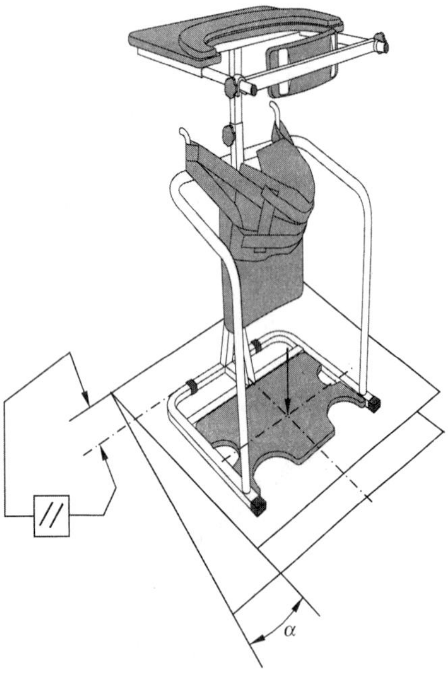

图 2 前倾稳定性试验示意图

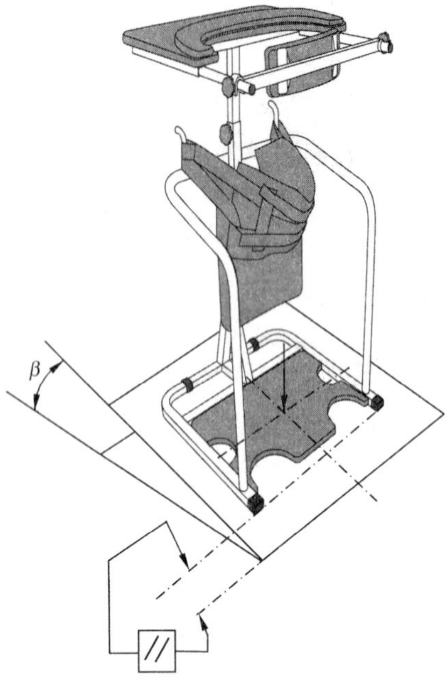

图 3 后倾稳定性试验示意图

6.3.3 侧倾稳定性试验

将站立架的台面调至最大高度，倾斜角调至最不利位置，放置在试验平台上，使站立架各支脚或支撑面处于同一平面内，将站立架一侧两支脚的连线或支撑面一侧端线平行于试验平台倾翻轴线（如图 4 所示），如果站立架装有脚轮，应将脚轮处于锁止状态，将试验假人或体重相当的试验员（可加配重），置于站立位上，双人站立架分别将 2 个试验假人或 2 名体重相当的试验员（可加配重）置于各站立位上，操作试验平台使其倾翻。记录站立架的侧倾倾翻角 γ，并精确到 1°。左右各作一次，取较小值作为试验结果。

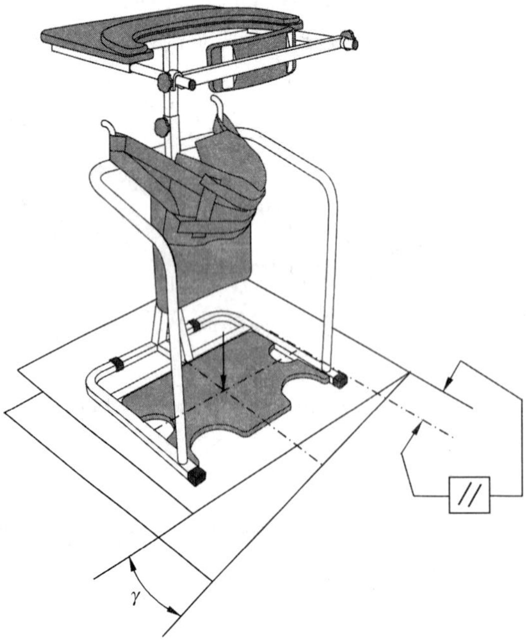

图 4 侧倾稳定性试验示意图

6.4 静载强度试验

6.4.1 台面静载强度试验

将站立架的台面调至最大高度，在台面最易损坏位置，按表 2 中规定的力值，通过 ϕ200 mm 加载垫垂直加载，并保持 5 min。试验后应符合 5.5.1 的要求。

表 2 静载强度试验加载载荷

试验项目	力值/N	
	成人型	儿童型
单人台面静载强度试验	1 000	800
双人台面静载强度试验	2×900[a]	—
多人台面静载强度试验	A×900[b]	—
扶手静载强度试验	500	400
臀部、腰部固定带承载强度试验	1 000	800
脚踏板静载强度试验	2 000	1 600

[a] 这 2 个力的加力中心应间隔≥500 mm。

[b] A 为多人数目，各加力中心应间隔≥500 mm。

6.4.2 扶手静载强度试验

将站立架的台面和扶手调至最大高度，在扶手纵向中心，按表 2 中规定的载荷，通过 ϕ100 mm 加载垫垂直向下缓慢加载，并保持 5 min。试验后应符合 5.5.2 的要求。

6.4.3 固定带承载强度试验

臀部和腰部的固定带在带长度的中心，按表 2 中规定的载荷，垂直缓慢加载，并保持 5 min。试验后应符合 5.5.3 的要求。

6.4.4 脚踏板静载强度试验

将站立架调至正常使用状态，按表 2 中规定的载荷，在脚踏板中心通过 ϕ200 mm 加载垫垂直缓慢加载，并保持 5 min。试验后应符合 5.5.4 的要求。

6.5 噪声试验

按 GB 24436 的相应试验方法进行试验。

6.6 电气安全试验

按 GB 9706.1 的相应试验方法进行试验。

7 检验规则

7.1 检验分类

7.1.1 出厂检验

7.1.1.1 每件产品均应经生产企业的质量检验部门依据本标准进行出厂检验，并附有合格证方能出厂。

7.1.1.2 出厂检验项目至少包括5.1、5.2、5.3、5.4.1、5.7的内容。

7.1.2 型式检验

7.1.2.1 有下列情况之一时，应进行型式检验：

a) 新产品或老产品转厂生产时试制定型的鉴定；
b) 正式生产后，如结构、材料、工艺有较大改变，可能影响产品性能时；
c) 成批生产后，产品质量定期检查时；
d) 产品停产一年后，恢复生产时；
e) 国家质量监督检验机构提出进行型式检验要求时；
f) 合同规定等。

7.1.2.2 型式检验项目按本标准规定的全部要求进行。

7.2 抽样和判定规则

7.2.1 型式检验的样本应从经出厂检验合格产品中随机抽取。

7.2.2 进行型式检验、定期检验的样本不得少于3件。检验用的样本按年产量每3 000件检验3件的比例抽取，年产量低于3 000件的按3件抽取。

7.2.3 样本在进行检验后，如其性能指标有任何一项未达到第5章的要求时，则认为该样本为不合格。

7.2.4 进行型式检验的3件样本中，有1件不合格，可以抽取不合格样本的2倍重新进行检验，检验后仍有1件不合格则本批产品为不合格。

7.2.5 进行型式检验的3件样本有2件不合格时，则本批产品不合格。

8 标志、包装、运输及贮存

8.1 标志、包装

8.1.1 站立架应有标志，其上至少有如下内容：

a) 制造厂名；
b) 产品名称；
c) 型号；
d) 商标；
e) 出厂日期等。

8.1.2 包装应牢固可靠、标志清晰，包装图示标志符合GB/T 191的规定，并注明产品名称、型号规格、数量、制造厂名、商标、地址、电话、净重、毛重、箱体尺寸、出厂日期、防潮等标志。

8.1.3 包装箱内应附有下列文件：

a) 产品合格证(标有检验员代号、检验日期等);

b) 产品使用说明书,说明书应符合 GB/T 9969 的规定(包括安装、使用说明);

c) 装箱清单。

8.2 运输及贮存

8.2.1 产品运输中应避免雨淋及化学品的腐蚀。

8.2.2 产品应保存在通风良好有遮篷处,并与能引起产品腐蚀变化的物品隔开。

ICS 03.180
Y 51

中华人民共和国国家标准

GB/T 28920—2012

教学实验用危险固体、液体的使用与保管

Operation and management for dangerous solids and liquids
in educational experiments

2012-10-12 发布 2013-02-01 实施

中华人民共和国国家质量监督检验检疫总局
中国国家标准化管理委员会 发布

前　　言

本标准按照 GB/T 1.1—2009 给出的规则起草。

本标准的技术内容参考了德国标准 DIN 58126　第 2 部分《教学和教具安全技术要求　危险的固、液物质》。

本标准由中华人民共和国教育部提出。

本标准由全国教学仪器标准化技术委员会(SAT/TC 125)归口。

本标准起草单位:教育部教学仪器研究所、浙江省教育技术中心、南开大学。

本标准主要起草人:党建伟、任伟德、朱志昂、赵翔、陈韫春、张耀东、马蔷、闫宗良。

教学实验用危险固体、液体的使用与保管

1 范围

本标准规定了在学校范围内使用的危险固体和液体物质(放射性物质除外)的分类、标识、使用、贮存、事故响应、处置的规定。

本标准适用于普通学校、使用化学危险品的中等职业学校,大学可参照执行。

2 规范性引用文件

下列文件对于本文件的应用是必不可少的。凡是注日期的引用文件,仅注日期的版本适用于本文件。凡是不注日期的引用文件,其最新版本(包括所有的修改单)适用于本文件。

GB 13690—2009 化学品分类和危险性公示 通则

GB 15258 化学品安全标签编写规定

GB 15603 常用化学危险品贮存通则

GB/T 16483—2008 化学品安全技术说明书 内容和项目顺序

GB/T 18664 呼吸防护用品的选择、使用与维护

GB 20576 化学品分类、警示标签和警示性说明安全规范 爆炸物

GB 20577 化学品分类、警示标签和警示性说明安全规范 易燃气体

GB 20578 化学品分类、警示标签和警示性说明安全规范 易燃气溶胶

GB 20579 化学品分类、警示标签和警示性说明安全规范 氧化性气体

GB 20580 化学品分类、警示标签和警示性说明安全规范 压力下气体

GB 20581 化学品分类、警示标签和警示性说明安全规范 易燃液体

GB 20582 化学品分类、警示标签和警示性说明安全规范 易燃固体

GB 20583 化学品分类、警示标签和警示性说明安全规范 自反应物质

GB 20584 化学品分类、警示标签和警示性说明安全规范 自热物质

GB 20585 化学品分类、警示标签和警示性说明安全规范 自燃液体

GB 20586 化学品分类、警示标签和警示性说明安全规范 自燃固体

GB 20587 化学品分类、警示标签和警示性说明安全规范 遇水放出易燃气体的物质

GB 20588 化学品分类、警示标签和警示性说明安全规范 金属腐蚀物

GB 20589 化学品分类、警示标签和警示性说明安全规范 氧化性液体

GB 20590 化学品分类、警示标签和警示性说明安全规范 氧化性固体

GB 20591 化学品分类、警示标签和警示性说明安全规范 有机过氧化物

GB 20592 化学品分类、警示标签和警示性说明安全规范 急性毒性

GB 20593 化学品分类、警示标签和警示性说明安全规范 皮肤腐蚀/刺激

GB 20594 化学品分类、警示标签和警示性说明安全规范 严重眼睛损伤/眼睛刺激性

GB 20595 化学品分类、警示标签和警示性说明安全规范 呼吸或皮肤过敏

GB 20596 化学品分类、警示标签和警示性说明安全规范 生殖细胞突变性

GB 20597 化学品分类、警示标签和警示性说明安全规范 致癌性

GB 20598 化学品分类、警示标签和警示性说明安全规范 生殖毒性

GB 20599 化学品分类、警示标签和警示性说明安全规范 特异性靶器官系统毒性 一次接触

GB 20601 化学品分类、警示标签和警示性说明安全规范 特异性靶器官系统毒性 反复接触

GB 20602 化学品分类、警示标签和警示性说明安全规范 对水环境的危害

GB 24540 防护服装 酸碱类化学品防护服

GBJ 99 中小学校建筑设计规范

《危险化学品安全管理条例》

3 术语和定义

下列术语和定义适用于本文件。

3.1

物质 substance

自然状态下或通过任何制造过程获得的化学元素及其化合物,包括为保持其稳定性而又必要的任何添加剂和加工过程中产生的任何杂质,但不包括任何不会影响物质稳定性或不会改变其成分的可分离的溶剂。

[GB/T 22225—2008,定义 3.1]

3.2

危险 hazard

潜在的伤害源。

[GB/T 16483—2008,定义 2.6]

3.3

危险性说明 hazard statement

对危险种类和类别的说明,描述某种化学品的固有危险,必要时包括危险程度。

[GB/T 16483—2008,定义 2.7]

3.4

化学品 chemicals

各种化学元素、由元素组成的化合物及其混合物。

[GB 22225—2008,定义 3.3]

3.5

危险化学品 dangerous chemicals

具有爆炸、燃烧、助燃、毒害、腐蚀、环境危害等性质且对接触人员、设施、环境可能造成伤害或者损害的化学品。

[GB 22225—2008,定义 3.4]

3.6

危险固体、液体 dangerous solids and liquids

具有危险化学品性质的固体和液体。

3.7

易燃液体 flammable liquids

闪点不高于 93 ℃的液体。

[GB 20581—2006 中的定义]

3.8

易燃固体 flammable solids

容易燃烧或通过摩擦可能引燃或助燃的固体。

[GB 20582—2006 中的定义]

3.9

自燃液体　pyrophoric liquids

即使数量小也能在与空气接触后 5 min 之内引燃的液体。

[GB 20585—2006 中的定义]

3.10

自燃固体　pyrophoric solids

即使数量小也能在与空气接触后 5 min 之内引燃的固体。

[GB 20586—2006 中的定义]

3.11

金属腐蚀物　corrosive to metals

腐蚀金属的物质或混合物是通过化学显著损坏或毁坏金属的物质或混合物。

[GB 20588—2006 中的定义]

3.12

氧化性液体　oxidizing liquids

氧化性液体是本身未必燃烧，但通常因放出氧气可能引起或促使其他物质燃烧的液体。

[GB 20589—2006 中的定义]

3.13

氧化性固体　oxidizing solids

氧化性固体是本身未必燃烧，但通常因放出氧气可能引起或促使其他物质燃烧的固体。

[GB 20590—2006 中的定义]

4　分类

4.1　化学品分类按 GB 13690—2009 第 4 章，按危险性质划分为理化危险、健康危险和环境危险。

4.1.1　具有理化危险的化学品包括：

——爆炸物；

——易燃气体；

——易燃气溶胶；

——氧化性气体；

——压力下气体；

——易燃液体；

——易燃固体；

——自反应物质或混合物；

——自燃液体；

——自燃固体；

——自热物质和混合物；

——遇水放出易燃气体的物质和混合物；

——氧化性液体；

——氧化性固体；

——有机过氧化物；

——金属腐蚀剂。

4.1.2　具有健康危险的化学品包括：

——急性毒性；
——皮肤腐蚀/刺激；
——严重眼损伤/眼刺激；
——呼吸或皮肤过敏；
——生殖细胞致突变性；
——致癌性；
——生殖毒性；
——特异性靶器官系统毒性——一次接触；
——特异性靶器官系统毒性——多次接触；
——吸入危险。

4.1.3 具有环境危险的化学品包括危害水生环境(分为三个急性分类类别和四个慢性分类类别)。

4.2 各类化学品的定义、分类、警示标签和警示性说明分别见系列标准 GB 20576～20599、GB 20601、GB 20602。

4.3 危险固体、液体物质包括具有理化危害的易燃液体、易燃固体、自反应物质或混合物、自燃液体、自燃固体、自热物质和混合物、遇水放出易燃气体的物质和混合物、氧化性液体、氧化性固体、有机过氧化物、金属腐蚀剂，具有健康危险的急性毒性物质、皮肤腐蚀/刺激物质、严重眼损伤/眼刺激物质、呼吸或皮肤过敏物质、生殖细胞致突变性物质、致癌性物质、生殖毒性物质、特异性靶器官系统毒性物质——一次接触、特异性靶器官系统毒性物质——多次接触、吸入危险物质及具有危害水生环境物质。

4.4 中学常用危险固体、液体及其危害性说明参见附录 A。

5 标识

5.1 基本要求

学校使用的危险固体、液体，应具有安全标签和化学品安全技术说明书，未标识安全标签及未随化学品附安全技术说明书的危险固体、液体应禁止进入学校。

5.2 安全标签

5.2.1 安全标签应包括化学品标识、象形图、信号词、危险性说明、防范说明、应急咨询电话、供应商标识、资料参阅提示语等要素。各要素应正确。标签要素的具体内容应符合 GB 15258 的要求。

5.2.2 安全标签应粘贴、挂拴或喷印在化学品包装或容器的明显位置。

5.2.3 安全标签应由生产企业在货物出厂前粘贴、挂拴或喷印，如果改换包装，应由改换包装单位重新粘贴、挂拴或喷印。

5.2.4 盛装危险固体、液体的容器在未净化前，不应更换原安全标签。

5.2.5 对于小于或等于 100 mL 的化学品小包装，为方便标签使用，安全标签要素可以简化，包括化学品标识、象形图、信号词、危险性说明、应急咨询电话、供应商名称及联系电话、资料参阅提示语即可。

5.2.6 安全标签的制作(包括编写、颜色、标签尺寸、印刷)及使用(包括使用方法、位置、使用注意事项)应符合 GB 15258 的要求。

5.2.7 化学、生物实验室应挂贴有关使用中的危险固体、液体的化学品标识、象形图、信号词、危险性说明的挂图。挂图有关内容应符合 GB 15258 的要求。

5.2.8 中学常用危险固体、液体的危害、预防措施、事故响应、安全贮存等内容参见附录 A。

5.3 危险固体、液体安全技术说明书

5.3.1 化学品安全技术说明书应按照下面 16 个部分提供化学品的信息，每部分标题、编号和前后顺序

不应随意变更。

1） 化学品及企业标示；

2） 危险性概述；

3） 成分/组成信息；

4） 急救措施；

5） 消防措施；

6） 泄露应急处理；

7） 操作处置与储存；

8） 接触控制和个体防护；

9） 理化特性；

10） 稳定性和化学性；

11） 毒理学信息；

12） 生态学信息；

13） 废弃处置；

14） 运输信息；

15） 法规信息；

16） 其他信息。

5.3.2 化学品安全技术说明书的具体结构、内容和通用形式应符合 GB/T 16483—2008 的要求。

5.3.3 化学品安全技术说明书应放置在教师或学生方便取用的地方，便于其翻阅、查询有关资料。

6 使用

6.1 基本要求

6.1.1 学校应制定《化学实验室规章制度》《危险固体、液体使用操作规程》及《危险固体、液体事故应急处理预案》。

6.1.2 学校应对学生进行安全使用危险固体、液体的培训，使其能够识别标签，了解安全使用知识，掌握必要的应急处理方法和自救措施。

6.1.3 学校化学、生物实验室应具有以下安全防护设备和个人防护用具：

a） 抽排风设备，如通风柜或抽排风系统；

b） 眼睛冲洗设施；

c） 消防灭火设施；

d） 个人防护用具，包括防护服、呼吸防护用品、护目镜、化学安全防护手套；

e） 防爆的电器、通风、照明及其他设备。

6.1.4 安全防护设备和个人防护用具应由指定人员负责维护维修，保证随时好用。

6.1.5 中学化学、生物实验室的建筑设计应符合 GBJ 99 的要求。

6.1.6 实验室在准备实验时应尽量选择小包装化学品，这样可将危险性保持在低水平。

6.1.7 搬运时应轻拿轻放，摆放稳妥，防止相互间撞击、摩擦和倾倒。

6.1.8 互相接触容易引起燃烧、爆炸或造成其他危险的化学危险品，以及化学性质或防护、灭火方法互相抵触的化学危险品，不应同时混合搬运。

6.1.9 学校实验室内应禁止吸烟、进食和饮用。

6.1.10 进行化学实验前应及时开启抽排风设备。

6.1.11 操作时应按照制造商的使用说明穿戴适当的个人防护用品，应禁止一切直接接触，操作后用肥皂和清水彻底清洗身体暴露部位。

6.1.12 应及时清理泄漏物，处理所有污损的衣服、毛巾等，废弃物应特殊处理，放入需特殊处理的垃圾箱内。

6.1.13 不应在地下室、地窖以及任何地下空间使用极易燃液体。

6.1.14 危险固体、液体物质的使用应符合《危险化学品安全管理条例》。

6.1.15 《危险固体、液体使用操作规程》至少应包括以下内容：

a) 危险警示；

b) 操作过程；

c) 注意事项；

d) 应急处理办法及措施。

6.2 个人防护用具

6.2.1 呼吸防护用品应符合 GB/T 18664。

6.2.2 应选用具有防止化学品喷溅作用的防护服，防护服应符合 GB 24540。

6.2.3 应选用具有防止化学品喷溅作用的护目镜。

6.3 消防灭火设施

6.3.1 学校实验室应配备针对危险固体、液体所需的必要灭火器材，包括沙土、泡沫、二氧化碳等灭火器材。

6.3.2 学校应根据燃火危险固体、液体物质的性质，按照表 A.1 选择合适的灭火器材。

6.4 制定《危险固体、液体事故应急处理预案》有关要求

6.4.1 制定《危险固体、液体事故应急处理预案》的目的：

a) 使事故引起的紧急情况不扩大；

b) 尽最大可能减少事故对人员、设备及环境造成的危害。

6.4.2 学校应针对所具有的危险品的种类、数量及其危害程度，对存在的潜在事故进行评估，确定潜在可能发生的紧急事件，并对这些潜在紧急事件按类别制定《危险固体、液体事故应急处理预案》。

6.4.3 《危险固体、液体事故应急处理预案》应包括以下内容：

a) 潜在事故的描述，包括：危险物泄漏、着火、危险物溅到人员皮肤或眼睛上等；

b) 潜在事故的规模、影响程度及范围（泄漏物的数量，有毒、易燃等）；

c) 危险报警及事故报告步骤及方法；

d) 有关设备关闭程序；

e) 事故现场人员的撤离步骤；

f) 受伤人员的紧急处置措施；

g) 危险泄漏物的紧急处置。

7 贮存

7.1 基本要求

7.1.1 贮存化学危险品应遵照国家法律法规和 GB 15603 的规定。

7.1.2 学校应根据实际需求购置化学品，其贮存量应不超过一学期的实际用量，应贮存尽量少的危险固体、液体。

7.1.3 学校应设置危险药品贮藏室。

7.1.4 贮存危险固体、液体的实验室应建立严格的出入库管理制度。

7.1.5 化学危险品出入库前均应由双人进行检查验收、登记，验收内容包括：

a) 数量；

b) 包装；

c) 危险标志。

上述内容应经双人核对后方可入库、出库，当物品性质未弄清时应不允许进入学校。

7.1.6 入库后应根据化学危险品的养护要求采取适当的养护措施，在贮存期间，应定期检查，发现包装破损、渗漏、品质变化等应及时处理。

7.1.7 危险固体、液体应贮存在生产商提供的容器内，如进行分装应采用明确属于化学制剂专用的容器贮存，并注意：

a) 按贮存物质的不同可用透明、褐色玻璃制成的容器，或者用具有足够耐腐蚀性的特殊塑料制成的容器；

b) 光敏物质(如：有生成过氧化物或催化分解危险的)应采用褐色玻璃容器或者具有同样保护作用的玻璃容器，以防止光的影响；

c) 为防止个别情况下磨口瓶盖的粘结，瓶盖应使用特殊玻璃或特殊情况下使用塑料制作的；

d) 会放出腐蚀蒸气的化学品，应装入能防止腐蚀气体逸出的密封容器内；

e) 通常用于贮存饮料和生活用品的容器及其代用容器不应盛装危险物质；

f) 为防止化学品在装入或换装时发生危险，应使用干净和干燥的容器；

g) 分装后的标签应符合5.2。

7.1.8 危险固体、液体应贮存在危险品柜中。

7.1.9 贮存在危险品柜中的危险固体、液体应注意以下禁忌：

a) 自燃或遇水燃烧的物品不应与易燃、易爆物品同存一柜；

b) 易燃液体、易燃固体、遇湿易燃物品不应与氧化剂混合贮存；

c) 具有还原性的氧化剂应单独存放；

d) 毒害品与酸类应隔离存放，严禁与食品同库存放，加强管理严防丢失与误交付；

e) 有毒物品应贮存在阴凉干燥、通风、干燥的场所，不应露天存放，不应接近酸类物质；

f) 腐蚀性物品包装应严密，不允许泄露，严禁与液化气体和其他物品共存。

7.1.10 应按表A.1的安全贮存要求严格控制贮存环境的温度、湿度，经常检查并予以记录，发现变化应及时调整。

7.1.11 应由专人定期检查、维护、保养、维修危险药品贮藏室的消防等各种设施设备，出现问题及时更换。

7.1.12 危险固体、液体物质的贮存应符合《危险化学品安全管理条例》。

7.2 危险药品贮藏室

7.2.1 危险药品贮藏室应单建或建于教学楼外墙一侧，不应设在教学楼内，也不能设在楼内地下室。

7.2.2 危险药品贮藏室应符合以下要求：

a) 应由专人管理，无人看管时房门应锁上；

b) 面积应不小于8 m^2；

c) 室内不应放置可燃物(如纸、纸箱、纺织物和木材等)、加热器等；

d) 室内电器设备(如灯具、排风扇等)应防爆、防静电；

e) 应符合有关安全、防火规定，应设置相应的监控、防晒、防火、防雷、灭火、防潮、调温、消除静电、防腐、防渗漏等安全设施；

f) 在储藏室外墙的高、低处应各有一个向外的通风设备，通风洞口靠室外的一侧应设挡风措施，室内一侧应设防护罩；

g) 室内应设有上、下水，配有水池、地漏，并设有事故急救冲洗水嘴；

h) 室内及附近应禁止吸烟和使用明火；

i) 门上应粘贴危险品标志。

7.3 危险品柜

危险品柜应符合以下要求：

a) 具有通风、防盗、防火、防腐蚀等作用；

b) 应放置于安全的地方，远离灯光、明火、热源等；

c) 危险品柜的通风应直通到室外，严禁直接排风到室内；

d) 应设双锁，由两人同时保管钥匙，只有在两人同时在场，并经批准后方可取用危险固体、液体。

8 事故响应

8.1 急救

8.1.1 如发生事故应尽最大可能减少事故对人员、设备及环境造成的危害，使事故引起的紧急情况不扩大。

8.1.2 如发生皮肤或眼睛接触、吸入有害气体、误食药品等应立即拨打120急救电话，寻求医疗帮助。就医时应携带药品标签或原药品瓶。

8.1.3 如皮肤接触，应立即脱去污染衣物，即刻用大量制造商建议使用的药液或大量流动清水冲洗接触部位至少20 min，避免药品向其他部位扩散，并及时就医。污染衣物应隔离放置，清洗后再穿。如果是碱性腐蚀品可先用大量流动清水冲洗后，然后用2%醋酸溶液洗涤中和，中和时间不宜过长，之后再用清水冲洗；酸性腐蚀品可先用大量流动水冲洗后，然后用2%碳酸氢钠水溶液洗涤中和，中和时间不宜过长，之后再用清水冲洗。

8.1.4 如眼睛接触，应提起眼睑，立即用大量制造商建议使用的药液或缓慢流动清水冲洗眼睛至少20 min，冲洗时应避免正对眼角膜，并立即就医治疗。

8.1.5 如吸入有害气体，应将患者立即移至新鲜空气处，保持安静，拨打120急救电话。如呼吸困难应给予吸氧，如呼吸停止应进行人工呼吸。

8.1.6 如误食，应按照制造商提供办法处置，依情况进行催吐、给饮牛奶或温水并立即就医，如食入或吸入化学药品，应禁止口对口进行人工呼吸，如需人工呼吸可用带单向阀的小型面罩或其他适当医疗设备。

8.2 消防

8.2.1 如遇火灾，应首选危险固体、液体制造商建议的灭火设备类型。

8.2.2 遇湿易燃物质造成的火灾，应禁止使用水、泡沫、酸碱等灭火器。

8.2.3 自燃性物质不应使用水、二氧化碳或泡沫灭火器。

8.2.4 毒害品和腐蚀品造成的火灾，应尽量使用低压水流或雾状水，以避免毒害品和腐蚀品溅出。腐蚀品可根据其酸碱性调制中和剂进行稀释中和。

8.2.5 应根据火灾性质选择如下灭火器：

——清水灭火器，内装水和少量添加剂；

——酸碱灭火器，内装碳酸氢钠和硫酸铝；

——化学泡沫灭火器，内装碳酸氢钠和硫酸铝；

——清水泡沫灭火器，内装氟碳表面活性剂和添加剂；

——二氧化碳灭火器，内装 CO_2；
——干粉灭火器，内装碳酸氢钠或磷酸铵干粉；
——卤代烷灭火器，内装卤代烷 1211、1301、2402。

9 处置

9.1 处置要求

9.1.1 应按照环境保护法及使用说明的规定，妥善处理废水、废气、废渣。

9.1.2 应使用废液处理装置或采用废液处理措施对废液进行适当处理后再排入下水道。

9.1.3 应选择对环境产生最小影响的方式清理或处置化学品。

9.1.4 处置时应防止对人员(包括学生、勤杂工)的危害。

9.2 处置建议

9.2.1 酸性或碱性物质

可酌情采用中和的方法处置酸性或碱性物质，方法：可将酸性或碱性物质收集到一个标有“酸碱废料”标签的不太小玻璃或塑料容器中，当酸性或碱性物质约占容器的四分之三时，用氢氧化钠溶液或氧化钙，也可用盐酸充分中和，直至 pH 值等于 8(指示剂)，这时重金属也作为难溶的氢氧化物(或氯化物)沉淀下来，中和的液体可倒入排水槽中，沉淀物可装入瓶或塑料袋中成为特殊垃圾。

注：生物状态的细菌在 pH 值超过 8.5 和低于 6 时会受损害。

9.2.2 重金属化合物

重金属化合物宜酌情采用以下办法处置：

——将固态或液态的重金属盐类制成难溶形式的物质：即沉淀为硫化物、氢氧化物，有些重金属用添加普通金属比如铁的方法，从盐酸溶液中置换沉淀出来；
——难溶形式的物质既不应该在弱酸环境也不应该在弱碱环境中再次溶解，而且任何有毒组分不会通过络合剂或细菌活动重新起作用；难溶形式的物质作为家庭垃圾装入塑料袋中；
——如果家庭垃圾将在焚烧设备中焚化，那么垃圾中不应含沸点在 1 300 ℃以下的重金属化合物；
——在上述方法不适用的情况下，将剩余物尽可能分离并确认，并作为特殊垃圾处理(例如：汞、汞化合物)；
——重金属盐类：重金属盐类如银、铜、铅、镍、钴、锌、镉、铁，汞及各种铬酸盐除外)，可把它们装入贴有“重金属盐类废料”标签的塑料或玻璃容器内，当容器约装满四分之三时，容器内所含物必要时加入硫酸进行酸化。为了将大部分重金属分离出来，不应添加铁质部件(铁钉、铁屑)，并至少要使之作用一天。析出的重金属装入塑料瓶当作家庭垃圾或者回收。剩余被溶解的金属化合物作为硫化物被沉淀。

9.2.3 有机物质

9.2.3.1 危害

有机物质具有以下危害：

——废水中的有机物质因可燃性和毒性是十分有害的；
——不能与水混合的可燃液体因其可燃性危险，以及形成易爆蒸气/空气混合物，在任何情况下都不应排入废水槽；
——碳氢卤化物对饮用水长期有毒和有害；

——其他不可能降解物质会污染地下水，矿物油在稀释到1∶1 000 000时仍有影响；
——生物可降解的有机物质在水中是消耗氧的。

9.2.3.2 处置办法

宜采用以下处置办法：

a) 有机物质的无害化清理法就是焚烧，对碳氢卤化物采用与可燃材料混合在高温下燃烧（1 300 ℃），在此温度下可使碳骨架摧毁；
b) 有机物质的残余物（溶剂和混合物）可分成2组装在玻璃容器内，容器上可标明：

——不含卤化物的有机废料；
——含有卤化物的有机废料。

这些废料应在特殊垃圾焚化装置中焚化。

9.2.3.3 有爆炸危险的物质

应注意：

——应非常小心地防止突发的有爆炸危险的物质和混合物质；
——有爆炸危险的物质极少量时可在空旷场地焚烧，助燃物质、有爆炸危险的物质不可作家庭垃圾处理。

9.2.3.4 具有助燃性的物质

应注意：

——有一些物质（例如：高锰酸钾、氯酸盐）和家庭垃圾中的可燃物质在一起可引发燃烧和爆炸，而少量这类物质稀释后进入废水具有较小的危险性；
——大量的这类物质应作为特殊垃圾处理。

注：特殊垃圾的送交地点询问当地区或市的环保部门。

9.2.3.5 剧毒物质

剧毒物质应作为特殊垃圾处理，不应排入下水道或丢弃在一般家庭垃圾中。

附　录　A
（资料性附录）
中学常用危险固体、液体物质的危险性说明、预防措施、事故响应及安全贮存

表 A.1　中学常用危险固体、液体物质的危险性说明、预防措施、事故响应及安全贮存

化学名称	危险性说明	预防措施	事故响应	安全贮存	备注
苯	本品蒸气与空气易形成爆炸性混合物。 与氧化剂会发生强烈反应，遇明火、高热会引起燃烧爆炸。 触及皮肤易经皮肤吸收或误食、吸入蒸气、粉尘会引起中毒。 有麻醉性或其蒸气有麻醉性。 易产生或聚集静电，有燃烧爆炸危险	远离热源、明火。使用不产生火花的工具作业。 保持容器密闭。 采取防止静电措施，容器和接收设备接地连接。 使用防爆电器、通风、照明及其他设备。 戴防护手套、护目镜、防护面罩。 操作后彻底清洗身体接触部位。 作业场所不应进食、饮水或吸烟。 不应排入环境	皮肤（或头发）接触：立即脱掉所有被污染物。用清水冲洗接触部位至少 20 min 皮肤，就医。 食入：用 0.005% 的活性炭悬液或 0.02%碳酸氢钠溶液洗胃催吐，然后服导泻和利尿药物，以加快体内毒物的排泄，减少毒物吸收。立即就医。 收集泄漏物。 灭火：应用干粉、泡沫、二氧化碳、水幕。不应使用直流水灭火	应贮存于密封的容器中，存放于阴凉、通风场所，避免日晒，隔绝热源和火种。 室内温度不应超过 40 ℃。 禁止与氧化剂等一起贮存和运输	
甲苯	遇明火、高热会引起燃烧爆炸。遇易燃物、有机物会引起爆炸。 触及皮肤易经皮肤吸收或误食、吸入蒸气、粉尘会引起中毒。 有麻醉性或其蒸气有麻醉性。 有刺激性气味	远离热源、火花、明火、热表面。使用不产生火花的工具作业。 保持容器密闭。 采取防止静电措施，容器和接收设备接地连接。 使用防爆电器、通风、照明及其他设备。 戴防护手套、护目镜、防护面罩。 操作后彻底清洗身体接触部位。 作业场所不应进食、饮水或吸烟。 不应排入环境	皮肤（或头发）接触：立即脱掉所有被污染物。用流动清水冲洗接触部位至少 20 min，就医。 眼睛接触：提起眼睑，用流动清水或生理盐水冲洗。就医。 食入：饮足量温水，催吐，立即就医。 收集泄漏物。 灭火：应用泡沫、干粉、二氧化碳、砂土灭火。不应使用直流水灭火	应贮存于密封的容器中，存放于阴凉、通风场所，避免日晒，隔绝热源和火种。 室内温度不应超过 40 ℃。 禁止与氧化剂等一起贮存和运输	

表 A.1（续）

化学名称	危险性说明	预防措施	事故响应	安全贮存	备注
无水乙醇	本品蒸气与空气易形成爆炸性混合物。 与氧化剂会发生强烈反应，遇明火、高热会引起燃烧爆炸。 吸入或皮肤、眼睛接触可引起刺激或灼伤	远离热源、明火。使用不产生火花的工具作业。 保持容器密闭。 采取防止静电措施，容器和接收设备接地连接。 使用防爆电器、通风、照明及其他设备。 戴防护手套、护目镜、防护面罩。 操作后彻底清洗身体接触部位。 作业场所不应进食、饮水或吸烟。不应排入环境	皮肤（或头发）接触：立即脱掉所有被污染物。用清水冲洗皮肤，淋浴，就医。 眼睛接触：清水冲洗。 误食：饮足量温水催吐，就医。 灭火：应用抗溶性泡沫、干粉、二氧化碳、砂土灭火。不应使用直流水灭火	密封包装，贮存于阴凉、通风处。 远离火种、热源，避免阳光直射。 应与氧化剂分储分运	
乙酸乙脂	本品蒸气与空气易形成爆炸性混合物。 遇高热、明火及强氧化剂易引起燃烧。 有麻醉性或其蒸气有麻醉性	远离热源、明火。使用不产生火花的工具作业。 保持容器密闭。 采取防止静电措施，容器和接收设备接地连接。 使用防爆电器、通风、照明及其他设备。 戴防护手套、护目镜、防护面罩。 操作后彻底清洗身体接触部位。 作业场所不应进食、饮水或吸烟。 不应排入环境	皮肤（或头发）接触：立即脱掉所有被污染物。用清水冲洗皮肤，淋浴，就医。 眼睛接触：清水冲洗。 误食：饮足量温水催吐，就医。 灭火：应用干粉、二氧化碳、水幕、抗醇泡沫、砂土灭火。不应使用直流水灭火	密封包装，贮存于阴凉、通风处。 远离火种、热源，避免阳光直射。 应与氧化剂分储分运	
原油	本品蒸气与空气易形成爆炸性混合物。 与氧化剂会发生强烈反应，遇明火、高热会引起燃烧爆炸。 有毒或其蒸气有毒。 有特殊的刺激性气味	远离热源、明火。使用不产生火花的工具作业。 保持容器密闭。 采取防止静电措施，容器和接收设备接地连接。 使用防爆电器、通风、照明及其他设备。 戴防护手套、护目镜、防护面罩。 操作后彻底清洗身体接触部位。 作业场所不应进食、饮水或吸烟。 不应排入环境	皮肤（或头发）接触：立即脱掉所有被污染物。用清水冲洗皮肤，淋浴，就医。 眼睛接触：清水冲洗。 误食：饮足量温水催吐，就医。 灭火：应用抗溶性泡沫、干粉、二氧化碳、砂土灭火。不应使用直流水灭火	密封包装，贮存于阴凉、通风处。 远离火种、热源，避免阳光直射。 应与氧化剂分储分运	

表 A.1（续）

化学名称	危险性说明	预防措施	事故响应	安全贮存	备注
乙醛	易燃。 本品蒸气与空气易形成爆炸性混合物。 与氧化剂会发生强烈反应， 遇明火、高热会引起燃烧爆炸。 有刺激性气味。 吸入或经皮肤吸收可引起中毒，皮肤眼睛接触可引起刺激或灼伤	远离热源、火花、明火、热表面。使用不产生火花的工具作业。 保持容器密闭。 采取防止静电措施，容器和接收设备接地连接。 使用防爆电器、通风、照明及其他设备。 戴化学安全防护眼镜，穿防静电工作服，戴橡胶手套。 操作后彻底清洗身体接触部位。 作业场所不应进食、饮水或吸烟。 不应排入环境	皮肤(或头发)接触：立即脱掉所有被污染物。用清水冲洗接触部位至少20 min，淋浴，就医。 眼睛接触：用流动清水或生理盐水冲洗。就医。 误食：饮足量温水催吐，就医。 灭火：应用干粉、二氧化碳、水幕或抗醇泡沫灭火。不应使用直流水灭火	密封包装，贮存于阴凉、通风处。库温不宜超过25 ℃。 远离火种、热源，避免阳光直射。 应与氧化剂、还原剂、酸类等分开存放，切忌混储	
丙酮	易燃。 本品蒸气与空气易形成爆炸性混合物。 遇高热、明火及强氧化剂易引起燃烧。 吸入或经皮肤吸收可引起中毒，皮肤眼睛接触可引起刺激或灼伤	远离热源、火花、明火、热表面。使用不产生火花的工具作业。 保持容器密闭。 采取防止静电措施，容器和接收设备接地连接。 使用防爆电器、通风、照明及其他设备。 戴化学安全防护眼镜，穿防静电工作服，戴橡胶手套。 操作后彻底清洗身体接触部位。 作业场所不应进食、饮水或吸烟。 不应排入环境	皮肤(或头发)接触：立即脱掉所有被污染物。用微温的缓慢的流水冲洗患处至少20 min，就医。 眼睛接触：眼睑张开，用微温的缓慢的流水冲洗患眼约20 min，就医。 误食：用水充分漱口，不可催吐，给患者饮水约250 mL，就医。 灭火：应用干粉、二氧化碳、水幕或抗醇泡沫灭火。不应使用直流水灭火	密封包装，贮存于阴凉、通风处。库温不宜超过29 ℃。 远离火种、热源，避免阳光直射。 应与氧化剂、还原剂、碱类分开存放	

表 A.1（续）

化学名称	危险性说明	预防措施	事故响应	安全贮存	备注
汽油	本品蒸气与空气易形成爆炸性混合物。 与氧化剂会发生强烈反应，遇明火、高热会引起燃烧爆炸。 有毒或其蒸气有毒。 吸入或皮肤、眼睛接触可引起刺激或灼伤	远离热源、火花、明火、热表面。使用不产生火花的工具作业。 保持容器密闭。 采取防止静电措施，容器和接收设备接地连接。 使用防爆电器、通风、照明及其他设备。 戴防护手套、护目镜、防护面罩。戴化学安全防护眼镜，穿防静电工作服，戴橡胶手套。 操作后彻底清洗身体接触部位。 作业场所不应进食、饮水或吸烟。 不应排入环境	皮肤接触：立即脱掉所有被污染物。用肥皂水和清水彻底冲洗至少 15 min 皮肤，就医。 眼睛接触：立即提起眼睑，用大量流动清水或生理盐水彻底冲洗至少 15 min，就医。 误食：给饮牛奶或用植物油洗胃和灌肠，就医。 灭火：应用干粉、二氧化碳、泡沫、水幕灭火。不应使用直流水灭火	密封包装，贮存于阴凉、通风处。库温不宜超过 29℃。 远离火种、热源，避免阳光直射。 应与氧化剂、还原剂、碱类分开存放	
硫	易燃固体，遇高热、明火及强氧化剂易引起燃烧。可有特殊的刺激性气味	远离热源、火花、明火、热表面，禁止吸烟，容器和接收设备接地连接。 使用防爆电器、通风、照明及其他设备。 穿工作服，戴防护手套、护目镜、防护面罩。 各种操作轻搬轻放，防止摩擦撞击	皮肤接触：立即脱掉所有被污染衣物，用流动清水冲洗皮肤至少 20 min。 眼睛接触：用流动清水冲洗至少 20 min。 误食：给饮足量温水，催吐，立即就医。 收集泄漏物。 灭火：应用砂土、水灭火	应贮存于密封的容器中，存放于阴凉、通风、干燥场所，避免日晒，隔绝热源和火种，放置稳定，严禁倒置。 不应与氧化剂、强还原剂、酸碱类一起贮存和运输	
镁	易燃固体（遇湿易燃）。与空气混合能形成爆炸性混合物，遇明火、高热易引起燃烧。遇水或潮湿空气会引起燃烧爆炸。遇酸或稀酸会引起燃烧爆炸	远离热源、火花、明火、热表面，禁止吸烟，容器和接收设备接地连接。 使用防爆电器、通风、照明及其他设备。 穿工作服，戴手套、护目镜、口罩。 操作时轻拿轻放，防止摩擦撞击，使用不产生火花的铜制或铜合金制工具，搬运时轻拿轻放	皮肤接触：立即脱掉所有被污染物，用水冲洗皮肤，淋浴。 眼睛接触：用流动清水冲洗。 误食：给饮足量温水，催吐，立即就医。 收集泄漏物。 灭火：应用干粉、苏打灰、石灰、干砂灭火，不应用水、泡沫、二氧化碳和酸碱灭火剂	应贮存于密封的容器中，存放于阴凉、通风、干燥场所，避免日晒，隔绝热源和火种，库温 32 ℃以下。 放置稳定，严禁倒置。 不应与氧化剂、酸、卤素元素物品一起贮存和运输	

表 A.1（续）

化学名称	危险性说明	预防措施	事故响应	安全贮存	备注
硫化钠	自燃，有腐蚀性。 遇明火、高热会引起燃烧爆炸。 撞击、摩擦、振动有燃烧爆炸危险。 接触空气能自燃或干燥品久贮变质后能自燃。 受高热或燃烧发生分解放出有毒气体。 接触酸或酸雾产生有毒气体。 有特殊的刺激性气体	远离热源、火花、明火、热表面，禁止吸烟。 容器和接收设备接地连接。 使用防爆电器、通风、照明及其他设备。 戴防护手套、护目镜、防护面罩。 工作完毕，淋浴更衣	皮肤接触：立即脱去污染的衣着，用大量流动清水冲洗至少 20 min。就医。 眼睛接触：立即提起眼睑，用大量流动清水或生理盐水彻底冲洗至少 20 min。就医。 吸入：迅速脱离现场至空气新鲜处。保持呼吸道通畅。如呼吸困难，应给输氧。如呼吸停止，立即进行人工呼吸。就医。 食入：用水漱口，给饮牛奶或蛋清。就医。 收集泄漏物。 灭火：应用干粉、苏打灰、石灰、砂土灭火。不应使用水、二氧化碳、泡沫	应贮存于密封的容器中，存放于阴凉、通风、干燥场所，避免日晒，隔绝热源和火种。 应与氧化剂、酸碱类分开存放	
铝粉	易燃固体。 与空气混合能形成爆炸性混合物。 与氧化剂混合能形成爆炸性混合物。 遇酸或稀酸会引起燃烧爆炸。 遇碱发生剧烈反应，有燃烧爆炸危险	操作时应使用不产生火花的铜制或铜合金制工具，搬运时轻拿轻放，避免摔振撞击。 穿戴适当的防护服、防护眼睛和防护手套，防止触及皮肤和眼睛，操作后彻底清洗。 应在适当通风良好的区域使用	皮肤接触：立即脱去污染的衣着，用大量流动清水冲洗至少 15 min。就医。 眼睛接触：立即提起眼睑，用大量流动清水或生理盐水彻底冲洗至少 15 min。就医。 吸入：迅速脱离现场至空气新鲜处。保持呼吸道通畅。如呼吸困难，给输氧。如呼吸停止，立即进行人工呼吸。就医。 灭火：应用干砂、石墨粉灭火。不应用水、泡沫、二氧化碳和酸碱灭火剂	应贮存于密封的容器中，存放于阴凉、通风、干燥场所，避免日晒，隔绝热源和火种，库温不超过 30 ℃，相对湿度不大于 80%。 应与氧化剂、酸类、碱类物隔离存放	

表 A.1（续）

化学名称	危险性说明	预防措施	事故响应	安全贮存	备注
红（赤）磷	易燃固体。 遇强氧化剂会引起燃烧爆炸。 遇明火燃烧时放出有毒气体。 撞击、摩擦、振动有燃烧爆炸危险。 遇卤素会引起燃烧。 遇高热、明火及强氧化剂易引起燃烧	远离热源、火花、明火、热表面。 禁止吸烟，操作时应使用不产生火花的铜制或铜合金制工具，搬运时轻拿轻放，避免摔振、撞击。 容器和接收设备接地连接。 使用防爆电器、通风、照明及其他设备。 穿戴适当的防护服、防护眼镜和防护手套，防止触及皮肤和眼睛。 工作完毕，淋浴更衣	皮肤接触：脱去污染的衣着，立即用清水彻底冲洗至少 20 min。就医。 眼睛接触：立即提起眼睑，用流动清水或生理盐水冲洗至少 20 min。 吸入：迅速脱离现场至空气新鲜处。必要时进行人工呼吸。就医。 食入：误服者给充分漱口、饮水，就医。 灭火：应用干粉、砂土灭火	应贮存于密封的容器中，存放于阴凉、通风、干燥场所，避免日晒，隔绝热源和火种。 应与氧化剂、卤素分开存放	
黄（白）磷	自燃、剧毒。 遇强氧化剂会引起燃烧爆炸，撞击、摩擦、振动有燃烧爆炸危险。 接触空气能自燃。 有吸湿性或易潮解	取用白磷时应用镊子，不应用手直接接触；切割白磷时，应在水面下切割，否则切割时摩擦产生的热易使白磷燃烧。 操作时应使用不产生火花的铜制或铜合金制工具，搬运时轻拿轻放，避免摔振、撞击。 接触过白磷的刀子和镊子应在通风柜中用酒精灯灼烧。擦过上述工具或用于吸干白磷的纸片不应丢在废纸篓里。应在通风柜中烧掉。应多次冲洗实验中用过的水槽。 穿戴适当的防护服，戴护目镜和防护手套，防止触及皮肤和眼睛，操作后淋浴更衣	皮肤接触：脱去被污染衣物，用大量流动清水冲洗至少 20 min，立即涂抹 2%～3%硝酸银灭磷火。就医。 眼睛接触：立即提起眼睑，用大量流动清水或生理盐水彻底冲洗至少 20 min。就医。 吸入：迅速脱离现场至空气新鲜处。保持呼吸道通畅。如呼吸困难，给输氧。如呼吸停止，进行人工呼吸。就医。 食入：立即用 2%硫酸铜洗胃，或用 1∶5 000 高锰酸钾洗胃。洗胃及导泻应谨慎，防止胃肠穿孔或出血。就医。 灭火：应用雾状水灭火	应将白磷贮存于盛有冷水的瓶中，存放于阴凉、通风、干燥场所，避免日晒，隔绝热源和火种，库温不应超过 30 ℃，相对湿度不大于 80%。 应与氧化剂、酸类、碱类物隔离存放	

表 A.1（续）

化学名称	危险性说明	预防措施	事故响应	安全贮存	备注
钾	遇湿易燃，遇酸会引起燃烧，遇卤素会引起燃烧爆炸。 触及皮肤有强烈刺激作用而造成灼伤	远离热源、火花、明火、热表面，禁止吸烟。 容器和接收设备接地连接。 使用防爆电器、通风、照明及其他设备。 戴防护手套、护目镜、防护面罩	皮肤（或头发）接触：立即脱掉所有被污染物，用水冲洗皮肤、淋浴。 食入：催吐，立即就医。 收集泄漏物。 灭火：应用干粉、干砂、苏打灰或石灰灭火，不应用水、泡沫、二氧化碳和酸碱灭火剂。 扑救火灾时，应有防毒措施	应贮存于密封的容器中，存放于阴凉、通风、干燥场所，库温不超过30℃，相对湿度不超过75%，避免日光直射。严禁露天存放，隔绝热源和火种。 不应与氧化剂、卤素、酸类、含水物等一起贮存和运输	对撒漏的金属钾浸入煤油或液体石蜡中
钠	遇湿易燃。 遇水或潮湿空气会引起燃烧爆炸。 遇酸或稀酸会引起燃烧爆炸。 遇卤素会引起燃烧爆炸。 触及皮肤有强烈刺激而造成灼伤。 遇碘、乙炔、四氯化碳易发生爆炸	远离热源、火花、明火、热表面，禁止吸烟。 容器和接收设备接地连接。 使用防爆电器、通风、照明及其他设备。 注意轻搬轻放，防止震动。 戴防护手套、护目镜、防护面罩	皮肤接触：立即擦去污染物，用流动清水冲洗，然后用0.5%～10%乙酸冲洗，再用清水冲，就医。 眼睛接触：立即用流动清水冲洗。 灭火：应用干粉、干砂、苏打灰或石灰灭火，不应用水、泡沫、二氧化碳和酸碱灭火剂	应贮存于密封的容器中，存放于阴凉、通风、干燥场所，库温不超过30℃，相对湿度不超过75%，避免日光直射。严禁露天存放，隔绝热源和火种。 不应与卤素、酸、碘、乙炔、四氯化碳等一起贮存和运输	对撒漏的金属钠浸入煤油或液体石蜡中
锌	遇湿易燃。 与氧化剂混合，能形成爆炸性混合。 遇强氧化剂会引起燃烧爆炸。 遇酸或稀酸会引起燃烧爆炸。 遇卤素会引起燃烧爆炸。 遇硫、磷会引起爆炸	远离热源、火花、明火、热表面，禁止吸烟。 容器和接收设备接地连接。 使用防爆电器、通风、照明及其他设备。 戴防护手套、护目镜、防护面罩	皮肤接触：脱去污染的衣物，用肥皂水和清水彻底冲洗皮肤。 眼睛接触：提起眼睑，用流动清水或生理盐水冲洗。就医。 吸入：迅速离开现场至空气新鲜处。保持呼吸道通畅。如呼吸困难，给输氧。如呼吸停止，立即进行人工呼吸。就医。 食入：饮足量温水，催吐，就医。 灭火：应用干粉、干砂、苏打灰或石灰灭火，不应用水、泡沫、二氧化碳和酸碱灭火剂	应浸泡在甲苯、煤油、液体石蜡等液体中，或真空容器中。存放于阴凉、通风、干燥场所，库温不超过30℃，相对湿度不超过75%，防止日光直射，隔绝热源和火种。 不应与氧化剂、酸类、碱类、卤素等一起贮存和运输	

表 A.1(续)

化学名称	危险性说明	预防措施	事故响应	安全贮存	备注
碳化钙	遇湿易燃。 遇明火极易燃烧爆炸。 遇水或潮湿空气会引起燃烧爆炸。 遇酸发生剧烈反应。 遇硫、磷会引起爆炸。 撞击、摩擦、振动有燃烧爆炸危险	远离热源、火花、明火、热表面。 禁止吸烟。 容器和接收设备接地连接。 使用防爆电器、通风、照明及其他设备。 戴防护手套、护目镜、防护面罩	皮肤接触:立即脱去污染的衣着,用大量流动清水冲洗至少 20 min。就医。 眼睛接触:立即提起眼睑,用大量流动清水或生理盐水彻底冲洗至少 20 min。就医。 吸入:脱离现场至空气新鲜处。保持呼吸道通畅。如呼吸困难,给输氧。如呼吸停止,立即进行人工呼吸。就医。 灭火:应用干粉、干砂、苏打灰或石灰灭火。不应用水、泡沫、二氧化碳和酸碱灭火剂	储存于阴凉、干燥、通风良好处。 远离火种、热源。 相对湿度保持在 75%以下。 密封包装,切勿受潮。 应与酸类、醇类等分开存放,切忌混储。 储存区应备有收容泄漏物的合适材料(如砂土、干燥石灰或苏打灰)。再将收集物放入装入干燥、洁净、有盖的容器中,转移至安全场所	
过氧化氢	遇明火极易燃烧爆炸。 有强氧化性。过氧化氢本身不燃,但能与可燃物反应放出大量热量和氧气而引起着火爆炸。 容器受热可发生爆炸,泄漏物有燃烧爆炸危险。 吸入、食入或皮肤接触蒸气或本品可引起严重损害、灼伤或死亡	远离热源。 远离衣物和其他可燃物保存。 戴防护手套、护目镜、防护面罩。 穿防火、阻燃服	皮肤接触:脱去污染的衣物,用流动清水彻底冲洗皮肤,就医。 眼睛接触:提起眼睑,用流动清水冲洗。就医。 如果发生大火和大量物质着火:撤离现场。因有爆炸危险,应远距离灭火。 灭火:应用水、砂土或二氧化碳灭火器扑救。 不应使用干粉或泡沫	应储存在阴凉、清洁、通风的库房内,库温不宜超过 30 ℃,避免日光照射。 容器要盖紧,但通气孔要畅通,防止灰尘堵塞,灰尘落入其中易分解变质。 隔绝热源与火种。 不可与有机物或铁、铜、铬等金属及其盐类共储混运	
氯酸钾	遇高热分解。 遇硫酸会引起燃烧爆炸。 遇金属粉末增加危险性或有燃烧爆炸危险。 撞击、摩擦、振动有燃烧爆炸危险。 与酸、磷等易燃物、有机物、还原剂混合,经摩擦、撞击有燃烧爆炸危险。 吸入、食入或皮肤接触蒸气或本品可引起严重损害、灼伤或死亡	远离易燃、可燃物。避免与还原剂、酸类、醇类接触。远离热源。 戴防护手套、护目镜、防护面罩。 穿防火、阻燃服	皮肤接触:脱去污染的衣物,用大量流动清水冲洗至少 20 min。 眼睛接触:提起眼睑,用流动清水或生理盐水冲洗。就医。 吸入:迅速脱离现场至空气新鲜处。保持呼吸道通畅。如呼吸困难,给输氧。如呼吸停止,立即进行人工呼吸。就医。 食入:饮足量温水,催吐。就医。 灭火方法:应用雾状水、干砂土、干粉灭火	应贮存于密封的容器中,存放于阴凉、通风、干燥场所。 库温不宜超过 30 ℃,相对湿度不超过 80%。应与易(可)燃物、还原剂、酸类、醇类等分开存放。 避免日光照射。隔绝热源与火种	对撒漏的物品,应扫除干净,再用水冲洗

表 A.1(续)

化学名称	危险性说明	预防措施	事故响应	安全贮存	备注
高锰酸钾	遇高热分解。 遇硫酸会引起燃烧爆炸。 遇胺类化合物会引起燃烧爆炸。 遇乙醇、乙醚会引起爆炸。 遇硫、磷会引起爆炸。 遇甘油会引起燃烧或强烈燃烧。 接触酸或酸雾产生有毒气体。 有强氧化性。 吸入后可引起呼吸道损害。溅落眼睛内,刺激结膜,重者致灼伤。 误服后,会严重腐蚀口腔和消化道	远离易燃、可燃物。 避免与还原剂、酸类、醇类接触。 远离火种、热源。 操作时轻拿轻放,防止摩擦撞击。 戴防护手套、护目镜、防护面罩。 穿防火、阻燃服	皮肤接触:立即脱去污染的衣着,用大量流动清水冲洗至少 20 min。就医。(若不严重则可用汽油清洗) 眼睛接触:立即提起眼睑,用大量流动清水或生理盐水彻底冲洗至少 20 min。就医。 吸入:迅速脱离现场至空气新鲜处。保持呼吸道通畅。如呼吸困难,给输氧。如呼吸停止,立即进行人工呼吸。就医。 食入:用水漱口,给饮牛奶或蛋清。就医。 灭火:应采用雾状水、砂土灭火。不应使用干粉或泡沫	应贮存于密封的容器中,存放于阴凉、通风、干燥场所。库温不超过 30 ℃,相对湿度不超过 80%。 应与还原剂、活性金属粉末等分开存放。 避免日光照射。隔绝热源与火源	
硝酸钾	遇高热分解。 遇易燃物、有机物会引起爆炸。 遇硫、磷会引起爆炸。 助燃。 有强氧化性。 吸入、食入或皮肤接触蒸气或本品可引起严重损害、灼伤或死亡	远离易燃、可燃物。避免产生粉尘。 避免与还原剂、酸类、活性金属粉末接触。 远离热源。 操作时轻拿轻放,防止摩擦撞击。 戴防护手套、护目镜、防护面罩。 穿防火、阻燃服	皮肤接触:立即脱去污染的衣着,用大量流动清水冲洗至少 20 min。就医。(若不严重则可用汽油清洗) 眼睛接触:立即提起眼睑,用大量流动清水或生理盐水彻底冲洗至少 20 min。就医。 吸入:迅速脱离现场至空气新鲜处。保持呼吸道通畅。如呼吸困难,给输氧。如呼吸停止,立即进行人工呼吸。就医。 食入:用水漱口,给饮牛奶或蛋清。就医。 不要直接接触泄漏物。勿使泄漏物与有机物、还原剂、易燃物接触。 小量泄漏:用大量水冲洗,稀释后排入废水系统。 灭火:应用雾状水、砂土灭火。不应将水流直接射至熔融物	应贮存于密封的容器中,存放于阴凉、通风、干燥场所。库温不超过 30 ℃,相对湿度不超过 80%。 应与有机物、氧化剂、还原剂、酸类、易(可)燃物、活性金属粉末分开存放,避免日光照射。 隔绝热源与火种	

表 A.1（续）

化学名称	危险性说明	预防措施	事故响应	安全贮存	备注
过氧化钠	氧化性(腐蚀性)。 遇水或潮湿空气会引起燃烧爆炸。 与酸、磷等易燃物、有机物、还原剂混合，经摩擦、撞击有燃烧爆炸危险。 对眼、黏膜或皮肤有强烈刺激性，会造成严重烧伤。 有吸湿性或易潮解。 有强氧化性	远离易燃、可燃物。 避免与还原剂、酸类、活性金属粉末接触。 远离热源。搬运时轻拿轻放，防止摩擦、震动、撞击。 戴防护手套、护目镜、防护面罩。 穿防火、阻燃服。 工作时不得进食、饮水或吸烟。工作完毕，淋浴更衣	皮肤接触：立即脱去污染的衣着，用大量流动清水冲洗至少 20 min。就医。(若不严重则可用汽油清洗) 眼睛接触：立即提起眼睑，用大量流动清水冲洗至少 20 min。就医。 吸入：迅速脱离现场至空气新鲜处。保持呼吸道通畅。如呼吸困难，应输氧。如呼吸停止，立即进行人工呼吸。就医。 食入：用水漱口，给饮牛奶或蛋清。就医。 小量泄漏：用砂土、干燥石灰或苏打灰混合，收集于密闭容器中做好标记，等待处理。 灭火：干粉、砂土、苏打灰、石灰。严禁用水、泡沫、二氧化碳扑救	应贮存于密封的容器中，存放于阴凉、通风、干燥场所，库温不宜超过 35 ℃，相对湿度不超过 75%。避免日光照射。容器要盖紧，但通气孔要畅通，防止灰尘堵塞。 隔绝热源与火种。 禁止与有机物或铁、铜、铬等金属及其盐类一起贮存与运输	
亚硝酸钠	有强氧化性。 撞击、摩擦、振动有燃烧爆炸危险。 与硫、磷等易燃物、有机物、还原剂混合，经摩擦、撞击有燃烧爆炸危险。 吸入、食入或皮肤眼睛接触本品或蒸气可引起严重灼伤或死亡。 遇(衣物、木材、纸张)可燃物可引起燃烧，容器受热会发生爆炸	远离易燃、可燃物。 避免与还原剂、酸类、活性金属粉末接触。 远离热源。 戴防护手套、护目镜、防护面罩。 穿防火、阻燃服	皮肤接触：脱去被污染的衣着，用肥皂水和清水彻底冲洗皮肤至少 20 min。 眼睛接触：提起眼睑，用流动清水或生理盐水冲洗至少 20 min。就医。 吸入：迅速脱离现场至空气新鲜处。保持呼吸道通畅。如呼吸困难，给输氧。如呼吸停止，立即进行人工呼吸。就医。 食入：饮足量温水，催吐。就医 泄漏：隔离泄漏污染区，限制出入。建议应急处理人员戴防尘面具(全面罩)，穿防毒服。勿使泄漏物与还原剂、有机物、易燃物或金属粉末接触。不要直接接触泄漏物。 小量泄漏：用洁净的铲子收集于干燥、洁净、有盖的容器中。 灭火：应用水、砂土灭火。不应使用泡沫、干粉	应贮存于密封的容器中，不可与空气接触。存放于阴凉、通风、干燥场所，库温不超过30 ℃，相对湿度不超过80%。包装应密封，隔绝热源与火种，应与有机物、易燃物、还原剂、活性金属粉末、酸类、食用化学品隔离贮存与运输	

表 A.1(续)

化学名称	危险性说明	预防措施	事故响应	安全贮存	备注
重铬酸钾	氧化性。 受热,遇酸分解并放出氧气,有燃烧爆炸危险。 撞击、摩擦、振动有燃烧爆炸危险。 与酸、磷等易燃物、有机物、还原剂混合,经摩擦、撞击有燃烧爆炸危险	应远离易燃、可燃物。 避免与还原剂、酸类、活性金属粉末接触。 操作时轻拿轻放,防止摩擦、震动、撞击。 远离热源。 建议操作人员穿工作服,戴胶围裙、胶手套、护目镜、防护面罩	皮肤接触:脱去被污染的衣着,用肥皂水和流动清水彻底冲洗皮肤至少 20 min。 眼睛接触:提起眼睑,用流动清水或生理盐水冲洗。就医。 吸入:迅速脱离现场至空气新鲜处。保持呼吸道通畅。如呼吸困难,给输氧。如呼吸停止,立即进行人工呼吸。就医。 食入:饮足量温水,催吐,就医 小量泄漏:用洁净的铲子收集于干燥、洁净、有盖的容器中。 灭火:应用雾状水、砂土灭火,避免溶液到处流淌。不应使用泡沫、干粉	应贮存于密封的容器中,防止受潮。 存放于阴凉、通风、干燥场所,隔绝热源与火种,库温不宜超过 35 ℃,相对湿度不超过 80%。 应与有机物、易燃物、还原剂、易氧化物及酸类隔离贮存与运输	
硝酸铵	遇明火、高热会引起燃烧爆炸。 与酸、磷等易燃物、有机物、还原剂混合,经摩擦、撞击有燃烧爆炸危险。 有吸湿性或易潮解	应远离火种、热源。远离易燃物、可燃物。避免与还原剂、酸类物质、活性金属粉末接触。避免产生粉尘。操作时轻拿轻放,防止摩擦、震动、撞击。工作场所严禁吸烟、进食和饮水。建议操作人员佩戴防尘口罩,戴化学安全护目镜,穿聚乙烯防毒服,戴橡胶手套	皮肤接触:脱去污染的衣着,用大量流动清水冲洗至少 20 min 眼睛接触:提起眼睑,用流动清水或生理盐水冲洗。就医。 吸入:迅速脱离现场至空气新鲜处。保持呼吸道通畅。如呼吸困难,给输氧。如呼吸停止,立即进行人工呼吸。就医。 食入:用水漱口,给饮牛奶或蛋清。就医。 灭火:应用水、雾状水灭火	存放于阴凉、通风、干燥的场所。远离火种、热源。应与易(可)燃物、还原剂、酸类物质、活性金属粉末分开存放,切忌混储。储存区应备有合适的材料收容泄漏物	

表 A.1（续）

化学名称	危险性说明	预防措施	事故响应	安全贮存	备注
硝酸钾	遇高热分解。 遇易燃物、有机物会引起爆炸。 遇硫、磷会引起爆炸。 助燃。 有强氧化性	应远离火种、热源。远离易燃、可燃物。避免产生粉尘。避免与还原剂、酸类、活性金属粉末接触。搬运时应轻装轻卸，防止包装及容器损坏。建议操作人员佩戴防尘口罩，戴化学安全护目镜，穿聚乙烯防毒服，戴橡胶手套	皮肤接触：脱去污染的衣着，用大量流动清水冲洗至少 20 min，就医。 眼睛接触：提起眼睑，用流动清水或生理盐水冲洗。就医。 吸入：迅速脱离现场至空气新鲜处。保持呼吸道通畅。如呼吸困难，给输氧。如呼吸停止，立即进行人工呼吸。就医。 食入：用水漱口，给饮牛奶或蛋清。就医。 灭火：应用砂土、雾状水灭火	储存于阴凉、通风、干燥的库房。远离火种、热源。库温应不超过 30 ℃，相对湿度不超过 80%。应与还原剂、酸类、易（可）燃物、活性金属粉末分开存放，切忌混储。储存区应备有合适的材料收容泄漏物	
硝酸钠	遇高热分解。 遇易燃物、有机物会引起爆炸。 遇硫、磷会引起爆炸。 有吸湿性或易潮解。 有强氧化性	远离火种、热源。远离易燃、可燃物。避免产生粉尘。避免与还原剂、活性金属粉末、酸类接触。操作时轻拿轻放，防止摩擦、震动、撞击。工作场所严禁吸烟、进食和饮水。建议操作人员佩戴防尘口罩，戴化学安全护目镜，穿聚乙烯防毒服，戴橡胶手套	皮肤接触：脱去污染的衣着，用大量流动清水冲洗至少 20 min。就医。 眼睛接触：提起眼睑，用流动清水或生理盐水冲洗至少 20 min。就医。 吸入：迅速脱离现场至空气新鲜处，并用沾湿的棉签清理鼻子内壁。保持呼吸道通畅。如呼吸困难，给输氧。如呼吸停止，立即进行人工呼吸。就医。 食入：用水漱口，给饮牛奶或蛋清。就医。 灭火：应用雾状水、砂土灭火	储存于阴凉、通风、干燥的库房。远离火种、热源。库温不超过 30 ℃，相对湿度不超过 80%。应与还原剂、活性金属粉末、酸类物质、易（可）燃物等分开存放，切忌混储。储存区应备有合适的材料收容泄漏物	

表 A.1（续）

化学名称	危险性说明	预防措施	事故响应	安全贮存	备注
硝酸汞	与酸、磷等易燃物、有机物、还原剂混合，经摩擦、撞击有燃烧爆炸危险。 受热分解放出有毒气体。 触及皮肤易经皮肤吸收或误食，吸入蒸气、粉尘会引起中毒。 有毒或其蒸气有毒。 有吸湿性或易潮解	远离火种、热源。远离易燃、可燃物。避免产生粉尘。避免与还原剂、活性金属粉末、酸类接触。操作时轻拿轻放，防止摩擦、震动、撞击。工作场所严禁吸烟、进食和饮水。建议操作人员佩戴防尘口罩，戴化学安全护目镜，穿连衣式胶布防毒衣，戴橡胶手套	皮肤接触：脱去污染的衣着，用大量流动清水冲洗至少 20 min。就医。 眼睛接触：提起眼睑，用流动清水或生理盐水冲洗至少 20 min。就医。 吸入：迅速脱离现场至空气新鲜处，并用沾湿的棉签清理鼻子内壁。保持呼吸道通畅。如呼吸困难，给输氧。如呼吸停止，立即进行人工呼吸。就医。 食入：用水漱口，给饮牛奶或蛋清。就医。 灭火：应用雾状水、砂土灭火	储存于阴凉、通风、干燥的库房。包装密封。远离火种、热源。库温不超过 30 ℃，相对湿度不超过 70%。应与易（可）燃物、还原剂、活性金属粉末、食用化学品分开存放，切忌混储。储存区应备有合适的材料收容泄漏物。 小量泄漏用砂土、干燥石灰或苏打灰混合	
硝酸钡	与酸、磷等易燃物、有机物、还原剂混合，经摩擦、撞击有燃烧爆炸危险。 有毒。 有吸湿性或易潮解。 有强氧化性	远离火种、热源。远离易燃、可燃物。远离易燃、可燃物。避免产生粉尘。避免与还原剂、酸类、碱类接触。操作时轻拿轻放，防止摩擦、震动、撞击。工作场所严禁吸烟、进食和饮水。建议操作人员佩戴防尘口罩，戴化学安全护目镜，穿聚乙烯防毒服，戴橡胶手套	皮肤接触：脱去污染衣物，用肥皂水和清水彻底冲洗皮肤。 眼睛接触：提起眼睑，用流动清水或生理盐水冲洗。就医。 吸入：迅速脱离现场至空气新鲜处。保持呼吸道通畅。如呼吸困难，给输氧。如呼吸停止，立即进行人工呼吸。就医。 食入：饮足量温水，催吐。用 2%～5% 硫酸钠溶液洗胃，导泻。就医。 灭火：应用雾状水、砂土灭火	储存于阴凉、通风、干燥的库房。远离火种、热源。应与易燃物、可燃物、还原剂、酸类、碱类、食用化学品分开存放，切忌混储。 小量泄漏：小心扫起，置于袋中转移至安全场所	

表 A.1（续）

化学名称	危险性说明	预防措施	事故响应	安全贮存	备注
草酸	有毒。 对眼、黏膜或皮肤有强烈刺激性，会造成严重烧伤。 触及皮肤易经皮肤吸收或误食，吸入蒸气、粉尘会引起中毒。 有毒，不燃烧	远离热源。 远离衣物和其他可燃物保存。 戴防护手套、护目镜、防护面罩。 工作场所禁止吸烟、进食和饮水。工作完毕，淋浴更衣	皮肤接触：脱去被污染的衣着，用肥皂水和清水彻底冲洗皮肤。 眼睛接触：提起眼睑，用流动清水或生理盐水冲洗。就医。 吸入：迅速脱离现场至空气新鲜处。保持呼吸道通畅。如呼吸困难，给输氧。如呼吸停止，立即进行人工呼吸。就医。 食入：饮足量温水，催吐。就医。 灭火：应用干粉、二氧化碳、水幕灭火	应贮存于密封的容器中，存放于阴凉、通风、干燥场所，防止日晒，受潮。 远离酸类和可燃物。 禁止与卤素、酸等一起贮存和运输。 储存区应备有收容泄漏物的合适材料	
氯化钡	有毒。 触及皮肤易经皮肤吸收或误食、吸入蒸气、粉尘会引起中毒。 有毒，不燃烧。 具腐蚀性，潮湿环境下能腐蚀某些金属	密闭操作，局部排风。操作人员应佩戴自吸过滤式防尘口罩，戴化学安全护目镜，穿连衣式胶布防毒衣，戴橡胶手套。 避免产生粉尘。 避免与氧化剂、酸类接触。 工作场所禁止吸烟、进食和饮水。工作完毕，淋浴更衣	吸入、食入或皮肤接触该物质可引起迟发反应。 皮肤接触：脱去污染的衣物，用流动清水冲洗。 眼睛接触：提起眼睑，用流动清水或生理盐水冲洗。就医。 吸入：脱离现场至空气新鲜处。禁用口对口人工呼吸，可用单向阀小型呼吸器或其他适当的医疗呼吸器。就医。 食入：饮足量温水，催吐。用 2%～5% 硫酸钠溶液洗胃，导泻。就医。 灭火：应用干粉、二氧化碳、水幕灭火	应贮存于阴凉、通风、干燥场所。 远离火种、热源。 包装密封。 应与氧化剂、酸类、食用化学品分开存放，切忌混储。 储存区应备有收容泄漏物的合适材料	

表 A.1（续）

化学名称	危险性说明	预防措施	事故响应	安全贮存	备注
四氯化碳	受高热或燃烧发生分解放出有毒气体。 触及皮肤易经皮肤吸收或误食、吸入蒸气、粉尘会引起中毒。 有麻醉性或其蒸气有麻醉性。 有毒，不燃烧。 有特殊的刺激性气味。 泄漏物污染水体	远离热源，火种。 密闭操作，局部排风。操作人员应佩戴自吸过滤式防尘口罩，戴化学安全护目镜，穿连衣式胶布防毒衣，戴橡胶手套。 避免产生粉尘。 避免与氧化剂、酸类接触。 工作场所禁止吸烟、进食和饮水。工作完毕，淋浴更衣	皮肤接触：脱去污染的衣着，用流动清水冲洗至少 15 min。 眼睛接触：提起眼睑，用流动清水或 2% 碳酸氢钠溶液冲洗至少 15 min。就医。 吸入：脱离现场至空气新鲜处。禁用口对口人工呼吸而用专用设备进行。就医。 食入：口服中毒者必须及早洗胃，洗胃前，先用液体石蜡或植物油以溶解四氯化碳。 灭火：应用水、二氧化碳、水幕灭火。不应使用直流水灭火	应贮存于阴凉、通风、干燥场所。 远离火种、热源。 库温不宜超过 30 ℃，相对湿度不超过 80%。 包装密封。 可采取水封方式密封	
溴乙烷	有毒（易燃）。 与氧化剂发生反应，有燃烧危险。 遇明火、高热会引起燃烧爆炸。 受高热或燃烧发生分解放出有毒气体。 与水和水蒸气发生反应，放出有毒的腐蚀性气体	远离火种、热源。 操作人员应佩戴自吸过滤式防尘口罩，戴化学安全护目镜，穿连衣式胶布防毒衣，戴橡胶手套。 避免产生粉尘。 避免与氧化剂接触。 工作场所禁止吸烟、进食和饮水。工作完毕，淋浴更衣	皮肤接触：脱去污染的衣着，用流动清水冲洗。 眼睛接触：提起眼睑，用流动清水或生理盐水冲洗。就医。 吸入：脱离现场至空气新鲜处。禁用口对口人工呼吸而用专用设备进行。就医。 灭火：应用干粉、雾状水、泡沫、二氧化碳灭火	贮于阴凉、通风处，远离火种、热源。 库温不超过 30 ℃，相对湿度不超过 70%。 应与氧化剂分储分运。 避光保存，切勿受潮，防止破损	

表 A.1(续)

化学名称	危险性说明	预防措施	事故响应	安全贮存	备注
苯酚	有毒(腐蚀性)。 遇高热、明火及强氧化剂易引起燃烧。 触及皮肤有强烈刺激作用而造成灼伤。 有腐蚀性。 有毒或其蒸气有毒。 有特殊的刺激性气味。 有吸湿性或易潮解	远离火种、热源,避免与氧化剂接触。 操作人员应佩戴自吸过滤式防尘口罩,戴化学安全防护眼镜,穿连衣式胶布防毒衣,戴橡胶手套。 避免产生粉尘。 工作场所禁止吸烟、进食和饮水。工作完毕,淋浴更衣	皮肤接触:脱去污染的衣着,用大量流动清水冲洗。 眼睛接触:提起眼睑,用流动清水或生理盐水冲洗。就医。 吸入:脱离现场至空气新鲜处,禁用口对口人工呼吸而用专用设备进行,就医。 灭火:应用干粉、二氧化碳、水幕灭火	贮于阴凉、通风处,密封包装,避光,远离火种、热源。 库温不超过 30 ℃,相对湿度不超过 70%。 应与氧化剂、酸类、碱类、食用化学品分开存放,切忌混储	
硝酸	有强腐蚀性。 有强氧化性。 遇 H 发泡剂会引起燃烧。 遇易燃物、有机物会引起燃烧。 遇氰化物会产生剧毒气体	远离火种、热源,避免与 H 发泡剂、氰化物接触。 操作人员应戴化学安全护目镜,穿防护服,戴防护手套。 工作场所禁止吸烟、进食和饮水。 工作完毕,淋浴更衣	皮肤接触:用大量清水冲洗,就医。 误食:用水漱口,催吐,给饮牛奶或蛋清,就医。 灭火:应用雾状水、二氧化碳、砂土灭火。不应用高压水	密封包装,贮于阴凉、干燥、通风良好处。库温保持 30 ℃以下。 应与易燃物、碱类金属粉末等分开存放	
硫酸	强腐蚀性。 有强氧化性。 遇水爆溅。 遇 H 发泡剂会引起燃烧。 遇易燃物、有机物会引起燃烧。 遇氰化物会产生剧毒气体。 有毒或其蒸气有毒。 有吸湿性或易潮解。 遇水大量发热	避免与 H 发泡剂、氰化物接触。 操作人员应戴化学安全护目镜,穿防护服,戴防护手套。 操作时轻拿轻放,防止摔、撞击。 工作场所禁止吸烟、进食和饮水。 工作完毕,淋浴更衣	皮肤接触:用清水或 2% 碳酸氢钠溶液清洗接触部位后敷氧化锌软膏,就医。 眼睛接触:提起眼睑,用流动清水冲洗。就医。 误食:清水漱口,饮大量冷开水催吐,立即就医。 灭火:应用干砂、二氧化碳灭火。不宜使用水	贮于阴凉、通风、干燥处。 防潮、防雨。库温不超过 35 ℃,相对湿度不超过 85%。 切忌与可易燃物、有机物共储共运。 应与还原剂、金属、碱类物分储分运	

表 A.1（续）

化学名称	危险性说明	预防措施	事故响应	安全贮存	备注
盐酸	腐蚀性。 有刺激性气体。 遇酸会引起燃烧。 遇 H 发泡剂会引起燃烧。 遇氰化物会产生剧毒气体。 遇氧化物产生剧毒气体。 对眼、黏膜或皮肤有强烈刺激性，有烧伤危险。 有毒或其蒸气有毒。 有特殊的刺激性气味	避免与 H 发泡剂、氰化物、氧化物接触。 操作人员应戴化学安全护目镜，穿防护服，戴防护手套。 工作场所禁止吸烟、进食和饮水。 工作完毕，淋浴更衣	皮肤接触：用清水或 2%碳酸氢钠溶液清洗接触部位后敷氧化锌软膏，就医。 眼睛接触：提起眼睑，用流动清水冲洗，就医。 误食：清水漱口，饮大量冷开水催吐，立即就医。 灭火：应用干粉、砂土、雾状水、碱性物质（碳酸钠等）灭火，不应用直流水灭火	贮于阴凉、通风、干燥处，密封保存。库温不超过30 ℃，相对湿度不超过 85%。 远离火种、热源。 应与碱类、氧化物、金属粉末、卤素、易燃物分储分运	
乙酸（≤30%）	有腐蚀性。 有刺激性气味	操作人员应戴化学安全护目镜，穿防护服，戴防护手套。 工作场所禁止吸烟、进食和饮水。 工作完毕，淋浴更衣	皮肤接触：用清水或 2%碳酸氢钠溶液清洗接触部位。 眼睛接触：提起眼睑，用流动清水冲洗。就医。 误食：立即就医。 灭火：应用砂土灭火	贮于阴凉、通风处，密封保存。 远离火种、热源。 应与氧化物、金属粉末、易燃物分储分运	
乙酸（≥30%）	有强腐蚀性（易燃）。 遇高热、明火及强氧化剂易引起燃烧。 对眼、黏膜或皮肤有刺激性，有烧伤危险。 有强刺激性气味。 有毒，易燃				

表 A.1（续）

化学名称	危险性说明	预防措施	事故响应	安全贮存	备注
甲酸	蒸气与空气易形成爆炸性混合物。 遇明火、高热能燃烧。 遇双氧水会引起燃烧爆炸。 对眼、黏膜或皮肤有刺激性，有烧伤危险。 有强腐蚀性。 有刺激性气味。 有毒，易燃	操作人员应戴化学安全护目镜，穿化学防护服，戴橡胶手套。避免一切接触。 远离火种、热源，工作场所禁止吸烟、进食和饮水。 工作完毕，淋浴更衣。使用防爆型的通风系统和设备	皮肤接触：脱去污染的衣着，用大量流动清水冲洗至少 15 min。就医。 眼睛接触：立即提起眼睑，用大量流动清水或生理盐水彻底冲洗至少 15 min。就医。 吸入：迅速脱离现场至空气新鲜处。保持呼吸道通畅。如呼吸困难，给输氧。如呼吸停止，立即进行人工呼吸。就医。 食入：清水漱口，给饮牛奶或蛋清。就医。 灭火：应用抗溶性泡沫、干粉、二氧化碳灭火	贮于阴凉通风处，密封保存。远离火种、热源。库温不应超过 30 ℃，相对湿度不应超过 85%。应与氧化剂、碱类、活性金属粉末分开存放，切忌混储	
溴	强腐蚀性，剧毒。 遇碱发生剧烈反应，有燃烧爆炸危险。 与还原剂发生剧烈反应，甚至引起燃烧。 遇 H 发泡剂会引起燃烧。 遇易燃物、有机物会引起燃烧。 对眼、黏膜或皮肤有刺激性，有烧伤危险。 有特殊的刺激气味。 有强氧化性	溴可以腐蚀橡胶制品，在做有关溴的实验时要避免使用胶塞和胶管。 操作人员应戴化学安全护目镜，穿化学防护服，戴防护手套。避免一切接触。 工作场所禁止吸烟、进食和饮水。工作完毕，淋浴更衣	皮肤接触：脱去污染衣物，用大量流动清水冲洗，再用 2% 醋酸氢钠溶液洗涤中和，就医。 眼睛接触：用流动清水冲洗至少 20 min，就医。 吸入：迅速脱离现场至空气新鲜处。保持呼吸道通畅。如呼吸困难，给输氧。如呼吸停止，立即进行人工呼吸。就医。 误食：用水漱口，给饮牛奶或蛋清，并立即就医。 灭火：应用干粉、二氧化碳或水幕灭火	贮于阴凉通风处，密封保存。 远离火种、热源。 库温不超过 30 ℃，相对湿度不超过 70%。 应与易燃物、有机物、碱分开存放，切忌混储	